基于运维的医院机电系统规划设计与实施

姚 蓁 张志毅 蒋凤昌 童繁富 金 松 著

图书在版编目(CIP)数据

基于运维的医院机电系统规划设计与实施/姚蓁等著.--上海:同济大学出版社,2025.3.--(公建项目建设管理书系).--ISBN 978-7-5765-1507-7

Ⅰ.TU246.1

中国国家版本馆CIP数据核字第2025WK5091号

基于运维的医院机电系统规划设计与实施

姚　蓁　张志毅　蒋凤昌　童繁富　金　松　著

责任编辑　姚烨铭　　**责任校对**　徐逢乔　　**封面设计**　张　微

出版发行	同济大学出版社　　www.tongjipress.com.cn
	(地址:上海市四平路1239号　邮编:200092　电话:021-65985622)
经　销	全国各地新华书店
排　版	南京文脉图文设计制作有限公司
印　刷	上海安枫印务有限公司
开　本	787mm×1092mm　1/16
印　张	23.5
字　数	543 000
版　次	2025年3月第1版
印　次	2025年3月第1次印刷
书　号	ISBN 978-7-5765-1507-7
定　价	196.00元

本书若有印装质量问题,请向本社发行部调换　　版权所有　侵权必究

本书写作组

组　　长：姚 蓁　张志毅　蒋凤昌　童繁富　金 松

副 组 长（按姓氏笔画排序）：
乐 云　兰宏亮　刘战培　严 犇　李永奎　李 勇　邱宏宇
何清华　陈 音　茹安威　顾向东　倪宏斌　戚 鑫　董 杰

写作人员（按姓氏笔画排序）：
王 帆　王小芝　王朋召　王学军　王玲巧　王桂林　王爽爽
冯思甄　司徒夏昊　　　朱大安　刘天天　刘昕译　刘康庆
汤 琦　汤 瑞　孙福幸　杜万里　杨 茜　李 凡　李成海
李丽芝　李素梅　李 辉　肖 超　吴 卓　吴 旻　邹 琦
沈 丽　宋晋丞　张 多　张 阳　张 敏　张 靓　张志毅
张智力　陆继明　陈 文　陈 音　陈 辉　陈凤君　陈家雄
武云玉　苑帅帅　林王察　季生平　金 松　周 焱　郑建平
郑灏流　茹安威　郦均寅　俞弋泽　施伟元　奕 岚　娄 波
洪东亚　祝 毅　姚 勇　姚 蓁　海国龙　黄 栋　黄尽舜
黄彦文　黄培生　黄跃峰　黄舒予　曹杉林　曹佳浩　龚泉嘉
崔怡卓　章 峥　董 杰　蒋凤昌　蒋海刚　蒋斌斌　童繁富

审阅专家（按姓氏笔画排序）：
张建忠　陈 梅　罗 蒙　诸葛立荣

写作单位：上海市中医医院
　　　　　同济大学复杂工程管理研究院
　　　　　上海申康卫生基建管理有限公司
　　　　　上海科瑞真诚建设项目管理有限公司
　　　　　上海建工一建集团有限公司
　　　　　同济大学建筑设计研究院(集团)有限公司
　　　　　香港澳华医院建筑设计咨询有限公司
　　　　　上海伟申工程造价咨询有限公司
　　　　　上海三凯工程咨询有限公司
　　　　　上海尧伟建设工程有限公司
　　　　　艾信智慧医疗科技发展(苏州)有限公司
　　　　　同方股份有限公司
　　　　　上海东欣安防工程有限公司
　　　　　上海尚宏建设工程有限公司
　　　　　北京博隆设备安装有限公司
　　　　　上海泽天机电科技有限公司
　　　　　上海忠泓建筑工程有限公司
　　　　　大金(中国)投资有限公司上海分公司
　　　　　施耐德电气(中国)有限公司

PREFACE

序

早在 2 000 多年之前,《黄帝内经》指出:"圣人不治已病治未病,不治已乱治未乱,此之谓也。夫病已成而后药之,乱已成而后治之,譬犹渴而穿井,斗而铸锥,不亦晚乎。"这是最关键的"治未病"理念,强调处于健康状态时,要未病先防。因此中华传统医学认为:"上工治未病,中工治欲病,下工治已病。"

在当今社会,随着医疗技术的不断进步和人们对健康需求的日益增长,医院作为提供医疗服务的重要场所,其基础设施建设的重要性日益凸显。特别是医院机电系统,作为支撑医院日常运营的核心部分,其规划设计与实施不仅关乎医院的运行效率和服务质量,更直接影响患者的就医体验和治疗效果。然而,传统的医院机电系统建设往往侧重于满足当前需求,而忽视了运维阶段的长期性和复杂性,导致系统在投入使用后频繁出现问题,增加了维护成本,降低了使用效率。

有鉴于此,《基于运维的医院机电系统规划设计与实施》写作组立足于上海市中医医院嘉定院区建设项目的实践,秉承中医"治未病"的理念,从运维的角度出发,对医院机电系统的规划设计与实施进行了深入细致的研究。这一理念的核心在于,通过预见性的规划设计和精细化的施工管理,提前解决可能在未来运维阶段出现的问题,从而确保医院机电系统的稳定、高效、持久运行。

上海市中医医院嘉定院区建设项目作为上海市重大工程之一,其建设过程不仅体现了上海市政府对医疗卫生事业的重视,也为写作组提供了一个宝贵的实践平台。在项目实施过程中,坚持问题导向,针对医院机电系统建设的难点和痛点,进行了大量的调研和分析。通过实地考察、专家咨询、数据对比等多种方式,逐步形成了适用于指导医院机电系统建设的系列成果,这些成果不仅具有理论价值,更在实践中得到了验证和完善。

本书正是立足于这些研究成果而撰写的。全书共分五个章节,依次展开,层层递进,旨在为读者提供一个全面、系统、实用的医院机电系统建设指南。

总的来说,本书不仅总结了在上海市中医医院嘉定院区建设项目中机电系统建设的实践经验,更在此基础上进行了理论升华和创新探索。本书的出版,能够为类似的大型综合性医院及专科医院基本建设提供有益的借鉴和参考。同时,也能够促使更多的专业人士加入到这一领域的研究中来,秉承"治未病"的理念,探索和创新医院机电系统建设的新思路和新方法,共同推动医院机电系统建设的不断进步和发展,为构建更加安全、高效、舒适的医疗环境贡献智慧和力量。

2025 年 2 月

前　言

随着医疗技术的不断进步和医疗服务需求的日益增长,医院作为保障人民健康的重要场所,其建设与管理水平也面临着更高的要求。《健康中国2030规划纲要》和《"十四五"卫生与健康规划》均强调了医院基础设施建设质量提升的重要性,应着眼医院运营全生命周期,以保证提供公平可及、系统连续的健康服务。特别是在医院机电系统的规划设计与实施方面,作为支撑医院正常运行的关键系统,如何确保其安全、高效、节能与智能化,已成为医院建设中的核心问题。

然而,在实际建设过程中,我们常常发现,由于设计、施工与运维等环节之间的脱节,导致机电系统在运行过程中出现了诸多问题,如能耗高、故障频发、维护困难等。这些问题不仅给患者和医护人员带来了诸多不便,甚至影响了医院的正常运营。本书正是基于这一背景,秉承"治未病"的理念,从运维的角度出发,对医院机电系统的规划设计与实施进行了深入的研究。通过系统梳理医院机电系统的全生命周期建设管理流程,结合国内外先进的理念和技术,旨在为医院机电系统的全生命周期管理提供一套科学、系统的理论与实践指导。这不仅可以提高医院机电系统的运行效率和服务质量,还可以降低能耗和维护成本,为医院的长远发展奠定坚实的基础。

本书共分五章,内容涵盖了医院机电系统规划设计与实施的全过程。第1章为基于运维的医院建设前期研究,主要介绍了国内外医院建设发展现状、国内外医院机电运维建设管理发展及现状、项目建设前期调研等工作。第2章为医院机电系统实施策划,主要包括代建管理、工程设计、招标采购、工程监理、财务(投资)监理、BIM技术应用等方面的策划和实施,旨在帮助读者了解医院机电系统实施的全过程,并掌握相关的管理方法和技巧。第3章为基于运维的医院机电系统规划设计,在充分考虑运维需求的基础上,详细阐述了医院给排水系统、供配电系统、暖通空调系统、消防系统、智能化系统、医用气体、屏蔽工程等主要机电系统的规划设计要点,通过深入分析这些系统的特点、功能及运维需求,为医院机电系统的规划设计提供了科学、系统的指导。第4章为基于运维的医院机电系统施工,基于医院运维导向视角,主要介绍了机电系统总承包管理、质量管理、技术管理、BIM技术创新应用以及各系统工程具体的技术要求和实施要点,旨在帮助读者了解医院机电系统施工的全过程,并掌握相关的施工技术和管理方法。第5章为机电系统运维研究,主要包括智慧运维管理平台的开发研究、智慧后勤的实施方案、医院机电运维展望,可为医院机电系统的运维管理提供思路和启示。

本书所举工程实例,主要围绕上海市中医医院嘉定院区建设项目展开。该项目为上海市"十三五"重点建设项目,为重大疑难复杂疾病中医临床诊疗中心和上海海派中医药传承基地,项目共有四栋建筑,包括新建门诊医技及病房综合楼和行政后勤楼,地上建筑主要为门急诊(发热门诊)、医技、住院、行政、科研、教学等功能用房,地下建筑主要为后勤保障、停车功能用房。院区设置650张床位,总建筑面积112 582 m^2,其中地上13层,建筑面积80 800 m^2,地下2层,建筑面积31 782 m^2。项目批复概算投资113 455万元(不含土地费),由上海市市级财力定额全额安排。

本书由上海市中医医院、同济大学复杂工程管理研究院、上海申康卫生基建管理有限公司、上海科瑞真诚建设项目管理有限公司、上海建工一建集团有限公司、同济大学建筑设计研究院(集团)有限公司等单位组成核心撰稿团队完成,在此对上述各单位表示诚挚的感谢。

本书具体写作由上海市中医医院副院长姚蓁、基建处处长张志毅、同济大学复杂工程管理研究院研究员蒋凤昌、上海建工一建集团有限公司项目经理茹安威、同济大学建筑设计研究院(集团)有限公司项目经理童繁富、上海申康卫生基建管理有限公司副总经理陈音等同志负责牵头实施,并组建了写作组,在此向各位参与撰写和提供支持的人员深表感谢。

本书获得上海市医院协会立项的"基于多准则群决策理论的医疗功能空间布局研究(项目编号:x2023181)"、上海市医院协会立项的"BIM技术在医院建筑后勤开办管理中的应用研究(项目编号:JZ2021012)"科研项目支持,获得江苏省发展改革委员会立项的"江苏省复杂项目绿色建造BIM技术应用工程研究中心(项目编号:JPERC2021-168)"建设项目支持,还获得江苏省住房和城乡建设厅立项的建设系统科技项目"医院建筑建设全过程"BIM+医疗工艺"绿色建造关键技术开发应用(项目编号:2023ZD049)"支持,在此对立项单位表示感谢。

本书的出版,将为我国医院建设领域的专业人士和学者提供一套科学、系统的机电系统规划、设计、施工与运维解决方案,为医院建筑高质量建设提供参考和借鉴,助力保证医院建筑全生命周期安全、高效、绿色运行。

由于医院基本建设所涉及的新技术、新工艺和新设备发展迅速,且限于著者水平,书中难免存在一些缺陷甚至错误,恳请专家和读者批评指正。

著者
2025年2月

CONTENTS
目 录

序
前言

第1章　基于运维的医院建设前期研究 ··· 001
 1.1　国内外医院建设发展现状 ··· 002
 1.2　医院建设的特点和问题 ··· 012
 1.3　医院机电运维建设管理发展及现状 ··· 015
 1.4　基于"治未病"理念考虑医院机电系统运维问题 ····················· 020
 1.5　项目建设的前期调研 ··· 022

第2章　医院机电系统实施策划 ·· 029
 2.1　代建管理策划和实施 ··· 030
 2.2　设计实施策划与实施 ··· 036
 2.3　招标采购实施策划与实施 ··· 049
 2.4　工程监理策划与实施 ··· 060
 2.5　财务（投资）监理管理策划与实施 ··· 070
 2.6　基于运维的BIM技术应用策划与实施 ···································· 086

第3章　基于运维的医院机电系统规划设计 ·· 095
 3.1　规划设计概述 ·· 096
 3.2　给水和排水 ·· 097
 3.3　通风与空调 ·· 102
 3.4　强电系统 ·· 121
 3.5　智能化系统 ·· 154
 3.6　消防系统 ·· 163
 3.7　物流系统 ·· 170
 3.8　医用气体 ·· 178
 3.9　屏蔽工程 ·· 186
 3.10　净化系统 ·· 190
 3.11　BIM技术在设计过程中的应用 ··· 198

第4章　基于运维的医院机电系统施工 ……………………………………………… 209
4.1　基于运维的机电系统总承包管理的实施 ……………………………………… 210
4.2　基于运维的机电质量管理的实施 ……………………………………………… 218
4.3　基于运维的机电技术管理实施 ………………………………………………… 235
4.4　基于运维导向 BIM 技术在施工过程中的应用 ………………………………… 239
4.5　机电设施运维实施 ……………………………………………………………… 255
4.6　电气工程 ………………………………………………………………………… 256
4.7　给排水工程 ……………………………………………………………………… 263
4.8　暖通工程 ………………………………………………………………………… 273
4.9　消防系统 ………………………………………………………………………… 284
4.10　弱电与智能化工程 …………………………………………………………… 288
4.11　医用物流工程 ………………………………………………………………… 300
4.12　医用气体工程 ………………………………………………………………… 309
4.13　屏蔽工程 ……………………………………………………………………… 317
4.14　整体装配式医疗单元 ………………………………………………………… 323
4.15　餐厨垃圾智慧节能处置实施及运行实践方案 ……………………………… 330

第5章　机电系统运维研究 …………………………………………………………… 337
5.1　智慧运维管理平台的开发研究 ………………………………………………… 338
5.2　智慧后勤的实施方案 …………………………………………………………… 353
5.3　医院机电运维展望 ……………………………………………………………… 361

参考文献 ……………………………………………………………………………… 365

第 1 章

基于运维的医院建设前期研究

1.1 国内外医院建设发展现状

1.1.1 国内医院

近年来,随着国家对医疗卫生事业的持续重视与政策支持,国内医院建设取得了显著进展。医院数量和规模不断扩大。根据国家统计局数据,截至2020年底,全国共有医院超过35 000家(图1-1);据2023年我国卫生健康事业发展统计公报,全国医院已达38 355家(图1-2)。这一增长得益于国家政策的大力支持,《健康中国2030规划纲要》《"十四五"卫生与健康规划》等规划推动了医疗基础设施的全面提升,医疗机构的建设不仅是提供医疗服务的基础,还与国家医疗卫生事业的发展息息相关。因此,在医院建设过程中,需要综合考虑经济性、长期性、稳定性以及其复杂的管理需求。

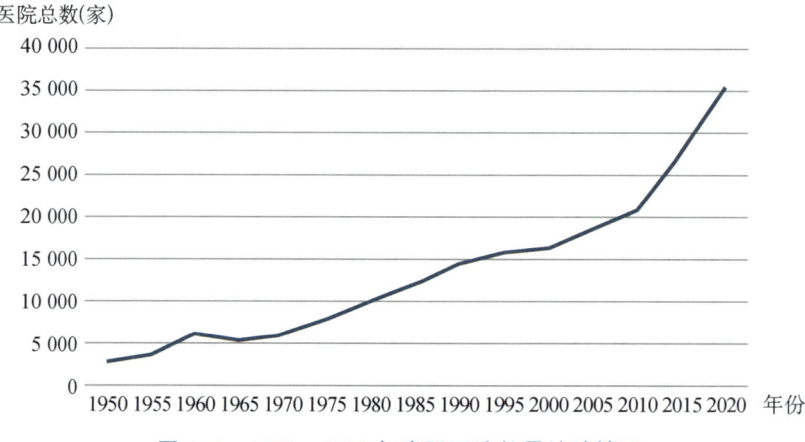

图1-1 1950—2020年我国医院数量统计情况

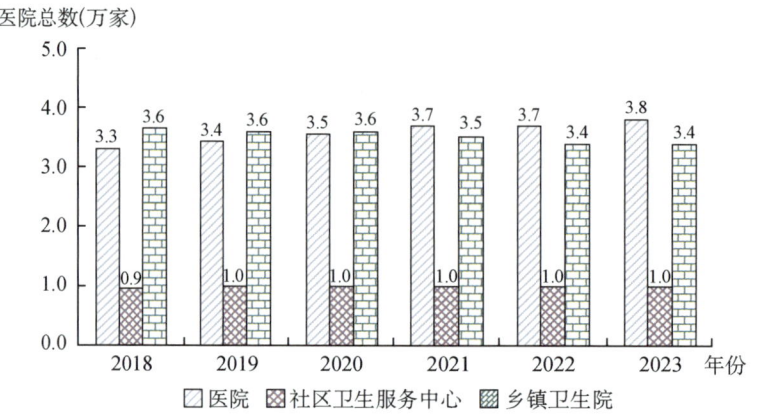

图1-2 2018—2023年全国医院、社区卫生服务中心、乡镇卫生院统计数量

医院总数增长趋势：1950—2023年间，国内医院总数从2 803家增加到38 355家，增长了13倍多。特别是改革开放后，医院数量的增长更为显著。1950—1980年间，医院总数从2 803家增加到9 902家，年均增长率约为4.29%。这一时期的增长主要受益于新中国成立初期医疗体系的建立和完善。在1980—2000年间，医院总数从9 902家增加到16 318家，年均增长率约为2.53%，这一阶段伴随着经济改革和开放，医疗体系建设加速。2000—2023年，医院总数从16 318家增加到38 355家，年均增长率约为3.78%。

其中，综合医院、中医医院和专科医院发展趋势如图1-3所示。综合医院数量从1950年的2 692家增加到2021年的20 307家，反映了综合医疗服务需求的增长以及城市化进程的推进。随着城市人口的增长和居民生活水平的提高，综合医院的需求不断扩大。中医医院数量从1950年的4家增加到2021年的4 630家，显示出中医药在我国医疗体系中的地位逐步提升，中医药政策的支持和中医药事业的发展对这一增长起到了关键作用。专科医院数量从1950年的85家增加到2021年的9 699家，专科医院的快速增长反映了专业化医疗服务需求的提升，以及医疗技术和专科治疗的发展，患者对专业化、精细化医疗服务的需求日益增长，推动了专科医院的发展。

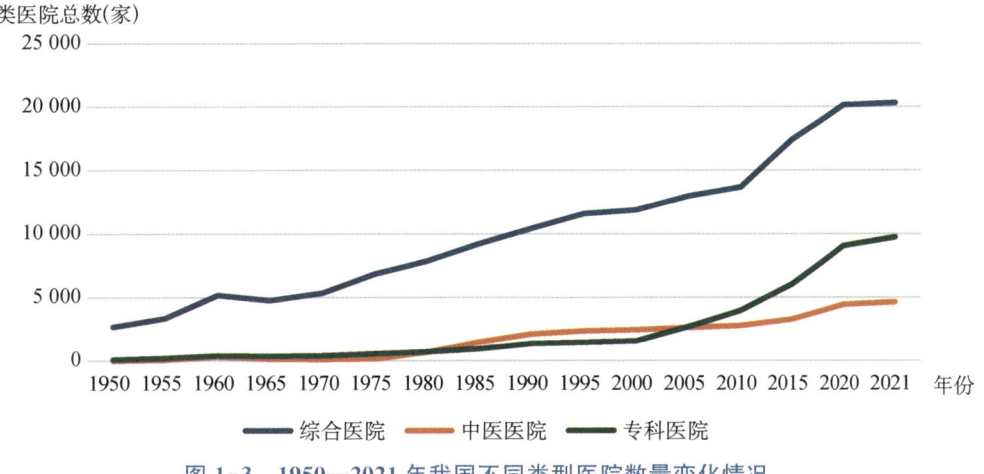

图1-3　1950—2021年我国不同类型医院数量变化情况

1.1.2　国外医院

随着科技的进步和全球化的推进，全球医院建设呈现出不断扩展和现代化的趋势，同时存在全球人口老龄化、疾病谱变化以及医疗技术的飞速发展状况，医疗健康行业在全球范围内得到了迅速发展，医院建设面临着前所未有的挑战与机遇。在国外医院建设方面，不同国家和地区根据自身的经济水平、文化背景和技术实力，展现出多样化的发展现状。根据世界卫生组织(WHO)和国际医院联合会(IHF)的数据显示，截至2022年，全球拥有超过30万家医院机构，其中发达国家的医院占比超过40%。美国、欧洲、日本等发达国家和地区的医院建设速度保持稳定，且注重设施的现代化、智能化和可持续发展。

1. 美国

在美国，医院建设持续推动多学科综合治疗中心的构建，并积极采用智能化管理系统，如电子病历（EHR）的广泛使用，提高了信息共享与协调效率。此外，美国的医院设计注重患者体验，例如，利用自然光照、艺术元素和景观设计来创建宜人的治愈环境。

美国医院体量相对较大，医院感染控制历来注重医院平面布局、人流与物流流线的设置，美国发展出来以无菌物品储存与流通区域为核心的新型"中心岛"模式，在布局上充分体现了加快手术周转率这一新思路，突出中央快速通道作用。尽管手术室造价高了，但手术质量也相应提高，使患者住院时间缩短，床位周转率提高，每个病患的整体治愈费用降低。

美国的医院建筑不仅包括传统的急性护理设施，还涵盖了门诊手术中心、长期护理设施、康复中心和其他专业医疗机构。以下是美国医院建设发展的一些关键点。

（1）技术整合：现代医院建设越来越注重技术的整合。这包括电子健康记录（EHR）系统的广泛采用，以及通过遥感设备和移动健康应用进行患者监控的技术。此外，人工智能（AI）和机器学习在医疗诊断和治疗中的应用也越来越普遍。

（2）绿色建筑和可持续性：随着环境保护意识的提高，许多医院建设项目开始采用绿色建筑标准。LEED（能源与环境设计领导力评估体系）认证成为新建或翻新医院的一个重要目标。这些建筑通常采用节能设计、可再生能源和环保材料，减少对环境的影响。

（3）患者中心的设计理念：现代医院设计越来越强调以患者为中心的理念，旨在提供更舒适、便利和人性化的就医体验。这包括提供更多的单间病房、增加自然光照明、设置室内花园和休息区，以及使用温馨的色彩和装饰。

（4）医疗服务模式变化：随着医疗保健服务模式的转变，如从按服务付费转向按结果付费，医院建设也在适应这种变化。例如，更多的服务被转移到门诊，减少了对传统住院设施的需求。

（5）基础设施老化问题：许多美国医院的基础设施面临老化问题，需要进行大规模的翻新或重建。这不仅涉及建筑物本身，还包括医疗设备和技术的更新换代。

（6）资金挑战：医院建设和升级需要大量资金。在美国，医院资金来源包括政府补助、私人投资、债券发行和慈善捐赠等。然而，医疗成本的上升和保险报销率的变化给医院财务状况带来了压力，影响了建设项目的资金筹集。

（7）应对公共卫生事件：新冠疫情暴露了美国医疗系统在应对大规模公共卫生事件方面的不足。因此，医院建设也开始考虑如何增强应急准备能力，包括改善通风系统、增加隔离区域和提升远程医疗服务能力。

（8）农村医疗设施的挑战：美国农村地区的医疗设施面临着特殊的挑战，包括人口密度低、资金有限和专业人才短缺。这些地区的医院建设往往需要创新的解决方案，如移动医疗单位和远程医疗服务。

案例一 纽约市 Montefiore 医院——绿色建筑与患者体验的结合

Montefiore 医院（图 1-4）位于纽约市，创于 1884 年，是一所具有多个院区的医疗机构。作为医院建设和设计的典范，Montefiore 医院近年来致力于实施绿色建筑和可持续性策略，其 Moses Division 综合癌症中心是一个代表案例。该中心获得了 LEED 金色认证，并采取了一系列环保和节能措施，包括采用高效能的建筑材料、减少能耗的照明系统和利用可再生能源。除了环境承诺外，Montefiore 医院在设计上强调以患者为中心的理念。新的建筑项目包括大面积的窗户以确保自然光照,以及为患者和访客设置的舒适休息区。此外,该医院还重视艺术与设计相结合,通过公共艺术作品和本地艺术家的参与,创造了一个有助于患者康复的环境。Montefiore 医院的建设项目展示了如何将环保目标与提升患者体验的目标结合起来,同时不断追求医疗服务质量的提升。

图 1-4 美国纽约市 Montefiore 医院

案例二 得克萨斯州儿童医院——创新型儿科医疗服务

得克萨斯州儿童医院(Texas Children's Hospital)(图 1-5)创立于 1913 年,是全美最大、最具声望的儿科医疗保健机构之一。在建设发展中体现了创新和以家庭为中心的设计理念。其 Simmons 癌症中心就是一个突出例子,它不仅注重提供高标准的医疗服务,还特别关注儿童及其家庭的特殊需求。建筑设计包含多彩的内饰、互动的游乐元素以及专为儿

图 1-5 美国得克萨斯州儿童医院(Texas Children's Hospital)

童设计的私人病房,以降低患儿在医院中的恐惧感和不适感。此外,得克萨斯州儿童医院采用了高科技的设备和系统来提高医疗服务效率,例如全自动化的药物分发系统和智能室温调节系统。这些技术的应用旨在提高医院运作的精确性和安全性,同时为患儿提供最佳的护理体验。

案例三 梅奥诊所(Mayo Clinic)——面向未来的医疗设施

梅奥诊所(Mayo Clinic)(图 1-6)成立于 1864 年,由梅奥医生创立,其总部位于美国明尼苏达州的罗切斯特市。作为一家具有悠久历史的综合性医学中心,梅奥诊所也是世界上第一个私立、非营利、集团式的医疗机构,全美最佳医院综合排名第一,全球医学诊断的"最高法院"。其建设和发展故事是面向未来医疗需求的一个缩影。该医院专注于整合先进的医疗技术和提供高质量的患者护理。在建筑方面,梅奥诊所采用了可适应性强的设计,可以根据未来的需要快速调整和重新配置空间和设施。医院内部设计考虑了多样化的服务需求,从急性护理到门诊手术,再到物理治疗和心理健康服务。为了应对紧急情况和非常规事件,医院还设有灵活的空间,可以迅速转变为应急响应中心。

图 1-6 美国梅奥诊所(Mayo Clinic)

以上这些案例都是美国现代医院建设发展的佳例,它们不仅提升了医疗服务质量,也为未来的医院设计和运营提供了新的思路和方向。

2. 欧洲

欧洲医院的建设以公立医院为主,尤其在北欧,医院建设更加注重节能环保和资源优化。根据欧洲卫生管理协会(EHMA)的数据,截至 2021 年,欧洲的公立医院占医院总数的 70% 以上,平均每家医院的床位数约为 250 张。北欧国家如丹麦、瑞典的医院建设以可持续发展和绿色建筑为核心。欧洲医院也在持续采纳高科技解决方案,尤其是数字化技术,以改善医疗流程和临床结果。此外,绿色可持续发展的设计在欧洲新建或翻新的医院中非常普遍。例如,英国的伦敦皇家医院的屋顶上设有太阳能板,减少了对化石燃料的依赖。

英国当代医院建筑与其他西方发达国家不同,在医院建筑研究方面独具特色。20 世纪

50年代初期,英国开始进行大规模医院建设,以满足全民医疗的需求。后为了实现利益最大化,英国开始积极探索面向社会需求的医院建筑。在此背景下,1963年英国成立了专门的医疗研究机构(MARU)。该研究机构受英国政府委托,对医院建筑进行了系统深入的研究,并出版了一系列的医院建筑著作。除此之外,还有非常杰出的个人研究成果,比如著名的医疗建筑师威克斯于20世纪50年代提出的建筑"机变论",该理论认为医院建筑不应该是一个一成不变的僵硬外壳,而应具有很大的弹性,为了满足医院自由生长的需要,医院各功能单体应疏松布置。此外,他还提出了"医疗街"体系。在此基础上,1969年英国的医疗部门提出了弹性设计体系"Greenwich",随后该部门又相继提出了"牛津模式"(Oxford Method)、"Best Buy""Harness"以及"Nucleus"模式,这几种模式则分别从医院建筑的工业化和标准化方面进行了探讨。

在英国现代医院建设的发展历程中,涌现出多个具有代表性的典型案例,这些案例不仅展示了医院建筑设计的前沿理念,还体现了医疗设施与社区、城市环境的深度融合。以下是其中两个典型案例的详细分析。

案例一　伯明翰伊丽莎白女王医院

伯明翰伊丽莎白女王医院(图1-7)是英国医院建设中的一颗璀璨明珠,其设计充分体现了人性化与功能性的完美结合。医院共拥有1 231张病床,是英国最大的医院之一。在设计之初,医院就明确提出了高效、灵活且专注于每位患者、来访人员和医院员工的愿景。医院的核心亮点在于其独特的建筑布局和公共空间设计。院区中心是一个位于古罗马堡垒旧址上的新建公园,为医院增添了浓厚的文化底蕴和绿色生态。病房区位于裙楼上部的中空椭圆形塔楼内,这些塔楼通过玻璃天桥相连,屋顶采用非对称设计,最大限度地利用了自然光,使病房内光线充足、通风良好。此外,新急诊大楼的功能区面积达到13.7万 m^2,为临床实践和技术的未来发展提供了广阔的空间和灵活性。医院的整体设计还充分考虑了与周边环境的协调。其退台造型将北部城区的城市体量和西南部毗邻住宅的郊区体量衔接起来,形成了和谐统一的城市景观。同时,医院利用基地南面的斜坡,巧妙地将服务入口、主入口和急诊入口设置在不同标高位置,简化了出入口的布置和医院内部的组织。

图1-7　英国伯明翰伊丽莎白女王医院(Queen Elizabeth Hospital Birmingham)

案例二　曼彻斯特皇家医院

曼彻斯特皇家医院(图1-8)则是英国医疗设施街区化模式的典范。作为曼彻斯特大学

(简称曼大)的附属医院,医院占地面积庞大,由多个不同属性的医院以及教学、科研、停车楼、能源楼等配套设施组成。医院与曼大紧邻,形成了产学研结合的典范,共同推动了医疗技术和教育的发展。医院的整体布局注重人性化设计和现代化城市生活元素的融合。街区西侧马路对面是城市公园和美术馆,周边是居民区和曼大学生宿舍,沿街还设有商业和餐饮设施。这种布局不仅为患者提供了便捷的医疗服务,还为城市居民提供了一个充满活力的公共空间。医院的新旧建筑群之间规划了公园绿地和停车设施,楼与楼之间通过空中连廊连接,形成了整体性和连贯性极强的街区式布局。这种布局模式不仅提高了医院内部的运营效率,还增强了患者和医护人员的舒适度。此外,医院还注重历史建筑的保护和现代城市更新的结合,使医院成为城市文化和美学的一个标志性街区。

图 1-8　英国曼彻斯特皇家医院(Manchester Royal Hospital)

3. 日本

日本的医院总数约为 8 000 家,主要由公立和私立机构共同组成。根据日本医疗设施协会的数据,日本医院的床位数较少,平均每家医院约有 150 张床位,但医疗设施的紧凑性和效率非常高,医院建设更加注重抗震能力和节能环保。日本医院强调高科技融合与精细化管理。在日本,自动化和机器人技术已被应用于日常的医疗操作中,减轻了医护人员负担,提高了工作效率。同时,日本的医院设计通常将患者和医护人员的舒适性放在首位,空间设计兼顾美观和功能性,流线安排合理,减少交叉感染的风险。近年来,日本政府针对医院建设和发展采取了一系列改革措施,以应对人口老龄化、医疗资源紧张等挑战。其中,新设"地区综合医疗病房"是一项重要的改革举措。这一病房主要收治老年急救患者,提供康复和营养管理等服务,旨在帮助患者早日恢复健康并回归家庭。此外,政府还加强了医疗人才的培养和引进工作,提高医务人员的专业素质和服务水平。

日本现代医院建设发展在近年来取得了显著成就,以下两个典型的日本现代医院建设案例,其设计理念和技术应用在全球范围内都具有很高的参考价值。

案例一　日本足利红十字医院

足利红十字医院(图1-9)在设计上充分体现了绿色和安全的理念。医院利用足利当地的丰富自然资源,通过井水水源热泵、风能和太阳能发电等可再生能源技术,实现了能源的高效利用和二氧化碳排放的大幅降低(比传统医院降低了40%)。医院还建立了能源管理系统,实现了能源管理的可视化,进一步提升了运营效率。与大多数日本医院不同,足利红十字医院的所有病房均设计为单人病房,这不仅保障了患者的隐私,还有效控制了感染风险,减少了噪声和气味对患者恢复的影响。同时,病房布局合理,每个"V"形分布的底部都设有员工工作站,确保员工视线无盲点,便于观察患者情况并增强患者的安全感。医院在设计时充分考虑了未来增长和社会需求的变化,病房、门诊、治疗、检查等设施独立布局,能够适应未来医疗保健系统的变化。此外,医院还预留了足够的空间用于未来技术的升级和设备的替换。足利红十字医院在智能化方面也有显著成就,通过计算机、通信和自动控制技术,提升了医院的医疗服务水平和患者体验。医院还建立了医疗持续性计划,确保在灾难发生时能够维持医院的正常运行,执行红十字会的使命。

图1-9　日本足利红十字医院(Ashikaga Red Cross Hospital in Japan)

案例二　东京大学医学部附属医院

东京大学医学部附属医院(图1-10)在设计上采用了生态化的现代化医院设计思想,注重医院与周围环境的和谐共生。医院通过合理的布局和绿化设计,为患者和医护人员提供了舒适的工作和康复环境。医院改变了传统护士站的概念和运作方式,建立了一个医生、看护、药剂师、营养师及相关工作人员相互协作、共同作业的开放式工作据点。这种设计提高了工作效率和团队协作能力,为患者提供了更加全面和高效的医疗服务。医院运用设施管理的基本概念对空间场所及使用的设备物品进行数量化系统评价性设计。通过合理的空间布局和便捷的人流、物流设计,医院实现了资源的优化配置和高效利用。东京大学医学部附属医院在医疗技术和设备方面处于领先地位,不断引进和应用最新的医疗技术和设备,为患者提供高质量的医疗服务。医院还注重医疗信息化建设,通过电子病历、远程医疗等技术手段提高了医疗服务的便捷性和效率。

图 1-10　日本东京大学医学部附属医院

4. 印度

作为新兴经济体,印度正在努力克服其公共医疗系统面临的挑战,通过吸引私人投资和合作伙伴建立现代化医院。随着医疗技术的不断进步,印度的一些医院开始引进先进的医疗设备和技术,以提升医疗服务水平。然而,这种引进和更新主要集中在私立医院和少数大型公立医院。印度政府推出多种政策鼓励数字健康记录和电子处方,但在实施过程中却遇到技术和基础设施的挑战,仍面临设备落后的问题。在医院建设方面,印度亦逐步推广国际标准的医院建设与管理体系,以提高医疗服务质量。

印度现代医院建设发展中,有几个典型案例展示了该国在提升医疗服务质量和可及性方面的努力和成就。它们不仅体现了印度医院建设的创新思路,也反映了印度在医疗领域的快速发展。

案例一　纳拉亚纳医院(Narayana Health)

纳拉亚纳医院(图 1-11)总部位于印度班加罗尔,是印度现代医院建设发展的一个杰出代表。该医院由德维·普拉萨德·谢蒂(Devi Prasad Shetty)医生创立,以其极低的医疗价格和高质量的医疗服务而闻名于世。纳拉亚纳医院不仅填补了印度医疗服务的巨大缺口,还吸引了大量国外患者前来就诊。纳拉亚纳医院实施了一系列标准化医疗服务流程,通过大规模生产降低医疗成本。医院采用流水线作业方式,医生们每天进行大量手术,从而降低了每台手术的人工费用。这种"沃尔玛式"的心脏手术模式,使得心脏手术费用大幅降低,从最初的 15 万卢比降至目前的 9 万卢比,并计划进一步降至 4.8 万卢比。医院在采购、设备使用等方面也实现了规模经济。例如,通过从马来西亚进口整集装箱的手术手套,节省了约 40% 的成本;采用数码 X 线技术,减少了胶片重复成本;与设备供应商合作,通过销售检测所需化学试剂来分担机器成本。尽管价格低廉,但纳拉亚纳医院的服务质量并未打折。患者的死亡率约为 2%,医院内每 1 000 个 ICU 的感染数仅为 2.8 例/日,这与世界上最好的医院不相上下。纳拉亚纳医院的成功不仅为印度低收入患者提供了高质量的医疗服务,还推动了医疗行业的创新与发展。该医院的发展模式被誉为"印度医疗模式",为其他国家提供了可借鉴的经验。

图 1-11　印度纳拉亚纳医院(Narayana Health)

案例二　博帕尔哈米迪亚医院(Hamidia Hospital, Bhopal)

博帕尔哈米迪亚医院(图 1-12)位于印度中央邦博帕尔市,是一座集医疗、教学、科研于一体的综合性医院。该医院在重建过程中,融入了智慧医疗城的概念,成为印度现代医院建设发展的又一亮点。医院不仅关注医疗服务本身,还致力于打造一个集医疗、预防、康复、教育等功能于一体的智慧医疗城。通过改善设施、加强健康教育和提高常规医疗服务的可及性,医院重新发展成为世界一流的医疗中心。在重建过程中,医院保留了原有的历

图 1-12　博帕尔哈米迪亚医院(Hamidia Hospital, Bhopal)

史建筑和文化传统,同时还融入了最先进的技术和服务理念。这种新旧融合的方式,既保留了医院的历史底蕴,又提升了医疗服务水平。医院注重可持续发展,通过广泛的人行道和自行车道布局、绿化和开放空间的提供等方式,鼓励环境友好型生活。此外,医院还采用了被动式设计、无污染建筑材料等措施,减少了对环境的破坏。博帕尔哈米迪亚医院的重建和发展,不仅提升了当地医疗服务水平,还带动了周边地区的经济发展和社会进步。医院成为城市健康生活环境的典范,为印度乃至全球的医院建设提供了有益的借鉴。

随着医疗需求的不断增加,医院建设的规模和资金投入也显著增加。在欧美等发达国家,现代医院的建筑面积通常在 2 万~10 万 m^2,且建筑费用高昂。美国的医院建设成本较高,根据美国建筑协会(AIA)的数据,建设一座中型医院(约 5 万 m^2)的费用平均为 5 亿~10 亿美元。欧洲的医院建设费用稍低,但同样规模的医院仍需投入 3 亿~6 亿欧元。欧洲的医院往往在设计时更注重降低后期运维成本,因此初期建设中会加入更多绿色节能技术。

1.2 医院建设的特点和问题

1.2.1 医院建设的特点

1. 功能复杂、专业性强

医院建筑是具有特殊功能的公共建筑,每天 24 h 不间断运行,是能耗最大、功能流程最繁杂、专业系统与设备最繁多、环境安全要求最高、发展与改扩建要求最灵活、运行成本最高的公共建筑分支之一。医院建筑关系到公众的生老病死,对环境有更高的要求。医疗建筑功能用房包括门诊、急诊、医技、病房、行政、后勤保障、院内生活、科研、教学、地下车库等;不同功能区域用房对土建、装饰、安装工程的要求都有别于其他公共建筑。因此各个参建单位或团队都应该熟悉医疗建筑的特点,了解医院医疗流程,才能把一个医院建设项目建设好。

2. 机电安装系统多、要求高

与其他公共建筑相比,医院建筑有着更多的机电安装系统,机电安装系统不仅关乎医院的正常运行,而且关系着患者的生命安全,具有专业性、复杂性、安全性、节能性和智能化等特点。

(1)专业性:医院机电系统涉及多个专业领域,如电气、给排水、暖通、消防等。这就要求技术人员具备广泛的专业知识和技能。

(2)复杂性:医院机电系统设备繁多,系统之间相互关联,相互影响。在运行维护过程中,需要充分了解各个系统之间的联系,确保整个机电系统的稳定运行。

(3)安全性:医院机电系统的安全性至关重要。要始终将患者和医护人员的安全放在首位,加强设备检查和维护,预防事故的发生。

（4）节能性：随着能源形势的日益严峻，医院机电系统的节能性也越来越受到关注。要通过技术改造和管理创新，提高机电系统的能源利用效率。

（5）智能化：随着信息技术的发展，医院机电系统正朝着智能化方向发展。智能化系统可以提高医院机电设备的运行效率，降低能耗，提升患者就医体验。

3. 建设方案需与医疗技术发展相适应

当前医疗技术发展迅猛，各种新型医疗设备和医院保障设备层出不穷。20世纪90年代以前建设的医院建筑，往往层高低，无法满足新设备管道吊顶要求；很多20世纪以后建设的医院建筑，也会出现空间、层高不够，如无法满足"达芬奇手术室"安装所需空间的要求，在既有建筑中无法增设"轨道物流传输系统"等问题。

同时，作为全球医疗技术领先的国家，中国也正致力于探索、研发高端医疗技术装备，如治疗肿瘤的质子治疗技术、重离子治疗技术，这些先进技术设备的运用都会对医院建设项目提出不同的要求。而往往一些老院区没有经过整体规划，在空间上没有合适的空间满足引进粒子治疗装置，这将影响相关学科的发展。

随着公立医院高质量发展建设目标的提出，越来越多的三级医院往临床研究型医院发展，这就要求在医疗空间上更多能满足科研团队入驻的需求、临床研究的医疗设备引入的需求，这些都对医院的空间提出了要求。

4. 注重医疗流线设计

医院建设项目注重的是流线设计，包括洁污流线、医患流线、人车流线等，因此在医院建设项目中，流线设计得合理与否关系到患者就医的便捷性、医疗活动的安全性、医院管理的高效性。

中国公立医院的特点就是患者多，特别是在大型城市中的三级医院，常常人满为患，因此如何分流人群、如何合理布置功能区域，在空间有限的医院建设项目中，医疗流线的设计显得更加重要，在前期论证阶段也是一个重点。

5. 不同医院的需求差异较大

医院按不同的属性可以划分成多种类型，按综合性分如综合医院、专科医院。按专科功能属性分可划分为五官科医院、胸科医院等；按人群特点分，有儿童医院、老年医院、妇幼保健医院等。但是即便是同类型医院，每个医院也都有自身的特点，有不同的发展定位、有不同的特色学科、优势学科及服务人群，在满足特定医院使用需求的前提下，没有哪两家医院的建筑是可以完全复制的，因此这就要求每个建设项目的需求都要围绕医院的基本情况、学科特点来设定，这需要通过前期的调研、论证进行明确，作为最终政府决策项目定位、规模和投资的依据。

1.2.2 医院建设的问题

1. 重综合医院建设、轻专科医院建设

在我国医院建设项目中，综合性医院建设项目往往规模大，数量多，相关的设计规范、建设标准也以综合性医院为主，因此在专科医院一些特殊功能用房中，对于一些专科医院设计经验欠缺的设计单位来说，就会忽略专科医院在功能用房、流程布局上的特殊性。如中医院的特殊用房规划不合理问题较为突出，具体表现在制剂室、实验室和治疗室等功能

性用房的布局和设计不符合实际使用需求,导致资源浪费和功能使用效率低下。在综合医院可以考虑新风设计,而在中医医院,由于一些中医疗法会采用针灸、香薰等方式,需要充分考虑自然通风和采光,否则会对患者康复和医护人员工作环境造成负面影响。

在信息化建设方面,信息化建设滞后是制约中医院现代化发展的重要因素之一。虽然国内医院信息化发展迅速,但根据《中国卫生信息与健康医疗大数据发展报告(2021)》的数据,超过60%的中医院尚未实现全流程的信息化管理,医疗信息系统不完善,智能化设备应用不足。这种情况导致中医院在管理效率、患者服务和医疗质量提升方面受到制约。例如,患者信息难以实时共享,医生在诊疗过程中难以获得全面的病历信息,因此会影响诊疗决策和效率。

2. 重开工、竣工进度管理,轻实施过程管理

医院作为民生工程,建设项目往往受到上级领导及社会关注,早日开工、早日投产是医院、政府、老百姓的共同期盼。同时,各地政府也在优化营商环境等政策方面不断优化建设项目审批流程,流程简化一定程度上加快了项目开工、竣工的节奏。但是前期工作的高速推进往往带来的是建设需求没想清楚、设计图纸深度不够、各类招投标工作埋下的投资控制隐患等问题层出不穷,导致工程质量被建设资金、总包队伍水平等问题掣肘,一旦产生质量问题,对竣工后建设单位的使用会造成很多困扰,甚至影响医院正常安全运行。

3. 重建设管理、轻运维管理

医院建设项目"重建设"体现在对项目的进度、质量、安全、投资控制上往往有健全的体系去对建设管理流程进行保障,但是容易忽视运维阶段的问题,要提前在建设周期去解决,避免在建设周期只关注将一次性投入"不超标"控制在概算里,却忽视设备设施本身的参数、性能对运维成本的影响,这会导致有些项目机电设备运行能耗大、故障率高,进一步造成运行成本过高。

机电系统问题:包括空调系统、电力系统和给排水系统等。在实际运行中,许多医院的机电设备陈旧,故障率高,维护成本大。电力系统和给排水系统的可靠性不足,也常常导致医院在高峰期或紧急情况下无法正常运转。

同时,大多数项目在建设周期往往缺乏"建管一体"的思维,体现在运维团队介入时间较晚,一般在接近竣工的时候才开始由医院运维团队介入,当发现问题时,不得不通过整改或采取措施解决。

4. 重在设计时提需求、轻落地后强管理

在医院建设过程中,建设单位在设计阶段,非常注重需求落在图纸上,但在实际落地后,在医疗管理行为中,往往会忽略当时的设计理念,随意调整功能、占用公共空间,使管理上的问题存在安全隐患。

(1)消防安全隐患:消防安全隐患也是医院建设中的重要问题之一。医院内部常储存大量易燃药品和化学试剂,根据《中华人民共和国消防法》及相关消防设计规范,医院应确保疏散通道畅通,配备必要的消防设施和设备。但现实中,部分医院在易燃物品的管理和疏散通道的设计上存在缺陷或管理不善,存在较大的安全隐患,一旦发生火灾,后果不堪设想。

(2)制剂室运行问题:医院的制剂室面临设备陈旧、质量控制困难、原材料管理不善等问题。根据《药品管理法》的相关规定,医院制剂室应具备先进的设备和严格的质量控制体

系。然而,在实际操作中,由于设备更新不及时、管理制度不完善,许多制剂室难以达到高标准的生产和管理要求,导致药品质量难以保障。此外,原材料管理不善也导致药品生产过程中存在较大的安全隐患。

5. 重表面工程、轻隐蔽工程

在医院建设项目的质量管理中,建设单位在工程验收初期,往往更关注建成后的"表面工程"效果,如装修材料的整洁度、墙体平整度等表层观感,而忽视了隐藏在其下的深层质量问题。由于这些问题在交付初期不易被察觉,如墙体开裂、涂料剥落、设施脱层等,常常被视为"轻整改"即可解决,导致工程质量评估流于表面,忽略了影响医院运行稳定性的深层次隐患。从设计的角度来说,好的安装设计能最大程度地优化综合管线方案,让医院空间的净高达到最佳;从施工角度来说,安装团队尤其重要,管道的连接、管线敷设质量、设备的安装,若未能作精细化的前期统筹规划,不仅会影响后续设备的运行效率,也会加大维护难度,埋下在运维阶段的安全隐患。这些"隐蔽工程"的质量需要在建设前期和过程中就严把质量关。

1.3 医院机电运维建设管理发展及现状

医院机电系统是指医院建筑中用于保障医疗和日常运营的各类机械与电气设备及其相关设施的综合体系。这些系统的主要功能是确保医院环境的安全、舒适和高效运作。根据《医疗建筑电气设计规范》(JGJ 312),医院的机电系统通常包括以下子系统。

(1)电力供应系统:提供可靠的电力以支持医疗设备和日常运营。
(2)照明系统:确保各区域的适当照明,满足医疗和患者的需求。
(3)空调与通风系统:调节室内空气的质量和温度,提供舒适的环境。
(4)给排水系统:保障清洁的水源供应和废水排放。
(5)医用气体系统:输送氧气、笑气等医疗气体,支持临床操作。
(6)消防系统:预防和应对火灾,保障人员和财产安全。
(7)弱电系统:包括通信、网络、监控等,支持信息传输和安全管理。
(8)物流系统:常见设施包括气动物流设施、轨道物流车等。

这些子系统共同构成了医院机电系统的核心部分,确保医院的正常运行和医疗服务的高效提供。

各类医疗机构规模的扩增,背后是政府建设财力的大量投入及相关政策的支持,与建设周期2~3年的固定资产投入相比,医院运行阶段的维护管理投入的人力、物力、财力更不容小觑。在医院建设中,机电系统的规划与建设是确保医院正常运营的重要组成部分。供电系统、暖通系统、给排水系统等基础设施的合理设计和运作直接影响到医院的日常运转和医疗服务的质量。手术室、重症监护病房(ICU)等重要医疗场所的温度、湿度和空气质量,依赖于暖通系统的高效运作。供电系统的稳定性是保障医疗设备正常运转的重要因素。而医院机电系统的建设不仅仅是基础设施的构建,它还贯穿于医院的全生命周期管理当中。随着医院规模的扩大和现代化医疗设备的普及,机电系统的建设已经从传统的粗放型管理模式逐步向信息化、精细化管理转变。

1.3.1 国内医院

1. 历史演变

1) 起步阶段(20 世纪 80 年代以前)

在 20 世纪 80 年代以前,国内医院的机电运维管理基本处于较为初级的状态,主要依赖人工经验对基础设施进行日常维护。由于当时的医疗设施相对简单,医院机电系统(如供电、给排水、暖通空调等)的需求不高,运维工作更多依靠技术人员的现场处理和应急管理。这一时期的运维工作以被动维修为主,系统化管理较为薄弱。

2) 快速发展与系统化管理阶段(20 世纪 80 年代至 2000 年)

随着我国经济改革的深入推进,医疗体系建设加速,医院规模扩大,对机电系统的要求也越来越高。自 20 世纪 80 年代开始,医院逐步引入现代化的机电系统,尤其是在供电和暖通空调系统方面,设备的复杂度和自动化程度提升。与此同时,医院机电运维逐渐开始向更系统化的方向发展,设备维护逐步从人工管理向初步的自动化监控系统过渡,但整体管理依旧较为粗放,管理模式主要依赖日常巡视与维修。

3) 信息化管理阶段(2000—2010 年)

进入 21 世纪后,随着医院信息化建设的推进,医院的机电系统逐渐从粗放型管理模式向信息化、精细化管理转型。计算机辅助管理系统(CMMS)逐步应用于医院的机电运维管理中,设备的实时监控与数据分析逐渐成为可能。这一时期,医院开始采用中央监控系统对机电设备进行统一管理,从而提升了维护的效率和精度,减少了突发故障的发生。医院的机电运维逐步走向标准化、流程化管理。

4) 智能化与精细化管理阶段(2010 年至今)

近年来,随着物联网(IoT)、大数据和人工智能技术的迅速发展,国内医院机电运维管理进入了智能化阶段。现代医院通过引入智能建筑管理系统(BMS),可以实时监控机电设备的运行状态,并由此具备了数据的自动化分析和预警机制,这大大提升了运维效率。医院的运维系统与信息管理系统(HIS)深度集成,形成了一体化的智能化管理平台,不仅提高了系统的运行效率,还降低了能源消耗和维护成本。这一阶段的转变使得医院机电运维管理更加精细化,进一步提升了医院的整体运作效率和服务质量。

2. 国内医院机电运维的管理模式

当前,国内医院机电运维管理的模式大致可以分为自主运维、第三方服务外包和混合运维模式,每种模式都存在优势和劣势(表 1-1),都可在不同规模和类型的医院中广泛应用。

表 1-1 医院机电运维管理模式对比一览

模式	优势	劣势	适用场景
自主运维	实时控制、快速响应、灵活性高	人力成本高、技术更新难	大型综合医院

（续表）

模式	优势	劣势	适用场景
第三方服务外包	技术专业、成本低、减少内部管理压力	响应速度慢、服务质量难控	中小型医院
混合运维	降低成本、保留核心技术、提高管理效率	需要平衡外包与内部管理的协调性	具备一定规模的大中型医院

自主运维模式主要由医院内部的专业团队负责机电系统的日常运行和维护。这种模式多见于大型综合性医院，这些医院通常具备雄厚的资金和技术力量，能够建立并维持一支专业的运维团队，确保设备和系统的高效运转。自主运维的优势在于医院可以对系统管理进行实时控制和快速响应，但同时也面临较高的人力成本和技术管理难度。

第三方服务外包模式是近年来越来越多中小型医院所采用的管理方式。医院通过签订合同，将机电运维工作交给专业的外包公司。这种模式的优势在于可以降低医院在技术和人力资源方面的投入，并且专业公司通常具备更强的技术能力和管理经验。但外包模式也存在风险，例如服务质量难以完全控制，且在突发事件中可能响应不够迅速。

混合运维模式则结合了上述两种模式的优点，医院内部保留核心技术和管理团队，负责关键系统的运维管理，而将部分非核心或技术难度较高的工作外包给第三方公司。混合运维模式可以有效降低医院的运维成本，同时确保关键系统的安全性和可靠性，是目前越来越多大型医院的选择。

3. 国内医院机电运维的政策环境与标准规范

国家政策的引导和支持对国内医院机电运维的发展起到了重要的推动作用。近年来，国家卫生健康委员会（以下简称"卫健委"）、国家发展和改革委员会（以下简称"发改委"）等部门陆续出台了多项政策，规范并促进了医院机电运维管理的发展。例如，2019年发布的《国家卫生健康委办公厅关于印发〈医院后勤服务管理规范（试行）〉的通知》明确提出，医院应建立和完善机电设备的运维管理制度，保障医院设施设备的安全、高效运行。此外，随着国家对绿色建筑和节能减排的重视，医院机电运维的节能管理也成为政策重点。根据国家发改委、住房和城乡建设部等部门联合发布的《绿色建筑行动方案》及相关政策要求，医院作为公共建筑的典型代表，需在机电系统设计和运维中优先考虑节能环保措施，减少能源消耗。这些政策的出台不仅为医院机电运维管理提供了制度保障，也推动了医院机电系统从传统管理向现代化、绿色化管理的转变。

4. 国内医院的机电运维管理典型案例

以上海某三甲综合医院（以下简称"上海H医院"）为例。始终以能效对标为前提，以技术创新和能力提升为抓手，以事业单位节能示范单位实现节能绿色领先为目标。2015年，上海H医院从全国200万余家事业单位中脱颖而出，成为2050家经济事业单位示范单位之一；在2018年事业单位能效领军人物名单中，上海H医院上榜，成为183家事业单位能效领军人物之一，在44家国家卫健委直属医院中排名第一。

上海H医院始建于1907年，是一所具有116年历史的大型公立医院。年门诊量超过400万人次，出院近9万人。与"巨大"医疗体量相对的是医院的"小规模"。在寸土寸金的上海市中心静安区的乌鲁木齐中路,是上海 H 医院的"发祥地",占地仅 58 亩。除了华山花园是历史保护建筑外,剩余就是不到 30 亩的"小地"。"全心全意为患者服务",精细化、高效化一直是该院管理的重中之重。

上海 H 医院机电运维管理的具体做法如下:

1) 能源监控与管理

上海 H 医院的能源监测中心作为医院能耗管理的"大脑",每年处理超过 1.3 亿条能耗数据,实时监控医院内电力、供水、空调等系统的运行。该中心集成了多个智能化管理平台,如配电远程监控、空调自控系统、锅炉安全监控系统等,能够通过物联网技术对设备进行远程监控和数据分析,提前预警故障并快速响应,显著减少了运维成本。

2) 锅炉节能改造

锅炉系统作为医院的重要设备,上海 H 医院通过技术改造,将燃气锅炉的排烟温度从 200℃降至 120℃,每年节约天然气 25 万 m^3。此外,医院还对冷凝水回收系统进行了阶段性升级,进一步提升了节能效果。医院锅炉房因此成为上海市"安全节能示范锅炉房",在全市 6 150 个锅炉房中脱颖而出。

3) 数据驱动的精细化管理

医院依托能源监测中心,制订了详细的《公用事业设备技术管理规范手册》,定期发布能耗分析报告,为医院的能源管理决策提供了数据支持。同时,通过与高校合作进行数据建模分析,进一步优化了能源使用和设备管理。

4) 专业团队建设

在推进医院机电系统精细化管理过程中,专业化、系统化的后勤运维团队建设同样发挥着关键作用。上海 H 医院建立了专业的后勤管理团队,将运维管理分为七个专业领域,如配电、暖通、锅炉等,以确保各系统的高效运转。医院还通过引进技术人才和培养年轻专业人员,形成了一支精干的后勤队伍,进一步提升了医院的运维水平。

然而,相较于上海 H 医院这样管理精细、体系完善的个案,当前多数医院在机电运维管理方面仍存在诸多共性的、不足的问题。主要体现如下。

从能耗管理角度来说,节能管理制度不完善,多数医院没有奖惩机制,未将能耗指标与科室考核挂钩;后勤人员年龄结构日趋老化,呈自然减员状;在能源管理方面缺少专业人员,对重点用能设备运行管理存在缺陷。

分项计量建设滞后导致医院管理基础条件普遍较弱。多数医院建筑年代久远,设计本不具备完善的计量分区与数据采集能力,能源数据多数采用人工抄录方式,缺乏自动化系统,造成数据反馈滞后、真实性不足,影响节能诊断与管理效率。

在医院机电运维管理中,负荷不均、供应复杂的问题普遍存在。医院业务科室和后勤办公部门的工作时间不同步,导致部分时段负荷偏低或局部能源供应急剧变化,形成典型的"大马拉小车"现象,影响系统的整体运行效率。同时,专科医院与综合医院等不同类型医院之间,用能需求差异明显,能源供应分布呈现出时间性和区域性的波动特征,增加了运维管理的协调难度与系统调控的复杂性。

由于安全保障压力大,医院使用人员有限、用能需求集中,医疗设备多、基建设备运行时间长、维护对象特殊等特点,使医院运维在系统保障上面临更高要求。一旦关键设备失效,将影响医院的连续服务能力和质量水平。

节能改造模式差。节能改造的传统模式为:医院付款,采购产品和服务,但公司卖给医院的仅仅是功能单一的产品,而非综合系统性服务;部分医院已进行了小范围节能改造,但很多先进高效的节能措施仍未在医院得到全面的推广。

1.3.2 国外医院

1. 国外医院机电运维的历史发展与趋势

国外医院机电运维的历史发展可以追溯到20世纪中叶,伴随着西方国家医疗体系的逐步完善和技术革新,医院机电系统逐渐从单一的设备维护走向综合性、系统化的管理。早期的医院机电运维主要集中在基础设施的维护和电力保障上,随着医院规模的扩大和医疗技术的复杂化,机电运维的内涵和外延不断扩展,逐渐涵盖了供电、供水、暖通空调、医用气体、消防安全及医疗设备的综合管理。

进入21世纪后,欧美等发达国家的医院机电运维开始向智能化、信息化方向发展。随着物联网、大数据和人工智能等技术的应用,医院机电运维系统从传统的被动维护模式转变为主动预防和智能监控,极大地提高了运维效率和系统安全性。根据美国能源部(DOE)发布的数据,现代化的机电运维系统可以将医院的能耗降低15%~30%,而设备的故障率也能相应减少20%以上。

2. 国外医院机电运维的管理模式

在管理模式上,国外医院通常采用专业化与集成化相结合的机电运维管理体系。在美国和欧洲的大型综合医院,机电运维管理已发展为高度专业化的领域,通常由专门的设施管理部门负责,这些部门包括电力、暖通空调、给排水、医疗设备等多个子系统的维护与运营。

美国的医院机电运维管理模式以系统集成和技术驱动为特点,许多医院采用计算机化维护管理系统(CMMS)来整合和管理机电系统。CMMS不仅能够实时监控设备运行状况,还能通过数据分析优化设备维护策略,减少非计划停机时间。美国医院协会(AHA)的一项调查显示,使用CMMS的医院设备故障率降低了25%,运维成本降低了20%。

欧洲的医院,尤其是北欧国家的医院,则更加注重节能和可持续发展。以丹麦为例,其国家卫生服务体系规定,医院的机电系统必须达到严格的能效标准,并定期进行能耗审计和优化。丹麦皇家医院采用了先进的能源管理系统(EMS),通过实时能耗监测和智能化调控,将医院的整体能耗降低了近30%。

此外,日本的医院机电运维管理也具有独特的特点。日本的医院普遍采用全面质量管理(TQM)理念,将机电运维与医院的整体管理系统深度融合。在日本的领先医院中,设备维护与风险管理相结合,通过精益管理方法(Lean Management)来提高运维效率,减少资源浪费,确保系统高效、可靠运行。

3. 国外医院机电运维的政策环境与标准规范

欧美国家在医院机电系统的建设与管理上,制定了详细的法规和标准,涵盖了设计、安装、运营、维护等各个环节,确保机电系统的安全性、可靠性和可持续性。

在美国,医院机电运维管理主要遵循国家消防协会(NFPA)和美国工程师协会(ASHE)制定的标准。NFPA 99《医疗设施电气系统标准》和ASHE《医院设施管理指南》是美国医院在电力、气体、消防等系统管理中必须遵守的核心文件。这些标准为医院机电系统的设计、维护和操作提供了系统化的指南,确保系统在日常运营和紧急情况下的安全性和可靠性。

欧洲国家在机电运维方面也有一套成熟的标准体系,例如,欧盟《能效指令》(EED)要求公共建筑,包括医院,在能效管理中达到严格的标准,并定期进行能效审计。此外,英国的《建筑管理系统标准》(BS EN 15232—2017)对医院的自动化系统提出了具体要求,涵盖了能源管理、空调系统、照明控制等多个方面。欧盟和英国的这些标准不仅规范了医院机电系统的建设和管理,还推动了医院机电运维向绿色化、智能化方向的发展。

在日本,医院机电运维管理主要遵循《建筑物清洁法》和《能源保护法》等国家法规,这些法规对医院的能源使用、设备维护、环境管理提出了严格要求。同时,日本医院普遍采用 ISO 9001 和 ISO 14001 质量管理体系认证,确保医院机电运维管理的系统性和国际标准的遵从。

4. 国际领先医院的机电运维管理典型案例

梅奥诊所:作为美国顶尖的医疗机构之一,其机电运维管理系统被广泛认为是行业的标杆。梅奥诊所采用了高度集成的 CMMS 系统,覆盖了电力、供水、暖通空调、医用气体、医疗设备等所有关键领域。该系统不仅能够实现设备的实时监控和智能预警,还能够通过历史数据分析优化维护计划,延长设备寿命,降低运维成本。据统计,自采用 CMMS 系统以来,梅奥诊所的设备故障率减少了 40%,每年节省运维费用超过 100 万美元。

丹麦皇家医院:医院系统采用了世界领先的 EMS,通过精确的能耗监测和智能控制系统,最大限度地减少了能源浪费。根据丹麦能源局的报告,丹麦皇家医院在引入 EMS 系统后的 5 年内,医院的总能耗减少了近 30%,二氧化碳排放量减少了 20%,为医院节省了大量的能源成本,同时大大提升了医院的绿色形象。

东京大学医学部附属医院:该医院将全面质量管理(TQM)理念深度融入机电运维中,通过定期的系统检查、精益管理和持续改进,确保机电系统的高效运转。东京大学医学部附属医院还采用了先进的地震预警系统,能够在地震发生前几秒钟自动切断电力、气体供应,保护患者和设备的安全。该系统在 2011 年东日本大地震中发挥了重要作用,避免了重大事故的发生,展现了日本医院在应急管理中的卓越能力。

1.4 基于"治未病"理念考虑医院机电系统运维问题

若将医院建设工程比拟为人类"身体",则医院机电系统及其管线则类似于五脏六腑及其血管和经络。机电系统全生命周期的运行性能,将决定医院"身体"能否保持安全、高效、绿色、韧性、健康的运行状况。因此在医院工程的建设阶段,可以创新应用中医"治未病"理念考虑医院机电系统运维问题,即在机电各专业系统的规划、设计和施工前期,基于前瞻性、全局性、系统性考虑,提前分析机电系统全生命运行过程中可能出现的各种状况,采取预防性措施,避免"小修小补"的问题延伸为"需动大手术"的问题,避免单一系统问题延伸为"损伤"多种系统问题,确保医院在全生命周期内的安全高效运行和低成本投入。

1.4.1 医疗工艺前期策划

基于中医"治未病"理念,首先重视医疗工艺前期策划工作。通过对医院整体运营流程、功能布局及未来发展需求的深入分析,为机电系统的布局提供科学依据。这有助于确保机电系统在设计之初就符合医院的实际需求,减少后期改造和调整的成本。根据医疗工艺设计的要求,合理配置机电设备的种类、数量和位置,这不仅能提高设备运行效率,还能降低能耗,减少运维成本。因此前期策划需做好以下几项工作。

(1)需求分析:深入了解医院的服务定位、患者群体特点和医疗业务需求,为后续的设计提供准确依据。例如,对医院科室功能定位进行分析,输出楼层功能分配方案和特殊功能空间需求清单,进而调整其机电系统设备和空间参数需求。

(2)流程规划:绘制医疗服务流程蓝图,包括患者就诊流程、医护工作流程、物资配送流程等,确保流程顺畅、高效,减少不必要的环节和等待时间。

(3)功能分区:根据医疗流程和功能需求,合理划分医院的各个区域,如门诊区、住院区、医技区等。同时,对于中医医院,考虑中医特色科室的特殊需求,如针灸推拿区的私密性和舒适性,以及相应排烟系统的要求。

1.4.2 医疗工艺循证设计

循证设计强调在设计决策中严谨、准确地利用现存的最佳证据。在医院机电系统设计中,这意味着设计师需要参考最新的研究成果、行业标准和实际运行数据,确保机电系统的设计科学合理,这有助于减少因设计不当导致的运维问题,提高系统的可靠性和稳定性。以中医医院建设为例,重点做好以下几项工作。

(1)数据收集与分析:收集国内优秀中医医院的建设和运行数据,包括空间利用、能耗、患者满意度等方面,通过分析这些数据,为医院设计提供参考和借鉴。

(2)实证研究:对国内已建成的优秀中医医院进行实地考察和研究,了解其成功经验和存在的问题。例如,观察某优秀中医医院的中药房布局和工作流程,分析其合理性和可改进之处。

(3)用户参与:邀请医护人员、患者及其家属参与设计过程,听取他们的意见和建议。开展座谈会或问卷调查,了解他们对医院环境、设施和服务的期望和需求。

1.4.3 综合应用与协同发展

影响医院机电系统运维管理的因素错综复杂,涉及人员、机械、工艺、材料、环境等多方面因素,因此在项目实施前期需综合考虑机电系统规划设计策划,协同考虑以下几项工作。

(1)协同设计:促进建筑设计团队、医疗工艺设计团队和医院管理团队之间的紧密合作,确保各方理念和需求的有效融合。

(2)持续改进:在医院建设的各个阶段,不断评估和调整机电系统设计方案,使其符合中医"治未病"、医疗工艺前期策划和医疗工艺循证设计的理念。

(3)预见运维问题:在医院建设过程中,"治未病"的理念可以帮助预见和解决未来可能出现的运维问题。通过全面考虑医院的功能布局、设施设备、信息化建设等方面,在机电设备材料采购时应注意产品质量与投资造价的"性价比",原则上,在资金允许的情况下尽可能采购高品质和低运维费用的设备材料,并充分结合已建成医院在运维管理过程中曾出现过的问题,预见可能出现的问题,并采取相应的措施加以解决。例如,在医院设计阶段,可以充分考虑到未来可能的扩展需求,预留一定的空间和资源,以应对未来的扩展和变化。

(4)预防性维护:预防性维护是"治未病"理念在医院建设中的具体应用,通过定期检查和维护设备设施,防止设备故障和安全隐患的发生。例如,定期检查医院的供电系统、供水系统、空调系统等,及时发现并解决问题,确保医院的正常运行。

(5)信息化建设:信息化建设是现代医院的重要组成部分,通过信息化手段,可以提高医院的管理效率和服务质量。在医院建设过程中,提前规划和建设信息系统,确保信息系统的安全性和可靠性。例如,建立完善的电子病历系统、远程医疗系统、智能化管理系统等,提高医院的管理水平和服务能力。

(6)环境优化:通过优化医院的环境,改善患者的就医体验,提高医疗服务质量。例如,在医院的设计和建设过程中,可以充分考虑到自然采光、通风、绿化等因素,创造一个舒适、健康的医疗环境。同时,可以通过合理的布局和流程设计,减少患者的等待时间,提高就医效率。

(7)员工健康管理:员工的健康管理也是医院建设中不可忽视的重要方面,关注员工的身体健康和心理健康,采取有效的预防措施,减少职业病和心理问题的发生。例如,为员工提供健康体检、心理咨询、健康教育等服务,帮助员工保持良好的身体和心理状态,提高工作效率和满意度。

中医"治未病"的理念在医院建设中的应用,可以帮助预见和解决未来可能出现的运维问题,提高医院的管理水平和服务质量,打造出更加科学、合理、人性化的中医医院。通过合理的规划和设计,优化医院的环境和流程,可以为患者提供更好的医疗服务,提升患者的就医体验。未来,随着中医"治未病"理念的不断发展和应用,将会有更多的医院受益于这一理念,为患者提供更加优质的医疗服务,同时保障医院的长期稳定发展。

1.5 项目建设的前期调研

医院建设项目的前期调研工作是一个复杂而关键的过程,它直接关系到项目的可行性、成本效益以及未来医院运营的效果,具体包括项目建议书编制、可行性研究、设计任务书编制、机电系统选型等工作,调研工作覆盖设想酝酿到具体实施方案落实的过程,调研分析的结果对项目的定位准确与否、技术可行性、投资经济性都会产生影响。下面以上海市中医医院嘉定院区新建项目为例,重点介绍其机电系统工程前期调研工作的相关内容。

1.5.1 医院建设背景

上海市中医医院始建于1954年,是上海最早建立的四所市级中医医院之一,1997年与上海市中医门诊部合并,为三级甲等综合性中医医院,上海中医药大学非直属附属医院。当时拥有卫生部国家临床重点专科 3 个(儿科、脑病科、神志病科),国家中管局重点学科 2 个(中医儿科学、中医神志病学),重点专科 6 个(儿科、脑病科、神志病科、肿瘤科、骨伤科、耳鼻喉科),是一所中医特色浓厚、临床科室齐全、医学人才汇聚、集医教研为一体的三级甲等综合性中医医院。2017 年以前医院主要有芷江路院区(图 1-13),位于静安区芷江中路,用地面积仅 16 696 m^2(约 25 亩地),核定床位 450 张,实际开放床位 530 张,建筑面积 39 647 m^2;另外还有石门路院区,始建于 1951 年,位于静安区石门一路 67 弄 1 号,占地 2 792 m^2,建筑面积 4 328 m^2。

图 1-13　上海市中医医院芷江路院区

芷江路院区建筑大都集中建造于 20 世纪 90 年代,设计门诊量小,地下空间也没有充分利用,随着社会的发展,医疗保健需求增加,原有建筑空间已经不能满足使用需求。在"十一五""十二五"期间,其他同类中医医院有的通过异地新建,有的通过老院改扩建,医疗环境得到了明显改善,而中医医院由于位于市中心,被居民区包围,周边没有扩展用地,在 10 年间只能通过大修改造项目、搭建临时建筑来改善医疗环境。在"十三五"规划启动调研的阶段,医院想打破原有建筑格局,研究在院区实施大型改扩建项目的可能性,但是由于院区太小,核心医疗建筑也没达到建筑设计使用年限,加上医院要满足百姓的就医需求,无法中断医疗服务,改扩建难度很大。

除了医疗业务,医院还承担着科研任务,随着住院医师规范化培养、整建制招生,医院的教学任务也日益繁重,要在现有院区用房紧张的情况下腾出一些科研教学用房非常困难,使医院不得不在外租借用房解决科教场地问题,即便如此,空间仍不能满足实际的使用需求,而且设施条件也不甚理想。由于院区空间狭小,医院其他配套设施配置也存在问题,如机动车停车位少,不能达到现行标准;无集中绿地,没有可供患者休憩活动的场所等。

基于医院未来发展目标,"十三五"规划中期阶段,在医院上级部门申康医院发展中心及嘉定区人民政府的支持下,2017 年,申康中心就共建中医院嘉定分院与嘉定区人民政府签订合作备忘,在上海绕城高速 G1501 以南,澄浏中路以西,划拨 100 亩土地,用于建设上海市中医医院嘉定院区,并明确通过 2~3 年运营,新院必须具备门诊、急诊、住院等功能,并成为诊疗科目齐全,医、教、研、防能力突出的中医医疗中心,带动嘉定区中医药事业发展。项目以"顶层设计、分步实施、逐步腾挪"为总原则,以院区联动协调发展为总目标,以做特、做优、做强、做大为功能定位,力求将医院建设成为中医特色优势鲜明、疑难病症诊治能力突出、学科建设水平领先、具备综合医疗保障能力和临床科技创新能力、具有差异化核心竞争力的三级甲等中医医院。

借助嘉定院区建设的契机,医院将在原有发展规划基础上,根据不同院区区域特点,重新布局配置。2019 年 9 月,根据市政府专题会议精神,并经过医院总体规划布局,重新对两院区进行设置,上海市卫健委也给予《关于调整上海市中医医院床位规模结构的批复》。批复中指出"嘉定院区设置 650 张床位,现址静安院区设置床位 250 张,总核定床位 900 张"。静安院区仍然保留 250 张床位,并进一步改善诊疗环境,确保医疗安全和质量,为周边人民群众提供优质、便捷的中医医疗服务。

1.5.2　项目概况

上海市中医医院嘉定院区(图 1-14)的定位是建成为一所中医服务能力突出、医疗技术水平先进、具备综合医疗保障能力和临床科技创新能力的现代化临床研究型三级甲等综合性中医医院,建立重大、疑难复杂疾病中医临床诊疗中心和上海海派中医药传承基地,服务范围将辐射长三角地区。

新建嘉定院区设置 650 张床位,总建筑面积 112 582 m²,其中地上 13 层,建筑面积 80 800 m²,地下 2 层,建筑面积 31 782 m²。建设内容包括新建门诊医技及病房楼、行政后勤楼及相关配套设施。项目批复概算投资 113 455 万元(不含土地费),由上海市市级财力定额全额安排。

图 1-14　上海市中医医院嘉定院区设计效果图

嘉定院区项目于 2019 年 11 月 21 日取得上海市发展改革委立项批复,2020 年 3 月 24 日获得可行性研究报告(初步设计深度)批复;2020 年 6 月 6 日项目正式开工,2023 年 11 月 24 日工程竣工启用。

1.5.3 机电系统前期研究和策划

上海市中医医院嘉定院区项目建设的前期研究和策划始于 2017 年,快速推进于 2019 年。在研究和策划过程中,机电各系统的选择直接影响到医院建筑的运营效果,因此基于运维管理考虑,开展系列研究和策划工作,具体内容包括:调研国内外先进的医疗技术和设备,评估其在项目中的适用性;根据医院定位和服务需求,合理选型和配置医疗设备,确保满足临床诊疗需求。

新建院区项目相对于老院区改扩建项目有更加自由的选择空间,不受到原有机电系统选型及设备主机房条件的约束。基于医院安全、高效、绿色运行的总需求,可以根据市场上机电设施设备发展趋势,有条件选用新型能效高、性能优的机电设备。本节重点介绍水、暖、电各系统的选择研究和策划。

1. 给排水系统的选择

(1) 给水系统。①充分利用市政水压,不足处设置生活水池与水泵联合供水。生活水池、高位水箱出水必须经过二次消毒,确保二次供水安全。②手术区及血透区要求不间断供水,采用双水源供水,当其中一路供水管发生故障时,另一路供水管可继续供水。③医疗用水(检验科、血透科、牙科等)及医疗科研用水,对水质要求比较高,需要分质供水,设置了水处理机房,由水处理机房处理并提供满足水质要求的用水。

(2) 热水系统。①通过经济技术比较,热水系统可采用集中式和分散式两种热水形式。热水量大的区域可采用集中热水供应系统,如地下室厨房、住院部、手术区等部位。局部分散的科室可采用分散式设置小型容积式电热水器制备热水。②集中热水系统:充分利用太阳能、空气源热泵、暖通废热等作为热源;热水系统与冷水系统分区一致,确保冷热水压力平衡;设置机械循环。

(3) 排水系统。①排水情况复杂,排水量大,范围广,排水的污染程度呈现多样性,根据源头控制、清污分流、分类收集、分类处理的原则保证室内排水环境安全。②对医疗污水根据污水性质先进行预处理,经预处理后再与其他污水一并排入污水处理站统一处理。③室内排水采用污、废分流系统,并设主通气立管,提升建筑内的卫生条件。室外污废水分流有助于减少排入室外化粪池的污水量、污泥量,大大减少室外化粪池的容积。④污水处理设施设计:污水处理站一次性投入大,使用时间长,处理能力尽量与医院使用及发展相匹配,预留一定的排水量增幅。

(4) 雨水系统。按排水设计标准、暴雨强度、设计重现期、场地径流系数、海绵城市理念等设置雨水系统。屋面设置溢流设施。

(5) 消防系统。①结合消防水源、消防水量、火灾危险性等设计消防系统。②室外消防给水系统:通常利用市政管网供水,市政不足时可采用水泵加压供水。③室内消防给水系统:采用高压或临时高压消防给水系统,由消防水池或市政+水泵联合供水,以此确保为建筑管网用水点提供充足的流量,满足压力需要。④自动喷水灭火系统:采用临时高压消防给水系统。⑤气体灭火系统：贵重设备用房、病案室和信息中心（网络）机房等应设置气体灭火。⑥灭火器系统：结合建筑场所使用性质、火灾种类、火灾危险等级，合理选择灭火器类型。在保护距离内设置灭火器。

2. 暖通系统的选择

医院建筑具有空调负荷变化大、运行时间长等总体特征；部分科室部门空调全年运行；急诊、病房等需考虑夜间负荷；部分区域需要同时供冷、供热；在过渡季部分科室及区域有供冷需求；常年对生活热水有需求；洁净手术部等重点医技用房保障性要求高；医技部门的特殊医疗设备用房，需要独立常年供冷需求。

根据医院建筑功能负荷特点、项目规模及场地因素，按照医院建筑运维需求，常用的冷热源形式可参照表1-2进行合理选择。

表1-2 空调冷热源形式适用建筑使用功能一览

功能区域	空调类型	冷热源形式	选用建议
门诊	舒适性空调	常规冷水机组（500RT以上离心机，500RT以下螺杆机）+蒸汽/热水锅炉	水冷磁悬浮离心机组，非常高的部分负荷能效，节能30%左右
病房	舒适性空调	冷水机+锅炉或者风冷热泵+锅炉	风冷热泵加全部热回收系统，夏季免费获得卫生热水，节能40%左右；高温水热泵回收冷却水热量，获得高温热水，运行费用是锅炉的三分之一
洁净区域	全年同时冷热	冷热水机组	四管制冷热水机组（多功能热泵）；六管制冷热水机组（小型集成能源站）
设备影像部	全年制冷		

暖通系统的选择，可基于冷源设备、制冷机房、冷水机组、冷却塔等的选型进行考虑。

3. 电气系统的选择

1）强电

新建医疗建筑的供配电系统设计应根据医院性质、医院等级分类、医疗场所分类、各区域对供电连续性和安全性的要求以及用电容量、当地的供电条件和发展规划设计，并应安全可靠，同时兼顾节能低碳。

（1）供配电系统

影响医院用电负荷的因素主要有照明插座的配置、空调、水泵、电梯、通风机，以及医疗设备的配置等；只有熟悉医疗装备的配置、医疗设备的电气容量估值和合理选择计算系数，才能满足具体场所的用电负荷要求。对洁净手术室的专用空调，通常不属于设计院出图范围，仅预留容量，但各厂商的数据差别较大，通常会在后期调整，应留有足够的用电容量。由于医疗需求的发展太快，医院的规模标准不同，能源（如空调的能源）不同，电负荷相差较大。

《全国民用建筑工程设计技术措施》电气部分中指出了医院的用电负荷指标为 $40\sim70\ W/m^2$，变压器装置指标 $60\sim100\ VA/m^2$，该数据可以适用于大部分项目作为前期容量预估，但考虑到现代化大型医院内医疗设备的设置方案及数量各有其特点，以及放疗类、检验类医疗设备所需电能需求越来越大，建议前期测算时按 $100\sim120\ VA/m^2$ 考虑报装容量。

一般院区所在地的供电局基于医院所在辖区的实际市电电网情况，针对不同电压等级所能允许提供的电能容量上限会有所限定，例如上海市中医医院嘉定院区项目变压器总装机容量超过 $8\ 000\ kVA$，需采用 $35\ kV$ 进线。更高电压等级的外网，需要更多的设备、空间及工程投入，其相应的后期设备运维费用也更高昂，因此在电压等级的选择上需要平衡当地电网条件、未来医院发展需求、设备工程投入、运维投入多方面因素。

由于医疗建筑对于用电可靠性要求较高，通常采用的高压系统构架包含以下四种：两路市政高压进线，同时使用，互为备用，上海地区大多为此方案；两路市政高压进线，一用一备；三路市政进线，两用一备；多路市政进线。

通常设计需根据当地供电部门的规定、供电情况与习惯做法来确定高压供配电系统构架。

变压器的选用，应根据负荷计算、负荷等级、医院性质、经济允许等因素来确定容量及台数，并且需结合当地供电部门对于单台变压器容量上限的限制（一般 $10\ kV/0.4\ kV$ 变压器单台不宜超过 $2\ 000\ kVA$，个别区域要求不超过 $1\ 600\ kVA$）。

单台变压器的容量应考虑满足在大型电动机及其他冲击负荷启动时造成的电压降对其他负荷造成的影响，当无法满足时，可考虑将变压器容量增大。

变压器负载率一般取 $75\%\sim85\%$，当变压器所带特级、一二级负载较多时，为满足一路电发生故障另一路需保供的要求，负载率可适当降低。

（2）变配电房

在有地下室的医院建筑中，变配电所可设置在建筑的地下层（若当地供电公司允许），但不宜设置在最底层；配变电所设置在建筑物地下层时，应根据环境要求，加设机械通风、去湿设备或空气调节设备。当只有地下 1 层时，尚应考虑采取预防洪水、消防水或积水从其他渠道淹渍配变电所的措施。

医院变电所设置应深入或靠近负荷中心（可采用简易重心法计算）、进出线方便、设备吊装、运输方便，不应设在对防电磁干扰有较高要求的场所，不应设在厕所、浴室、厨房或其他经常有水并可能漏水场所的正下方，且不宜与上述场所贴邻，不宜设置在地下室最底层，当地下只有 1 层时，应采取预防洪水、消防水或积水从其他渠道浸泡变电所的措施（需注意有些地区供电部门允许设于地上，且地坪需高于室外 $1\ m$）。

（3）应急备用电源

医院建筑存在大量的一级负荷中特别重要负荷，及大量不能停电的设备，因此，柴油发电机组和 UPS 不间断电源是医院建筑中较为合适的应急电源；UPS 不间断系统主要用于不可间断供电的计算机网络系统、安全防范系统、手术室、ICU 等允许停电时间很短的场所。

为保障特级负荷的供电可靠性及可持续性，设置柴油发电机组。在方案阶段柴油发电机容量按变压器总容量的 $12\%\sim20\%$ 暂估。发电机房内设置 $1\ m^3$ 的日用油箱；为满足《医疗建筑电气设计规范》中"三级医院发电机持续供油时间不低于 $24\ h$"的要求，在地面 1 层设置供油接驳口或直埋储油罐。

（4）防雷接地

医院建筑与其他民用建筑的防雷接地、配电系统接地、建筑设备接地设计上不存在多少差异，防雷接地系统主要包括防直击雷、防侧击雷、防雷引下线、防雷电波的侵入、防雷击电磁脉冲及接地装置、等电位措施等内容，主要依据《建筑物防雷设计规范》(GB 50057—2010)及相关国标图集进行设计。医院的防雷接地系统的特殊性在于医疗设备接地、等电位接地两方面上。

2）智能化（弱电）

新建医院的弱电智能化系统主要涉及信息设施系统、安全防范（公共安全）系统、建筑设备管理系统、弱电机房工程、医疗信息化应用系统以及智能化集成管理系统等几大板块。

结合设计标准及规范，针对所要建设的弱电智能化系统的功能板块，在规划设计之初便进行了细致而周密的需求调研与分析，确保建设的内容在满足标准与规范的前提下，尽可能贴合管理者的使用需求，以及医院未来的可持续发展。

在规划设计阶段应首要考虑如下三点总体原则：

（1）系统的规划设计应尽可能考虑未来医院运营管理的各项需求，并考虑医院建设存在不断扩展与迭代的特性，采用"整体规划、分步实施"的设计思路。

（2）在系统架构及技术路径的选择上，应尽可能选择市场和行业广泛认可、选用的，技术成熟、产品通用、系统标准的方案，并进一步制订原则。

（3）在设计各个子系统时，在主要设备、关键功能、核心业务上，在技术成熟的前提下，应具备一定的先进性和超前性，确保在建成后 5 年持续先进、10 年不落后的建设理念。

第 2 章

医院机电系统实施策划

2.1 代建管理策划和实施

2.1.1 代建实施的总体思路

医院机电系统的代建管理策划是一个涉及多个方面、高度专业化的过程。代建实施的总体思路为：先做好医院机电系统的需求分析、现状评估和市场调研等相关前期工作，然后设定管理目标、建立管理组织架构、制订代建管理方法和措施。明确医院机电系统的具体需求，包括设备类型、功能要求、运行效率等；对医院现有机电系统进行评估，识别存在的问题和不足，为后续设备系统选择提供依据；了解市场上先进的机电技术和设备，评估其在医院中的适用性。

1. 医院机电系统的需求分析

在医院建筑代建管理中，做好医院机电系统的需求分析是至关重要的环节，它直接关系到医院建筑功能的实现、运营效率及患者就医体验。以下是一些关键步骤和要点，可以帮助做好医院机电系统的需求分析。

1）明确需求分析的目标与范围

确定医院的整体定位和发展规划，包括其规模、等级（如一级、二级、三级医院）、服务范围（如综合医院、专科医院）等，明确机电系统需求分析旨在提升医院运营效率、保障患者安全、提高医疗服务质量。范围界定，确定机电系统需求分析涵盖的主要系统，如供配电系统、空调系统、给排水系统、电梯系统、消防系统、物流运输系统、医用气体系统等。区分新建医院与改扩建医院的不同需求，特别是新建医院需考虑一定的鲁棒性、可恢复性、冗余性、智慧性和适应性。

2）收集基础资料与调研

获取项目基础资料，包括医院建筑设计图纸、规划方案、功能布局等资料；了解当地供电、供水、排水等市政基础设施条件及政策要求。并且进行现场调研，对医院建筑现场进行实地勘察，了解地形地貌、周边环境、交通状况等因素对机电系统布局的影响。调研同类医院机电系统的使用情况，收集经验教训。

3）各系统的详细需求分析

例如，供配电系统根据医院用电负荷等级划分为一级、二级、三级，确定不同区域的供电可靠性要求；空调系统依据医院不同区域（手术室、ICU、病房、门急诊办公区等）的温湿度要求，考虑空调系统的能效比、噪声控制、空气净化能力等因素，选择适合的空调设备和系统方案；给排水系统依据医院用水量、水质要求及排水量等参数，合理配置给排水管网和泵房设备；电梯系统根据医院人流量、物流量及特殊需求（如病床电梯、洁净电梯、污物电梯等），确定电梯数量、规格及布局，并考虑电梯的安全性能、运行速度及舒适度等因素；消防系统按照国家消防规范及医院特殊需求设计消防系统，包括火灾自动报警系统、消防给水系统、气体灭火系统等，确保消防系统与其他机电系统的联动性，提高应急响应能力；物流运输系统依据医院内部物资流通需求,设计合理的物流运输路线和设备选型,考虑自动化物流运输系统的应用,提高物资流通效率;医用气体系统根据医院医疗需求配置,如氧气、负压吸引、压缩空气等,确保医用气体系统的安全性、可靠性和稳定性。

2. 建立项目管理组织架构

医院机电系统建设全过程的项目管理组织架构建设,是确保项目高效、有序进行的关键。组织架构通常包括核心管理层(项目经理、项目总监)、专业技术部门(电气团队、机械团队、给排水团队、智能化团队等)、支持部门(采购部、财务部、人力资源部等)和监督与质量控制部门(质量监督部、安全管理部)。此外为保证项目管理组织架构正常运转,还需要制订跨部门协作机制。

1) 定期会议

组织定期的项目会议,促进各部门之间的沟通与协作,及时解决项目过程中出现的问题。

2) 跨部门工作小组

针对特定任务或问题成立跨部门工作小组,集中力量攻克难关,确保项目顺利进行,确保医院机电系统建设全过程的高质量完成。

在上海,多数市级医院工程项目建设全过程的建设管理是通过项目筹建办来实现的,在项目建议书批准后,在上海申康医院发展中心领导下,结合工程项目的具体情况,由申康卫建和医院共同实施代建。经过上海申康医院发展中心批准,双方共同成立筹建办(图2-1)。筹建办是工程项目建设期间的决策部门和组织实施部门,筹建办双主任是工程项目合作代建的共同责任人。医院和代建团队通常分工明确:医院方主要负责提建设需求、协调医院内部部门沟通工作,代建单位更多从工程技术管理角度,开展对外部门协调工作以及把控建设项目流程规范。工程项目建设全过程的管理通过项目管理部来实

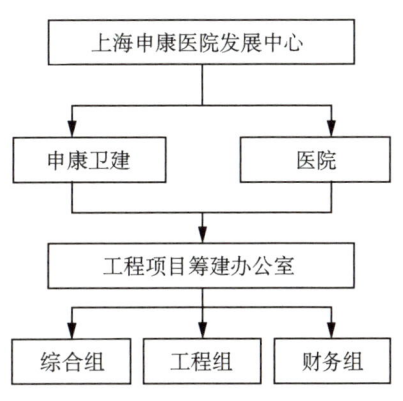

图 2-1 筹建办组织结构

现,由申康卫建和医院派出的管理人员共同组成,实行筹建办主任领导下的项目管理部经理责任制。项目管理部设置医院、代建项目经理各一名,项目经理行使工程项目建设的各项具体管理职责,并对项目管理部实行统一领导。项目管理部下设综合组、工程组和财务组,对整个项目的质量、进度、安全、财务情况进行全面管理。项目的推进由项目管理部具体实施,根据上海市中医医院嘉定院区项目具体情况和项目管理的需要,设土建工程师、安装工程师、外配套工程师、文档管理、工程财务等职位。在上海市中医医院嘉定院区项目上,针对面向运维的医院机电系统建设需求,特别选派了经验丰富的机电专业工程师作为项目经理,带领整个项目管理团队加强机电安装工程管理质量。

根据医院项目建筑安装工程系统的组成,代建单位组织设计、工程监理、财务监理、施工总包及专业分包、BIM技术服务等参建单位,开展建筑机电安装工程系统的实施策划工作,按照项目进展流程分阶段形成项目组织架构体系,明确各参建单位的任务和职能分工。

2.1.2 机电系统代建管理的方法和措施

1. 前期阶段组织策划管理

可行性研究阶段,设计单位按照医院方提出的功能布局与使用要求,组织建筑给水排水与供暖工程、建筑电气工程、通风与空调工程、智能化系统、电梯工程、消防工程、变配电工程、净化工程、屏蔽工程、医用气体、污水处理、物流等专业开展方案图纸设计工作,代建单位定期组织召开设计方案图纸专题会议,与医院方相关职能部门、业务科室沟通确认方案图纸,汇总相关专业方案图纸,提交有关政府部门征询意见,并根据有关政府部门意见修改完善相关专业系统图纸,早日取得可行性研究批复(扩初深度)。

进入施工图设计阶段,代建单位组织设计单位及医院方相关职能部门、业务科室开展施工图三级流程等方面专题会议,沟通并确认相关图纸,为正式版施工图纸的形成提供有力支撑与保障。同时,在施工图设计阶段,代建单位组织 BIM 技术服务等相关单位提前介入,为施工图设计期间(如建筑安装工程系统管线的碰撞等问题)提供 BIM 管线模拟,优化项目建筑安装工程系统管线的合理布局,可减少开工后施工期间不必要的返工等损失,同步降低项目的建筑安装工程系统投资与成本。

2. 进度管理策划

通常占地 10 万 m^2 以上的大型医院建设项目开工后三年建设周期可完成实物工程量,第一年以土建工程为主,第二年随着项目结构封顶,机电安装工程具备场地条件,开始陆续进入机电工程的准备、策划、实施阶段。除了场地条件外,机电工程的实施前置条件涉及图纸、招标、合同签订等前置条件,因此机电系统的进度,需要和设计进度、招投标进度及整个工程实施作业面等内容联系起来进行统筹管理。机电工程实施常见的进度管理难点及对应措施如下。

1)向医院建设单位提供专业性咨询意见

在医院建设项目实施全过程中,存在诸多动态变化因素,促使医院建筑功能需求不明确,包括医院管理层领导调整、医院管理层受前沿医疗技术发展动态影响、医院机电系统新产品功能更新等。作为专业性很强的代建单位,一方面在进度控制方面实行关键节点总控,应根据整体工程实施进度计划,倒推出相关机电设施设备招投标进度节点(若有)、设计院出图节点,然后明确医院最晚需求的节点,让各参建单位强化进度节点管控的意识。另一方面,代建单位应凭借其在机电系统建设方面的专业能力,结合以往同类项目经验,面向医院各功能区域安全、高效和、绿色运维需求,向医院建设单位提供相关咨询意见,消除工程实施过程变化因素所产生的影响,在关键时间节点解决关键问题,协助医院建设方加快决策,避免"关键路线工作暂停、等待决策"的现象,从而保证机电系统工程实施进度。

2)加强管理设计单位的服务质量

在医院工程建设前期,项目开工和各类招投标工作是建设单位尤其关注的重点。在此背景下,设计单位出图的时间通常较为紧迫,相应的图纸质量会有较多问题,如机电系统工程漏项、图纸反映的工程量缺少是常见问题。此类问题寄希望于机电系统工程深化阶段完善。但是,随着工程建设的地下工程和上部主体结构实施,通常进行了一年左右时间,此时设计单位在人员安排方面常会出现不足,从而影响服务质量。为此,代建管理需采取几项关键措施：①设计合同管理，详细约定服务质量、服务人员、服务时间等内容，尤其是项目开工后的机电深化设计质量控制；②现场服务管理，加强管理设计人员现场跟踪服务工作；③设计费用支付管理，依据项目建设全过程的设计服务工作量分布情况，合理安排设计服务费用的支付进度，适当控制机电系统实施阶段的服务费用百分比，避免设计单位在前期施工图完成就支付了大部分设计费、影响后期现场配合工作积极性的现象。

3）加强总包机电安装团队的管理

项目机电系统工程一般由施工总包的机电安装团队实施，不同团队施工质量差异会较大，好的团队，能在图纸上及时发现并预判问题，主动积极依托 BIM 技术来辅助发现图纸上存在的问题，并用于优化施工组织方案等。而缺乏医院机电安装经验的团队，往往到要实施阶段才发现问题或者事后由建设单位、代建单位、监理单位发现实施的质量问题，导致工程整改、返工，不仅对项目进度产生影响，也可能为日后工程款支付等环节埋下纠纷隐患。因此代建单位应加强对总包安装团队的进度管理，控制关键节点的执行进展，做好事前的模拟分析和协调沟通工作，尤其是对关键部位、管线复杂部位的净高控制，充分与医院使用部门做好事前确认工作，避免事后返工拆改而耽误时间。

4）督促总包加强对专业分包的管理

医院类项目与其他类型的项目比较，所涉及的专业分包多且复杂，互相之间交叉影响大，其中机电专业与专业分包单位之间往往有工作界面交叉，一般医院建设项目的专业分包单位、设备材料供应商等单位往往有 20 多家，在各专业分包单位进场后，相关的进度是否能统筹协调达到最佳的进度管理状态，考验的是总包的管理能力。因此，代建单位应督促总包加强对专业分包的管理。作为代建单位，对于总包对分包的管控能力要有一定的预判，通过项目管理的相关举措、考核机制积极推动总包加强对分包的管理。

5）加强应对不可抗力影响进度的管理

在项目实施过程中，代建单位应详细梳理影响工程进度的不可抗力因素，例如各类政策文件的出台（如竣工验收政策调整）、特殊社会活动（如奥运会、进博会、重大会议召开）造成的材料设备交通运输管制及天气（极端天气、台风、高温、汛期等）对工人作业时间的影响。从而做好事前应对准备工作，并且及时调整影响关键节点的机电安装工作。

3. 质量管理策划

代建单位对医院机电系统工程的质量管理策划是一个复杂且细致的过程，涉及多个方面，旨在确保医院机电系统工程的质量符合设计要求和国家标准，保障医院设施的正常运行和安全使用。以下是对该质量管理策划的详细阐述。

1）质量管理目标设定

代建单位应首先明确医院机电系统工程的质量管理目标，包括工程的安全性、可靠性、经济性、环保性以及满足医院特殊需求等方面。这些目标应基于医院的功能定位、使用需求以及相关法规标准来设定。同时还应考虑医院业主方的工程创新需求，例如质量验收一次合格率达到 100%和主体结构工程优良，争创或确保省部级优质工程，如：北京"长城杯"，上海"白玉兰"，天津"海河杯"，江苏省"扬子杯"优质工程奖等；甚至争创或确保国家优质工程奖"鲁班奖""詹天佑奖"等，可依据实际工程条件设定质量管理目标。

2）质量管理组织架构

为有效实施质量管理，代建单位一方面应建立专门的质量管理组织架构，明确各级管理人员的职责和权限，该架构通常包括项目经理、质量管理工程师、各专业工程师等角色，负责整个工程的质量策划、控制、检查和改进工作；另一方面在公司层面建立质量管理技术专家团队，帮助项目解决实施过程中的各类技术质量问题。

3）质量管理流程策划

设计阶段：组织专家对设计图纸（包括扩初阶段和施工图阶段）进行审查，确保设计符合医院使用需求和相关标准，并减少设计中可能出现的设备材料技术参数的唯一性或品牌指向性。与设计单位沟通优化设计方案，提高工程的可施工性和经济性。

采购阶段：对供应商进行资质审查，参考其他项目建设经验，选择信誉良好、质量可靠的供应商。对采购的机电设备和材料进行质量验收，确保满足设计要求和相关标准。

施工阶段：制订详细的施工方案和质量计划，明确施工工序、质量控制点和检验标准。加强施工过程中的质量检查，包括隐蔽工程验收、分项工程验收等。组织定期的质量巡查和专项检查，及时发现并纠正质量问题。

调试与验收阶段：组织专业团队对机电系统进行调试，确保系统正常运行并满足医院使用需求。配合相关部门进行竣工验收工作，提交完整的工程技术资料和质量保证资料。

4）质量管理措施

技术管理措施：引入先进的质量管理技术和方法，如 BIM（建筑信息模型）技术、PDCA（计划—执行—检查—行动）循环等。加强技术培训和交流，提高施工人员的技能水平和质量意识。

经济激励措施：设立质量奖惩制度，对质量优秀的施工班组和个人给予奖励；对出现质量问题的班组和个人进行处罚。

合同管理措施：在施工合同中明确质量标准和违约责任条款，确保各方严格履行合同义务。

信息管理措施：建立完善的质量管理信息系统，收集、整理和分析质量数据和信息，为质量管理决策提供支持。

2.1.3 代建管理实施典型案例

上海市中医医院嘉定院区项目在前期就明确了争创国家级优质工程"鲁班奖"目标，因此在实施过程中围绕创奖目标，积极采取质量管控措施，在机电安装质量上成效显著。

1. 机电系统工程的实施难点

（1）机电系统复杂。该项目共设置热泵机组 11 套、燃气锅炉 28 台、发电机组 1 台、空调水泵 22 台、空调机组 84 台、风机 191 台，配电箱柜 1 100 余台。机电系统空间布局复杂，诸多机电系统管线在建筑空间内和屋顶部位的冲突较多，协调各专业管线空间布置难度大，医院诊疗空间及走廊的净高控制难度大。

（2）医疗专用系统多。机电系统还包括物流传输、净化空调、医用气体等多种医疗专用系统，此类专业施工队伍进场晚，工程界面复杂，安装难度大，管理难度增大。

（3）医院项目对噪声控制要求高。该项目主要设备均在屋面，下方为手术室，对噪声控制要求高，在施工过程中对各类设备设置专用减振装置，从而隔离振动传播，达到减振降噪的效果。

2. 应对措施

深度应用 BIM 技术,从初步设计阶段开始,就做好机电系统管线 BIM 碰撞分析和优化布局工作,对于暂时不能确定的医疗专项系统依据类似项目预留空间;施工图设计阶段,进一步做好 BIM 碰撞分析,设置综合支吊架,并统一进行深化及制作安装,分区域控制建筑室内净高;施工总承包单位进场后的机电深化设计阶段,结合现场主体结构的实施情况,再进行机电管线 BIM 碰撞分析和优化调整(图 2-2),确保建筑净空高度。

图 2-2　现场机电系统的管线优化布局

3. 新技术应用

该项目积极推广建筑业十项新技术在工程中的运用,共运用建筑业十项新技术中的 2 大项共 6 子项:

(1) 基于 BIM 的管线综合技术。

(2) 机电管线及设备工程化预制技术。

(3) 薄壁金属管道新型连接安装施工技术。

(4) 金属风管预制安装施工技术。

(5) 机电消声减振综合技术。

(6) 基于 BIM 的现场施工管理信息技术。

4. 项目亮点

上海市中医医院嘉定院区项目依据"鲁班奖"优质工程创优策划,机电系统工程实现的主要亮点如下:

(1) 屋面层排水泵排列整齐,设备安装端正牢固,并联水泵出水口管道进入总管采用顺水流斜向插接;水泵接地可靠,基础限位牢靠;管道保温严密,成型美观,金属保温外壳平整美观;风冷热泵采用二次减振,电源桥架采取减振措施。

(2) 车库内综合管线及综合支架整体布置美观合理,成排管道布置整齐;风管保温紧致,防火封堵平整密实;风管防晃支架设置规范,风机软接松紧适度,法兰螺栓孔间距合理;空调机组减震垫采用三硬两软、限位可靠。

(3) 成排配电箱安装齐平、成排桥架漏斗排列整齐;桥架、管道等穿越变形缝采用柔性连接;楼层桥架内电缆敷设顺直整齐牢固;设备电源接线设置滴水弯。

(4) 成排消防管道卡箍连接齐整,卡箍两端固定支架间距一致;湿式报警阀组、水力警铃安装标高一致、成排成线;集水坑排水管及阀门安装规范,支架牢固可靠;物流轨道穿越防火隔墙设置防火卷帘,满足消防要求;物流水平传输线安装笔直整齐,支架布置合理均匀。

2.2 设计实施策划与实施

2.2.1 工程设计实施的总体思路

医疗建筑的机电系统工程,从建筑设计初期开始,考虑到建筑的整个使用寿命期间内的运行维护、管理和更新需求,确保建筑的高效、安全和可持续运行。设计强调预防性维护和智能化管理,以提高医疗服务质量和建筑设施的可靠性。机电系统工程设计实施的总体思路可包括以下几个方面。

1) 明确设计目标与需求

需要明确医院机电系统工程的设计目标与需求。这包括满足医院日常运营所需的供水、排水、供暖、通风、空调、电气、弱电等系统的功能性需求,以及确保这些系统的安全性、可靠性、经济性和环保性。同时,还需考虑医院建筑的特殊性,如手术室、ICU、负压病房等特殊区域的洁净度、温湿度等要求。

2) 遵循规范与标准

医院机电系统工程的设计实施必须严格遵循国家及行业的相关规范与标准,包括但不限于建筑给排水设计规范、建筑电气设计规范、通风与空调工程施工质量验收规范等。这些规范与标准为机电系统工程的设计、施工、验收等环节提供了明确的指导和要求。

3) 系统规划与集成

医院机电系统工程是一个复杂的综合系统,需要进行系统的规划与集成。这包括对各机电子系统的合理布局、管线综合、接口协调等方面的工作。通过系统的规划与集成,可以确保各子系统之间能够相互协调、高效运行,同时减少施工过程中的交叉作业和冲突。

4) 注重节能与环保

医院建筑通常是能耗非常大的公共建筑,在其机电系统工程的设计实施过程中,应注重节能与环保。这包括采用高效的节能设备、合理的能源利用方案、科学的运行控制策略等。同时,还需考虑医院建筑的绿色建材和环保要求,减少在施工和运行过程中的环境污染。

5) 强化施工质量控制

施工质量是机电系统工程成败的关键。在施工过程中,应加强对施工质量的控制和管理。这包括制订详细的施工方案和质量计划、加强施工过程中的质量检查和验收、及时处理施工过程中的质量问题等。同时,还需注重对施工人员的培训和管理,提高施工队伍的整体素质和技术水平。

6) 确保系统调试与验收

在机电系统工程完工后,需要进行系统的调试与验收。这包括对各子系统的功能测试、性能验证、安全评估等。这可以确保机电系统工程能够正常运行并满足医院的使用需求。同时,还需整理和完善工程技术资料和质量保证资料以备后续使用和维护。

基于运维的机电设计策划实施通常包含以下几个重要阶段,如图 2-3 所示。

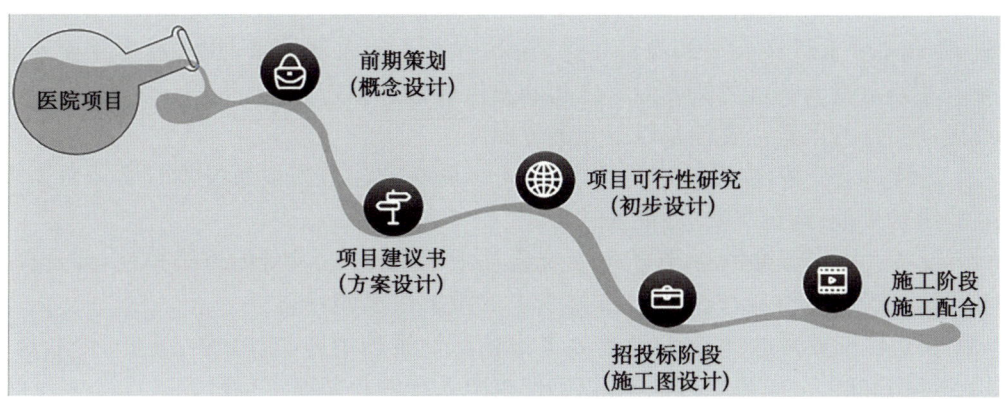

图 2-3 项目设计过程图

前期策划(概念设计):需要进行医疗建筑机电系统的概念规划,包括初步确定电力系统、暖通空调系统、给排水系统等的设计思路和基本布局。

方案设计阶段:需要进行对医疗建筑的机电系统设计的初步规划和方案设计。这包括确定建筑用途、功能需求、设备布局等,以及初步确定电气、暖通空调、给排水、消防、物流、医用气体、净化等系统的设计方案。

初步设计阶段:根据方案设计的基础上,进行医疗建筑机电系统的初步设计,包括进行详细的负荷计算、选型、管道布局与系统分析等工作,形成初步的设计成果。

施工图设计阶段:在这一阶段,需要根据初步设计的要求,深化设计工作,包括各种详细的机电设备的设计、管道走向、电气布线等的具体设计。同时,需要符合相关的医疗建筑的规范和标准,确保设计方案符合医疗建筑的特殊要求。

招投标阶段:招投标阶段由清单编制单位根据施工图纸、招标文件、国家行政主管部门的文件和建设工程工程量清单计价规范等组织汇成单位工程的工程量清单,由专业的招标代理公司进行施工总包的招投标工作。设计在该阶段配合提供相关系统设备的技术参数要求,复核招标界面,确保最终招标工作的顺利完成。

施工配合阶段:这一阶段需要将设计方案转化为实际的施工图,并进行施工实施。这包括与施工单位的沟通协调,以确保设计方案能够得以准确实施。

调试与验收阶段:当机电系统安装完成后,需要进行系统的调试与验收工作,以确保各项系统能够正常运行,并满足医疗建筑的特殊要求。

2.2.2 机电系统设计的方法与措施

在医疗建筑机电系统设计过程中,充分考虑系统运营和维护的需求,以确保系统在使用期间具有高效性能、可靠性和安全性。由各专业负责人制订各专业统一技术措施,由校对、审核人校审后,方可下发各专业设计人员。统一技术措施是各级设计人员为完成上海市中医医院嘉定院区项目设计工作的指导性文件。由项目负责人及项目秘书落实该项目的质量记录,质量记录是对实施每一项质量活动取得的结果的客观凭证。具体的管理方法和措施如下。

1. 设计全过程质量管理

采取项目负责人质量责任制,并明确各专业工作和职责,各专业负责人负责本专业设计质量,协调本专业设计人员的设计工作,协调本专业的内部校审,并监督本专业勘察、设计质量。项目负责人负责协调各专业之间的文件传递、对接、互校、审核。影响医院建筑机电系统设计质量的因素主要涉及以下几个方面。

(1) 运营需求分析:在设计之初,需要深入了解医疗建筑机电系统的日常运营需求,包括设备的维护周期、运行参数、性能要求等。

(2) 设备选择和可维护性:在机电系统设计中,需要考虑设备的可维护性,并选择易于维护和维修的设备和材料,以降低未来运营中的维护成本和时间。

(3) 预防性维护考虑:设计阶段需要考虑预防性维护措施,包括建立维护计划、设备定期巡检、故障诊断和故障排除方法等,以确保机电系统的长期稳定运行。

(4) 数据驱动的运维:机电系统的设计应当考虑整合数据采集和分析技术,以实现对设备状态和性能的实时监测和分析,这有助于预测故障、提高设备利用率和降低维护成本。

(5) 培训与文档:在设计后期,应提供相关设备的使用说明书、维护手册,并进行相关人员的培训,以确保运维人员对机电系统的操作与维护有充分的了解。

通过分析以上影响因素并采取相应管理方法,基于运维的机电设计管理可确保在医疗建筑机电系统的全生命周期中,系统能够持续有效地运行,提高系统的整体可靠性和效率,降低维护成本,最终达到安全、可持续的运营目标。

2. 质量控制计划

严格按照质量保证体系的要求,制订和实施质量计划编制程序。具体可按 ISO9001 标准建立起来的文件化质量管理体系运作,严格按双方议定的各阶段进度提交设计文件,定期就工程有关事项进行沟通与协调。

(1) 如有关部门提出特殊的质量要求,现有的质量体系文件不能覆盖时,将制订专项质量计划。

(2) 对无特殊要求的项目,需明确质量控制的内容。

(3) 在项目实施的各个阶段,均编制设计大纲,阐述项目概况、建设方要求,明确设计依据,提出各专业的设计原则和设计控制进度,报各级总工程师审批。

(4) 根据批准的设计大纲开展具体的设计作业,在设计作业中实行设计全过程的质量控制,在设计接口、设计输入、设计输出、设计评审、设计验证、设计确认和设计变更等方面均按照质量保证体系的要求执行。

(5) 在设计过程中出现的质量问题,通过设计校审和验证,及时予以解决,在设计交付以后发现的质量问题,及时返工或更改并采取相应的纠正和预防措施,对各项措施进行实施效果验证。

(6) 对从事与设计质量有关的人员进行必要的培训,使各级设计人员明确职责,具备资质和技能,保证设计质量得到有效的控制。

3. 设计质量控制措施

为了能够在满足建设方要求的时间内递交质量可靠经济合理的设计文件,制订质量、进度、成本控制计划,并且为确保计划的实施制订一系列有序的内部管理措施。设计图纸需符合住房和城乡建设部制定的《建筑工程设计文件编制深度规定》的要求。

1) 内外协调、全面服务

工程实行方案设计、施工图及施工配合阶段的全过程服务。主要包括内容如下:

(1) 设计前期根据现有设计条件,充分考虑业主的意见建议进行方案设计、优化调整和方案报批。

(2) 在方案报批通过后,根据建设方等多方意见进行进一步优化,同时各专业开始进入初步设计准备。

(3) 初步设计工作。

(4) 施工图设计工作。切实做好各设计阶段的质量管理,包括各阶段的工作内容、质量标准、执行人与检查人、质量控制点、阶段性成果等。

2) 组织落实

各专业负责人将由从业多年且富有同类项目设计经验的高级工程师负责,设计项目团队集各专业最优秀设计人员加入,全身心投入该项设计工作中。

3) 服务至上,一切为用户服务

认真做好设计协调工作,在认真负责搞好设计同时,根据专业向各方详细交底设计意图、设计内容。提出设计质量要求和注意事项,认真听取建设单位、施工图设计单位对设计的具体意见,并予以细致分析、耐心解释或明确答复及完善。

4. 设计质量保证措施

针对项目设计的特点,实施严格的设计全过程控制,制订质量控制体系程序文件,并明确质量体系控制流程图。

1) 管理实施全过程控制

(1) 设计总进度控制计划编制。

(2) 各专业设计原则编制与会审。

(3) 各专业接口的实施管理。

(4) 专业方案、总体方案的评审与优化。

(5) 各专业设计文件的校审与专业之间的会签。

(6) 设计文件总体审定与甲方对设计文件意见反馈与处置。

2) 按质量体系程序文件运行

对各项质量活动所采取的方法进行具体描述,明确责任、目的和范围,以及何人、何地、何时、如何做,对质量要素进行控制并记录,共 22 个程序:

(1) 管理评审程序。

(2) 质量计划编制与控制程序。

(3) 合同评审程序。

(4) 设计策划程序。

(5) 组织和技术接口控制程序。

(6）设计输入控制程序。
(7）设计输出控制程序。
(8）设计评审、设计验证和设计确认控制程序。
(9）设计更改控制程序。
(10）文件和资料控制程序。
(11）设计文件、图纸、资料控制程序。
(12）质量体系文件编写程序。
(13）分承包方评定和控制程序。
(14）顾客提供产品的控制程序。
(15）产品标识和可追溯性程序。
(16）纠正和预防措施控制程序。
(17）设计文件、图纸印制和交付控制程序。
(18）质量记录控制程序。
(19）内部质量审核程序。
(20）培训程序。
(21）设计服务程序。
(22）统计技术应用程序。

工程设计严格执行校审制度，以保证设计质量。校审程序共三级，即校对校核、审核、审定。在质量保证体系作业文件中，各级校审人员的职责均有详细规定。

3）设计人员驻场

各专业设计人员驻场办公，参加工程例会，现场解决各类设计问题。

2.2.3 工程设计实施典型案例

上海市中医医院嘉定院区项目在工程设计阶段历经概念方案设计、初步设计、施工图设计、招投标、施工配合、调试验收六个阶段。①概念方案设计阶段与院方进行多轮沟通，明确功能需求，确认机电主要系统，配合项建书编制，落地项目总投资费用。②初步设计阶段对院方的运维需求进一步了解，确认设备选型，落实机电机房、管井，提供对应的机电概算文件，确保招标的机电方案可落地性。③施工图阶段提供审图合格的图纸及计算书，便于开展清单编制及招标工作。④招投标阶段配合招标代理，清单编制单位编写对应的设备清单、界面表、技术规格书、品牌推荐表。⑤施工配合阶段针对施工单位在施工过程中的问题进行答疑解决，审核施工单位的材料报审单及深化图纸，组织阶段性施工巡场，及时发现问题并形成记录单。⑥调试与验收阶段配合施工单位现场问题进行分析解决，参与各阶段各审查单位的验收，确保项目的顺利交付。下面将从给排水、通风与空调、强电系统、弱电智能化、消防等方面介绍该项目机电设计实施情况。

1. 给排水

1）调研运维需求

在设计前期调研阶段，与医院各使用方充分沟通，在给排水系统设计方面，掌握院方需求及运维重点如下：

(1) 医院的每个诊室需要配置一个洗手池,导致门诊层用水点较多且分散的特点,装修阶段调整幅度大,给水系统采用供水横管的形式,在每层给水横干管安装总阀门和水表,供给当层的用水,在这种设计方式下,医院科室的装修调整会有很大的弹性空间,供水可以在本层单独维修,不影响其他楼层或者科室的正常工作。每层可预留供水阀门及压力表,方便后期改造。

(2) 排水立管可分散布置,在有条件的情况下,在土建阶段多设置管道井,增加排水立管数量,有助于减少排水横管长度,且排水快速,也方便日后装修调整。

(3) 尤其注意控制给水、排水管道不应从洁净室、强电和弱电机房以及重要医疗设备用房的室内架空通过,当必须通过时应采取防漏措施,如穿过 CT 室、X 线室、MRI 室、DSA 室等重要设备机房时,应采取防止漏水或者凝结水滴落影响设备的措施,上方的排水管管道应避免直接敷设在设备机房内,可敷设在邻近的控制机房内。

(4) 针对医院不同科室的不同供排水需求,进行分质分路供水,分类收集、分类处理排水,确保医院给排水的安全可靠。

2) 针对性的设计实施措施

(1) 引入两路市政供水管道,提供医院消防及生活用水。分质供水:2 层的洗镜、透析中心与 3 层的中心供应、实验室和检验、口腔分别设置水处理机房提供各自需要的纯水,净化空调软化水装置由净化供货商提供。其余直接使用自来水。

(2) 考虑充分利用市政水压并节约能耗,1 层及地下室利用市政直接供给,楼上采用水箱加水泵联合供水。变频泵组及气压罐、水泵房间、变频水泵等布置图如图 2-4 所示。

图 2-4 变频泵组及水泵房间布置

(3) 室内外排水雨水、污水、废水分流。室内室外污、废水分流有助于减少排入室外化粪池的污水量、污泥量,大大减少室外化粪池的容积。

(4) 分类排水,特殊排水进行预处理后再排水至污水处理站统一处理。污水处理站,经二级生化处理达标后排至市政污水管网。污水排放水质应符合环评及《污水排入城镇下水道水质标准》(GB/T 31962—2015)关于排放限值的规定。

(5) 预处理：1层肠道及肝炎门诊，单独排水至室外消毒池，消毒池停留时间1.5h，消毒后排至室外污水检查井；2层病理科废液收集后由专业单位处理；3层检验科排水高浓度废水单独收集后统一委托有资质单位处理，洗刷废水单独排水，排至地下1层检验科污水处理间，处理达标后排至室外污水检查井；13层实验室排水高浓度废水单独收集后统一委托有资质单位处理，洗刷废水排至室外污水检查井；中心供应高温排水经降温池处理达标后，经集水坑潜水泵提升排至室外总体污水管网。

2. 通风与空调

1) 调研运维需求

在设计前期调研阶段，与医院各使用方充分沟通，在通风与空调系统设计方面，掌握院方需求及运维重点：

(1) 有不同运行时间要求的区域，空调需独立设置，比如药库、急诊区。

(2) 空调冷热源相对集中，方便运营管理，同时冷热源靠近负荷中心，节省输送能耗。

(3) 不同科室或者楼层能耗可计量。

(4) 输液室等人员密集场所可加大新风量，满足室内环境品质要求。

(5) 中医医院存在大量的针灸、艾灸区域，前期可能规划不到位，尽量预留足够的上屋面管井，以便后期排艾灸等烟气使用。

(6) 干保病房设置独立的空调系统，全年24h运行。

(7) 夏季净化区域四管制空调热泵产生大量的热水，在净化区域需求达标后，需考虑给厨房和生活热水预热使用。

(8) 空调冷热源预留一定余量，方便后期改造。

(9) 每个楼层的空调水管支管留有一定余量，方便后期改造增加盘管。

(10) 科研层上屋顶新排风管井预留到位，有条件尽量多设置，方便后期增加通风橱或者设置安全柜排风。

(11) 屋顶尽量多预留设备基础，方便后期屋顶增加设备。

2) 针对性的设计实施措施

考虑到该项目东西横跨达到200m以上，且病房、医技、行政办公、科研等净化区域相对集中，但是运行时间等又各不相同，医院设计前期与医院基建、后保、医疗等部门充分沟通，根据不同区域运行需求、运营管理方便需求、节省输送能耗要求以及不能设置烟囱等环保要求，确定采用半集中式空调系统，空调系统设置主要实施措施如下：

(1) 洁净区(除静配中心配药间、住院楼13层细胞培养室外)及急诊急救和医技用房(除1层放射科外)设置可全年同时制冷、制热的空气源热泵机组作为独立空调冷热源，置于医技用房区屋面，空气源热泵机组供、回水管图如图2-5所示，空气源热泵机组布置图如图2-6所示。

(2) 药库、门诊药房、儿童药房、静配中心药库等区域需要空调24h运行，设置独立变制冷剂流量多联空调系统。

(3) 行政办公区域存在加班以及人员经常外出等不同现象，从节能角度设置变制冷剂流量多联空调系统。

图 2-5 空气源热泵机组供、回水管

图 2-6 空气源热泵机组布置

（4）医技区域（CT、DR）等区域，考虑设备区存在使用和休眠状态，每个设备间设置2台室内机，平时模式2台运行，休眠模式1台运行；根据院方使用习惯，控制区域与设备区域设置同一套自由冷暖多联空调系统。

（5）住院楼等其他医疗相关区域及部分公共区域采用部分热回收型空气源热泵机组作为其冷热源，热回收供回水温度（60℃/55℃），回收的热量供给排水专业生活热水系统预热。

（6）一站式服务中心、其他门诊科室（包括儿科、内科、妇科、康复科、骨伤门诊、口腔科、肿瘤科、血液科、眼科、耳鼻喉科、外科）及部分公共交通空间采用普通空气源热泵机组作为其空调冷热源，热泵机组设置于门诊区屋顶。

（7）MRI 的磁体间和设备间设置直膨型恒温恒湿空调系统。

（8）外包餐饮，超市等区域，根据运营要求，采用变制冷剂流量多联空调系统，考虑安装问题，前期将竖向冷媒管及接至服务区域冷媒管安装到位。

（9）科研区域在设计过程中一直变化，未定区域比较多，部分区域存在常年制冷，部分仪器需要常年在一定温湿度条件下运行，与院方充分沟通后采用变制冷剂流量多联空调系统。

3. 强电系统

1）调研运维需求

在设计前期调研阶段，与医院各使用方充分沟通，在强电系统设计方面，掌握院方需求及运维重点如下：

（1）变压器容量、变电所空间需满足医院未来的发展需求，变电所位置设置靠近负荷中心。

（2）需考虑医院后期运维局部公区改造的可能性，在空间较大的公区用电指标适当放大。

（3）后期会存在根据院方的使用需求增加出线电缆，建议变电所低压配电柜设计初期按 30%～35% 的备用回路预留，同时断路器模数尽可能按常规低压配电箱模数设计，以避免后期因为选用不同厂家造成配电箱安装空间不够的情况发生。

（4）由于实际投运后经常会出现需要倒闸配合外电网停电的情况，因此 400 V 市电的两进线一母联处建议选用带手动同期并联转换功能的双电源转换设备。

（5）变频器、限流保护器等元器件发热较大，在设计中需充分考虑其发热量，以便于控制配电间温度在合理范围值。

（6）配电电能管理系统，对电能质量实时监测，提供能源管理分析数据。通过数字化手段实现自主运维，主动提示风险，以防带治，不仅能减少故障发生的数量，同时也帮助运维团队更好地提前规划设备检修更换的时间窗口，减少备件库存的同时，实现降低院区运维成本。

（7）根据用电设备分类（动力、照明、空调、特殊用电）进行配电，并在低压侧各出线回路、楼层配电箱设置多功能计量表计，对用电进行分项计量。餐厅、超市、花店、咖啡厅等区域单独设置电能计量表计。

（8）候诊区、手术室、血库、洗消间、血透间、消毒供应室、太平间、垃圾处理站等场所设紫外线消毒灯。

（9）普通电源和医疗电源插座采用不同颜色予以区分。

2）针对性的设计实施措施

（1）项目设计主要包含用户 35 kV/10 kV 变配电系统；用户 10 kV/0.4 kV 变配电系统；照明、动力、空调、消防供配电系统及控制系统、防雷与接地安全系统；电气综合监控系统、电气火灾监控系统、消防设备电源监控系统、电力能源监控管理及计量系统等内容。

（2）为满足供电要求，由城市电网引来 2 路 35 kV 双重电源，两路电源同时使用，高压不设联络。当一路电源故障时，另一路电源不应同时受到损坏，并能承担所有一级、二级负荷的用电。

（3）根据建筑功能和负荷分布，在地下 1 层设置用户 35 kV/10 kV 变电所 1 座，负责为院区内一期用房供电；为满足变电所层高要求（6 m），35 kV 变电所设置电缆夹层；在地下室设置 4 座 10 kV 用户变电所，为医院的所有负荷供电。35 kV/10 kV 变压器室布置图如图 2-7 所示，10 kV/0.4 kV 变电所布置图如图 2-8 所示，各变电所的分布如图 2-9 所示。

图 2-7　35 kV/10 kV 变压器室布置

图 2-8　10 kV/0.4 kV 变电所布置

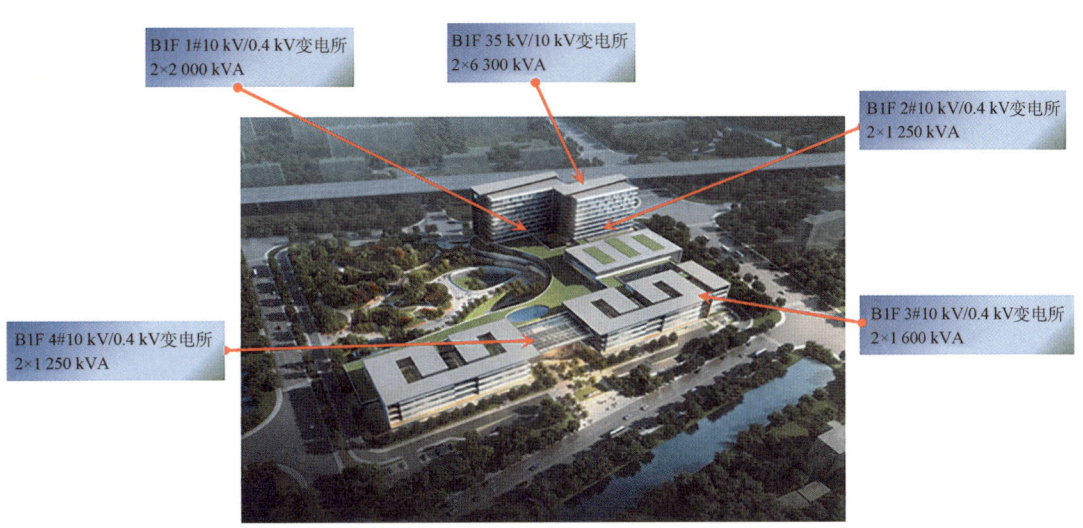

图 2-9 各变电所分布

（4）为保障医院内消防负荷及一级负荷中特别重要负荷的可靠供电，地下 1 层设置 1 台 1 500 kW（常用功率）柴油发电机组。发电机房内设置 1 m³ 的日用油箱，为保障发电机房持续供油（供油时间不少于 24 h），在室外地面设置输油接驳口。

（5）为保证医院内弱电智能化系统、手术部、ICU 等特别重要负荷的可靠供电，该项目按区域分别配置了若干套集中式 UPS 不间断电源系统，具体配置为 75 kVA（消控中心）＋40 kVA（地下室通信网络机房）＋50 kVA（裙房地下室）＋250 kVA（门诊楼 2F 信息中心）；火灾自动报警系统、应急紧急广播系统根据规范要求，各系统需自带不间断电源（UPS）；医技楼的手术室区域配备 UPS：200 kVA（手术室）；医技楼的急诊区域的 ICU、EICU、抢救室等配备 UPS：40 kVA（抢救室）＋30 kVA（EICU）＋100 kVA（ICU）。

4. 弱电智能化

1）调研运维需求

在设计前期调研阶段，与医院各使用方充分沟通，在弱电智能化系统设计方面，掌握院方需求及运维重点如下：

（1）信息网络系统的规划应结合医院各业务科室的管理特点和使用需求。分为医疗内网、信息外网、设备专网、安防专网四张信息网络，并结合各个网络的业务特性及信息安全的相关要求进行设计。

（2）以未来管理归属进行规划与设计信息中心机房、消防安保控制室等各信息与后保科室的核心机房与中央控制室。

（3）根据各弱电智能化系统对后备电源、防雷接地的需求进行梳理和统筹，统一规划各个机房、各个楼栋、各个区域、各子系统的可靠供电与防雷接地方面的设计。

（4）各子系统在设计与建设时，均应提供标准的接口与通信协议，为实现系统与系统之间必要的信息互联，同时为未来上层的智慧医院平台建设提供数据支持与协同工作的抓手。

（5）各系统的核心设备、关键部件均进行了较高的冗余考虑，例如核心交换机的电源和引擎均采用双冗余设计,骨干光纤连接也均为双链设计;视频监控系统的服务器、存储(包含磁盘组)均体现了冗余设计的要求。

(6)各系统的设计,在展现层面,均要求尽可能实现可视化的用户界面,以建筑设备监控系统为例,软件界面上实时体现所有监控的机电设备(前端各类传感器、执行机构)及第三方接入系统的实时状态,在系统发生紧急情况时,能第一时间进行直观的提示和声光告警。

(7)各系统的前后端点位及设备,均设计统一及标准的标示标签/铭牌,在建成后的运维管理过程中,对设备进行快速定位提供有力保证。

2)针对性的设计实施措施

项目的弱电智能化系统的设计与建设,应立足于国家及行业的标准与规范,围绕医院方的使用需求为核心进行展开,在项目方案阶段及初步设计阶段进行系统的架构、功能、点位的规划与设计,在施工图阶段结合医疗工艺、建筑、机电、装饰、净化、室外园林等进行各系统的逐项细化设计与落地。在设计阶段也应充分考虑今后医院建成之后的市场运营与系统维护,并适当预留未来系统的扩展与再更新。该项目的弱电智能化系统设计由信息设施系统、安全防范(公共安全)系统、建筑设备管理系统、弱电机房工程、医疗信息化应用系统以及智能化集成管理系统等几大板块所组成,各板块的子系统具体实施措施情况如下。

(1)信息设施系统:通信网络接入、移动通信信号覆盖、综合布线、信息网络、有线电视(数字电视)、背景音乐及紧急广播、信息发布及引导、网络时钟、用户电话交换、无线对讲、多媒体会议等系统组成。

(2)安全防范系统:视频监控、入侵报警、联网报警、出入口控制(门禁控制、访客管理、楼梯管理)、车辆进出管理、在线实时巡检、智能安防、智能安全保障等系统组成。

(3)建筑设备管理系统:建筑设备监控(含环境监测)、能耗能效监管、智能照明等系统组成。

(4)弱电机房工程:消防安保控制中心、数据网络机房、运营商接入机房、无线信号覆盖机房、有线电视机房以及各楼宇各楼层的弱电间所组成。消防安保控制中心如图2-10所示,模块化数据中心如图2-11所示。

图2-10 消防安保控制中心

图2-11 模块化数据中心

(5) 医疗专项系统：排队叫号、病房呼叫、手术示教、病房探视等。

(6) 智能化集成管理系统。

(7) 在上述系统规划设计过程中，坚持以"顶层设计、分步实施"的原则，尽可能采用国际/国内主流的标准与技术路线为基调，选用通用及成熟的架构与产品。弱电智能化的各个系统之间应考虑标准的接口与通信，确保系统与系统之间、内部与外部之间的信息交互与数据调用，实现1+1＞2的效能。系统的设计应兼顾先进性和超前性，确保未来在建成投入使用后，至少达到5年领先、10年不落后的建设目标。

5. 水消防系统

1) 调研运维需求

在设计前期调研阶段，与医院各使用方充分沟通，在水消防系统设计方面，掌握院方需求及运维重点如下：

(1) 消火栓平面位置，应充分保证有两股消火栓充实水柱到达室内的任何位置。

(2) 在布置中尽量将消火栓布置在楼梯间、休息平台、前室、走道、护士台等易于取用等位置，并靠近易燃区域，如药房、化验科、麻醉科、试剂科、营养室、配餐间、胶片室、档案室等位置。

(3) 消火栓箱应尽量暗装，以避免患者在行动中碰撞到。

2) 针对性的设计实施措施

引入两路市政供水管道，提供医院消防及生活用水。水消防系统包括室外消火栓系统、室内消火栓系统、自动喷水灭火系统、防护冷却系统、水喷雾系统、自动跟踪定位射流灭火系统、灭火器系统、气体灭火系统。水消防系统详见机电系统设计章节，消防水炮及消火栓现场布置如图2-12所示。

图2-12 消防水炮及消火栓现场布置

6. 火灾自动报警系统

1) 调研运维需求

在设计前期调研阶段，与医院各使用单位充分沟通，在火灾自动报警系统设计方面，掌握院方需求及运维重点如下：

（1）根据具体场所和实际需求进行完善，在安装调试完成后，还需全面测试以确保系统的性能可靠。

（2）设置适当的安全防护措施，防止消防相关的系统被非法破坏或损坏。

（3）定期对火灾报警相关设备进行维护和检测，及时更新系统的软件和硬件，确保设备的可靠性和稳定性。

（4）计划设置消防物联网系统，将物联网技术应用于消防设施的管理、监控和预警系统中，以提高消防工作的智能化水平和效率。

（5）消防控制室设置独立的 UPS 间，为安保 UPS 用电及所有弱电间集中 UPS 用电服务，便于 UPS 配电的集中管理。

（6）事故通风系统的通风机与可燃气体泄漏、事故等探测器连锁开启，并在工作地点设有声光等报警状态的警示，注意连锁功能的调试与实现。

（7）为方便集中管理及检修，火灾报警等模块尽量集中放置在弱电间或设备机房等处。

2）针对性的设计实施措施

（1）针对上海市中医医院嘉定院区项目，要充分了解项目的工程概况、建筑布局、功能分区等内容，确定火灾自动报警系统报警设备的安装及布置方案。该项目采用集中报警系统形式，在地下 1 层靠近安全出口处设置消防安保控制室，火灾自动报警主机设备布置图如图 2-13 所示。根据项目特点及使用要求，选择合适的火灾自动报警设备，并确定火灾自动报警系统的布线方案。线缆需要满足规范标准对线缆的相关规定及要求，供电需由消防线路进行配电，以确保系统运行稳定与可靠。

图 2-13　火灾自动报警主机设备布置

（2）在方案阶段，要与业主、代建等方沟通，明确该项目所包含的相关系统设计内容，比如火灾自动报警系统、防火门监控系统、余压监控系统、可燃气体报警系统、消防水炮控制系统、消防物联网系统、消防应急广播系统等。然后结合项目定位及使用需求，明确各系统所采用的系统形式，比如火灾报警系统采用环形还是树形布线、消防广播系统与公共广播系统是否合用等。

（3）在深化阶段，需要将业主使用与管理需求，结合国家与地方标准，充分而全面地反映在设计图纸中。不只强调本专业系统建设内容，还需要与建筑、装饰、暖通、给排水、强电等专业进行系统平面层面上的协同与综合，最终达到可以实施的深度。

2.3 招标采购实施策划与实施

医院建筑的机电系统工程招标采购是一项复杂而细致的工作,在施工总承包招标阶段,通常由于医院建设项目部分机电专业系统工程施工图纸尚未深化,机电设备具体型号、规格、品牌尚未明确,因此在施工总承包招标工程量清单中列为专业工程暂估价或材料设备暂估价。该部分需要在项目施工建设期间,完成专业工程施工图深化工作,在明确机电设备采购技术参数后,开展招标采购工作。机电系统工程质量取决于机电工程施工质量和机电设备质量两个方面,业主若想切实保证这两方面的质量,必须要做好机电系统工程招标采购工作的策划与实施。

2.3.1 招标采购实施的总体思路

招标采购实施的总体思路可以归纳为:明确需求与目标、进行市场调研、科学编制招标文件、加强招标过程管理以及做好合同管理与后期服务等方面。为确保招标采购工作的顺利进行和项目的成功实施,尤其是面向医院使用方的全生命周期运维需求,具体实施内容如下。

1) 明确招标采购需求与目标

(1) 深入分析医院建筑特点:医院建筑具有医疗专项多、产品差异性大、医疗工艺多样性等特点,这要求招标采购工作必须充分考虑医院建筑运维使用的特殊性,如医疗设备的特殊要求、施工环境的洁净度要求等。

(2) 确定采购范围与规格:明确机电系统工程的采购范围,包括但不限于电气系统、暖通系统(含净化工程)、消防系统、建筑弱电智能化系统、医用气体系统、物流系统、污水处理系统、柴油发电机系统、电梯(扶梯)等,并详细列出各系统的设备规格、性能要求等。

2) 进行充分的市场调研

(1) 了解供应商情况:对市场上主要的机电系统设备供应商进行全面调研,了解其产品质量、价格、售后服务等情况,为招标采购提供决策依据。

(2) 掌握行业动态:关注机电系统设备的行业动态,了解新技术、新产品的发展情况,以便在招标采购中引入先进、适用的技术和产品。

3) 科学编制招标文件

(1) 明确招标要求:招标文件中应详细列出机电系统工程的采购要求,包括设备规格、性能参数、安装方式、验收标准等,确保投标单位能够准确理解招标意图。

(2) 合理设置评标标准:根据医院建筑的特殊性和采购需求,科学设置评标标准,包括价格、质量、技术、售后服务等方面的权重,确保评标结果公正、合理。

4) 加强招标过程管理

(1) 招标方式的选择:同时符合国家规定和地方政府部门的规定。国家发改委发布的

《必须招标的工程项目规定》第五条规定:"施工单项合同估算价在 400 万元人民币以上,重要设备、材料等货物的采购单项合同估算价在 200 万元人民币以上的全部使用国有资金投资的项目,必须招标。"同时,各省(市)还应符合各自的规定,例如在上海市,《上海市建设工程招标投标管理办法》第二十一条规定:"以暂估价方式包括在工程总承包或者施工总承包范围内,且达到法定规模标准的,应当采用招标方式发包。"《上海市建设工程招标投标管理办法实施细则》规定:"纳入招投标平台交易的重要设备招标范围包括与工程建设同步设计、同步施工的电梯、电气、防火消防、暖通、给排水、电子与智能化等。"

(2)规范招标流程:严格按照法律法规和招标文件规定的流程进行招标,确保招标过程的公开、公平、公正。

(3)严格审核投标文件:对投标单位的资质、业绩、技术方案等进行严格审核,确保投标单位具备承担项目的能力和条件。

5)做好合同管理与后期服务

(1)细化合同条款:在合同中明确双方的权利和义务,包括设备供应、安装调试、验收标准、售后服务等,确保合同内容全面、具体。

(2)加强后期服务:建立完善的售后服务机制,确保机电系统设备在运行过程中出现问题时能够得到及时、有效的解决,面向机电系统工程全生命周期的运维服务相关内容。

2.3.2 机电系统招标采购的方法与措施

单项合同估算价限额以上的机电系统专业工程暂估价和机电设备暂估价招标,应当采用公开招标方式,例如在上海,将进入上海市建设工程交易服务中心平台招标。单项合同估算价限额以下的机电系统专业工程暂估价和机电设备暂估价招标,属于非依法必招项目,可自愿进入城市建设工程交易服务中心平台进行公开招标。不进入城市建设工程交易服务中心平台招标的,可按照建设单位内控招标采购制度,采用公开招标、竞争性磋商、竞争性谈判、询价或其他方式进行招标采购。机电系统招标采购的方法与措施主要包括以下内容。

1. 机电系统专业工程暂估价招标采购的方法与措施

1)招标方案的策划

医院建设项目是公共建筑项目中建筑体量较大、建设周期较长、涉及专业较多、功能相对复杂的建筑,同时需满足高度专业性、复杂性的医疗工艺要求。医院机电工程是保障医院各项基础设施、医疗设备安全、高效、节能运转的重要系统。因此,对机电系统专业工程的招标策划是工程项目实施准备阶段的一项重要策划内容。招标策划阶段,需要针对项目特点、需求目标和规模造价以及各种类型专业工程的技术、经济特征等,编制招标方案策划。招标发包的范围、投标资格条件、评标办法、施工界面划分、合同关键条款、技术要求设定等都是招标策划的重要内容。

各机电系统专业工程的招标方案需进行专项的策划和编写,应当科学合理,具有可行性和操作性,能够有效指导招标工作的组织实施。

2)招标技术需求的确认

医院建设项目机电系统专业工程的最大特点就是工程技术复杂,各专业工程的专业性强,对招标文件中的技术规格部分要求较高。不仅要求招标图纸达到施工图深度,还需要提出具体的技术规格要求和参数。在医院建设项目中比较关键重要的专业工程,如弱电工程、手术室工程等,往往需要会同医院各个相关的部门、科室对招标技术规格要求进行多轮的讨论和调研,以最终确认需求。另外,由于医院各系统受多种因素影响,包括不明显的隐性因素,需在招施工标前做周全考虑和充分准备。

3) 招标范围的划分

施工招标文件中关于工程承包范围的划分,直接关系到施工单位能否正确理解并全面履行职责、使工程顺利实施,意义重大。根据工程出图情况和设计图纸的深度、技术资料及建设单位的项目要求,确定合理的招标范围和施工内容,是编制工程量清单必须明确的原则和大方向。其条款主要在招标文件"技术标准和要求"的专用部分。尤其是业主选择平行发包的项目,必须谨慎对待土建与机电工程的界面划分,机电工程各专业间的界面划分,变电所与外接电源的界面划分。充分考虑各专业间的界面划分,明确各承包人和建设单位各自的施工内容和责任,从而大大减少施工管理过程中的协调量、工程变更及签证,以利于工程质量控制、工程投资控制以及进度控制。

基础工程界面整合主要考虑以下要点:防雷接地装置;变配电间、人防区柴油发电机房、储油间、弱电机房等是否预留了接地点;地下室底板污水井、集水坑、排水沟、消防水池、隔油池、预埋排水管等相应的套管是否预留;消防电梯基坑是否考虑了排水管,排水管是否与集水坑连通;电梯基坑深度是否满足要求;变配电间是否预留排水管等。

4) 招标计划的编排

医院建设项目机电系统招标计划应根据各专业工程设计和施工的技术管理逻辑次序,结合其他条件,编制安排每一个专业工程的施工招标计划。

机电系统专业工程应根据施工总包总体进度顺序确定招标顺序:

(1) 施工准备工程在前,主体工程在后。

(2) 制约工期关键线路的工程在前,施工时间比较短的工程在后。

(3) 土建工程在前,设备安装在后。

(4) 结构工程在先,安装工程在后。

(5) 制约后续的工程在前,紧前的工程在后。

(6) 工程施工在前,工程货物采购在后,但部分主要设备采购应在工程施工之前招标,以便据此确定工程设计或者施工的技术参数。

在医院建设项目机电系统专业工程招标中,涉及需要配合总包土建预埋、配管的项目应安排在先期进行招标,如消防工程、弱电工程、污水处理工程等。以设备为主的机电系统专业工程可以适当延后,如医用气体、屏蔽等。部分专业工程中设备的技术参数与总包的土建工程密切相关,如手术室、多联空调、电梯等,在编排招标计划时也要充分考虑,避免影响总包进度。

5) 投标人资质的设定

医院建设项目机电系统专业工程种类繁多,根据《建筑业企业资质标准》,施工专业承包资质共有36项,招标代理应根据专业工程内容范围、功能用途、标准规模、项目需求和技术管理特点以及资质标准规定的工程承包范围,合理设定投标人资格条件。

6）合同条款的设置

医院建设项目机电系统专业工程招标文件的合同文本一般采用《建设工程专业分包合同范本》，其中专业条款部分中的一些重要条款，如进度款支付的节点和比例，应与施工总承包合同保持一致。

2. 机电设备暂估价招标方法与措施

医院建设项目设备暂估价部分中涉及到设备的一般有：电梯、锅炉、空调、柴油发电机、配电箱、热泵机组、雨水收集、太阳能、机械停车等。此外部分暂列金额中的材料由于金额较大，技术性较强，往往也组织公开招标，如电缆、PVC地板、门窗、灯具等。需要注意的是，暂估价中的设备如果是列入政府采购集中采购目录的，应委托集中采购代理机构进行采购。

医院建设项目机电设备往往系统复杂、种类繁多，因此机电安装工程设备招标需考虑的因素众多，且不同设备需考虑的因素又不尽相同。不同种类的建筑工程设备，其主要技术参数、招标范围、制造验收标准、验收方式、售后服务要求都不相同。如水泵、变压器等设备招标，需考虑主要技术参数、选材、配套件的要求；机械停车位的招标，除要考虑主要技术参数、选材、配套件因素外，还要考虑设备的运行速度、车位布置的合理性、车位的数量能否满足规划验收需要、售后服务的承诺等条件。

机电设备采购招标主要考虑以下因素。

1）机电设备的标准化水平

机电设备标准化水平体现在设备的通用性、可替换性和备品备件的易得性，设备标准化水平越高，其使用成本和替换成本就越低，其产品生产技术普及面广，供应商较多，竞争激烈。反之，如货物产品标准化水平较低，市场成熟度低，供应商较少。

因此，机电设备标准化水平的程度是确定投标人资格条件时需要重点考虑的因素。例如空调设备的标准化水平较高，生产技术普及面广，因此在设定投标人资格时，往往会要求"同一品牌同一型号制造商和代理商不得同时参加投标，且代理商必须获得上海市中医医院嘉定院区项目的唯一授权"。

此外，机电设备的标准化水平也是选择评标办法需要考虑的重要因素。标准化水平高、技术通用性和可比性强的设备，采用经评审的最低投标价法比较简便合理。反之，如设备标准化程度较低，生产厂家较少，技术性强，功能复杂，此时可以考虑采用综合评估法。

2）机电设备的技术性能

医院建设项目机电设备的技术性能是设备实现功能的效率，性能越好，效率越高，但是高性能往往是以高成本投入为代价的。性能指标是设备的重要参数，也是招标人规定的技术要求，在相同功能下，技术性能的区别也会带来产品的重大差异。招标人应该选择合理的性能指标，过分追求高性能必然会导致成本增加，不利于项目投资控制，较低的性能指标虽然会降低购买成本，但是可能会造成使用效率低下、使用成本过高，二者都会造成投资的浪费。因此，应该选择性价比最高的性能指标。

医院建设项目中的机电设备招标采购在确定技术参数要求时，应结合医院项目的自身特点考虑，将有限的资金运用到实处。例如电梯招标，作为人流量极大的公共建筑，医院电梯的使用率要远远大于一般的住宅建筑和商业建筑，其运行负荷较大，因此对医院电梯招标的技术参数要求就应该相对高一些。

3）机电设备的使用成本

医院建设项目机电设备的使用成本包括运行成本、维护保养成本、维修改造成本、故障成本和废弃成本等。设备的全生命周期中使用成本往往会数倍于采购成本,所以对于技术较为复杂的货物不仅要考虑一次性的采购成本,还必须从上述各方面综合考虑使用成本,采取定量或定性的办法进行分析,从而选择性能价格比最高的设备招标方案。投标价格接近的设备,如果其能耗相差较大,高能耗设备的后期使用成本必然高于能耗较低的产品从而造成其整体成本高。此时,考虑低能耗的设备则是一种明智的选择。设备招标必须要对上述可能的使用成本做出要求,并在评标办法中得以体现。

4）机电设备的节能环保指标

目前国家实施节约与开发并举及把节约放在首位的能源发展战略,加大了节能减排和环境保护的力度。医院建设项目设备招标过程中要结合上述理念,从设计阶段即着眼于节能和环保,设备招标文件中应提出明确的节能环保指标要求,鼓励使用先进的节能、环保技术,引导投标人采取技术可行、经济合理和招标人可以承受的措施,从设备生产到消费的各个环节降低消耗、减少损失和污染物排放,有效合理地利用能源。此外,设备招标评标因素应引入节能环保指标的基本条件,并适当加大节能环保指标的分值权重,以起到正确引导投标人的作用。

5）设备选型控制

从工程造价角度看,医院建设项目机电工程造价中设备费用占比较大,一般在40%左右;对于一些专项机电升级改造工程,设备费占比更是高达70%~90%。因此,在工程实施过程中最大限度地选用品质性能优良、最有利于本区域联网和后期维护升级的机电设备,对于保障机电工程达到设计功能和管理要求、控制运维成本、充分发挥建设资金的投资效益、减少工程变更具有重要意义。

在机电工程建设过程中,如果在招标阶段对设备的选型控制不严谨,在后期实施时,就会出现因采购的设备与已建医院联网系统不能很好兼容,或者设备在本省应用太少,不便于集中维护等原因,而不得不进行工程变更的情况,对工程的正常实施造成干扰,给工程的有序管理带来隐患。通过科学的设备选型控制,力求做到设备性能满足要求的同时,也能平滑对接、稳定联网、集中维护,从而避免和预防实施中的工程变更。

设备选型是机电设备采购中优化方案的过程,是前期设备管理的重要内容,首先,坚持的原则必须是技术上先进、经济上合理,只有这样才能够获得最大的经济效益。其次,所选择的机电设备要安全、可靠、环保,要保证高可靠性和高安全性。良好的环境也是安全生产的必然要求,所有选择环保的机电设备也是非常重要。再次,操作维护方面方便,在选择高技术含量的机电设备时,要特别注意设备的可操作性和可维护性,做到方便检查,互换零配件方便。最后,要考虑机电设备的配套性,不能以旧是思想观念照搬硬套,还要考虑与其他机电设备的相关配套问题。

3. 制订科学合理的招标采购流程

医院建筑的机电系统工程招标采购必须事先制订科学合理的流程,可借鉴图2-14,从而提升采购效率、确保公正性和透明度、降低成本、优化供应链管理以及提高采购质量。据此推动医院采购管理的现代化和信息化进程,为医院提供更高效、更透明、更优质的采购服务。

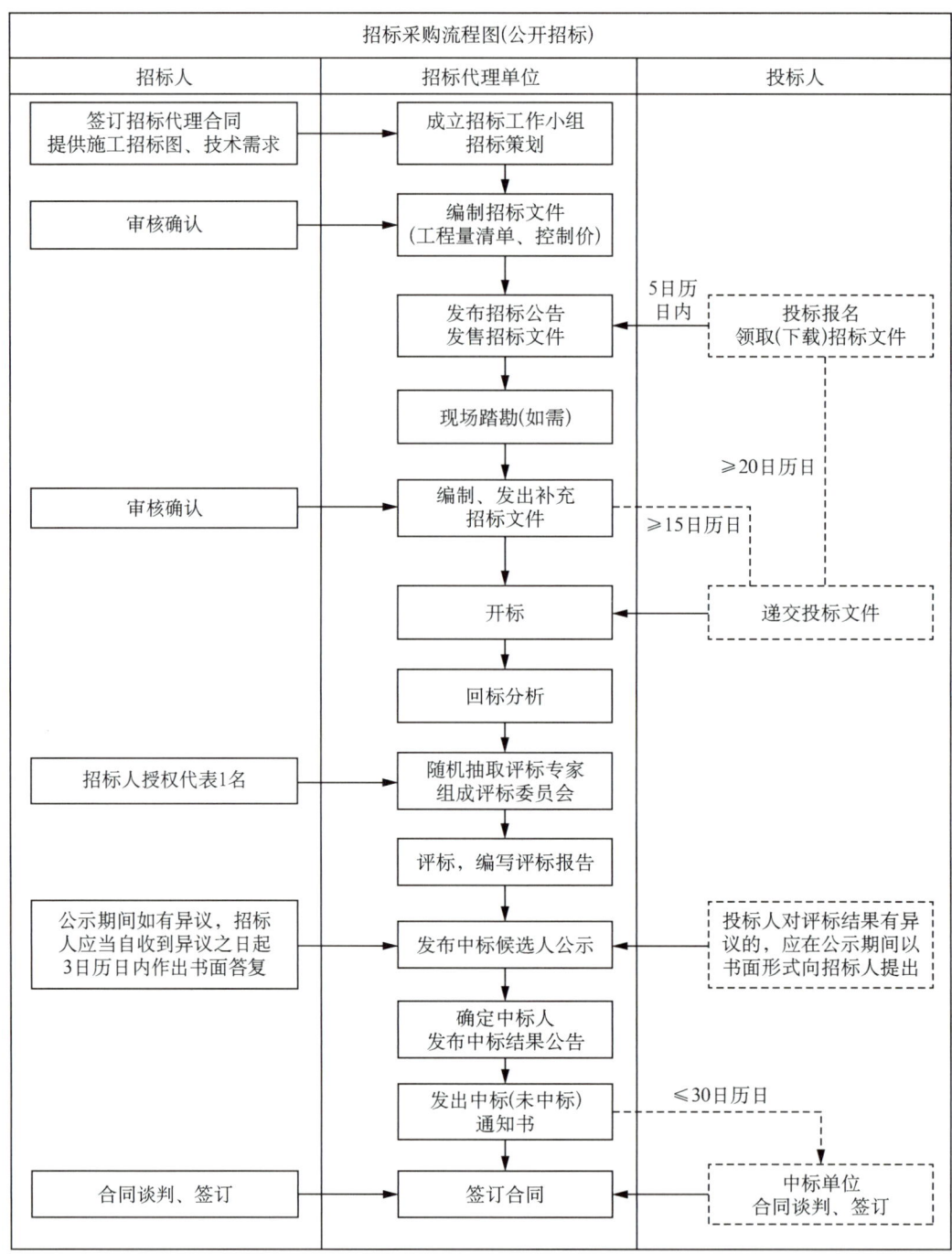

图 2-14 医院建筑的机电系统工程招标采购流程示例

4. 机电系统专业工程暂估价评标办法

包括经评审的合理低价法、有担保的最低价中标法、综合评估法和法律法规允许的其他评标办法。采用资格预审的,评标办法不得采用综合评估法;采用有担保的最低价中标法或者澄清低价法的,招标人应当在招标文件中要求中标人提供差额担保,担保金额为最高投标限价与中标价的差额。

(1) 经评审的合理低价法:是对通过初步评审,技术合格且投标评审价高于合理低价的投标文件进行商务打分,按照得分由高到低的顺序推荐中标候选人的评标办法。本评标办法适用于所有类型的标段。

(2) 有担保的最低价中标法:是对通过初步评审且投标报价最低的投标文件进行详细评审,技术合格则推荐该投标人为第一中标候选人的评标办法。澄清低价法是通过技术方案澄清的投标人进行投标报价,对报价澄清后符合要求的投标人,按报价由低到高的顺序推荐中标候选人的评标办法。本评标办法适用于所有类型的标段。

(3) 综合评估法(一):是对通过初步评审的投标文件进行技术、商务打分,按照总得分由高到低的顺序推荐中标候选人的评标办法。本评标办法适用于大型或施工技术复杂的标段。

(4) 综合评估法(二):是进行技术、商务两阶段评审,对通过技术标、商务标评审的,选取技术标得分前七名的投标文件进行商务打分,按照技术、商务总得分由高到低的顺序推荐中标候选人的评标办法。本评标办法适用于符合至少下列两项条件的标段,①施工技术复杂的,②标段规模为大型的(专业工程单项合同额 5 000 万元及以上),③市、区两级重大工程。

5. 机电设备暂估价评标办法

一般采用综合评估法,对通过初步评审的投标人的技术、商务、报价等进行综合评分,按照总得分由高到低的顺序推荐中标候选人。

2.3.3 招标采购实施典型案例

以上海市中医医院嘉定院区项目弱电工程专业分包工程招标为例,项目规模较大,建安工程费为 2 836.1 万元(含税),计划施工工期为 321 日历天。需要进行专业分包招标。其招标采购的实施内容包括如下。

1. 前期的调研分析

通过研究分析,医院建设项目的设计一般分为方案设计、扩初设计和施工图设计 3 个阶段,医院的业务流程、功能分区、房间排布都在扩初设计阶段进行分配。智能化作为一个重要的专业工种,虽然是在建筑平面确定后才能设计,但智能化设计的基础条件需要其他专业提前预留,因此基于面向医院运维的考虑,在扩初设计阶段能将智能化专业的需求,提前反馈给其他专业,将有利于下一步的设计,减少设计变更甚至不必要的返工,所以扩初设计阶段是智能化系统设计介入的最佳时机,也有利于把控后续的招标进度。

智能化系统在与医院众多业务应用和行政管理相结合时,衍生出许多具有针对性的应用子系统,使得医院智能化工程的实施变得更为复杂。另外,由于医院智能化系统受多种因素影响,包括不明显的隐性因素,需在施工招标前考虑周全和充分准备,主要活动包括考察学习和需求梳理,例如医疗需求调研、行政需求调研和后勤管理需求调研等。

2. 招标进度控制

招标投标法律法规对招标活动的时间有明确的规定,包括资格预审文件和招标文件的发售期不能少于5日,依法必须招标项目提交资格预审申请文件的截止时间自资格预审文件停止发售之日起不得少于5日,依法必须招标项目提交投标文件的截止时间自招标文件开始发售之日起不得少于20日,澄清或修改的内容可能影响资格预审申请文件或投标文件编制的应在提交资格预审申请文件截止时间至少3日前或投标截止时间前15日发出,招标人收到评标报告3日内公示中标候选人且公示期不得少于3日,招标人最迟应当在书面合同签订后5日内向中标人和未中标的投标人退还投标保证金及银行同期存款利息。编制进度计划时,务必要以法律规定的时间为准,避免因此导致违法违规。上海市中医医院嘉定院区项目制订严格的招标时间规定示意图(图2-15),作为参建单位的工作依据。

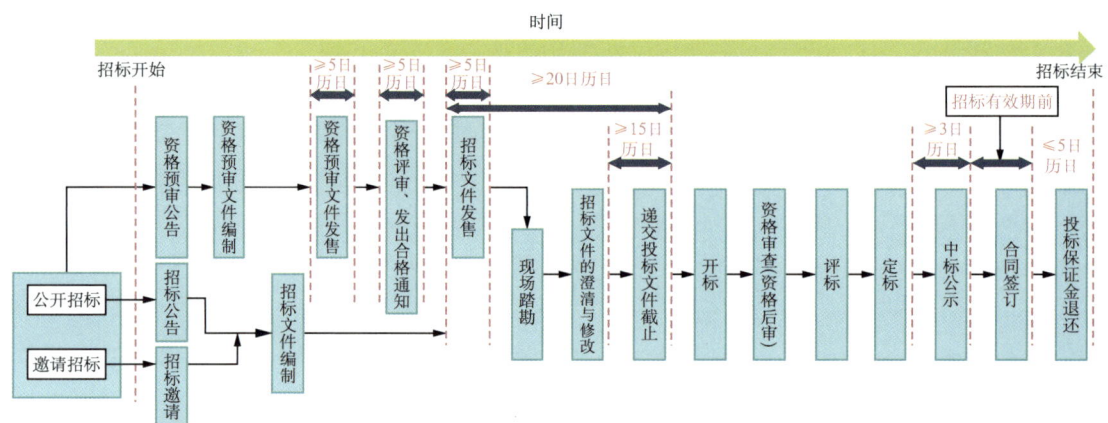

图2-15 招标时间规定示意

3. 招标采购范围

通过分析,确定该项目主要招标范围包括:综合布线系统、计算机网络系统、视频安防监控系统、入侵报警系统、门禁系统、电子巡更系统、车辆管理系统、无线对讲系统、IPTV系统、网络时钟、建筑设备管理系统(BA)、能耗计量系统、护理对讲系统、系统集成IBMS系统、机房工程、一卡通管理系统、梯控管理系统、安防集成控制系统和五方通话系统(仅布线)共19个系统。中标单位负责整个项目的质量、进度、安全、文明、售后服务、人员培训等。中标单位负责建筑智能化(弱电)系统项目的验收通过工作(包括办理安防系统通过技防部门验收)。

4. 招标策划实施

1) 标段(标包)划分

上海市中山医院嘉定院区项目由一家专业分包单位负责整个专业工程的设计、设备、施工,考虑到项目为整体统筹规划和协同运作,故未划分标段和份额。

2) 资格审查方式

资格预审。根据《上海市房屋建筑和市政工程施工招标评标办法》文中第九条资格预审的规定,一级工程项目可采用资格预审。资格条件设置(主要条件)如下。

(1) 投标人应具有住房和城乡建设部颁发的施工专业承包电子与智能化工程一级资质。

设置该资格条件考虑的是根据《建筑业企业资质标准(2015实施)》中电子与智能化专业承包资质标准规定,承揽单项合同1 500万元及以上的电子系统工程和智能化工程施工的企业须达到一级资质,结合上海市中山医院嘉定院区项目限价2 655万元,考核投标人的施工资质。

(2) 投标人对该项目投入的人员须满足以下要求。

项目经理:项目负责人为申请人本单位的工作人员,持有住房和城乡建设部颁发的一级建造师执业资格证书,注册专业为机电工程,项目负责人有下列情形,不得参与本标段投标,①在其他项目担任项目负责人;②项目负责人在其他项目履行合同过程中发生变更,变更时间未满180天。

项目管理人员:应满足《关于印发〈上海市建筑施工企业施工现场项目管理机构关键岗位人员配备指南〉的通知》的要求。

设置该资格条件的考虑:根据《关于印发〈上海市建筑施工企业施工现场项目管理机构关键岗位人员配备指南〉的通知》的要求,通过证书客观反映投标人拟派项目经理和人员配备的能力。

(3) 投标人业绩要求:近5年(2016年12月1日起至资格预审报名截止日),须承接过合同金额≥1 985万元的类似弱电工程施工业绩(在建或已完成项目均可,以合同签订日期为准)。类似项目业绩以投标单位填写的合同报送编号(项目编号)在上海市建设市场管理信息平台(本市项目)或全国建筑市场监管公共服务平台(外省市项目)查询为准,时间以合同签订日期为准。

设置该资格条件考虑的是,根据《上海市建设工程招标投标管理办法》第二十三条(三)复杂和大型建设工程的招标文件中,对企业或者项目负责人类似项目业绩的规模要求,不得超过发包标段规模指标(招标限价)的70%,经过调研分析,目前市场上该项目类型的工程专业承包业绩较多,医疗行业弱电系统相对更复杂,在招标时如果将工程业绩要求过低,不利于促进竞争。

3) 招标文件技术方案

(1) 工程质量标准

结合施工总包质量要求以及创优项目涉及子系统(表2-1),该项目要求分包施工范围内施工质量应达到总包合同要求的质量标准,即确保一个单体获得"上海市优质结构奖"和"白玉兰"奖,确保一个单体获得"申安杯",争创"中国安装之星奖",进而争创"鲁班奖"。

表2-1 创优标准

创优项目	涉及子系统	涉及内容
上海市建设工程 白玉兰奖	智能化各子系统	整个项目整体验收
中国建筑工程 鲁班奖	智能化各子系统	整个项目整体验收
LEED认证 银奖/金奖/铂金奖	建筑设备监控系统 建筑能效管理系统	所选用系统,采用的节能技术,节能效果
国家绿色建筑 二星/三星	建筑设备监控系统 建筑能效管理系统	所选用系统,采用的节能技术,节能效果

(续表)

创优项目	涉及子系统	涉及内容
上海市智能建筑优秀工程申慧奖	智能化各子系统	整个项目整体验收

(2) 合同条款

合同形式：固定单价合同。

合同文本：采用《建设工程施工专业分包合同》（GF—2003—0213），合同支付条款主要涉及预付款和进度款。

预付款的主要约定：签订合同后，分包人向承包人提供履约保函为合同价的10%，支付合同金额30%作为预付款（金额中已含安全文明措施费总额50%，其余安全文明措施费按形象进度与工程款同步支付）。预付款扣回与总包合同一致，预付款起扣时间从支付工程进度款开始起扣，扣款比例按每月应支付工程进度款的50%扣回。

进度款的主要约定：支付时间按总包合同；根据工程监理和财务监理复核签证后的工程量清单和费用报表，每月进度款按当月经核定实际完成合格工程量的80%于次月底拨付，其中人工费应按月足额支付至农民工工资专用账户；工程进度款累计支付至合同价款的80%时暂停支付，发包人按有关规定进行审核（如因承包人原因，造成竣工审计无法正常进行的而延期，责任由承包人自负。）工程结算完毕，发包人完成付款审批流程及财政请款流程后28天内付至结算审核价的90%；审计完成后付至97%，扣留竣工结算价的3%为质量保证金；预留的3%质量保证金待工程保修期满及上级有关部门竣工财务决算批复且财政资金到位后，结清尾款。审计后，一旦发改委调概批复存在核减的，承包人需要根据发改委批复精神将核减费用退回项目基建专户，由发包人与承包人另行协商核减费用的支付。过程中如发生阶段结算，超出概算部分报发改委调整概算批复且资金到位后支付。

4）主要设备材料参考品牌表

在医院智能化系统工程的招标技术要求中，除了对系统方案进行文字描述外，对图纸和清单中无法表示的要求，也可用文字形式提出。关于设备材料的品牌选择，在招标技术要求中，可以参照相关规定对同一个设备或材料备选至少3个能满足招标技术要求的品牌（表2-2），有些设备材料还需要进一步限定系列，以方便投标单位选择使用。

表2-2 主要设备材料参考品牌

设备	参考品牌1	参考品牌2	参考品牌3
计算机网络系统	H3C	华为	锐捷
综合布线系统	鼎志（Dintek）	康普（CommScope）	西蒙（Siemon）
视频安防监控系统	海康	宇视	英飞拓
门禁系统	宇视	克立司帝	瑞立德
无线对讲系统（中继台及对讲机）	摩托罗拉	海能达	科立讯
无线对讲系统（合路平台、室内分布设备）	上海正禄	上海邑捷	上海烁珩科技
入侵报警系统	宝学	灏广	优周

（续表）

设备	参考品牌1	参考品牌2	参考品牌3
电子巡更系统	赛思韦尔	泰杰	卫芯
护理呼叫系统	来邦	安睿	研华
排队叫号系统	来邦	安睿	研华
子母钟系统	持久百成	豪赛瑞和	时民
UPS	维谛	施耐德	伊顿
能耗管理系统	合众慧能	上海昂顿	丹东华通
弱电线缆	普天天纪	纬世	立维腾
智能运维管理平台（IBMS系统）	中创慧谷	恩普埃尔	太力信元
停车库管理系统	克立司帝	狄耐克	立马订
IPTV系统	清鹤	双擎	时瑞
电梯控制系统	海康	大华	崇培
楼宇自控系统	西门子	江森	霍尼韦尔
网络机柜	普天天纪	威图	维谛
组合认证出入口控制	赛思韦尔	敏达	泰杰
来访人员身份采集系统	赛思韦尔	敏达	泰杰
智能安防平台	赛思韦尔	敏达	泰杰
智能人脸抓拍分析设备	赛思韦尔	敏达	泰杰

5）清单、限价编制重点难点

弱电工程是综合项目，该项目规模不大，但内容包罗万象，包含了19个系统，涉及院方多个使用单位，如基建科、信息科、保卫科、各医疗科室等，使用需求不断更新，造成图纸无法固化，清单多次更改。在清单编制过程中，需确定各子系统与总包、开办费、政采之间的合同界面及范围，避免重复报价及缺漏项。采取以下应对措施：

（1）尽早展开分包的招投标，确保弱电预埋管的准确率。

（2）在招标前留足够时间做需求收集，尽早稳定方案，确保清单编制工作反复修改，缩短编制时间。

（3）要兼顾新系统和申康后勤智能化管理平台的连接。

（4）根据概算造价指标，确保单项造价的合理性、准确性、可实施性。

6）招标策划分析

上海市中医医院嘉定院区项目资格预审阶段共有28家单位参与投标，其中24家通过了初步评审，经建设方三重一大决议选取7家入围，最终价格最低的投标人为该项目中标人。

中标人能够最大限度地满足招标文件实质性要求，满足招标人的需求，团队人员实力雄厚，各项能力均达到了采购预期。在后期的合同执行过程中，严格按照工期要求高质量完成项目的实施。招标人对中标人满意度评价较高。

2.4 工程监理策划与实施

医院建设工程作为一个复杂的系统工程,机电系统除了具备一般公共建筑的内容外,还具备医院特殊医疗系统等专业工程,如医用气体工程、净化工程、屏蔽工程、物流传输工程等。在医院机电系统运行维护过程中,常见以下问题,如通风空调系统常遇到风管冷凝水滴落及损坏装饰面、过渡季节维修不便等问题;给排水系统常遇到接头漏水、阀门漏水等问题;强电系统常遇到灯具损坏、插座开关跳电、设备跳闸等问题;弱电系统常遇到BA自动控制失效、能耗抄表不准确、网路不畅通等问题;医用气体工程常遇到阀门堵塞、设备停止运行等问题,监理以运维过程中碰到的问题为导向,对项目监理工作进行了整体策划,使医院建设工程机电系统质量符合合同、设计文件和标准规范等要求,保障运维阶段机电系统运行顺利、平稳、高效。

2.4.1 工程监理实施的总体思路

监理以运维过程中碰到的问题为导向,对项目监理工作进行了整体策划,设立基于医院机电系统运维的监理工作目标,根据工程规模、特点、专业、合同承发包关系等组建监理组织机构,提出机电接口管理管理理念,针对性地制订监理实施细则计划,并明确监理内外部工作制度,利用BIM技术开展监理现场复核工作,以保障机电系统设备运行平稳顺利。

1. 监理工作目标建立

基于医院机电系统运维常见问题,根据监理合同约定,监理项目部制订机电系统监理工作目标,详见表2-3。

表2-3 机电系统监理工作目标一览

类别	工作目标
机电系统	强电系统运行顺畅,设备安装可靠,绝缘良好
	弱电系统运行顺畅,设备安装可靠,信号无干扰
	给排水、消防系统运行顺畅,设备安装可靠,阀门管道无渗漏,阀门开启灵活
	通风空调系统运行顺畅,设备安装可靠,阀门管道无渗漏,阀门开启灵活
	医用气体、物流系统运行顺畅,设备安装可靠

2. 监理组织机构设置

医院机电安装工程涉及专业系统多,需要配置满足工程数量和专业需求的监理人员,组织机构设置是做好监理工作的前提。在充分分析建设单位的组织架构、建设管理模式、合同承发包关系以及施工管理模式的基础上,对应调整了监理项目部组织架构。采用直线职能式组织架构,除总监外设置专业总监代表,根据职能管理和专业管理划分设置监理组,调整后的监理组织架构,设置总监办,将安全管理纳入总监办,明确机电安装阶段安全管理与专业管理的配合关系,设备专业单独设置成组,强调医院特殊医疗设备专业管理。调整前后组织架构详见图 2-16、图 2-17。

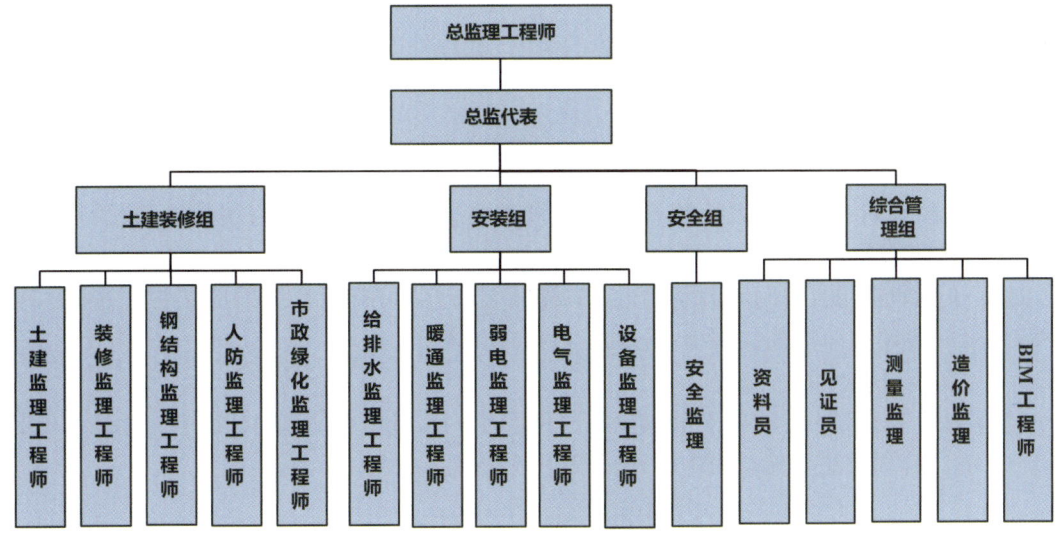

图 2-16 调整前组织架构

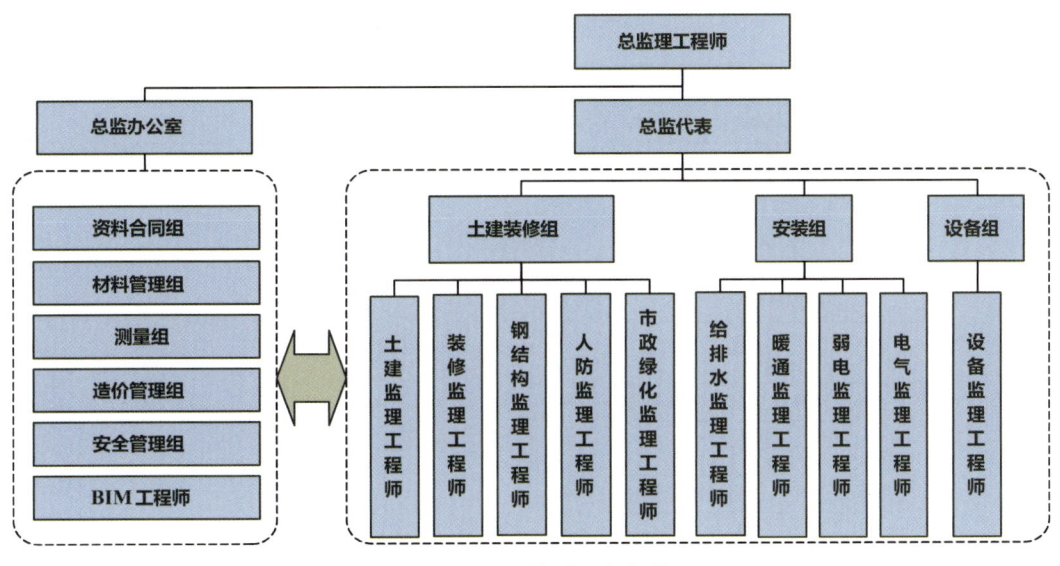

图 2-17 调整后组织架构

3. 机电安装接口管理

医院建筑建成后运维管理工作的复杂性及其昂贵的运行费用,对建设技术和管理技术的综合考虑提出了很高的要求。医院建筑重要的机电设备子系统众多,系统间、系统与其他普通专业(如强电、暖通、装饰、土建等)间接口的时间节点、范围以及界面的问题,如功能需求调整、选型变化、设备间空间位置冲突、设备与土建空间尺寸不符、合同接口、空间时间策划不合理、未按图纸规范施工、设备供货滞后等引起的接口问题,会直接对医院运维阶段的安全运行产生重要的影响,为发挥监理在医院建筑后生命周期服务价值,监理提出医院建筑机电系统"接口管理"理念。

1) 明确各方接口管理职责

建设单位职责：确定接口管理组织架构及各部门职责分工；制订、批准接口管理大纲、接口规范；审批涉及接口的变更；重大接口问题的决策；处理外部接口；制订总进度计划，策划时间接口解决方案；编制接口矩阵；编写接口规范；解决合同接口问题；组织召开工程总调度会。

监理单位职责：编制接口管理细则；组织承包商编制接口任务清单；实施接口管理的日常协调、管理；督促落实工程接口任务的实施。

设计单位职责：为业主方编制有关接口管理文件提供技术支持；解决涉及设计方面的工程接口技术问题；负责涉及工程接口的设计变更。

施工单位职责：提出所负责的系统或工程的接口问题；梳理本标段的接口任务，并列出清单；执行的各项接口方面的指令；完成工程接口任务。

2) 明确接口管理工作流程

梳理接口管理工作，明确工作流程，详见图 2-18 机电专业接口与工序管理流程图、图 2-19 接口管理方法示意图、图 2-20 设置移交条件示意图。

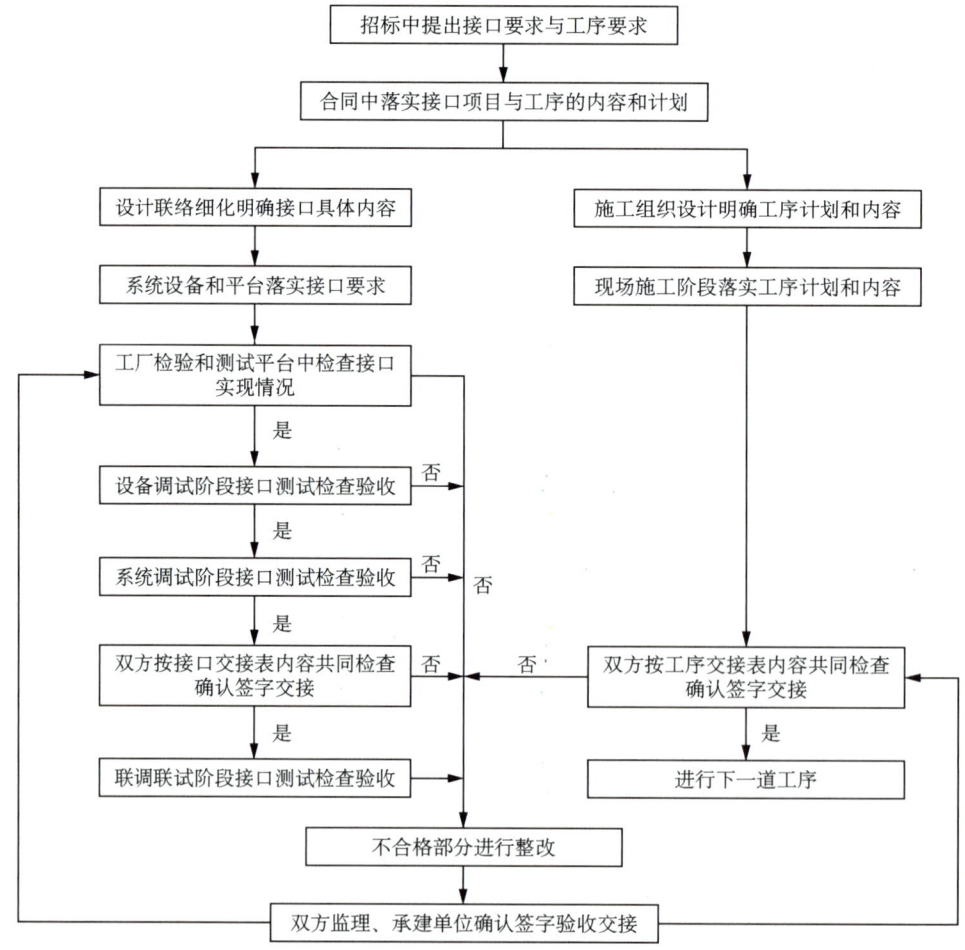

图 2-18　机电专业接口与工序管理流程

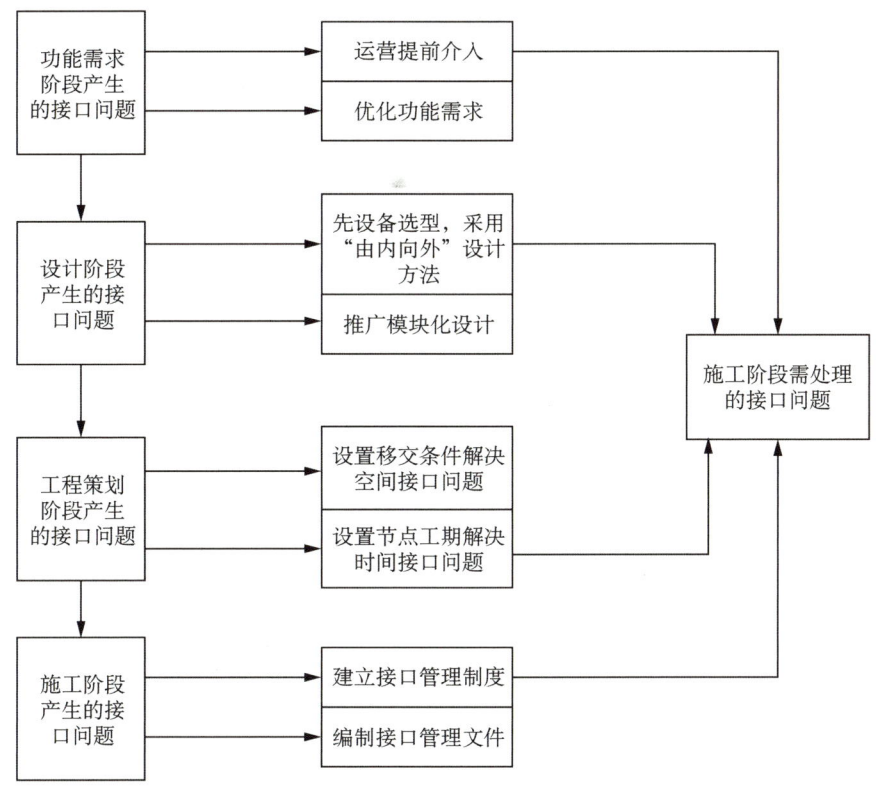

图 2-19　接口管理方法示意

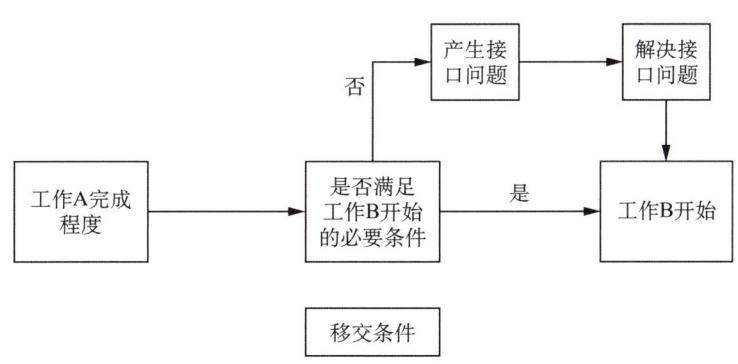

图 2-20　设置移交条件示意

4. 监理实施细则计划

在监理规划的框架下,监理项目部按照机电安装分部分项工程和重要的工艺系统,编制监理实施细则,规定机电安装系统实施监理控制流程、控制要点、监理旁站部位和内容,上海市中医医院嘉定院区监理项目部制订了以下机电系统监理实施细则计划,详见表 2-4。

表 2-4 机电系统监理实施细则计划一览

序号	专业	细则名称
1	机电安装系统	综合机电安装工程监理实施细则
2		建筑给排水及采暖工程监理实施细则
3		通风与空调监理细则
4		弱电智能化安装监理实施细则
5		BIM 监理实施细则
6		旁站监理实施细则

5. 监理工作制度制订

为保证医院项目顺利实施,监理项目部制订以下工作制度,并对施工单位和监理内部人员进行交底,具体如下:

(1) 设计交底与施工图纸会审制度。
(2) 监理文件审核工作制度。
(3) 工程开工申请制度。
(4) 工程材料、成品、半成品质量检验制度。
(5) 隐蔽工程、检验批、分项、分部工程质量验收制度。
(6) 见证、巡视、旁站等监理工作制度。
(7) 工程变更复核签审制度。
(8) 工程质量事故处理制度。
(9) 工程质量预验收工作制度。
(10) 施工进度监督及报告制度。
(11) 监理报告制度。
(12) 监理例会及会议纪要签发制度。
(13) 项目监理组内部工作制度。

6. BIM 监理管理机制

1) 建立 BIM 运行保证体系

按照 BIM 组织架构表成立 BIM 执行小组,由组长全权负责 BIM 系统管理和维护,该小组在随监理团队进驻现场,迅速投入系统的创建工作;成立 BIM 管理领导小组,由总监任组长,组员包括各专业监理工程师负责人、BIM 驻场工程师、公司 BIM 团队,定期沟通,保证能够及时、顺畅地解决问题;各职能部门要求设置专人与 BIM 小组对接,根据需要提供现场信息;配备足够数量的高配置电脑设备,购置足够的 BIM 软件,满足软件操作和模型应用的要求。

2) 坚持 BIM 会议沟通的持续性

BIM 技术负责人参加每周的工程例会和设计协调会,及时了解设计和工程进展状况;BIM 小组成员每月召开协调会,建设单位或项目管理公司参加 BIM 协调会,确定工作流程。由 BIM 驻场工程师汇报工作进展情况以及遇到的困难,需要联合解决的问题,及时对问题给予处理和解决；BIM 工作组内部每周召开一次碰头会，针对本周工作情况和遇到的问题，制订下周工作计划。

3）建立 BIM 质量保证体系

依托 BIM 传递工程质量信息，通过将施工过程中的质量信息录入 BIM 模型中，再由模型的构件集成质量信息，使之成为施工各个环节之间的纽带。通过拍照或摄像方式采集现场信息，辅以文字信息录入模型端口，在模型内进行质量管理，例如材料设备的全过程信息记录，并与模型中的构件部位关联；施工过程中的检查信息关联到构件。

7. 运行调试监理管理机制

机电系统运行调试监理管理机制是确保医院机电系统调试质量达标、顺利运行的重要措施，也是平稳运营的重要保证，是施工管理与运维管理两个维度的交叉点，为此应基于运维管理需要，建立完善的机电系统运行调试监理管理机制。

1）事前控制

调试前对施工单位上报的调试运行方案进行审核，将运维管理专家对调试运行方案的意见，作为重要审核依据；核实调试启动应具备的条件，避免资源不足对调试工作的影响；审查调试指挥及操作人员交底及培训情况。

2）事中控制

加强对施工单位的监督，旁站调试关键节点，确保施工单位按照设计方案和相关标准进行机电系统调试运行；如实记录调试数据，确保设备的各项功能正常运行，达到设计要求；调试运行过程持续与运维管理人员沟通，确认需求。

3）事后控制

调试完成，对调试工作进行复盘。持续跟进医院试运营及正式运营后的设备运行及维护工作，配合解决设备运行中的问题；收集运维过程的痛点难点，为调试工作的管理提供新的思路。

通过以上机电系统运行调试监理管理机制的实施，可以确保机电系统的安装、调试质量，保障系统的安全、可靠、高效运行，为运维过程降本增效。

2.4.2 机电系统工程监理管理的方法与措施

1. 质量控制方法与手段

（1）工程施工阶段，施工单位按照已批准的施工组织设计实施，当特殊情况施工方案变更时，对施工组织设计应进行调整、补充或变动，报专业监理工程师审查，并报总监理工程师签认。

（2）专业监理工程师要求施工单位报送重点部位、关键工序的施工工艺和确保工程质量的措施，审核同意后予以签认。

（3）当施工单位采用新材料、新工艺、新技术、新设备时，专业监理工程师要求施工单位报送相应的施工工艺措施和证明材料，组织专题讨论，经审定后予以签认。

（4）专业监理工程师对施工单位在施工过程中报送的施工测量放线成果进行复验和确认。

（5）专业监理工程师对施工单位的试验室进行检查。

(6) 专业监理工程师对施工单位报送的资料进行审核,并对进场的实物按委托监理合同约定或有关工程质量管理文件要求规定的比例采用平行检验或见证取样方式进行抽检。

(7) 专业监理工程师定期检查施工单位的直接影响工程质量的计量设备的技术状况。

(8) 总监理工程师安排监理人员对施工过程进行巡视和检查,对隐蔽工程的隐蔽过程,下道工序施工完成后难以检查的重点部位,专业监理工程师应安排监理员旁站。

(9) 专业监理工程师根据施工单位报送的隐蔽工程报验申请表和自检结果进行现场检查,符合要求予以签认。对未经监理人员验收或验收不合格的工序,监理人员拒绝签认,并要求施工单位严禁下一道工序的施工。

(10) 专业监理工程师对施工单位报送的子分部工程质量验评资料进行审核,符合要求后予以签认,总监理工程师组织监理人员对施工单位报送的分部工程和单位工程质量验评资料进行审核和现场检查,符合要求后予以签认。

(11) 对施工过程中出现的质量缺陷,专业监理工程师及时下达监理通知,要求施工单位整改,并检查整改结果。

(12) 监理人员发现施工存在重大质量隐患,可能造成质量事故或已经造成质量事故时通过总监理工程师及时下达"工程暂停令",要求施工单位停工整改,整改完毕并经监理人员复查,符合规定要求后,总监理工程师及时签署"工程复工报审表",总监理工程师下达"工程暂停令"和签署"工程复工报审表",宜事先向建设单位报告。

(13) 对需要返工处理或加固补强的质量事故,总监理工程师责令施工单位报送质量事故调查报告和经设计单位等相关单位认可的处理方案,监理组对质量事故的处理过程和处理结果进行跟踪检查和验收。

2. 质量控制的监理措施

(1) 一个原则:工程质量控制是整个监理工作的核心,与进度计划和工程计量相互制约,监理工程师监督施工单位按合同、技术规范、设计图纸要求施工,是监理工作的原则。

(2) 两个重点:①重要的分部子分部工程;②关键部位。

(3) 三个阶段:①施工准备阶段,审查施工单位配备人力、材料、机械设备是否合理,审查拟定施工方案、技术、质量保证措施、原材料的检验和安装调试流程是否符合要求;②施工阶段,采用旁站和巡视等手段,检查施工工艺是否按规范和经审批的方案进行,并对施工过程的原材料、半成品和成品进行抽查;③成品验收阶段,通过检验和验评该子分部或分部已完工程是否达到设计和规范要求的质量标准。

(4) 六个手段:①旁站,施工过程中对重点部位、关键工序实施旁站,检查施工过程中所用材料是否与经批准的一致;检查施工单位是否按批准的施工方案、技术规范施工。②测量,监理工程师对完成的工程几何尺寸进行实测实量验收,不符合要求的进行整改,无法进行整改的要求返工。③试验,对各种材料、半成品,监理人员可随机抽样试验,施工单位应提供条件,包含见证取样和平行检测。④指令性文件,施工单位和监理工程师的工作往来,必须以文字为准,监理工程师通过书面指令和文字对施工单位进行质量控制,同时指出施工中发生或可能发生的质量问题,提请施工单位加以重视或整改。⑤检查制度,周检查,每周二组织总包、各分包质量安全检查,召开周质量安全检查会议,剖析现场质量、安全状态,对现场存在的问题、隐患及时指出,进行协商,督促总包、分包进行整改落实。通过每周质量安全检查,加大质量与安全控制。月检查,每月定期组织总包、各分包进行安装质量专项检查。⑥实施条件验收,分部分项工程开工前进行实施条件验收,严格控制关键工序、关键部位实施前具备开工条件方可施工。

2.4.3 工程监理实施典型案例

上海市中医医院嘉定院区项目总建筑面积 112 582 m^2,地上 13 层,地下 2 层,包含门诊、急诊急救、医技、住院等医疗功能以及后勤保障、行政、科研等辅助功能,由上海三凯工程咨询有限公司实施监理,该项目监理部的实施措施具有一定的借鉴意义。

1. 进度、投资、质量三维度协同管理

1) 进度管理

由于该项目工作量较大,预判各机电专业队伍配备充足的劳务人员,督促各专业报审进度计划,并以展板形式跟踪进度落实;如随风管等分项工程进度节点巡视检查、验收进行各专业管线的预留、预埋等工作,检查界面盲点。严格审核总包周计划、月度进度计划、总进度计划;对计划投入进行监督和控制,提前对进度进行有效的预测,及时发现和解决存在的问题;监理每日现场巡视,记录各施工区域作业及人数,形成记录;建立进度控制台账,对实际进度和计划进度实施全面跟踪,做好分析、信息沟通与反馈;该项目BIM小组运用BIM技术审核,监理及时分析、提出进度计划调整建议。

2) 投资管理

据实审核实际完成量,签署每月进度款;监理见证现场拆除,采取草签制度,设计草签表,核实工程量,要求产生变更时,及时联系监理现场核量草签,每次核量监理部派2位专监参加核量,及时量核实物量。

3) 质量管理

将创优工作"三高"与"三严"作为日常要求:高的质量目标;高的质量意识;高的质量标准;严格的质量管理;严格的质量控制;严格的质量检(查)验(收)。通过平行检测的手段,对专业性较强的工程邀请专业检测公司进行检测,确保工程质量符合国家规范要求及验收标准。

2. 实行项目部、部门、公司三级管理模式

1) 建立健全项目监理部的管理体系

(1) 监理会议制度:①每周三组织召开监理例会,对现场存在的问题及时指出,进行协商,督促施工方进行落实;协调各专业相关问题,让各参建单位及时了解现场的动态情况,并加强总监及项目经理带班制度的管理。②针对具体问题,监理组织专题会议,分析现场情况,对现场存在的问题及时指出,进行协商,督促施工方进行落实;协调各专业相关问题。③总监参加由业主召开的"创双优"会议,分析现场情况,群策群力,解决问题,有效推动机电系统质量的提升以及申安杯质量目标。④竣工阶段,组织召开预验收会议;每周参加竣工资料备案会议,对竣工资料进行梳理。⑤参加进度推进会,跟进竣工验收与移交。⑥坚

持责任单位领导约谈机制,对质量管理不到位的分包单位,对分包单位公司分管领导进行约谈,使其了解项目实际情况,提高重视程度,从公司层面加大管理支持及技术支持,质量因而得到了有效改观。⑦通过巡视、监理指令、工程款控制等多种措施相结合,保证工程进度质量及资料收集情况满足要求,确保管控效果落在实处。

2) 公司事业部及质安部高频次检查督导

公司将该项目作为重点项目,树立为公司项目监理的标杆。每次事业部、质安部组织月度检查,季度检查时优先将该项目作为备检项目。同时,该项目监理部迎接不定期飞行检查频率远高于其他项目监理部。因此该项目监理部在日常工作中,对自身高标准严要求,职情况显著优于其他项目。

3) 公司作业体系平台、漫拓云等手段相结合的信息管理措施

①公司作业平台:及时收集、整理资料,全景摄像,采集监理现场实时管控照片,上传公司平台。多方实时查看,使公司了解项目情况;公司质安部后台监管,发现问题,及时动态管理。②漫拓云工程管理平台:监理资料,包括创双优内容,定期航拍,上传申康漫拓云信息平台。反映不同阶段现场施工进度,动态、直观地看到项目整体进行的情况,有效提供进度分析依据,能够更加准确地进行项目进度管理。

3. 提高过程监管能力的措施

1) 充分利用监理人员专业能力

对机电各专业工作的重点、难点共同分析,共商管理措施;阅读图纸,掌握医疗系统关键工艺,进行内部交底;严格审核机电及各专业方案,督促进行安全、技术、管理等方面进行交底;督促对各机电系统的预埋套管及管道包括强弱电、暖通、消防及给排水等及其他专业分包工程进行综合深化设计。优化系统方案;综合管线排布测量阶段,仔细复核轴线位置、标高、坐标,检查与其他专业有无冲突,检查界面盲点。自结构施工阶段开始,监理工程师针对各专业管线预埋、洞口预留、设备基础预埋等予以严格验收;综合管线施工过程,仔细复核轴线位置、标高、坐标,检查与其他专业有无冲突,确保排布合理。

培养监理工程师对工作岗位的认知与热爱,认真对待每一项工作,严于律己、规范做人做事。检查施工前计划部署与交底作业,按照施工图纸与方案要求,检查具体的作业技术活动。

2) 重视监理管理协调能力的体现

参与专业招投标文件讨论,对做过医疗系统,并由丰富经验和良好口碑的单位提出优选建议;严格审查进场的专业分包资质及管理架构;督促各机电等指定专业分包,在总承包总控进度计划的基础上严格审核分包机电专业工程进度计划,对照展板检查实际施工情况,分析进度是否存在偏差,寻求共同解决方案。对各分包的质量、安全、衔接界面进行管控,对轴线、标高、管线留洞、预埋预留及时复核,安装施工过程及时巡视,及时发现问题,督促解决。关注结构施工与其他专业施工的搭接关系,对各工作界面的合理划分与衔接情况进行分析,梳理检查盲点疏漏,避免扯皮。及时协调,确保各分包的工作顺利进行。

3) 推行方案先行,实行首件验收制度

监理单位结合该项目特点,根据设计文件及施工方案编制了相应监理细则,制订了针

对性的控制要点及控制措施。对安装主要分项或关键部位推行"样板引路"的施工管理方法,施工前进行综合分析,运用 BIM 技术,提前解决管线在标高、部位等的"错、漏、碰、缺",将问题消化在施工准备阶段,经监理、设计、建设单位共同完成样板验收确认后,方可组织大面积施工。

4) 过程监管措施明确化

通过审查、巡视、旁站、见证取样、验收和平行检验等多种方法对工程质量进行控制。

现场巡视的措施:巡视的范围覆盖广,检查各施工面作业情况,了解施工动态,巡视过程同步上传影像记录,针对现场发现问题及时督促整改。鉴于项目体量大,监理部对质量进行全方位管控。其他监理人员根据巡视人员上传的影像记录提供参考意见,实现项目整体化全员共管。建立机电专业沟通协调群:统筹机电相关各专业单位,建立网络联系,针对各方工作需求,即时监督落实,确保项目运行及时有序。

加强旁站管理:针对关键工序(管道打压、漏光试验、漏风量检测、接地电阻测试等)规范化进行旁站,旁站过程严禁脱岗;管道打压及风管检测,在安装沟通微信群及时沟通;监理在约定时间到达旁站位置,全程拍照记录,打压过程每 10 min 发照片,反映打压压力情况,见证打压全过程;检查管道是否存在渗漏点。风管漏光检测需天黑以后进行,监理单位务必二人协同参加,确保安全,检查管道是否漏光,对发现的漏光点,要求及时做好标记,跟进督促整改;对照防排烟风管施工区段,督促机电实施风管漏风量检测,监理及时跟进旁站,每隔 10 min 拍取照片。接地电阻测试,大底板框架柱的接地检测、金属桥架的接地检测、外立面接地网的接地检测,室外总体景观灯的接地检测,都及时进行监理旁站见证。净化空调系统风管应全数进行漏风量测试。1~5 级的系统应按高压系统风管的有关规定执行,6~9 级系统按中压系统风管的有关规定执行。监理部对测试过程进行全过程旁站检查监督。其测试漏风量应满足规范中的相应规定,并在测试记录上签字认可。需要指出的是,漏风量的检测必须由有资质的检测单位进行。

5) 规范材料设备进场验收流程、材料台账实时登记

(1) 严格执行材料报验程序,首先核验出厂资料齐全性,资料不全不予验收。

(2) 根据出厂资料核验材料及设备与招标文件、图纸要求、国家及地方规范标准的符合性,出现不符情况拒绝入场。

(3) 材料进场及时验收,核查材料及设备的品牌、型号、规格、尺寸等参数与出厂资料一致性,出现不符情况,拒绝卸货。

(4) 专业监理工程师验收过程与总监、公司专家进行即时沟通、反馈,确保验收材料的正确性。

(5) 对需要进行见证取样及平行检测的材料设备,保证取样数量及流程合规。确保材料设备台账信息记录完整,更新及时。

6) 加强工序验收管理

(1) 未提前进行报验申请、验收前置资料不齐全的,不予组织验收。

(2) 验收前组织验收人员提前核图,掌握要领。

(3) 验收过程,结合专用工具组织验收,严格对照图纸,避免错漏。

(4) 不合格的工序跟踪整改复验。

(5) 工序验收合格后采用"举牌验收制",按质量标准化要求实行责任铭牌。

7) 注意管理留痕

(1) 微信群:①和施工单位的质量安全群、安装群,和施工单位代建的三方群,每日进行动态管控;②设计群用于图纸疑问及时沟通;③和业主的四方群,对重要事宜及时沟通;④内部群用于每日施工作业面动态管控。

(2) 三凯公司医疗项目群:上海市中医医院嘉定院区项目监理部积极参与公司医疗项目群的活动,对机电安装工程、BIM管理特点形成微创新总结,推介该项目的工作特点。积极参加医疗项目监理工作交流与经验分享。

(3) 过程资料管理:监理部定期梳理资料,对缺少的机电资料及分包的资料,及时催要,保证了资料管理归档做到及时、齐全、正确、规范。

(4) 管理工作注意保留工作痕迹:针对重要问题或口头要求不进行整改的,开具质量通知单要求整改;对通知单回复不及时的单位停发工程款;必要时由总监开具"工程暂停令",同时向建设单位报告。

4. 针对工程交付后的运维提出合理化建议

(1) 建议进氧气减压装置管道设旁通,既保证氧气系统安全运行,又方便更换损坏的减压装置。

(2) 建议医疗气体系统设计优化设置分区域阀门,既便于维修,又便于问题查找。

(3) 施工过程对风阀、水阀距墙间距作出要求,便于维修时拆除更换。

(4) 净化区域天棚采用重型龙骨上人吊顶,设置一定数量的检修口;吊顶内各系统管线严格按BIM模型设置,留有一定的维修空间。

2.5 财务(投资)监理管理策划与实施

财务(投资)监理是指为了提高财政性资金的使用效率和效益,对财政性基本建设项目自可行性研究报告获批后至通过政府审计及竣工财务决算期间,对整个过程进行资金监控、财务管理、投资控制(含工程价款结算审核)及绩效评价的专业化管理行为。

医院建筑项目(尤其是公立医院)属社会公益性项目,建设资金主要来源于国家、市、区三级财政安排投资,不足部分由医院自筹解决。机电专业的投资占比通常比较高,据统计,机电安装工程投资占整个建安工程费的30%~40%,例如上海市中医医院嘉定院区的占比为34.84%。因为医院机电专业配套的"智慧大脑"操控系统,装备的设施、设备"心脏"系统有效运行,赋予建筑新的生命力,意义重大。因此,机电运维关乎整个医院建筑正常、安全运行,并可带来便捷、舒适就医环境,是建设方十分关注的问题,投资监理应配合建设方,在项目机电系统投控过程中把项目建成之后的后续运维成本控制视作一项重中之重工作来抓。

医院建筑的投控具有其独特性表现在,①周期长:从前期可行性研究报告估算分析、设计概算分析与审核开始,直至后续配合上级审计部门审计和财政部门审核与批复。②工作量大:每个阶段目标控制需编写动态投资对比分析,分别做出审核报告、专题报告、审核意见书等,所需完成实务工作量大。③质量要求高:接受委托方定期或不定期地检查考评,考核90分以上才能延续结算审价工作。出具的审核报告确定的投资,与审计报告确定投资金额相差3%以上扣减投资监理费质保金。④涉及专业分类多:医院建筑配备诸多机电系统且功能复杂,从投控角度而言,机电安装造价人员除精通一般给排水、供热通风、强弱电等安装工程外,还应具备医院特有的放射屏蔽、空调净化、医用气体与呼叫等特殊专业知识,才能为项目提供更好、更专业投控咨询服务。⑤投控难度大:全过程投控工作长达3~4年,期间除有外部经济环境与政策等因素影响投资外,最关键是医疗技术与设备高速发展,建筑布局、配套条件经常出现"未使用已滞后",促使医院建筑功能、工艺流程不断调整,中途返工或修改的重大变更在项目中时常出现,从而加大了投控难度。⑥基于运维要求:机电系统全生命周期投资管理要求,在保障机电系统安全运行前提下,合理分配建设投资,适当提高机电系统投资,从而大大降低后续运维成本,促进全生命周期投资管理实现机电成本投入低,且满足不超设计概算要求。鉴于医院项目涉及社会公众利益,为社会舆论关注的焦点,因而,要做好上海市中医医院嘉定院区项目财务(投资)监理工作,必须健全项目投资控制、资金监管与财务管理制度,规范建设流程,对项目投资制效果起着至关重要的作用。

2.5.1 财务(投资)监理管理实施的总体思路

基于运维的医院机电成本控制管理实效:项目建设全生命周期成本管理不仅要考虑建设成本,更重要的是要考虑运维成本。而医院运维部门的加入,选用的设施、设备标准、性能不低,功能配套齐全,促使机电系统采购成本势必有所增加,以透支部分建设投资为代价,概算批准投资金额,通常不会考量对机电系统全生命周期管理成本实行补偿机制,对投资监理投控工作无疑是一种挑战,为此,确保整个全生命周期总成本最低是投资监理投控的一项难点工作。投资监理管理实施的总体思路可梳理为:实施目标、任务和手段的总体策划,制订投资监理管理实施的原则,实施投资监理管理的动态投控管理方法。

1) 投资监理管理实施的总体策划

(1) 目标策划:基于投控"目的"与实现预期投控"目标"策划,通过对机电系统的投资控制,达到项目投资的经济效益和社会效益最大化目的。全生命周期投资管理,不仅要考虑建设成本,更重要的还要考虑使用和维护阶段成本,确保项目机电系统全生命周期管理的投资总成本最低,既是建设方想要的项目投资管理服务,也是投资监理投控预期"目标"。

(2) 任务策划:是投资监理的首要任务,也是项目初始阶段投控工作规划,具有指导性、原则性。有效和充分的策划应得到重视,它是项目投控管理取得成功重要保证。遵循合同约定和实施细则的投控工作策划,因合同授权而产生合同权利与义务,合同所约定的基本要求,应用投控专业技能,为项目各阶段机电工程计价和造价管理提供咨询服务,主要包括投资监理管理工作基本内容与预期管理目标、工作质量、工作方法以及应对措施等,除全过程造价咨询外,还包括资金监控、财务监管及附随义务,①配合医院落实医院建筑全生命周期的投资管理,②协助与配合建设方做好上级主管审计部门的审计与财政部门的审核工作等需求。基于上述工作规划基本架构而编制投资监理实施细则是开展全过程投资监理管理纲领性与指导性文件,也是投资监理未来工作原则性与实施性文件(涵盖了项目设计、实施、运行的全过程)。

(3)手段策划:①应用科学与专业投控工作手段,应用"PDCA"原理,计划(建立投控目标)—执行(预算、合同价、结算价)—检查(目标与实际差异)—处理(超概调整投控目标或动用预备费或申请调概),采用动态投资控制方式,实现投资精细化管理,有效控制项目成本,提高投资效益。②设计阶段督促应用"BIM"技术解决机电管线碰撞问题,减少后续施工拆返带来签证,节约投资。③"价值工程"应用于设计方案的优选,降低机电运维成本。④梳理机电系统投控方法、重难点及针对性应对措施,实现投资成本最低化,效益最大化。以上一系列科学与专业投控方式实施,促进项目顺利进行,达到有效控制机电系统全生命周期投资的"目的",践行现代投控技术戴明环PDCA原理、BIM技术与价值工程应用于工程实践。

2)投资监理管理实施的原则

(1)机电系统全生命周期成本管理涵盖投资成本、使用成本以及维修保养成本等。

(2)财务(投资)监理管理贯穿于项目全生命周期管理的全过程,贯彻确保机电系统安全、可靠运行为核心,不降低机电系统使用功能和质量,提高机电系统全生命周期为前提。

(3)尽力降低机电系统全生命周期投资为根基。

(4)以设计概算确定工程投资为基础,项目机电系统投控不超设计概算为底线。

(5)利用科学和成熟方法有效控制工程造价为重点,以建设资金规范运用为主线,资金监控、财务管理符合各项财政政策为宗旨。

(6)兼顾合同附随管理要求:围绕工程项目建设全生命周期管理理念,为建设方提供项目全生命周期成本与运维管理的解决方案,同时配合做好主管审计部门审计与财政部门审核工作等,最终实现机电投资监理管理预期目标。

3)投资监理管理实施的动态投控方法

(1)依据建设项目前期可研阶段批复的机电系统投资估算,在设计阶段、招投标阶段、施工阶段和竣工结算审核阶段,将机电系统工程投资控制在最经济合理范围以内,同时以不突破批复概算和分项概算金额为投控目标。

(2)通过概算控制目标价与预算、合同价和结算价对比分析,将控制目标与实际支出比较并对超概的情况进行预警,剖析偏差原因,提出整改措施;一方面纠正发生的偏差,另一方面申请动用预备费调整概算控制目标或直接申请调整概算,以实现机电系统投资控制目标。

(3)机电系统投资目标控制流程如图2-21所示,此运作体系在整个项目投资控制中,反复纠偏、反复调整,最终使得机电投资在项目实施全过程中达到有效控制。

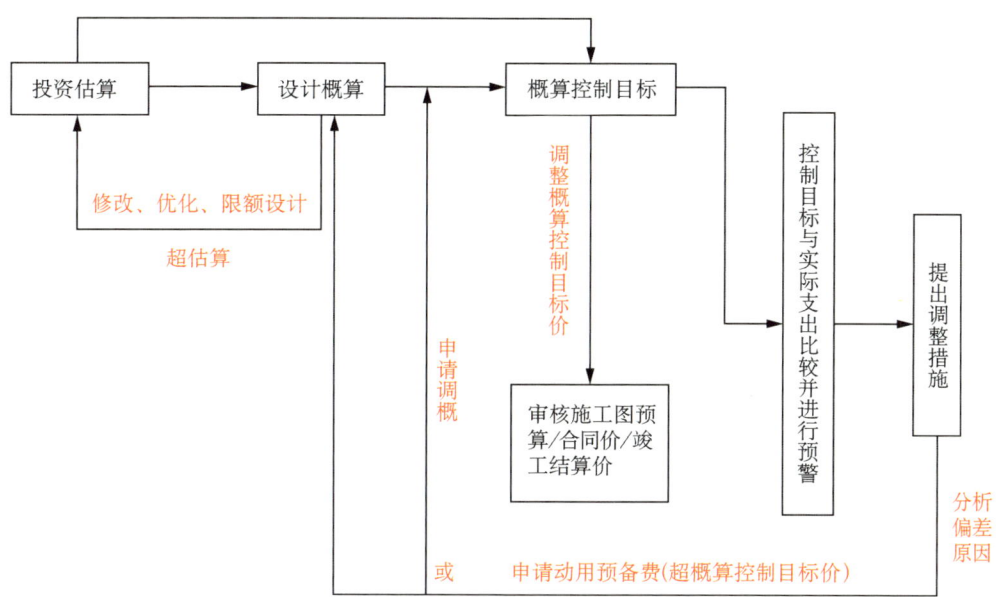

图 2-21 投资目标控制流程

2.5.2 机电系统财务（投资）监理管理的方法与措施

1. 设计阶段机电系统财务（投资）监理管理的方法与措施

1）主要方法

机电投资全生命周期成本管理，应用价值工程原理，以及费用效率法、固定效率法、固定费用法等成本分析评价方法，促使机电系统寿命周期中运维成本低，提高机电系统投资效益。基于运维的机电系统投资管理要求，机电系统限额设计、设计方案比选和优化等均应从全生命周期成本管理要求选出经济效果最优方案。

（1）机电系统设计概算预审和确立投资计划控制目标：机电设计概算原则上应控制在已批准的投资估算内。机电设计概算预审前，充分了解项目建设内容、设计意图及后续运维成本低的需求，审查项目机电系统内容和投资是否超计或漏计；设计概算中，专业分包工程内容、方案深度、机电系统的设施、设备造价应为重点审核对象；对图纸标注不明确的设施、设备等问题，需与建设单位与设计单位沟通，审核后机电设计概算尽可能反映设计内容、施工条件和实际价格，避免机电设计概算与工程预算严重脱节。针对机电系统设计概算预审所发现的问题，特别是对影响造价主要因素作出具体技术经济分析，提出修正和优化的意见或建议供建设方参考。

（2）机电系统限额设计：为实现投资控制目标，以分项概算为依据，确定分部分项工程合理可行限额设计指标作为投控值，实施有效投资约束机制，要求设计单位对机电系统实行限额设计，设计概算不超投资估算，设计施工图预算不超设计概算，使限额设计贯穿于设计各阶段。

（3）机电系统设计方案比选和优化：机电设计方案实行多方案比较选优，从多个设计方案挑选满足基本功能要求且成本低性价比高的方案。机电系统设计"优化"，不追求功能齐全，剔除某些不必要功能，以换取降低项目投资，使成本限制在分项概算金额内。同时比选考虑技术层面、经济层面等各方面因素，运用价值工程原理，对不同方案全生命周期成本进行分析，"优化"机电系统设计，以较低成本实现必要功能。价值工程"优化"设计运用"功能提高，成本降低；功能不变，成本降低；辅助功能适当降低，成本大幅降低"等原则，选出经济效果最优方案。

2）应对措施

为合理控制机电系统投资，督促设计方从全生命周期成本管理角度以及配合建设方运营部门对机电系统运维的需求进行机电系统设计，并将机电系统设计投资控制在批准设计概算内。

（1）预审项目机电系统内容是否存在超投资计划或漏项、漏计投资等情况，设计标准和造价水平是否相匹配，对扩初设计图进行分部分项工程重要子项造价的计算和测算，特别是专业分包工程，如：净化、弱电、屏蔽防护、医用气体和物流传输等工程，避免发生项目机电系统使用功能不完整的漏项情况，减少不必要的资金缺口差错。

（2）概算进行切块拆分，对第一类建安费中机电系统费用，参照概算文件、计费标准、经验数据及信息库资料，审核计取概算指标与概算定额套用合理性，重点对多算或漏项以及机电设施功能齐全性，设备性能标准等情况提出修改意见，同时根据项目投资金额情况，就机电系统的设施、设备的规格、档次等向委托方及设计方提出建设性意见。

（3）督促设计单位落实限额设计，是财务（投资）监理控制投资一个重要环节。以项目可行性研究报告批复的机电系统内容、功能、标准为依据，在设计概算限额内进行项目机电系统设计，在确保不超机电分项设计概算前提下，合理地确定机电系统内容、功能和标准，使技术和经济有效结合，通过技术比较、经济分析、效果评价，力求以最少的投入创出最大的效益。

（4）从全生命周期投资管理角度，推进项目设计单位落实全过程全生命周期管理理念，就使用部门、运营团队等提前介入，提出的专业需求，可能导致投资费用有所提高，进行可行性、运维成本分析，促进设计的机电设备选型、设施配置必须是节省资源的低能耗（节水、节电、节能）、性能安全、可靠（故障率低），产品寿命长（满足 5 年一小修，10 年一大修使用周期）等特点产品，且运维成本低的设计选型方案，从而达到机电系统安全、高效运营，降低全生命周期成本的目的。

2. 招标阶段机电系统财务（投资）监理管理的主要方法与措施

机电系统投资主要集中在招标、施工二阶段中体现，且投资费用约 90％以上是通过招标投标手段加以确定的，其余约 10％变动费用（5％不可预见费和 2％～3％签证、变更费用等）发生在施工及结算审核阶段，因此，招投标工作既是确定机电投资的主要投控手段，也是投控重中之重的工作。为此，投资监理应主动协助、配合建设单位做好与招投标相关的造价咨询工作。医院项目招投标工作通常分为开工前与施工期二阶段招标，开工之前招标为服务类诸如设计、勘察等以及施工总包、大型设备等招标；施工阶段招标主要是机电专业分包、空调、电气等通用设备招投标。招标工作基本原则"图纸算量、清单列项、定额计价、市场询价、自主报价、竞争定价"，协助招标人从众多投标者中优选信誉好、履约能力强、管理水平高、同类施工项目业绩多和投标报价极具竞争力的潜在承包商，授予合同委托其完成,从而确保工程质量,合理、有效降低工程投资。本节主要探讨投资监理在施工前招投标管理工作方法与措施。

1) 主要方法

医院机电系统招标阶段投资控制,实行"招标控制价"制度,且招标控制价原则上应控制在批准的设计概算范围内,当超过批准的概算时,应及时报告委托人,由其报原审批部门审批。为了客观、合理地评审投标报价,避免哄抬标价、造成国有资金流失,招标人应编制"招标控制价"。投标人的投标报价超过"招标控制价",其投标给予拒绝。因此,不超"招标控制价"是招标阶段投资控制的"主要目标"。这一阶段的财务(投资)监理工作主要方法为:

(1) 提供评审、审核咨询意见。参与机电系统专业安装工程、设备采购的招标工作,就承发包模式、招标方式与发承包范围界定、招标程序等提供咨询意见,确保招标方式切实可行,并能达到预期的效果。审核招标文件、工程量清单、最高投标限价等,出具控制投资的评审或审核意见。

(2) 落实招标控制目标。实行投标人投标报价不超"招标控制价",并以"中标价"作为采购合同签约价,把工程项目投资控制目标落在实处。

(3) 合同文件评析、审核。重点审核承包合同主要条款是否完整,约定是否明确,可操作性是否强,是否符合招标文件要求和投标文件承诺的内容,没有大的纰漏,减少可能引起索赔的潜在风险;参与机电系统专业分包工程、设备采购等承包合同谈判及各类经济类合同文本的会签,对合同中有关合同价、付款、变更、索赔及机电设备价格等条款的合理性,做出专业评价,出具书面审核意见。

2) 应对措施

机电系统招投标投控管理宗旨:协助与配合建设方挑选信誉好、履约能力强、产品质量好的承包商,签一个风险各方合理分担,争议少,有利于双方履约的合同。

(1) 参与招标策划与预审招标相关文件:参与招标策划与预审招标文件、工程量清单、最高投标限价等,对招标文件的招标策略、完整性、针对性、合规性、可实施性等方面提出建议;核查工程量清单编制是否符合上海市有关招标的强制性规定,工程量清单是否存在漏项、少量,项目特征描述是否清晰完整,与设计施工图是否相符,措施项目、暂列金额、暂估价、计日工等是否合理和符合规定;核查最高投标限价的工程量是否符合招标文件的工程量清单,其综合单价应符合《建设工程工程量清单计价规范》(GB 50500—2013)的规定。最高投标限价与对应单项工程综合概算对比出现偏差时应报告委托人。

(2) 合同文件预审与签订:参与各类机电系统合同的谈判、会审,审核投标文件的承诺是否在合同内得到体现,合同计价模式、合同价款调整方式等与招标文件是否一致,审核合同条款是否完整、可操性、是否存在引起索赔的潜在风险等,提出财务监理审核意见书。完善发承包合同内容,协助发承包方签订书面合同,签订的合同条款不得与招标文件及中标人投标文件的实质性内容相违背。

(3) 工程量清单审核针对性措施:概算批复、施工图设计、施工招标等环节紧紧相扣,各节点工作必须限时完成,推进进度快。特别是清单编制时间紧,存在机电系统性能、功能指标不详,漏项、少量,特殊设备暂估价不实,暂列金额、计日工和总包服务费等未按相关规定以及拟建工程实际情况和特点编列和计取,造成清单所反映的成本与实际投资偏差较大,为避免因招标工程量清单"不准确"导致合同执行过程中增加投资的难以控制局面。具体实践应对策略是:缩短清单审核时间加快招标进程:在概算批复阶段,及时落实设计施工图,分批同步提供给清单编制单位和审核单位,投资监理就有充足时间熟悉图纸,对分批完成移交的工程量清单进行审核,清单编制和审核无缝衔接,既缩短审核时间,又提高审核质量,做到提前实施机电招投标。提高工程量清单预审质量:熟悉、审阅机电设计施工图,对施工图涵盖的所有机电专业及完成项目所需的工作内容不漏项、不漏量。并对影响机电造价较大的分部分项工程量进行准确计算与清单工程量进行比对,对机电清单子目的特征、工作内容的描述不确切、不完整处提请给予修改,对所用设备规格、型号、材质不明确的要求予以澄清,对暂时无法确定设备按暂估价计入,以便加快清单的审核,避免出现漏项、机电设备功能、性能指标描述不详、工程量不准确等审核质量问题。并对中标单位的投标报价进行综合分析,特别是对不平衡报价进行分析,制订相应投资控制策略,且在签订合同时对相应合同条款进行完善。

(4)单一设备采购招标应提高设备标准化水平:主要体现在设备通用性、可互换性和备品备件易得性。标准化水平高的设备,例如,循环泵、风机等,其产品生产普及,供应商多,竞争激烈,使用成本及替换成本越低。反之,标准化水平低,市场生产产品有限,供应商少,成本偏高。因此,设备标准化水平程度是确定投标人资格条件重点考虑因素,同时也是选择评标办法需要考虑的重要因素。标准化水平高、技术通用性强的设备,通常采用最低投标价法确定承包商。反之,标准化程度低,生产厂家少,技术性强,功能复杂,可以采用综合评估法确定供应商。

(5)选用合适的设备技术性能:性能越好,高性能往往是以高投入为代价。性能指标是招标人按照设计技术参数规定的技术要求,在相同功能前提下,应选择合理的性能指标,过分追求高性能会导致采购成本增加,不利于项目投资控制;选择较低性能指标尽管可以降低投资成本,但会造成使用效率低下,使用成本过高,造成二者不必要的浪费。因此,应选择性价比高的性能指标。例如,电梯招标确定技术参数时,医院通常会把电梯安全运行、可靠性放在首位,结合医院人流量极大,电梯运行负荷大,使用率远高于一般公共建筑特点,考虑选择性能好、故障少、效率高,医用电梯招标技术参数就相对高些,将有限资金运用到实处。

(6)关注设备"使用"成本:即"运维"成本包括运行成本、维护保养成本、"维修改造"成本(5年小修、10年大修)等,设备在全生命周期中的"使用"成本往往会数倍高于设备自身"采购"成本,因此对大型、技术复杂的设备不仅要考虑一次性采购成本,还应从运行、维保等各方面综合考量使用成本。例如,各投标报价接近,但能耗相差大的设备,高能耗设备其后期使用成本必然高于低能耗设备,考虑采购低能耗设备是一种明智的选择。上述设备选型采购时,还应综合考虑采用定量或定性方式分析,采购性价比高的设备方案,尽可能不超分项概算金额,以实现最终的投控目标。

(7)重视大型机电设备的采购:诸如电梯、发电机、物流小车等,配合与协助建设单位搞好机电设备招标管理,就大型设备且对造价有重大影响的列为甲供或甲招乙购,保证甲供机电设备质优价廉,真正起到节约投资的作用。

3. 施工阶段机电系统财务(投资)监理管理的主要方法与措施

施工阶段招标主要是机电系统专业二次分包招标、空调机组、电气控制箱及通用设备

(风机、水泵、阀门)等招标。特别针对机电系统专业分包,鉴于部分专业分包图纸深度不够,功能、标准不明确,根据业主运维部门的需求,对业主初步选定几家厂家或供应商或专业承包单位进行投资成本专业咨询,主动配合业主及设计对有意向承包商的技术方案进行完善与认定,就机电系统方案的全生命周期的经济性进行比较和优选,并根据深化后的图纸及时进行采购或招标工作,减少由于招标、采购工作不及时而影响后期工期。通过招标流程,协助与配合招标人从众多投标者中优选信誉好、履约能力强、工程或设备质量好的承包商,合理、有效降低工程投资;同时签一个风险各方合理分担,争议少,有利于双方履约的合同。对于项目中的新技术、新工艺或特殊专业机电系统,参与和专业设计人员、设备厂家或者专业公司沟通,向业主提供以经济性为原则的选型咨询意见。

1) 主要方法

施工阶段是实现机电安装系统投资的主要阶段,也是资金集中投入最大阶段,施工阶段投控方法:机电专业分包二次投标文件分析、工程付款控制,工程变更、签证费用控制、工程索赔等。机电招标基本原则:鉴于医院项目的特殊性,以及鉴于运维的要求,设施设备采购标准以中档以上品牌为主,尽管一次性投入成本较大,但可带来设备寿命长、安全系数高、故障率低、资源、能源消耗少的实效,淘汰落后产品,同时选用节能、低能耗产品。设施装备配件采购强调可互换性好,维修保养方便,后期运营维保费用低。选型主要预期:保障机电系统安全可靠运行、提高运行效率和稳定性,降低故障率,减少安全事故的发生,实现能源消耗少、达到降低运维成本目的。投控目标:实现实际发生费用不超投控目标值。具体如下几方面。

(1) 投标文件分析

获取中标人的机电投标文件后,分析中标人的投标文件,报价的单价是否存在重大偏差,计取费率是否符合文件规定,投标报价内是否存在不平衡报价,诸如利用清单差错,工程量偏低的报高价,偏高的报低价,综合单价存在非疏忽的报高低价(市场价的2~3倍)等,筛查若存在不平衡报价提供规避风险的方案,并提交书面建议供建设方参考。

(2) 工程付款控制

审核、签署工程进度款:机电预付款按合同约定支付;月度进度款根据合同约定及现场实际形象进度,审核完成的投资额,签署应付款项,做到款项既不拖延也不提前支付。

做好合同执行情况检查与管理:协助建设单位检查机电分包合同的履行情况,编制专业分包合同工程款使用执行情况专题报告,实行合同台账的动态管理,记录合同签订、变更、中止,完成产值及支付情况。

设备与材料询价与审价:接受建设方的委托,承担主要材料、设备及专业工程等市场价的询价,以及对人工、材料、设备等价格的审核,并出具相应价格的询价报告或审核意见。

审核设计及施工变更:参加工程例会及其他涉及工程投资、设计变更等工作会议,随时掌握工程变更情况,核查设计或现场施工变更依据是否充分,变更手续是否完备,程序是否合理;严格审核制度,核实变更内容与现场实际情况是否相符,如实记载变更对造价的各种影响因素,协助建设单位及时审核因设计及施工变更发生费用,测算变更所带来的造价增减影响,实行造价控制的动态跟踪管理。

(3) 工程变更、签证费用控制

工程变更超概报告制度与签证费用审批制度:政府投资项目应严格按批准的概算建

设,且概算一经批准原则不予突破。财务(投资)监理单位有义务督促建设单位按照批准机电系统概算进行工程建设;审核由于工程变更、实际施工情况变化等引起的签证;对于机电系统擅自扩大功能、提高标准、增加项目外内容等变更,分析可能存在的超概情况,提出书面财务(投资)监理审核意见,按规定向建设单位上级主管部门报告,由建设单位就工程变更超概事项向原审批部门申请报批工作。对涉及金额较大的签证事项,施工单位需拟报施工方案,经相关各方审核优化,投资监理测算签证费用上报建设单位,经建设单位批准后方可实施。

工程变更、签证费用调整:收集工程施工现场的有关资料,了解施工过程情况,协助建设单位或代建单位及时审核因设计变更、现场签证等发生的费用,相应调整投控目标;计算因设计变更、建设单位指令的签证等而产生的工程费用的增减,与承包单位商讨合理的合同外工程变更、签证金额,避免不合理费用支出。

(4) 预防与处理工程索赔

索赔的程序与审核:供机电设备延期交货、专业分包深化设计图迟迟不予确认等非承包人原因造成工期延误或成本增加事件发生,承包人在合同约定时间内向发包人递交费用或工期索赔意向通知书,经投资监理初步审核,有正当索赔理由和有效证据并符合合同索赔相关规定时,予以受理;投资监理对施工提出的索赔费用或工期进行审核,就给予索赔的金额、工期与承包人协商确定后,报发包人批准。

预防合同索赔:机电工程合同文件种类繁多且复杂,所签订合同文件经常出现条款内容前后自相矛盾、措辞不当、相关约定不明确或有不同解释等问题,从而引起争议与索赔,投资监理应协助建设方或代建方建立合同会签与审批制度,参与合同签署前各参与部门合同会审工作,并提出合同条款具体修改意见,通过严格审查与会签制度,促进所签合同合法、有效,条款表述严谨、完整,预防合同纠纷发生,减少合同索赔。

控制施工索赔:工程重大变更与签证事项往往会导致工期延长和费用增加。常见的施工索赔:包括建设方、监理工程师指令增减工程量、修改设计等,投资监理会同建设方严格控制工程变更与现场签证,加强对工程变更与现场签证审核,剔除由承包人自身原因造成的或已包含在合同价款中的变更及签证,尽可能减少此类索赔发生。

违约事件索赔:主要由建设方违约引起索赔事件,如甲供设备延期交货或质量不合格等原因使工期延误、工程返工、设备返修,指定机电分包商未能按分包合同约定完成工程而影响总包施工,工程进度款不能按时支付等。针对上述情况,施工过程及时向建设方预警,控制与预防可能发生的工程索赔问题。在处理索赔问题上,当有关合同方提出索赔时,为建设方提供索赔事实的认定、或存在的反索赔事项等咨询意见,并向建设方提供专业评估意见、估算书及反索赔咨询服务,以保证建设单位在合同上的利益。

不确定性因素索赔:针对机电项目特定的风险,如政策性调整、物价上涨、汇率风险、不可抗力灾害事件等因素,直接造成机电投资增加的情况进行分析,预判可能存在的投资超概算的风险及可能引起的因不可抗拒原因(非人为客观因素)而所发生的索赔事件,向建设方提供动态的有关索赔事件专题分析报告。

(5) 财务(投资)监理编制投资计划、工作月报等工作事项

根据项目实施期间投资计划,协助建设单位编制前期机电投资投入计划表;施工阶段

根据建设单位对项目机电进度的要求和已签施工合同、招投标中标金额、施工进度计划、设备采购计划等编制机电投资计划及年度用款预算,并在每年中期根据工程实际进展情况动态调整机电投资计划及年度预算。

负责审核机电施工图预算,主要与概算文件比对,并对审核后的机电施工图预算按照投控目标进行动态控制,定期向委托单位报告工程(月度)预算执行情况及(季度)预算实施情况分析,并提出控制工程预算不超控制目标值的方案和措施。

根据施工阶段每月实际完成的机电工程量、当月发生支付工程款、核定的各项变更费用、设备投标报价、批价,项目实际投资完成情况等,编制投资监理工作月报,报建设单位。

2)应对措施

(1)针对设计变更的应对措施

医院机电系统设计变更的原因包括:医疗技术与设备高速发展,建筑布局、配套条件出现"未使用已滞后",促使医院建筑功能、工艺流程不断调整,中途返工或修改的重大变更;专业分包工程多且安装工艺较复杂,大部分专业工程项目必须二次招标,总分包、各专业分包之间工程衔接不匹配造成设计变更;施工单位低价中标后会以各种理由或借口要求业主、设计单位调换低价产品与设备,变更原定设计;业主主动要求调换原设计上产品考虑不周,诸如功能不全、性能不佳、质量欠缺等。具体应对措施包括以下内容。

协助建设单位对工程变更在源头上予以控制,审核其必要性及合理性,加强对不确定因素的调研及预判,测算该变更可能引起的费用增加并向建设方预报,为建设方对该变更在经济上是否可行作出正确判断。

在施工过程中定期汇总各项变更费用,将发生的变更费用呈报委托单位,以便动态控制工程造价。

对于因设计方在初步设计时难以考虑或不可预见的原因而导致的设计变更,由承包方提交由建设、设计、工程监理各方会签的业务联系单和经过投资审核的变更费用预算书,予以确认纳入结算。

对于由承包单位自身原因而导致的工程变更,认真核定其变更的性质,明确其变更责任,发生费用由责任方自行承担,并同时审核承包单位是否有借设计变更行为,变相增加属于招投标文件或合同约定不得增加费用的情况(如发生施工方自身原因造成工期延后,同意采用赶工技术措施,但由此产生的费用增加应由施工方承担)。

对于由建设方要求进行的工程变更,首先辨析变更内容是在概算范围内,用款不超分项概算,由施工单位提交变更费用预算书经投资监理审核,予以确认纳入结算;对超出分项概算金额及不属概算建设内容的工程变更,及时测算费用并建议建设单位向发改委申请调整概算,待发改委书面批复后,予以实施。

(2)针对现场签证的控制措施

由于医院建设机电专业分包涉及面广、分项施工内容要求高、现场不确定性因素多,施工合同不可能对整个施工期内可能发生的费用都做出详尽的预测与安排,因此,在施工过程不可避免产生签证。具体采取的措施如下所述。

建立严格的签证制度:签证的工程内容、工程量发生时由承包单位提出并提供相关资料,经建设单位、设计单位、监理单位三方流转确认会签,由财务(投资)监理现场核实真伪及工程量等，审核其内容是否已包含在合同内和施工组织设计中，辨析签证的责任方，签证是否有效及能否计取造价等，实行严格的签证认定制度。

在处理施工单位提出的签证申请时，重点审核签证资料的完整性、真实性及合理性，实地确认签证内容、数量的真实性，避免误将虚假签证和不按实计量的签证计取造价。协助建设单位和施工监理加强签证管理，完善签证管理制度，并对现场签证及时核价，做好签证台账，以利动态控制造价。

加强对现场项目的投资监理：深入工地现场实地踏勘，对一些需要现场取证的工程签证，采取现场建立影像资料、旁站计量工程量，保证签证内容的有效性、正确性。

（3）针对主要机电产品、设备与专业分包采购投控措施

从全生命周期成本管理角度出发，配合建设单位做好专业分包及一般设备采购管理：推行最终用户需求和运营为导向的全生命周期管理理念，后勤和运营团队、使用部门等提前介入，从使用和运维角度提出专业需求或优化建议进行功能与性能的确认，并在招标文件中进行落实，投资监理就需求的经济合理性提出优化建议，进行运维成本的分析，降低全生命周期管理成本。

主要设备与产品"招标"：根据该项目特点合理选择供应商，依据分项概算严格控制设备、产品的品牌档次及功能选型；将重要、影响后期运维或对工程造价影响大的大型设备与产品列为甲供或甲招乙购，例如电梯设备、配电箱产品等，保证甲供设备、产品质优价廉，真正起到节约投资的作用。

主要设备与产品"采购"：在安全可靠、质量优先的前提下控制造价，不超分项设计概算限额，平衡进口和国产的设备、产品采购策略，同时应考虑运维成本，合理调配资金，物尽其用。

主要设备与产品"定价"：进行必要的市场询价，与市场价对接，避免设备、产品的价格与市场价格脱轨，从而增加造价。

暂估价设备与产品"选择"：品牌、标准等以中档以上为原则，尽可能策应建设方对那些产品信誉度高、性能好（挑选性能安全可靠、故障率低水泵、节能型灯具、空调、节水型洁具等）、使用故障率低、后期维保成本低的设备、产品的选择，做好询价、核价、合理批价工作，在产品选用上践行价值工程理念，产品性能、功能、安全可靠性有比较大提高，而成本略有提高，性价比高的产品，此类产品使用及维保成本低，满足全生命周期成本管理要求。

安装专业分包的"招标"：医用气体、净化工程、污水处理、太阳能、弱电、机械停车库、发电机等，在招标时，由建设方提出功能需求，在原设计单位设计施工图、技术参数、性能要求等基础上，由设计单位明确各项技术指标要求，经各专业投标方深化设计和原设计单位审核确认，设计深化图满足招标情况下，尽可能采用总价包干方式招标。投资监理协调建设方、设计单位与专业承包商进行有效沟通，从投控角度提出建设性意见，对方案经济性作进一步优化，剔除多余功能及不必要配件等，以合理控制造价。竞价中标后签订闭口包干合同，有利于项目投控目标的实现。

2.5.3 机电系统财务（投资）监理管理实施典型案例

上海市中医医院嘉定院区建设项目在机电系统投资控制方面，投资监理采用的主要手

段有:①借助于建设单位主动投控力量及投控目标设想,共同控制机电系统概算投资费用;②机电系统主要采用拆分切块以及深化设计二次招标,在参建各方的共同努力下,机电安装工程概算金额为 35 459.66 万元,测算的最终投资金额为 34 776.48 万元,较概算减少 683.18 万元,取得项目机电投资费用不超批复设计概算实效,实现了预期的投控目标,同样达到后续机电系统低成本运维的投资方预期目标要求。

1) 设计阶段机电投资管理实施的案例:设计多方案优化的案例(价值工程)

价值工程论点:核心是对产品进行功能分析,将功能定量化,目的是将功能量化为能与成本直接相比的量化值,将产品价值、功能和成本作为一个整体,在确保产品功能的基础上综合考虑生产或使用成本,兼顾生产者和用户的效益,创造总体价值最高的产品。

以下为价值工程应用于方案评价实例(即在多方案中选择价值较高的方案)——层流病房净化工程设计方案评价。

医院百级层流病房净化空调,投资监理在设计单位多方案论证的基础上,运用价值工程的基本原理,从"土建需求及施工难度、运维及能耗、成本"等角度,从工程经济角度提出采用价值工程对百级层流病房空调方案进行评价的建议,得到了参建各方的认同。

(1) 基本情况:上海市中医医院嘉定院区项目净化工程主要包含手术部、重症监护病房、中心供应室、实验室、静脉配置中心、无菌层流病区(12床,四间单人百级层流+四间双人万级清洁病房)等,涉及面积约 5 000 m^2,批复概算额为 3 923 万元。

(2) 招标阶段:通过审阅净化专业施工图,对施工图涵盖所有专业及完成项目所需工作内容,核实清单中是否存在漏项、漏量;对影响造价较大的分部分项工程量进行准确计算与清单工程量进行比对,避免发生招标工程量清单出现漏项、项目特征描述不详、工程量不准确等问题;对招标控制价,通过对主要设备及材料的市场询价、对比以往项目经验指标数据等多途径、多方法,合理确定招标控制价;最终经投标,上海市中医医院嘉定院区项目以 3 212.74 万元签署合同。较批复概算额结余约 18%。

(3) 实施阶段:根据医院使用要求,原设计方案层流病房需调整为 24 床(6 间单人百级层流+9 间双人万级清洁病房)。建设方、设计单位经过多次沟通,反复论证,最终通过选用模块集成式百级水平层流装置+公用净化空调机组方案,以最大限度保证病房空间,从而达到不增加净化面积的情况下实现床位数增加(详见表 2-5 引自方案编制单位出具方案对比表)。

(4) 各方案投资费用测算:各方案的单间造价,经测算分别为 328.08 万元、412.2 万元、378.84 万元,如表 2-5 中序号 11 所列。

(5) 百级层流净化空调方案比较:方案一,四间百级层流病房,费用 328.08 万元;方案二,六间百级层流病房,费用 412.20 万元;方案三,六间百级层流病房,费用 378.84 万元。通过分析比较,各方案功能指标设定为方案一 85 分、60 分(土建需楼板"加固提高承重"及风管"安装有难度")、("维保工作量大"及"能耗高");方案二 75 分、60 分(土建需楼板"加固提高承重"及风管"安装难度很大")、("维保工作量大"及"能耗高");方案三 95 分、90 分("无需加固楼板"及"安装风管")、("运行可靠及维保方便"及"能耗低")。设定功能评价指标权重分别为 50%、30%、20%。将土建需求及难度、运维及能耗功能量化为量化值,综合考量需求及难度、运维及能耗、成本三因素(注:六间百级房间数量功能得分 100 分,则四间为 6×100/4=66.67 分)。

表 2-5 层流病房空调方案变更情况对比

序号	项目内容	方案一 原招标图纸（空调机组方案）	方案二 施工图纸（空调机组方案）	方案三 施工图纸（COSMO 百级水平层流方案）	方案对比分析
1	平面布局	四间百级病房，四间清洁病房	六间百级病房，六间清洁病房	六间百级病房，六间清洁病房	功能上：优选方案二、三（六间百级病房）
2	百级病房—空调机组	四间百级病房对应 4 台空调机组，需要单独考虑放置机组的空间	六间百级病房对应 6 台空调机组，需要单独考虑放置机组的空间	六间百级病房对应 6 台 COSMO 百级水平层流模块，无机组，不需考虑放置空间	方案三最佳，无机组，不需考虑放置空间
3	空调机组总数量	共 8 台机组（4 台放在室内，4 台放在室外）	共 10 台机组（4 台放在室内，6 台放在室外）	共 4 机组（全部放在室内）	方案三最佳，机组数量少 50%，且不需要放在室外
4	空调机房面积	室内机房 70 m²，室外面积 200 m²	室内机房 70 m²，室外面积 200 m²	室内机房 70 m²	方案三最佳，只需 70 m²
5	百级病房—气流组织	垂直层流，医生位于患者上风侧，洁净送风经过医生流向患者	垂直层流，医生位于患者上风侧，洁净送风经过医生流向患者	水平层流，医生位于患者下风侧，洁净送风经过患者流向医生	方案三最佳，水平层流对患者保护更好
6	百级病房—送风风量	7 400 风量/间	7 400 风量/间	4 200 风量/间	方案三最佳，风量降低 43%
7	百级病房—空调电费	6.8 万元/间×每年	6.8 万元/间×每年	2.5 万元/间×每年	方案三最佳，六间百级病房每年节约电费 25.8 万元（暂按 1 度电=1 元）
8	土建需求	需要考虑 4 台机组承重，楼板加固，室外屋面开 8 个 630 mm×500 mm 风管孔洞	需要考虑 6 台机组承重，楼板加固，室外屋面开 12 个 630 mm×500 mm 风管孔洞	无需考虑承重，楼板加固，无需开设风管孔洞	方案三最佳，对土建基本无需求

（续表）

序号	项目内容	方案一 原招标图纸 (空调机组方案)	方案二 施工图纸 (空调机组方案)	方案三 施工图纸(COSMO百级水平层流方案)	方案对比分析
9	实施难点	风管走向曲折复杂:每间百级病房需要2根600mm×500mm风管,3层ICU吊顶内,在三层ICU吊顶内敷设至四层百级层流病房下饭位置,然后开洞向上穿至四层百级病房吊顶内	①机组没有位置:室外屋面需要放置6台空调机组,现场不具备条件。②孔洞没法开设:室外屋面要新开设4个800mm×400mm风管孔洞,大楼都是预制楼板,现场难以开洞。③风管无法实施:6间百级病房空调机组全部能放在北侧,而百级病房空调机组的送回风管下至三层ICU吊顶内,由南北侧穿至四层百级病房吊顶,风管距离过长,尺寸太大,无法穿越,并且严重影响三层ICU吊顶标高	①无需室外空调机组。②不需要在室外屋面开设孔洞。③不需要在三层ICU内穿越风管	方案三最佳,实施简单,工程质量有保证
10	维护检修	4台空调机组、风管、阀门、管道等都暴露在室外,增加后期检修维护的工作量	6台空调机组、风管、阀门、管道等都暴露在室外,增加后期检修维护的工作量	机组全部在室内机房,运行稳定可靠,方便检修	方案三最佳,质量、运行可靠性更高
11	百级层流病房各方案测算造价(万元)	328.08	412.2	378.84	方案一、四间百级层流病房投资费用最低
12	结论:经多角度论证,在空调形式、机组数量、机房面积、对患者保护效果、能耗、土建需求、实施难度等诸多方面对比,方案三COSMO百级水平层流方案为最佳实施方案				

(6) 方案选择:根据测算价值系数最大方案为最优方案原则,如表 2-6 所示,方案三在需求及难度、运维及能耗、投资成本方面,优于方案一和方案二,各方一致同意样该项目百级层流净化空调方案按照方案三实施。方案选用上,成本略有增加,功能有较大提高,一次性投入费用净增 50 多万元,但功能上百级病房由四间增加到六间,同时方案三室外不需安装净化空调,仅在室内安装四台空调,带来运行可靠、故障少后期维保费用低,且能耗低,践行全生命周期管理投资成本低的要求。方案一与方案二比较,方案一实际可行,方案二实际不可行。

表 2-6　各方案功能、成本价值系数计算

方案功能	功能权重	方案一		方案二		方案三	
		功能得分	加权得分	功能得分	加权得分	功能得分	加权得分
百级病房数量	0.5	66.67	33.34	100	50	100	50
工程需求及难度	0.3	85	25.5	75	22.5	95	28.5
运维及能耗	0.2	60	12	60	12	90	18
加权得分合计数		70.84		84.5		96.5	
功能评价系数(F)		$F_1=70.84/251.84=0.2813$		$F_2=84.5/251.84=0.3355$		$F_3=96.5/251.84=0.3832$	
成本评价系数(C)		$C_1=328.08/(328.08+412.20+378.84)=0.2932$		$C_2=412.20/(328.08+412.20+378.84)=0.3683$		$C_3=378.84/(328.08+412.20+378.84)=0.3385$	
价值系数 $V=F/C$		$V_1=0.2813/0.2932=0.9594$		$V_2=0.3355/0.3683=0.9109$		$V_3=0.3832/0.3385=1.1321$	

2) 招标阶段机电投资管理实施的案例

实施招投标手段,控制暂估价造价:工程项目实行招投标制度是节约投资,降低造价最有效手段,因此,投资监理应积极配合建设单位搞好工程的招投标,协助策划招标形式,通过招投标程序引入竞争,促使工程项目造价回归理性的市场价,从而实现节约工程项目建设投资目的。

(1) 由于特定专业分项工程专业性强,总包单位受资质所限且不能胜任施工项目,必须由具有相应专业资质承包商承揽施工,例如净化工程、消防工程、弱电工程等,在招标阶段时其需求内容、技术标准或市场价格均尚不明确,此类专业工程项目均以"暂估价"纳入总包招标范围进行招标,由于暂估价项目并非经过充分竞争,故《招投标法实施条例》第 29 条明确规定:"以暂估价形式包括在总承包范围内的工程、货物、服务属于依法必须进行招标的项目范围且达到国家规定规模标准的,应当依法进行招标。"

(2) 上海市中医医院嘉定院区项目总包投标文件中专业分包工程和机电设备暂估价部分,包括弱电工程、医用气体等涉及 16 个分项,概算与暂估价总金额合计 18 586.958 4 万元,为有效、合理控制投资,严格按照招投标法的相关规定和上级主管部门上海申康投资有限公司的《关于加强上海市市级医院建设工程投资控制的指导意见》通知,结合医院内部建

设项目投资管理制度,原则确定超过50万元的专业分包工程及机电设备采购,均实行公开招标或政府采购择优选择承包商,运用市场竞争机制,选择信誉好、质量优、造价低,确保有利于医院工程项目的承包商入围承包。经过招标投标程序,概算或暂估价内分项工程投资有明显的降低,符合招标要求16项招标项目,中标价均未超概算或暂估价金额,招标竞争获得合理的市场价,达到降低投资目的。16项分包工程及设备采购合同价(中标价)与总包投标时的暂估价或概算金额对比分析,经统计投资降低预计1 167.326 8万元,详见表2-7。从已经完成的合同来看,通过招标挑选的承包商,履行合同的信誉、工程项目质量均有不错的表现,促进工程项目顺利地推进。

表 2-7 机电系统专业分包工程和设备暂估价与合同价(中标价)金额对比(单位:万元)

类别	序号	项目名称	概算金额或总包合同暂估价(1)	合同价(中标价)(2)	合同价与概算或暂估价差额(2)—(1)
一、专业分包工程	1	弱电工程	2 836.100 0	2 568.290 9	−267.809 1
	2	净化工程	3 282.040 0	3 098.000 3	−184.039 7
	3	消防工程	3 234.090 0	3 130.168 8	−103.921 2
	4	变配电工程	2 511.220 0	2 504.049 6	−7.170 4
	5	污水处理设备	258.250 0	199.750 0	−58.500 0
	6	柴油发电机组	244.850 0	234.630 0	−10.220 0
	7	医用气体	243.118 6	239.885 5	−3.233 1
	8	物流小车	1 059.919 0	996.770 0	−63.149
		小计	13 669.587 6	12 971.545 1	−698.042 5
二、设备暂估价	1	配电箱	1 062.635 6	1 059.853 9	−2.781 7
	2	水泵	314.775 2	306.800 0	−7.975 2
		小计	1 377.410 8	1 366.653 9	−10.756 9
三、政府采购项目	1	垂直电梯	1 125.600 0(概)	897.440 0	−228.16
	2	自动扶梯	537.600 0(概)	399.420 0	−138.18
	3	热泵机组	1 045.238 0(概)	1 035.000 0	−10.238 0
	4	太阳能热泵机组	16.632 0(概)	16.380 0	−0.252 0
	5	VRV空调机组	739.960 0(概)	703.531 6	−36.428 4
	6	精密空调、分体空调	74.930 0(概)	29.661 0	−45.269 0
		小计	3 539.96	3 081.432 6	−458.527 4
合计金额			18 586.958 4	17 419.631 6	−1 167.326 8

3)施工阶段机电投资管理实施的案例

(1)弱电工程投控管理实例概述:上海市中医医院嘉定院区项目弱电工程主要包含视频监控、楼宇自控、门禁、护理呼叫、网络时钟、综合布线等十九个子系统,批复概算额为

3 302.730 0 万元,概算指标主要参考上海"十三五"规划指标。

(2) 挑选功能与投资匹配的性价比高方案:医院项目建设周期长,从概算批复到竣工验收通常需要 3~5 年时间,由于医疗技术与医疗设备快速发展,使得配套装备"未使用先滞后",造成中途变更在医院项目中较多出现。随着计算机技术、现代通信技术、自动控制技术、安全防范技术在医院智能化设施中得到普遍运用,医院智慧管理需求不断提升,与新建项目分项概算有限投资相互掣肘,既要防止设计方案智能化程度不高,影响到医疗基本需求无法得到满足,又要防止脱离现实需求一味追求功能齐全,忽视投资成本限制要求。落实价值工程投控成本管理理念,强调功能与价值的匹配度,选择性价比高的方案。

(3) 弱电专业分包招标图的深化:为更好地融合医院智慧管理需求与投资控制要求,投资监理敦促设计院、建设方须对标弱电工程扩初方案及竣工验收标准进行深化设计,以确保既满足竣工验收标准,又符合概算批复规模和标准;同时收集近期相关建设项目某医院眼科大楼、某国际妇婴保健院奉贤分院等项目弱电工程招投标资料进行对比分析,经多次沟通调整,删减概算批复未涵盖的访客管理及智能化照明系统等,剔除弱电工程中某些不必要的功能,既可以满足控制造价成本不超分项概算的需要,又可以从全生命周期成本管理出发,降低运行期间的使用、维保成本,实现双降成效,既降投资又降维保费用。同时,按竣工验收标准及医院运营管理要求,针对性增加视频监控布点、人脸识别及综合布线点位等,落实应增尽增,适量增加投资款,带来运行便利与满足验收标准要求。

(4) 弱电工程招投标的成效:弱电专业工程招标前,①通过把控工程量清单工程量准确性、清单子目特征描述及工作内容描述的完整性与准确性,有效避免招标工程量清单常见的漏项漏量、特征描述不准确不完整等问题;②鉴于弱电工程在施工阶段不可避免地二次深化,为避免施工阶段增加设计变更事项,在招标文件中特别标明"投标前应全面仔细踏勘现场,进场后深化设计,原则上仅限局部细化,且不得增加费用";③通过排摸主要设备材料市场价合理确定招标控制价,该项目弱电专业分包投标书中的暂估价 3 091.349 0 万元,最终经二次招标,以 2 568.290 9 万元签署合同,较暂估价减少投资约 16.92%。在设计变更方面,通过投资监理前期大量的工作,实施阶段仅涉及部分结合局部运营调整的设计变更;现场签证部分,通过严格签证审批流程、强化现场督查等多项措施,签证费用可控。因此,弱电工程投控达到预期的不超概算的投资目标。

2.6 基于运维的 BIM 技术应用策划与实施

2.6.1 BIM 技术应用的总体思路

在医院建筑项目中,建筑信息模型(BIM)技术的应用是实现新质生产力的重要手段。作为推进医院高质量建设的重要措施,BIM 技术可贯穿规划、设计、施工和运维全生命周期。尤其针对医院机电系统,可基于运维需求应用 BIM 技术优化设计和施工方案,以终为始,提供精准的信息化解决方案。医院机电系统 BIM 技术应用的总体思路是明确目标、建立模型、优化设计、提升运维、数据集成和持续改进。通过实施此总体思路,可充分发挥 BIM 技术在医院机电系统管理中的优势和作用,提高医院的整体运营效率和服务水平。

1) 明确应用目标与需求

首先,需要明确 BIM 技术在医院机电系统应用中的具体目标和需求。其次,尤其重视医院各部门各科室高效、安全、绿色运营管理的需求,应用 BIM 技术提高设计效率、优化施工方案、降低施工成本、提升运维管理水平等。最后,明确目标可以更有针对性地制订 BIM 技术应用的策略和计划。

2) 建立 BIM 模型与数据库

(1) BIM 模型构建:利用 BIM 技术建立医院机电系统的三维模型,包括建筑结构、机电设备、管线等。模型应尽可能详细,为考虑精细化的运维管理,可包括吊架、排水阀、排气阀等机电系统辅件,以充分反映实际情况。BIM 模型不仅包含结构和设计信息,还包括设备的详细信息,如制造商、型号、性能参数等,这对后期维护管理非常有益。

(2) 数据库建设:建立机电设备数据库,录入设备的属性、维护记录等信息,并与 BIM 模型进行关联。这样可以实现设备信息的可视化管理和快速查询,操作人员可以通过 BIM 模型快速定位故障设备,并获取必要的维护信息。

3) 优化设计与施工方案

(1) 协同设计及优化:机电系统工程涉及诸多专业如机电、水暖、通风、医用气体等,在 BIM 平台上进行多专业协同设计,确保各专业之间的协调一致,避免设计冲突和遗漏。BIM 技术能支持从概念设计到施工图设计的全过程可视化。三维模型使设计人员能更直观地理解和展示复杂结构和系统,如管道、电缆、通风系统等,并通过 BIM 模型的仿真分析,优化机电设备的布局和管线走向,提高设计质量和效率。

(2) 施工方案优化:利用 BIM 技术进行施工方案模拟和碰撞检测,提前发现施工中可能存在的问题和难点,制订针对性的解决方案。同时,利用 BIM 技术从模型直接生成施工方案,包括设备、材料、时间表等,通过 BIM 模型进行施工进度和资源管理,确保施工有序进行,使得机电系统工程安装能够更加准确高效。

4) 提升运维管理水平

(1) 实时监控与预警:将传感器和监测设备与 BIM 模型集成,实现机电设备的实时监控和预警。运维人员可以通过 BIM 模型了解设备的运行状态和性能参数,及时发现并处理潜在问题。

(2) 智能维护:基于 BIM 模型的设备信息和历史数据,制订智能维护计划。通过预测性维护减少设备故障的发生,降低维修成本和停机损失。同时,利用 BIM 模型进行维护作业的指导和记录,提高维护效率和质量。

5) 数据集成与共享

(1) 数据集成:将建筑、结构、机电等各专业的数据进行集成,形成统一的 BIM 模型和数据平台。这样可以实现数据的共享和交互,提高项目管理的整体效率。

(2) 信息共享:在 BIM 平台上建立信息共享机制,确保项目各方能够实时获取所需信息并进行有效沟通。通过信息共享减少信息不对称和误解,提高项目管理的透明度和协同性。

6）持续改进与创新

（1）技术更新：关注 BIM 技术的最新发展动态和研究成果，及时将新技术、新方法应用于医院机电系统的管理和维护中。

（2）反馈与改进：建立 BIM 技术应用的反馈机制，收集项目各方的意见和建议。根据反馈结果不断优化 BIM 技术应用策略和方案，提高应用效果和价值。

2.6.2 机电系统 BIM 技术应用的方法与措施

1. 各阶段 BIM 应用的主要内容

1）前期规划阶段

（1）模型创建：使用 BIM 软件创建建筑的三维信息模型。此阶段需要各专业工程师协作，如结构、机电、管道等。

（2）设计方案审核：使用模型中各部分进行详细审核，确保设计的可行性和合规性。

（3）基于运维需求的各类应用分析：使用模型基于医院的运维需求，对各类空间进行应用分析，确保方案实施可以满足以后的医院运维需求。

2）设计阶段

（1）冲突检测：使用 BIM 模型进行冲突检测，识别和解决各专业之间在空间、材料等方面可能出现的冲突。

（2）方案优化：根据冲突检测结果和项目需求对设计方案进行优化调整。同时对于此阶段医院可能新增的运维需求，进行空间上的方案校核。

（3）施工图辅助：从 BIM 模型辅助施工图设计，针对施工图中的缺漏等问题在总包进场之前尽可能的完善。

3）施工阶段

（1）现场布置和施工：根据 BIM 模型进行现场布置，确保安装施工过程的精确性。

（2）模型实时更新：施工过程中对 BIM 模型进行实时更新，反映实际施工状态。

（3）机电施工的针对性深化：在实施至施工阶段期间，BIM 模型应当基于施工的深度再次进行深化，以更符合现场实际施工情况。

4）竣工及运营阶段

（1）资产管理：建筑竣工后，将 BIM 模型转换安装竣工模型，用于日后的维护和管理。

（2）设施运营：利用模型制作可视化运维管理平台，进行设施管理和运营的优化，做到基于 BIM 技术的医院运维管理。

2. 基于运维的 BIM 技术应用实施方法

基于医院建筑高效、安全、绿色运维的考虑，机电系统 BIM 技术应用的主要实施路径如图 2-22 所示，可归纳为 12 个方面。

1）各阶段 BIM 模型构建

创建各阶段（概念设计、初步设计、施工图设计）的 BIM 模型，并生成对应版本图纸，确保设计思路的清晰度，同时复核机电系统工程项目的一些基本参数是否满足医院高质量运维需求。

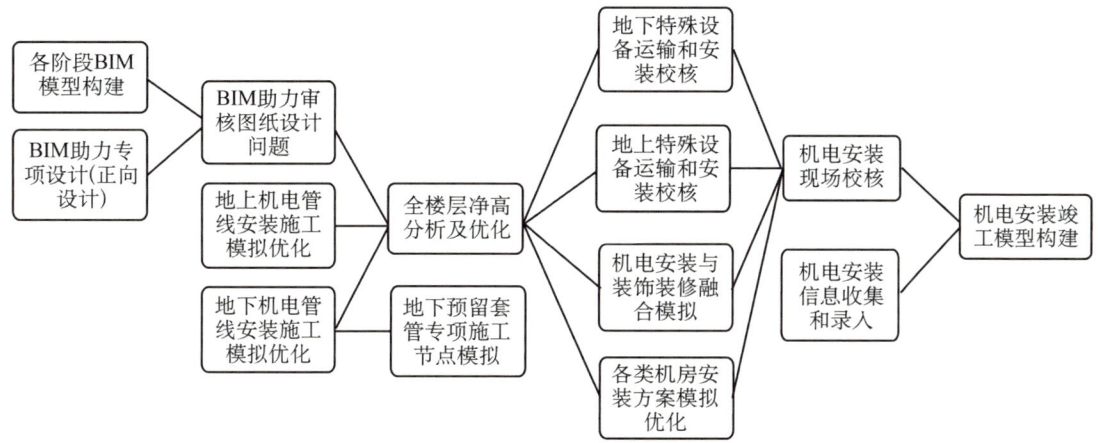

图 2-22 机电安装 BIM 技术应用的实施路径示意

2) BIM 助力专项设计(正向设计)

专业分包对各自的专业技术 BIM 模型进行深化设计,随后将各专业模型进行整合,在医院净化区域、冷冻机房、负压病房等机电布局复杂功能区域实施正向设计,确保所有系统和部件在空间上的兼容性和协调性。同时各项专业分包的方案也能够满足医院运维需求。

3) BIM 助力审核图纸设计问题

通过组织召开设计专项会议和 BIM 例会,重点复核医院运维所涉及的各类需求,基于 BIM 模型的模拟分析,从而识别设计图纸中潜在的问题和冲突,及时修改和优化,据此将医院的各类使用需求落实在设计图纸和模型之中。

4) 机电管线安装施工模拟优化

应用 BIM 模型模拟地上及地下的管线施工全过程,结合"人、机、料、法、环、测"各因素的综合分析,预测施工中可能遇到的难题,并基于 BIM 进行安装施工方案优化。

5) 全楼层净高分析及优化

基于 BIM 管线综合,分析并展示全楼层的净高情况,分区域校核医院建筑的净高,在确保满足建筑规范要求的同时,考虑尽可能满足医院各使用部门特殊需求,通过优化管线路由、优化末端设备选型等技术方案,基于运维需求优化各楼层净高。

6) 地下预留套管专项施工节点模拟

对地下预留套管的施工节点进行模拟,优化施工方案,确保施工安全与效率,同时为医院长期发展考虑,尽可能地为医院二期建设乃至更长远的医院发展需求进行预留。

7) 特殊设备运输和安装校核

对于核磁共振(MRI)、CT 机等大型或特殊设备的运输和安装进行空间模拟,确保在施工过程中物流的顺畅以及设备的正确安装,同时复核此类设备在医院投入正式运行后,是否可以二次安装、是否便于维修等运维需求。

8) 机电安装与装饰装修融合模拟

基于 BIM 模拟装饰装修与机电安装工作的融合过程,确保装饰材料与安装设备之间的协调性,将二次机电纳入医院运维使用的考量范围内,在设置各类点位时需考虑点位的设置合理性。

9）各类机房安装方案模拟优化

针对医院建筑各类型机房的特定需求,模拟安装方案,以验证系统的功能和安全性,同时各类机房空间需满足医院将来的设备维保空间。同时优化管线布局,保证使用功能顺利实现、使用安全、维护安全和布局美观等各种需求。

10）机电安装现场校核

将安装方案与现场情况进行对比校核,确保模型的准确性和实际施工的一致性,使得模型能够顺利快速地转换为后续的运维模型。

11）机电安装信息收集和录入

收集所有安装设备的相关信息,并在 BIM 模型中录入和更新,便于医院项目基于 BIM 进行机电系统的运行管理和维护。

12）机电安装竣工模型构建

完成更新 BIM 模型,安装竣工模型对于后续运维平台的信息收集及使用非常重要。医院的运维数据有大量内容将会反映在 BIM 模型之中。

3. 组织机电安装 BIM 团队

在医院机电系统设计安装全过程,BIM 技术应用是否能发挥最大价值,组织构建合理的 BIM 团队是关键举措。基于医院运维需求来制订 BIM 应用,对于项目管理人员也是一项挑战。项目管理人员需要同时了解医院运维需求和 BIM 在安装工程中应用的优势,并将二者的需求融合为一体。由于医院机电系统多专业的融合,使得项目管理工作中存在大量的沟通配合工作,而这些工作基于 BIM 的有序推进需要大量的项目管理和技术人员支持。因此在机电安装 BIM 团队人员安排中,通常整个团队应当包括有完备的各功能角色。可由医院建筑各参建单位协同构建 BIM 团队。

（1）BIM 经理。负责整体项目的 BIM 实施策略和管理,确保所有 BIM 标准和工作流程的遵循,同时也是技术和管理问题的解决者。负责协调不同学科间的 BIM 模型,解决模型之间的冲突,确保不同团队成员间的沟通和协作;同时对于医院的运维需求也能够深入掌握,对医院运维需求需要随着项目推进不断学习总结,指引 BIM 技术应用能够沿着医院运维需求展开。

（2）模型工程师。根据专业需求（如结构、机电、管道等）,利用 BIM 软件进行详细模型的构建。

（3）施工团队技术对接人。负责将 BIM 模型转化为实际的施工图和施工计划,与施工现场紧密联系,熟知现场机电安装施工情况,确保设计方案的正确执行。

（4）设计团队技术对接人。负责将设计图纸以及模型中的设计问题反馈至各专业设计师,并能梳理综合设计问题、快速讨论解决。

（5）质量控制专员。负责审查 BIM 模型的质量,确保模型的准确性和可靠性。或由监理单位 BIM 监理员担任该职责。

（6）数据管理员。负责管理项目的所有文档和数据,确保数据的安全性和可访问性。可由 BIM 顾问单位负责该职责。

通过医院建筑各参建单位构建 BIM 应用生态圈,组织高效运行的 BIM 团队,可以有效地推动机电安装工程 BIM 技术应用的顺利进行,从而提高机电系统基于运维需求提高工程质量、降低成本和缩短工期。

4. 机电安装工程 BIM 软硬件配置

在 BIM 应用于安装工程中,软硬件支持起着至关重要的作用。BIM 是一种综合性的数字化建模技术,通过创建、管理和分享建筑相关数据,使设计、施工和运营过程更高效、协调和可靠。在这一过程中,软硬件设备的支持是确保项目成功的关键因素之一。

在软件配置方面,通常采用的是 Revit、Navisworks 等专业软件。这些软件不仅能够支持建筑信息建模,还能够实现建筑构件的三维设计、碰撞检测、数量测算等功能。软件的选择根据项目需求、团队能力等因素来确定,确保软件可以满足项目的要求并协助团队高效地完成工作。

硬件支持在 BIM 和安装工程中也同样至关重要。在安装工程中,需要强大的计算机设备来支持复杂的建模、分析和协作任务。通常情况下,为了保证软件的正常运行和高效处理大型建筑数据,需要配备高性能的中央处理器(CPU)、图形处理器(GPU)、大容量内存和高速硬盘等硬件设备。此外,配置 2 块高分辨率的显示器,由于 BIM 工程师需长期在电脑之前工作,良好的鼠标、键盘等外设也能提高工作效率和舒适度。

软硬件支持的工作不仅仅是提供设备和软件,还包括维护、更新和升级。定期对软件进行更新和维护,可以确保软件功能正常、安全性能良好。同时,对硬件设备进行定期维护和清洁,延长设备的使用寿命,提高工作效率。在需要时,及时升级硬件设备,以满足项目的需求和团队的发展。

在医院建筑项目建设全过程,Revit 版本便随着项目的推进而逐渐升级软件版本,更新的软件版本拥有更多更为便利的功能,能够为 BIM 工程师提供更为便捷的工作工具。

2.6.3 BIM 技术实施典型案例

1) BIM 虚拟建造优化机电安装工期

上海市中医医院嘉定院区项目在工程建设全过程深度应用 BIM 技术辅助管理各类专业管线、设备的设计与安装,并针对该项目需求拟定了一套 BIM 与安装工程配合的工作日程图(图 2-23),主要包括工作流程、BIM 技术应用点及其实施时间节点。在项目进入现场施工阶段后,依据各专业深化程度与现场总体施工进度计划,BIM 工作能够做到先于具体施工部位 2 个月以上。做到了 BIM 技术模拟机电系统各专业总体施工排布,同时推进各专业分包的施工排布同步深化,高效地解决了各专业之间协调性问题。在项目推进工程中不断落实流程中的工作,使得该项目的安装工程借助 BIM 技术能够达到预先、快速、准确、高效地有序开展,并且在现场施工后能够快速地将 BIM 模型与现场设备管线安装关联,使得模型能够指导现场施工,以达到"虚拟建造"预期效果,同时这些成果都是以将来的运维使用为导向,确保所有的成果都符合将来医院实际投入运维使用的需求。

规划基于运维的 BIM 技术应用在安装工程中可以起到大量重要的作用,在 BIM 技术应用于安装工程的前期,项目技术人员可以通过向医院管理部门学习运维需求,随后进行 BIM 技术应用点制订,充分发挥 BIM 技术的三维可视化优势、协同工作优势、信息数据优势。并利用这些优势充分实现医院运营使用部门的各项运维需求,避免竣工交付阶段发现

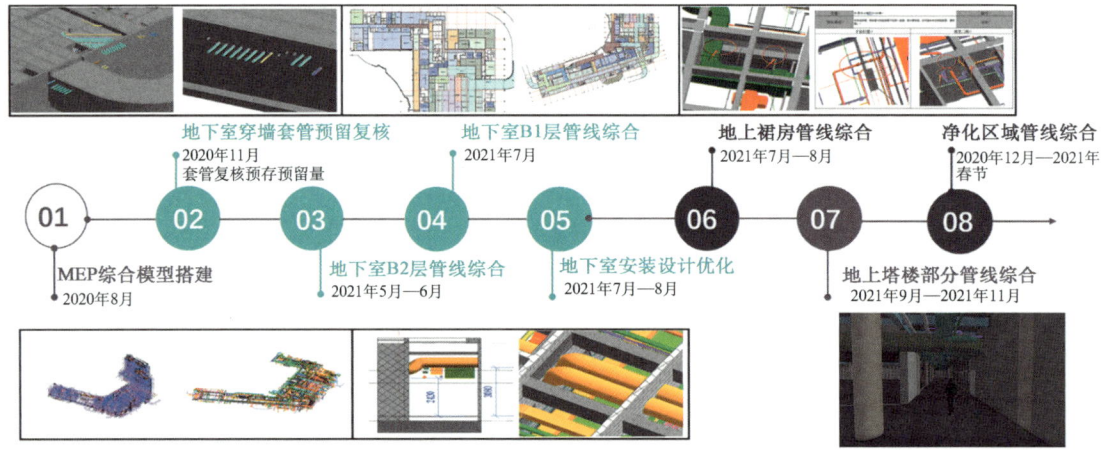

图 2-23　机电系统 BIM 应用工作日程（部分）

机电系统各专业存在冲突乃至拆改，从而保证工程建设项目按期启用。

2）BIM 虚拟建造优化机电管线布局

医院建筑的机电各专业管线空间布局复杂、施工顺序复杂、实施功能需求复杂，需要应用 BIM 软件检测管线与管线之间、管线与结构之间可能存在的各种冲突，包括实体模型占用同一空间的"硬碰撞"和影响施工安装、检修、保温防护、安全操作等过程的"软碰撞"。

上海市中医医院嘉定院区项目基于 BIM 的碰撞分析，进一步优化调整管线布局，完成设计阶段的管线综合，同时解决了空间布局合理性问题，比如重力管线延程的合理排布以减少水头损失，常规的机电管线与医用大管道及设备的协调，而且重点考虑了机房、管廊、设备层（图 2-24）等复杂部位，同时考虑手术室、急诊中心、病房等医院特有区域机电专业模型的深化和优化。对于后期安装的轨道物流（图 2-25）等机电设备专业，在布局优化之中需充分考虑预留物理空间和施工操作空间。

(a) BIM 模型截屏　　　　　　　　　　(b) 施工现场

图 2-24　设备层管线安装优化布局

3）BIM 虚拟建造满足机电运维需求

上海市中医医院嘉定院区项目在施工图设计阶段和专业分包深化设计阶段都进行了

(a) BIM模型截屏　　　　　　　　　(b) 施工现场

图 2-25　物流专业优化布局

强弱电、给排水、空调、热力、动力、消防、医用气体、垃圾被服、物流系统等综合管线,通过计算机自动获取各功能区内的最不利管线排布,考虑全生命周期的运维需求,优化布局,不仅仅考虑室内净空高度等需求,还考虑管线与室外设备管线对接的需求,尤其是设备管线在屋顶的需求(图 2-26),都必须考虑设备运行全生命的安全操作、维修管理等空间需求,基于 BIM 虚拟建造分析,将管线综合调整后的各专业 BIM 模型、相应深化后的 CAD 文件等成果文件提交给建设单位确认,若有局部不满足需求,则作进一步优化分析和调整,直至净空高度通过审核,最后绘制各区域机电安装净空区域图供专业实施单位施工。

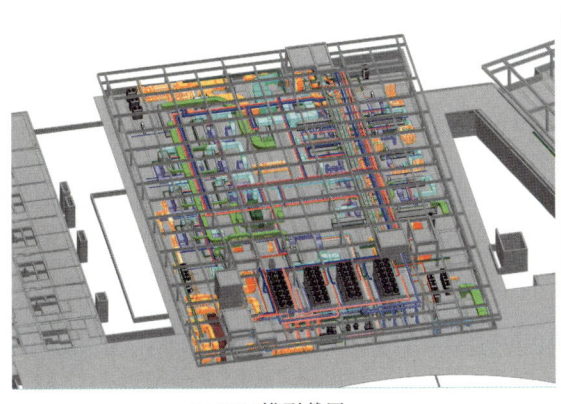

(a) BIM模型截屏　　　　　　　　　(b) 施工现场

图 2-26　上海市中医医院嘉定院区项目裙房屋顶设备及管线优化布局

第 3 章

基于运维的医院机电系统规划设计

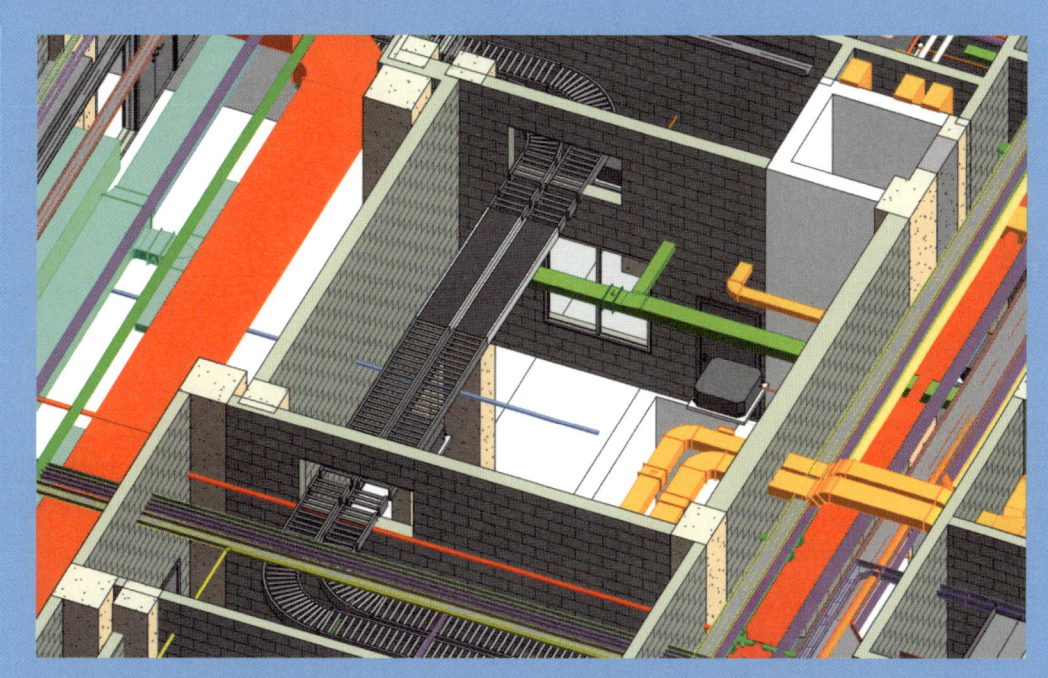

3.1 规划设计概述

机电设计直接关系到医院内的设备运行、环境舒适度以及患者与医护人员的安全。医疗建筑的机电设计需要综合考虑建筑的功能需求、医疗设备的要求、卫生和安全标准,提供高效、安全可靠、节能环保的机电系统。下面将从给排水、通风与空调、强电系统、智能化系统、消防系统、物流系统、医用气体、屏蔽工程、净化系统、BIM 技术在设计过程中的应用等方面概述医疗建筑机电设计的重要内容。

(1) 给排水系统设计。需要满足医院内各种用水设备的需求,包括污水排放系统、雨水排放系统以及医用水系统等。此外,还需要考虑排水管道的材质选择、排水斜度、消毒系统等,以确保医院内部的水资源安全和合理利用。

(2) 通风与空调设计。医疗建筑内部需要针对不同区域提供符合要求的通风空调系统,特别是手术室、无菌室、重症监护室等区域。通风空调系统需要满足洁净度、温湿度、空气流通等方面的要求,以保证医疗环境的良好舒适度及洁净度。

(3) 强电系统设计。医疗建筑的电气系统设计是医院机电设计的核心之一,需要保证电力的连续供应和质量稳定。特别是对于手术室、重症监护室等区域,需要备有应急电源设备,以保障设备正常运行和患者生命安全。此外,还需要考虑接地设计、保护措施、配电线路设计等,确保电气系统的安全、可靠和符合标准要求。

(4) 智能化系统设计。医疗建筑的弱电智能化设计整合信息技术和智能系统,提升医疗服务效率,持续优化就医环境。包括医疗信息管理、建筑设备管理、安全防范管理、通信网络系统和智能医疗设备。这些系统优化管理流程、提高安全性,同时提升患者体验。弱电智能化设计将医院转变为智能、高效的工作环境,为医疗服务和管理带来便利和效益。

(5) 消防系统设计。医疗建筑的消防系统设计是保障医院内人员生命安全和财产安全的重要组成部分。消防系统设计需要满足国家相关法律法规和标准,包括火灾自动报警系统、消火栓给水系统、自动喷水灭火系统、防护冷却系统、大空间智能型主动喷水灭火系统、气体灭火系统设计等,以提供全方位的火灾安全保护。

(6) 物流系统设计。医疗建筑物流系统设计旨在确保医院内部物资、信息和人员的高效流动。该系统包括供应链管理、库存控制、运输管理和信息追踪。优化的物流设计可提高医疗物资和设备的供应效率,减少等待时间,提升医疗服务水平。同时,良好的物流系统设计有助于降低成本并提高医院运营效率,确保医院内各个部门之间的协调与合作。

(7) 医用气体设计。医疗建筑的医用气体设计是为了满足医院内医疗气体的需求,包括氧气、氮气、氧化亚氮等。设计考虑到气体供应的可靠性、安全性和符合医疗标准。医用气体系统需要确保正常供气,避免交叉感染,并配备报警系统。此外,还需要与其他医疗设备和系统整合,确保医用气体在医院内的安全分配和使用。

（8）屏蔽工程设计。医疗建筑的屏蔽工程设计旨在保护医疗设备免受外部电磁干扰，确保其正常运行。此设计要求建立适当的电磁屏蔽系统，包括金属屏蔽结构、电磁屏蔽材料和接地系统。设计还需要考虑设备布局和电磁干扰源的位置，以确保屏蔽效果和医疗设备的安全性。屏蔽工程设计对于医疗建筑内精密设备的正常运行至关重要。

（9）净化系统设计。医疗建筑的净化工程设计旨在确保医疗环境符合严格的洁净标准，以防止交叉感染和维持医疗设备的正常运行。该设计包括空气净化系统、洁净手术室和灭菌设备等。净化工程需要考虑过滤、通风、空气流动和空气质量监测，以确保医疗建筑内空气清洁，并满足医疗卫生标准。这样的设计有助于保证患者和医护人员的人身安全，并促进医疗服务的质量和可靠性。

（10）BIM 技术在设计过程的应用。医疗建筑中，BIM 技术在设计过程中起着至关重要的作用。通过 BIM 技术，设计团队可以创建智能化的三维建模，实现各专业之间的协同设计与信息共享。这包括建筑结构、机电设备、管道布局等。BIM 技术还能够进行可视化模拟，帮助识别设计问题并提前解决，同时提高施工的精度和效率。此外，BIM 在整个建筑生命周期中提供了管理和维护方面的数据支持，有助于提升医疗建筑的设计质量和运营管理水平。

综上所述，医疗建筑的机电设计需要全面考虑医院内部的功能性、安全性、舒适性等多方面需求，为医院的正常运转和患者的健康提供坚实的技术支持。同时，医疗建筑机电设计也需要符合国家相关法规和标准，确保建筑的安全性和可持续性发展。

3.2 给水和排水

综合医院建筑包含门诊、手术区、教学科研、设备层、住院部等，功能复杂。医院的给排水设计是一个复杂且多方面的工程，每个科室在给排水方面的要求都较为特殊，需要综合考虑各种用水需求和排水要求，确保医院的供水安全和排水安全。按质按量进行给水，防止水质污染，兼顾节水。同时要快速、安全的排除被污染的废水。

生活给水系统设计：包括防止水质被污染、分区供水、生活加压泵组及出水管的系统设计、手术室的两路给水系统设计、环状供水模式的应用等。

医疗设备用水设计：不同医疗设备对水质、水压、水温等有特殊要求，需要采取措施对水源进行适当增减压或者特殊处理。

热水系统设计：热水水质、集中热水系统供应、清洁能源。

排水系统设计：分质排水、污水排水预处理、雨水排水。

3.2.1 给水系统

1. 给水设计

生活用水标准及生活用水定额见表 3-1。

表 3-1 生活用水定额及小时变化系数

建筑物名称	单位(L)	最高日生活用水定额(L)	使用时数(h)	小时变化系数(kh)
住院患者	每床每日	250～400	24	2.5～2.0
住院医务	每人每班	150～250	8	2.5～2.0
门诊患者	每患者每次	10～15	8～12	2.5
门诊医务	每人每班	80～100	8	2.5～2.0
后勤职工	每人每班	80～100	8	2.5～2.0
药剂调试	每人每班	310	8～10	2.0～1.5

注 1：给水量参考《建筑给水排水设计标准》(GB 50015—2019) 表 3.2.2、《综合医院建筑设计规范》(GB 51039—2014) 表 6.2.2。

注 2：医务建筑用水中已含医疗用水。

(1)《综合医院建筑设计规范》(GB 51039—2014) 门诊的小时变化系数较大，增加后勤职工用水定额，上表取较大值。

(2) 医院静配、检验、PCR 按科研的药剂调制设计用水量。

(3) 在医院运行过程中，门诊就诊患者的增多，住院部陪护人员的增加，住院患者家属留宿，医疗设备向高标准发展，医院空调系统耗水量也在增加等，医院实际的用水量逐年增多，在设计应考虑结合医院的发展，设置用水定额。

2. 给水系统选择

1) 给水系统设计

主楼 15 层，建筑高度 54.5 m；门诊及医技楼建筑高度分别为 20.7 m、19.6 m。给水分区见表 3-2 所示。

表 3-2 给水分区

集中热水分区	分区范围楼(层)及功能	供水方式
厨房	地下 1 层	市政直接供水
门诊、医技	1～4 层，门诊区诊室	地下室生活水箱＋变频水泵
住院部 2 区	2～7 层，病房	屋顶生活水箱供水
住院部 3 区	8～13 层，病房	屋顶生活水箱＋变频水泵

《医院洁净手术部建筑技术规范》(GB 50333—2013) 中第 10.2.1 条供给洁净手术部用水的水质应符合国家标准《生活饮用水卫生标准》(GB 5749—2006) 的要求，应有两路进口，并有连续正压状态的管道系统供给。

结合医院运行，将血透室加入两路供水，目前手术部 (4 层) 及血透室 (2 层) 均为两路供水。

住院部分高中两个区，从屋顶水箱供水，门诊为低区，从地下室水泵供给。此方案确保有两路供水，其中一条发生故障时，其余的引入管应能保证不小于 70% 的流量，防止停水造成手术部、血透室停水。

两路供水管同时设置减压阀,阀后压力0.20 MPa,确保两路水管压力相同,同时供给用水需。

2) 管道布置及敷设

《综合医院建筑设计规范》(GB 51039—2014)中第6.1.2条给水、排水管道不应从洁净区、强电、弱电机房及重要的医疗设备用房的室内架空通过,必须通过时应采用防漏措施,如手术室、无菌室、烧伤病房、重症监护病房ICU、心血管监护病房CUU等。

ICU室内会有分散的洗手池,为避免管道架空敷设在ICU吊顶内,将ICU的给水管道从下一层往上供给,每个洗手池单独有供水管,可以针对性地检修,最大限度地减少检修时对ICU的影响。

3.2.2 热水系统

1. 热水用水定额

医院生活热水用水定额见表3-3。

表 3-3 热水用水定额

建筑物名称	单位	最高日生活用水定额(L)	使用时数(h)	小时变化系数(kh)
住院患者	每床每日	110~200	24	2.5~2.0
住院医务	每人每班	60~130	8	2.5~2.0
门诊患者	每患者每次	5~8	8~12	2.5
门诊医务	每人每班	60~130	8	2.5~2.0
后勤职工	每人每班	30~45	8	2.5~2.0
食堂	每人每次	7~10	12~16	2.5~1.5

注:参考《建筑给水排水设计标准》(GB 50015—2019)表6.2.1,《综合医院建筑设计规范》(GB 51039—2014)表6.4.1。

(1) 考虑到住院医务存在盥洗的可能,门诊医务一般只洗手,住院医务热水定额可以取高值,门诊医务热水定额可以取低值。

(2) 食堂热水供应按每人每次计算,按就餐人数计算食堂用水量时偏大,根据厨房工艺提供的热水使用点,后厨的厨房热水点位并不多,食堂热水比较充裕,将洗手等均供给了热水。

2. 热水系统

1) 热水系统

热水系统的分区及热源形式见表3-4。

表 3-4 热水分区及热源形式

集中热水分区	分区范围楼(层)及功能	热源形式
厨房	地下1层	第一热源空调热回收,第二热源燃气热水器
门诊、医技	1~4层,门诊区诊室	空气源热泵

(续表)

集中热水分区	分区范围楼(层)及功能	热源形式
住院部2区	2~7层,病房	第一热源空调热回收,第二热源燃气热水器
住院部3区	8~13层,病房	太阳能(100 m²),第二热源燃气热水器

门诊可以采用小水宝提供热水,考虑到小水宝分散,管理复杂,而且门诊设置的是立柱式洗手池,下面明装小水宝不美观,于是设置集中热水,热源是空调源热泵,经济节能。医院用水量较大,用水器具较多,热源稳定,住院也设置集中热水。

2)生活热水系统热源

太阳能:住院楼屋面设备较多,无法布置较多的集热板,太阳能制备热水量小,作为预热热源。

空气源热泵:上海地区属于夏热冬暖地区,空气源热水机组使用效率高,采用空气源热泵制备诊室热水。

空调热回收热源:在空调季,空调系统的热回收系统可用来对热水进行预热。冬季燃气热水器使用量大幅下降,大大节约了天然气的使用量。

3)热水水质

为了保证热水运行水质,抑制军团菌的生长采用了以下措施:

(1)控制热水温度。设计热水的供水温度为60℃,回水温度控制在55℃,水加热器出水温度与配水点最低温度差在5℃以内。热水系统采用同程布置的方式,并设置循环泵,保证干管和立管的热水循环,确保保证供水的循环流动性,保持循环水温在55℃以上,循环流动可减少细菌滋生,有效的抑制军团菌的生长。

(2)热水系统设置了银离子消毒器,高温可以先控制军团菌的繁殖,再单独使用银离子消毒对军团菌有良好的杀菌效果。

(3)设置板换换热器。无死水区、效率高、管理维修方便。

4)热水节能

用水点处冷、热水压力平衡措施按《民用建筑节水设计标注》(GB 50555—2010)中第4.2.3条的要求,用水点处冷、热水供水压力差不宜大于0.02 MPa。

水加热器宜位于热水供水系统的适中位置,应避免热水出水干管过长,阻力损失大而造成的冷、热水压力不平衡问题。在设计中很多时候机房的位置是远离用水点的,这时应接合供水压力、和沿程损失来计算冷热水的管径,适当放大管径,使冷热水供水压力接近。

采用机械循环,保证干管、立管或者干管、立管和支管中的热水循环,全日集中供应热水的循环系统,医院公共建筑不得大于10 s。大型公共淋浴场所应考虑支管热水回水以保证10 s内能流出水温不低于45℃的热水。

3.2.3 排水设计

1. 污水系统

污水系统分类排水见表3-5。

表 3-5　医院污水分类排水

科室名称	污水性质	分类收集后预处理	污水排放
肠道科、肝炎科	传染废水	单独排水至消毒池	排水至医院污水处理站进一步处理,达标排入市政污水管网
手术部	刷手池废水	单独排水	
放射科	含放射性排泄物	衰减池	
中心供应消毒室	高温废水	降温池	
检验科	实验废水	污水处理	
厨房	含油废水	隔油池	

医院污水来源及成分复杂,先将受传染病病原体污染的污水(传染区污水)与其他污水分开,根据源头控制、清污分流,分类收集,分类处理的原则保证室内排水环境安全。按污水性质先进行预处理,预处理后与其他污水一并排入污水处理站统一处理。

本次设计的室内外污废水分流,不仅可以优化室内的排水条件,提高卫生质量,还能减少室外化粪池的容积。

2. 雨水系统

屋面、场地内雨水有组织排放。雨水量计算根据当地暴雨强度公式,屋面雨水设计重现期至少 10 年,雨水系统设置溢流口,雨水系统加溢流重现期 50 年。屋面雨水采用重力排水系统,并设置溢流口。

地下室车库入口雨水重现期 50 年,下沉庭院雨水重现期 50 年,室外场地雨水设计重现期至少为 3 年。

3. 排水敷设与安装

(1) 预留套管:后期开洞难度大,成本高,后期开洞存在漏水隐患,前期要多预留套管。地下室出户套管考虑到医院后期装修过程中会增加的排水点,在地下室外墙预留套管时,可一并预留排水管道,并设置封堵,这段预留的排水管可接到室外检查井,室内增加排水点时可直接排入预留点位,预留时应标明接管的排水性质。在钢结构上预留套管,型钢为工厂直接加工出厂安装,后期无法更改。

(2)《综合医院建筑设计规范》(GB 51039—2014)中第 6.1.2 条规定给水、排水管道不应从洁净区、强电、弱电机房及重要的医疗设备用房的室内架空通过,必须通过时应采用防漏措施。一层重要的医院设备用房,包括 CT、MRI、DR 等检查用房,配套的设备间及控制间,其中设备间与重要仪器室地面下方敷设电缆,如若漏水可能会顺着电缆沟流向重要设备间。在设计时,上方排水管有条件的应考虑同时避开此类房间。宜避让有防潮要求的区域(如药剂科的配方室、药房中心和库房),减少因为漏水、维修等给医院造成不必要的损害。

(3) 诊室多且分散,诊室区的污水支管多,诊室设置专用通气立管,可以迅速将排水管道中污浊的有害气体排至大气中,并平衡管道内正负压,保护卫生器具水封。故在有条件时分散设置排水立管及通气管。

3.3 通风与空调

医院作为一个复杂的建筑群体，其空调系统需要与医院的建筑布局、功能分区以及未来的运营需求相匹配。在项目方案阶段就进行空调系统的深入探讨是非常有必要性的。

首先，对空调系统的布局、容量、运行模式等深入思考和规划，确保空调系统能够满足医院的实际需求，并与医院的建筑风格、设计理念相协调。

其次，可有效控制空调系统建设的成本和风险，可以及时发现和解决潜在的设计缺陷、技术难题和施工难点，避免在后期施工中出现返工、修改等问题，从而节约建设成本和时间。同时，还可优化空调系统的设备选型、材料采购等，确保选用稳定性和性价比高的产品，降低后期运营和维护的成本。

再次，前期策划有助于提高空调系统运行的效率和管理水平。通过前期策划，可以对空调系统的智能化、自动化水平进行规划，引入先进的技术和管理手段，提高空调系统的运行效率和管理水平。例如，可以通过空调系统本身的控制手段、楼宇自控系统的介入、能源管理系统的可视化等，实现对空调设备的远程监控、控制和管理，提高空调设备的运行效率和使用寿命，降低故障率和维修成本。

最后，前期策划有助于提升医院的整体形象和患者体验。一个设计合理、运行高效的空调系统不仅能够为医院创造一个舒适、安全、节能的诊疗环境，还能够提升医院的整体形象和患者体验。通过前期策划，可以确保空调系统在设计、施工、运行等各个环节都达到较高的标准和质量，为医院赢得良好的社会声誉和患者口碑。

上海市中医医院嘉定院区项目有五大中心建设目标：临床诊疗中心、特色诊疗中心、传统诊疗中心、预防保健中心和急危重症中心。基于这样的建设要求，机电设计在空调系统的考虑上也希望以全生命周期的解决方案为目标，结合国家双碳政策提倡的节能减碳发展战略，在后疫情时代为院方和患者提供优质的硬件设施，为真正实现绿色医院的目标作出贡献。

3.3.1 空调冷热源系统设计

医院空调系统的特点主要呈现为：环境需求与生命安全息息相关，各科室部门运行时间不同，各医疗功能分区对室内环境要求不同。因此，医院建筑的空调冷热源，首选原则应为安全可靠、节能高效，并兼顾运维便捷、管理水平适宜。

1. 医院建筑空调负荷特点

医院建筑具有空调负荷变化大，运行时间长；部分科室部门空调全年运行；急诊、病房等需考虑夜间负荷；大量建筑内区需要同时供冷、供热，在过渡季部分科室及区域有供冷需求；常年对生活热水有需求；洁净手术部等重点医技用房保障性要求高；医技部门的特殊医疗设备用房，需要独立常年供冷。

2. 医院空调冷热源规划

1）四管制热泵机组

医院空调系统在运行的过程中,会产生大量的余热、废热,主要包括但不限于室内排风热、热泵空调散热以及大量设备用房余热。而手术室、动物房、实验室等区域的空调再热,也不满足送风温度需求;因此四管制热泵机组在制冷的同时提供"免费"再热热源,在手术室等区域得到广泛应用。

四管制热泵采用两个独立的四管制水系统,详见图 3-1,一年四季可实现单制冷、单制热、制冷+制热(冷热需求平衡)、制冷优先和制热优先 5 种智能运行模式。在医院改造过程中,针对需要供冷的同时再供热的空调系统,通过对冷热源改造,设置独立的热泵系统,节省运行过程中的再热能耗。

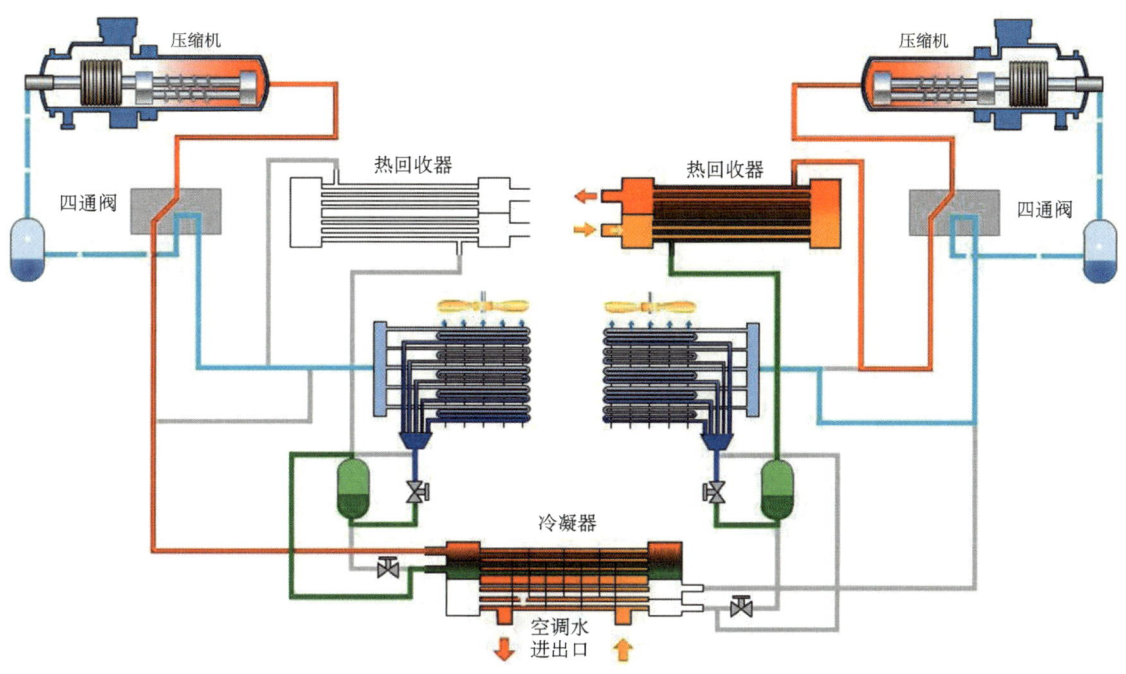

图 3-1 四管制热泵机组工作原理

2）热回收机组

中央空调的冷水机组在夏天制冷时,机组的排热通常是通过冷却塔将热量排出带走。利用热回收技术,可将排出的低品位热量有效地利用起来,结合蓄能技术,为医院提供生活热水,达到节约能源的目的。空调冷水机组余热回收一般有部分热回收和全部热回收。

部分热回收只利用压缩机出口蒸汽显热,蒸汽显热一般占全部冷凝热的 15% 左右,其它的冷凝热在冷凝器中被风机带走,采用串联形式。部分热回收将中央空调在冷凝(水冷或风冷)时排放到大气中的热量,采用高效的热交换装置对热量进行回收,制成热水供需要使用热水的地方使用。部分热回收无需改变制冷系统的运行工况,同时减轻了制冷主机(压缩机)的冷凝负荷,可使主机耗电降低 10%~20%。此外冷却水泵的负荷大大地减轻,冷却水泵的节电效果将会大幅度提高,其节能率可提高到 50%~70%。

全部热回收设置热回收空调热泵机组,夏季制冷时利用之前散发至空气中的热量回收来做为生活热水热源(最高可提供60℃生活热水);冬季在室内供热的同时也可向室内提供生活热水。热泵机组可在夜间门诊等区域不供热时制备生活热水,不仅可利用低谷电价,同时可降低热泵机组配置容量。热泵机组具有7种工作模式:

(1) 夏季单独提供空调冷冻水(热回收器不参与工作)。
(2) 夏季单独提供生活热水(蒸发器不参与工作,不推荐使用)。
(3) 夏季同时提供空调冷冻水和生活热水。
(4) 春秋季单独提供生活热水。
(5) 冬季单独提供空调热水。
(6) 冬季单独提供生活热水。
(7) 冬季同时提供空调热水和生活热水。

3) 磁浮机组

磁浮冷水机组是利用磁力将压缩机转子悬浮在磁轴承上,实现高速旋转的冷水机组。这种技术相比传统的机械联轴器,具有无摩擦、无磨损、无润滑油、节能环保等特点,不仅延长了机组的寿命,还提高了效率。

磁浮冷水机组采用变频调速技术,可以根据实际负载需要进行调节,减少能耗。在低负荷时段,减小制冷量,提高运行效率,达到高效节能的目的。其部分负荷性能系数IPLV(C)可达到11以上。

磁浮冷水机组具有运行稳定的特点。由于采用磁轴承悬浮,消除了传统机械联轴器的机械磨损、不平衡引起的震动和噪声等问题,机组在运行过程中噪声低、振动小、稳定性强。

磁浮冷水机组由于没有传动系统的存在,也就没有机械磨损、磨损产生的金属屑、油脂等杂质,减轻了维护量。同时,机组内部采用模块化设计,易于维护、更换零部件。

图3-2 变频磁浮冷水机组

磁浮冷水机组以其高效节能、操作稳定、维护方便等特点,被视为高端智能建筑的必备设备,在近年来医院建筑中得到较大量使用,变频磁浮冷水机组详见图3-2。

4) 变制冷剂流量多联空调

变制冷剂流量多联空调系统指的是一台室外机通过配管连接两台或两台以上室内机,室外侧采用风冷换热形式、室内侧采用直接蒸发换热形式。一台室外机通过管路能够向若干个室内机输送制冷剂液体。通过控制压缩机的制冷剂循环量和进入室内各换热器的制冷剂流量,可以适时地满足室内冷、热负荷要求。多联机系统具有节能、舒适、运转平稳等诸多优点,而且各房间可独立调节,能满足不同房间不同空调负荷的需求。变制冷剂流量空调系统具有系统小,可独立开启、节能参数APF达到5.0以上,具有稳定性和便利性等特点,近年来发展出可同时供冷供热(热回收型)三管制多联空调系统,在同一系统中对不同房间进行同时供冷和供热,在医院行政办公区域、医技部分核医学区域得到广泛应用。

5）冷热源方案比选

上海市中医医院嘉定院区项目总建筑面积 112 582 m²，包含门诊、急诊急救、医技、住院等医疗功能以及后勤保障、行政、科研等辅助功能，具体功能分区示意图详见图 3-3。

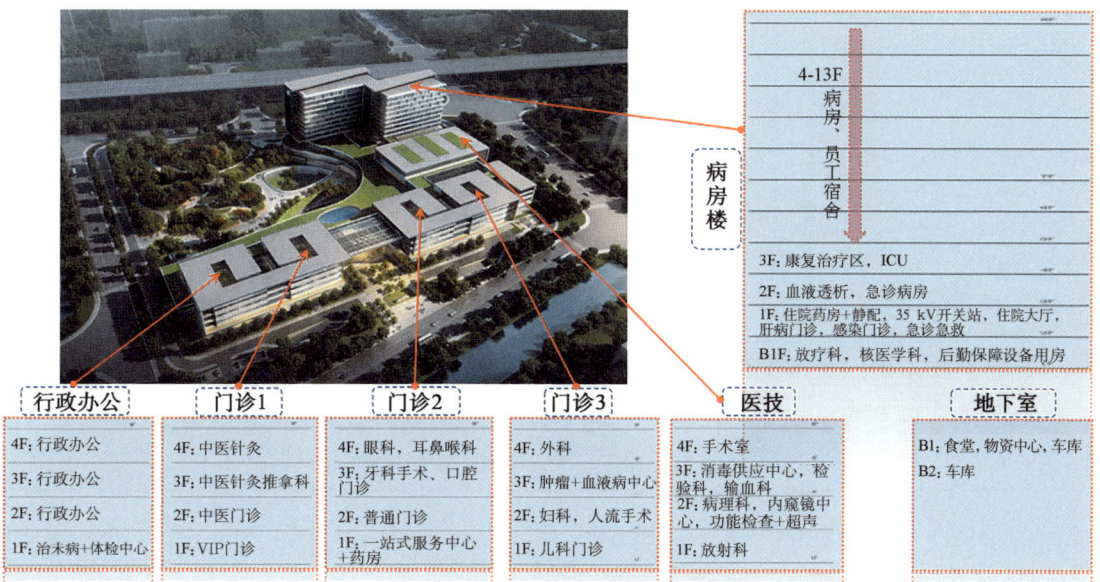

图 3-3　功能分区示意

根据医院负荷及使用特点，选用的冷热源形式主要有以下几种。

方案一：冷水机组＋部分热回收冷水机组＋锅炉＋多联机。

方案二：冷水机组＋全热回收冷水机组＋锅炉＋多联机。

方案三：四管制风冷热泵＋热回收风冷热泵＋多联机。

方案四：冷水机组＋部分热回收风冷热泵＋四管制风冷热泵机组（净化区）＋多联机。

冷水机组供冷原理图如图 3-4 所示，四管制热泵系统原理图如图 3-5 所示。

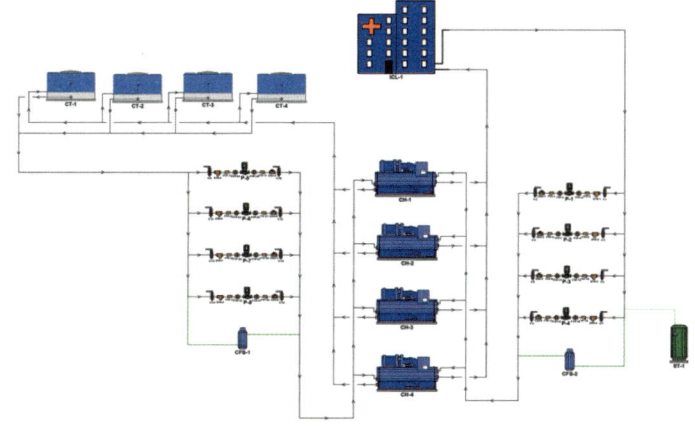

图 3-4　冷水机组供冷原理

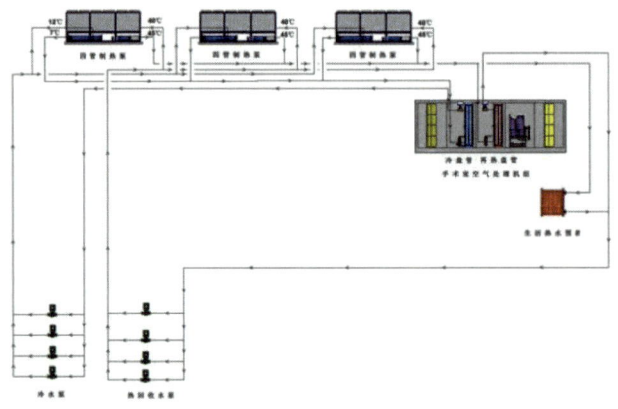

图 3-5 四管制热泵系统原理图

针对上海市中医医院嘉定院区项目,进行基于风冷热泵与冷水机组＋锅炉进行比较,比较结果详见表 3-6。

表 3-6 风冷热泵与冷水机组＋锅炉方案比较

	风冷热泵	冷水机组＋锅炉	备注
机房面积	无机房,风冷热泵均放置在屋顶	500 m² 的冷冻机房	—
		300 m² 锅炉房	
机房要求	无要求,在屋面仅需通风良好	冷冻机房需净高 4.5 m 以上	—
		锅炉房需净高 4.5 m 以上	
		锅炉房需放置在地下 1 层靠外墙位置	
		锅炉房需设置 30 m² 以上泄爆口,且泄爆口需在 1 层非人员密集区	
		锅炉房需设置两个直通室外的疏散口	
		锅炉房需要进燃气	
		需设置烟囱,且烟囱需通过核心筒上屋顶	
		屋顶需放置冷却塔,冷却塔也需通风良好	
节能性	制冷工况:风冷热泵额定 COP 在 3.2 左右,考虑水泵能耗,系统 COP 在 2.4~2.7 之间	制冷工况:考虑水泵,冷却塔等能耗,系统 COP 在 3.6~4.0 之间	—
	制热工况:考虑水泵能耗,系统 COP 在 2.0 以上	制热工况:锅炉热效率在 92% 左右,考虑水泵能耗,系统 COP 在 0.8~0.85 之间	—
	采用四管制风冷热泵,可同时供冷供热,特别是净化区域不存在冷热抵消现象	—	—

(续表)

节能性	采用热回收风冷热泵,在夏季过渡季可提供生活热水辅助热源	采用热回收型冷水机组,在夏季过渡季可提供生活热水辅助热源	—
	制冷工况下,冷水机组+锅炉比较节能,制热工况下风冷热泵节能,由于医院相对来说制冷工况时间长,负荷大,因此通常冷水机组+锅炉通常较节能,但是节能比例不大。通过热回收等技术,净化空调采用四管制再热,可弥补节能差距		
初投资	光考虑设备费用,风冷热泵初投资较高,但是综合考虑燃气开办费,机房损失的硬性费用,则冷水机组+锅炉初投资高		
运行管理	设备在屋面,比较分散,但是通过BA系统,可以在楼宇控制中心统一管理	设备在地下室及屋面(冷却塔),可通过BA系统,在楼宇控制中心统一管理	—
	风冷热泵制冷能力受室外气候影响,在40℃以上,制冷量伴随气温升高而下降,但是降幅不大	制冷能力基本不受气候影响	—
	风冷热泵制热能力受室外气候影响,温度越低,制热能力越小,上海地区通常按照制冷选型,可满足极端天气条件下制热需求	制热能力不受气候影响	—

在该项目设计前期,院方、设计院做了很多探讨,考虑到项目单体较多,且横向跨度大,最大接近200 m,实际在如此大跨度的项目中,空调系统一把抓的形式并不能很好地满足使用以及后续在运行维护上的使用便利性和节能控制。综合考虑空调冷热源选择方案三:四管制风冷热泵+热回收风冷热泵+多联机。

3.3.2 变制冷剂流量多联空调系统设计

1. 行政办公区域

行政办公楼和中医门诊科相对独立,采用多联机系统非常合适。如果和其他门诊楼合在一起,水系统路由过长也有一定的损失,水机+风机盘管的空调系统能效比COP每10 m连接管衰减为0.3%~0.8%。这一点也是很多大型水系统项目设计中容易忽略的点。

行政办公楼主要以舒适性需求为主,且使用时间段基本是正常办公时间,会有加班开启的需求,采用多联机系统可方便进行管理,在晚上值班或者加班的时候单独开启所需的室内机即可。

同样,位于门诊一楼的一站式服务中心和药房相对独立,因此也单独设立多联机系统。

2. 不同门诊区域

中医门诊是该院特色科室,推拿、针灸、拔罐等是中国传统医学的经典治疗手段。在治疗时需要患者脱去衣物,患者对于诊室内的温度、风速等环境因素感知会更加敏感,室内机的选择就非常讲究。根据不同床位的房间布置不同的室内机,可适当采用可以改变气流方向的室内机,避免病患治疗时受风邪感染。如图3-6所示,可选择有百叶角度调节功能智能感知型室内机。

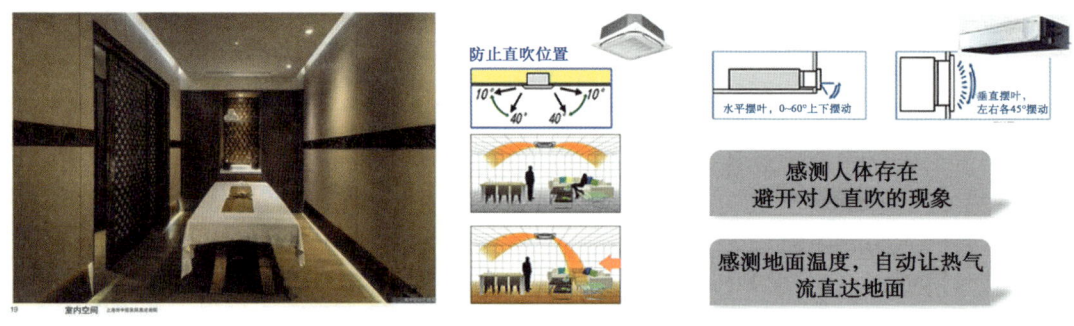

图 3-6　中医特色病房空调室内机选型

牙科种植手术区域单独设立一套多联机系统,主要考虑到该区域相对独立,作为门诊手术室,洁净等级并没有像医院其他外科手术室净化等级要求那么高,另外又有牙科 CBCT 设备,因此单独设立一套系统。实际工程中,可以采用静压较高的室内机结合滤网的形式,满足室内空气品质要求。比如选用专用的抗菌滤网、定制初、中、亚高效抗菌过滤器,加装除菌模块亦或是加装超低阻高中效送风装置来进行室内颗粒物的过滤(图 3-7)。各种过滤手段加上消毒措施,完全可以实现正常使用要求。

图 3-7　不同形式的抗菌除菌配件

传染门诊作为单独设立的区域,现在在很多医院项目建设中一般也是独立设置多联机系统。独立的末端结合适当的新排风设计,有效地避免出现交叉传染。

3. 医技部分

放射科(影像科)作为医技的重要组成部分,在空调系统设置方面主要考虑几个问题:一是大型仪器所在房间需要常年制冷,二是医护人员及候诊等区域又要满足冷暖两用的需求,三是又要满足室内医用设备不受高次谐波的影响。我们可以有两种方案来进行实施。

方案一是采用同时制冷制热系统来实现设备常年制冷,医护人员及候诊等区域冷暖两用的需求。如图 3-8、图 3-9 所示,同时制冷制热的多联机系统在医疗设备用房采用常年制冷模式,而医护人员的等候区、操作室、更衣室等根据季节需求切换制冷制热模式。

方案二是将重要设备用房单独拉出来成一套系统,设置为常年制冷。科室的其他房间做普通的多联机系统。这个方案比较经济,上海市中医医院嘉定院区项目采用了此方案。

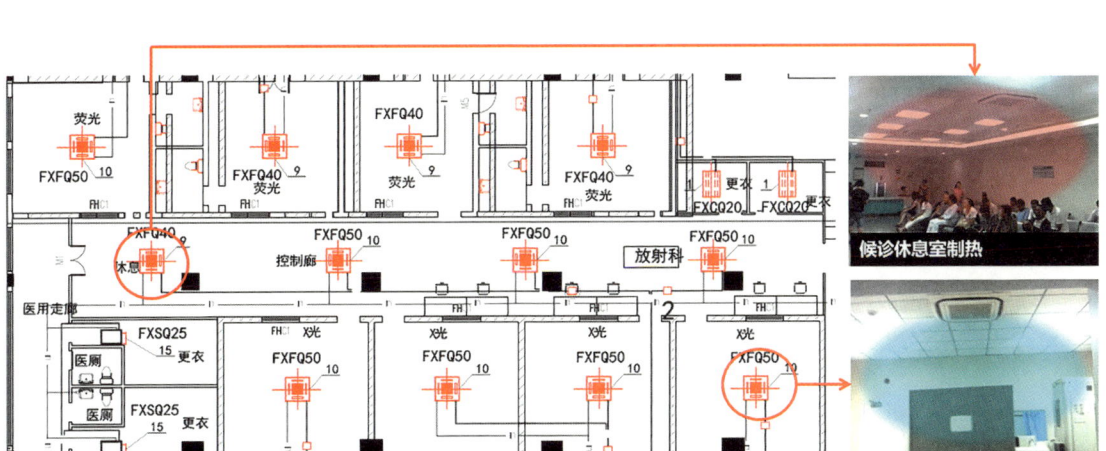

图 3-8 医技放射科平面示意

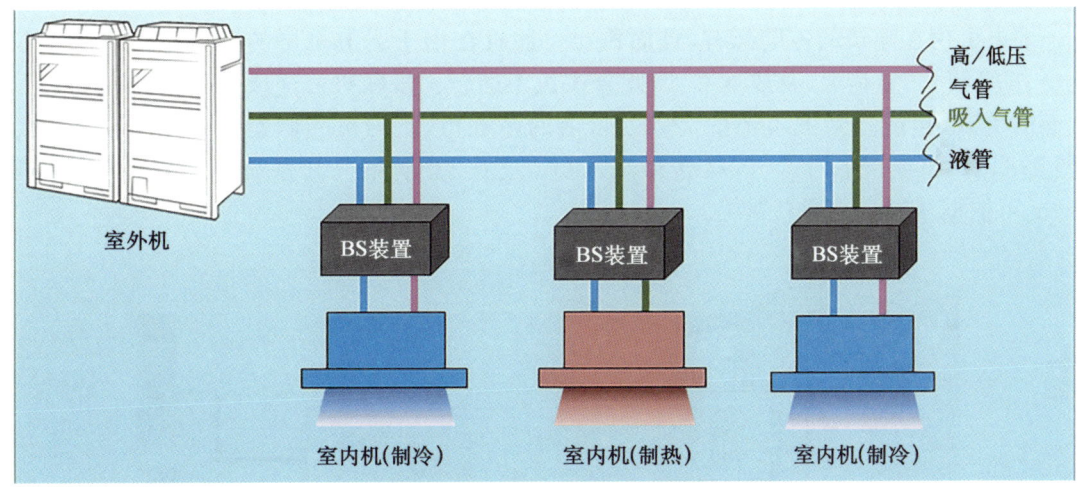

图 3-9 同时制冷制热系统

4. 特殊区域空调系统

特需、老干部病房常年需要使用空调,且温湿度需独立控制,输液区域属于内区,常年人员较多,大部分时间需要供冷,基于运维及节能考虑,可独立开启运行,应设置独立的VRF 空调系统。

5. 保障系统

保障系统所在区域主要是在各设备用房、配电房、弱电间及通信机房等。这类区域的空调特点有以下难点:常年制冷为主,发热量大,防止水患,需保证 24 h 稳定运行,有备用运转方案,能实现远程控制,还有摆放位置可能不是最佳,管长受限等问题。

变配电间在使用过程中因负荷变化、运行方式改变,有时会出现不正常发热现象,如果发热严重,对医院的供电会造成严重影响,为了保证医院的正常运行,变配电间的空调不但需要 24 h 稳定运行,更需要在−5℃时甚至−15℃时仍能保证制冷运转(上海历史极端最低气温为−12.1℃),随着负荷的变化能变频输出冷量。目前市场上的多联机已能做到在

−15℃的情况下连续制冷运转，完全可以保证变配电间的稳定使用。图 3-10 为上海市中医医院嘉定院区项目此次采购的多联机运转温度范围。

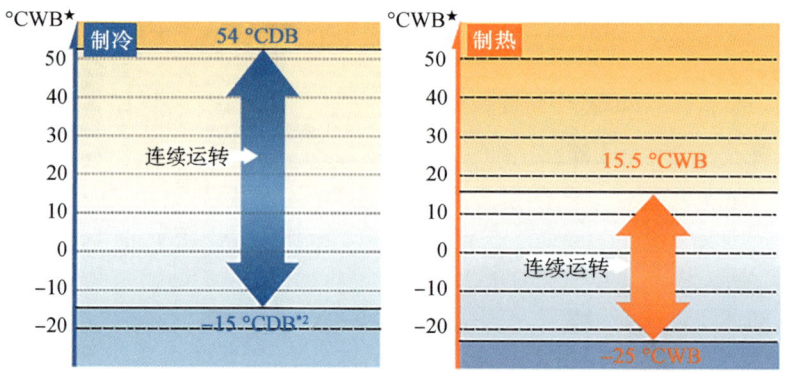

图 3-10　多联机运转温度范围

弱电机房在建筑的各层都有，且面积小。而现在由于弱电机房的种类也很多，有 IDF 机房、IDC 机房，负荷大，发热量大，因此分体机不适合。多联机可连成一套系统，既保证了立面的美观，也能应对大负荷的需求。目前的多联机，室内机高低差已可做到小于 40 m（图 3-11）。该项目中门诊、医技楼最高 20 m 左右，上下用一套系统即可。病房楼总高 54 m，可根据楼层分为两套系统。

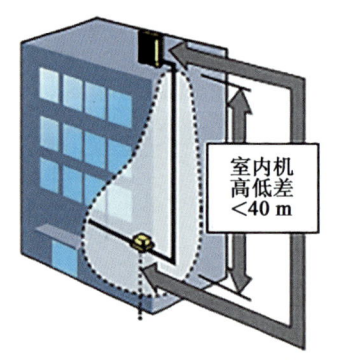
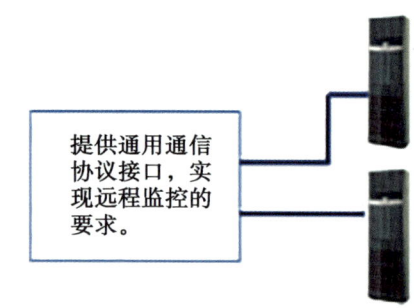

图 3-11　多联机室内机高低差　　图 3-12　可远程控制的带通信协议接口的分体机

通信机房，一般要求单机拥有停电再启动功能，同时备用机组间可实现自动轮换运转、对外输出故障、运行等信号，为客户提供远程控制的可能（图 3-12）。

同时，这些房间不能有水患，否则对用电安全有重大影响。室内机形式的选择以及设计布置也很重要，如果是落地式的室内机，则不会产生水患，如果选用的是吊顶内安装的嵌机或者风管机，则要特别注意机器的布置，不能影响下面的电气设备，同时，要特别注意冷凝水的排放。

综上，医院项目中可以有很多地方进行系统的探讨，结合现行的节能设计要求，利用多种设计手段，通过负荷计算、选型校核、能耗模拟等措施来进行优化设计。

例如，多联机可利用其小巧灵活的特性，采用多平台布置可以减小冷媒管长度，使制冷量损失降低,提升效率。

以大金 X10 系列 10HP 为例,100 m 管长的制冷衰减系数为 0.918,如果调整为 70 m 管长,则制冷衰减系数可提升至 0.943,可有效提高末端实际能力(图 3-13)。

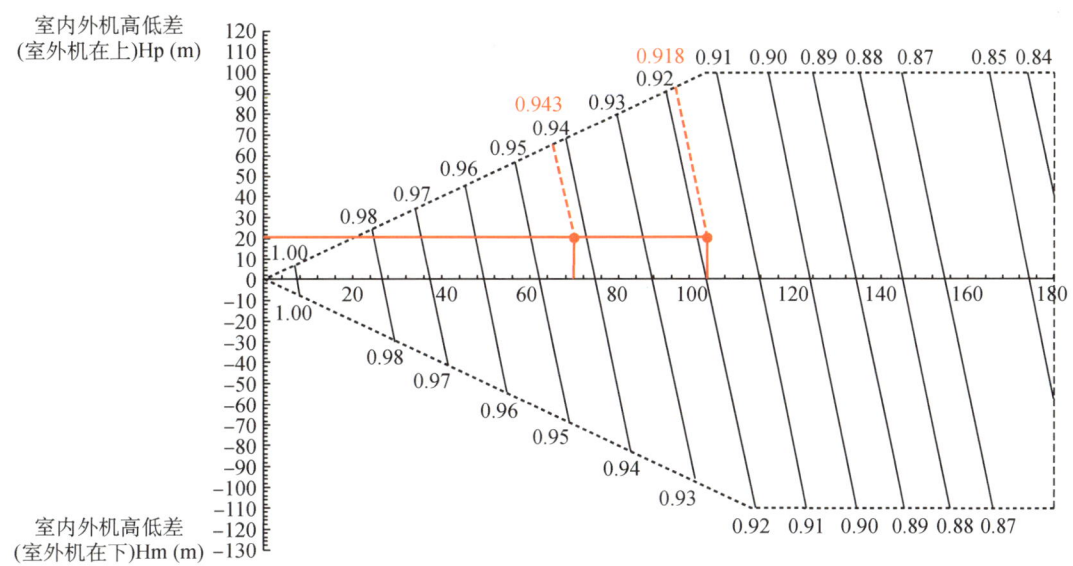

图 3-13　多联机衰减系数

又例如 BIM 技术的运用,可以对项目的设计、施工、运维做全生命周期的支持(图 3-14)。尤其在设计阶段,引入 BIM 技术建立模型,可以对现场实际气流组织、安装施工难度有所预见,并和水暖电各专业的综合布线提供参考。

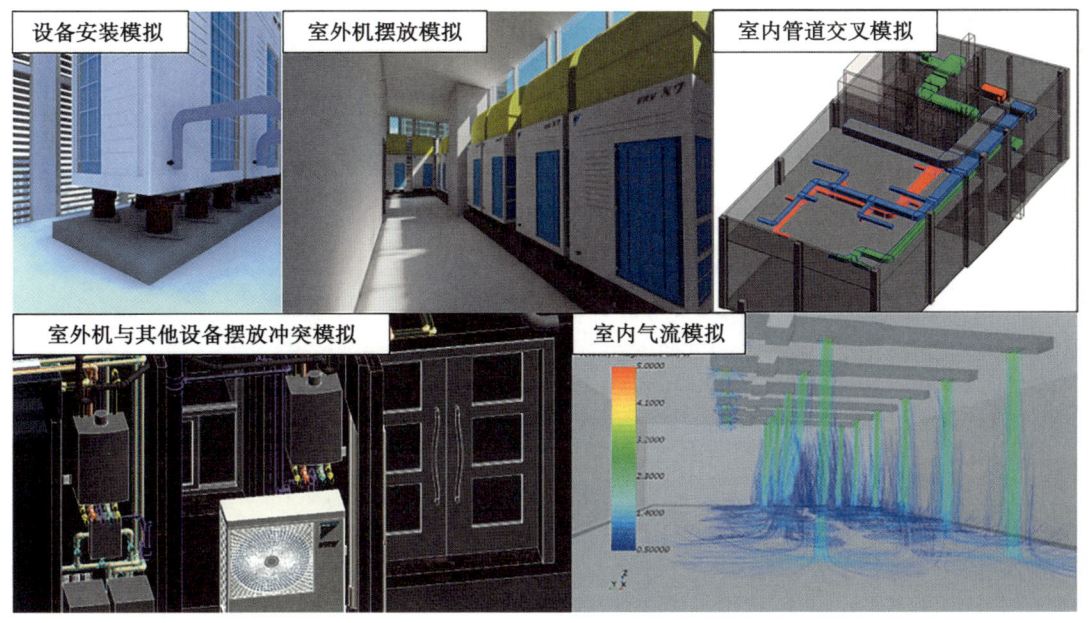

图 3-14　BIM 技术的运用

6. 智能控制设计助力运营管理

上海市住房和城乡建设管理委员会和上海市发展和改革委员会 2023 年 6 月发布的《2022 年上海市国家机关办公建筑和大型公共建筑能耗监测及分析报告》显示，医疗卫生建筑仍然是用电强度最高的建筑类型（图 3-15、图 3-16）。

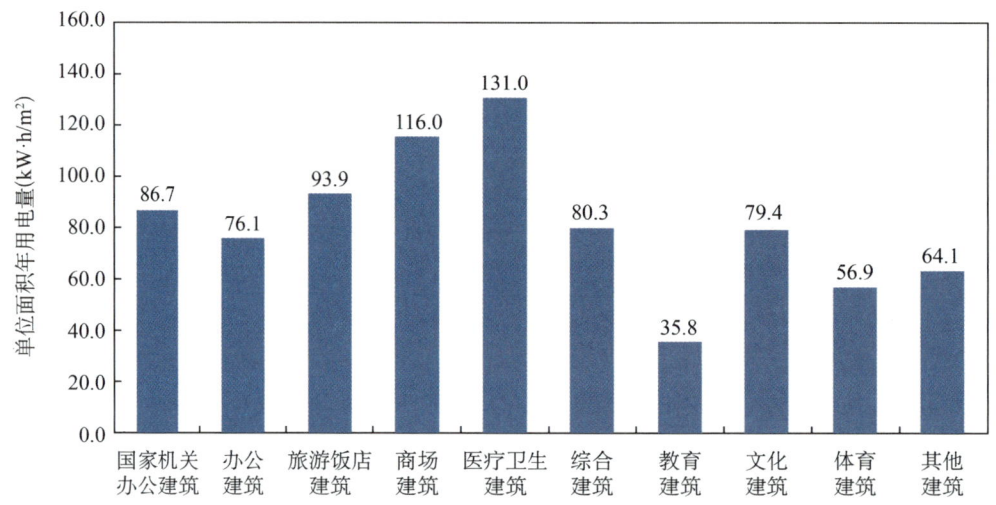

图 3-15 2022 年与能耗检测平台联网的各类型公共建筑年用电强度情况

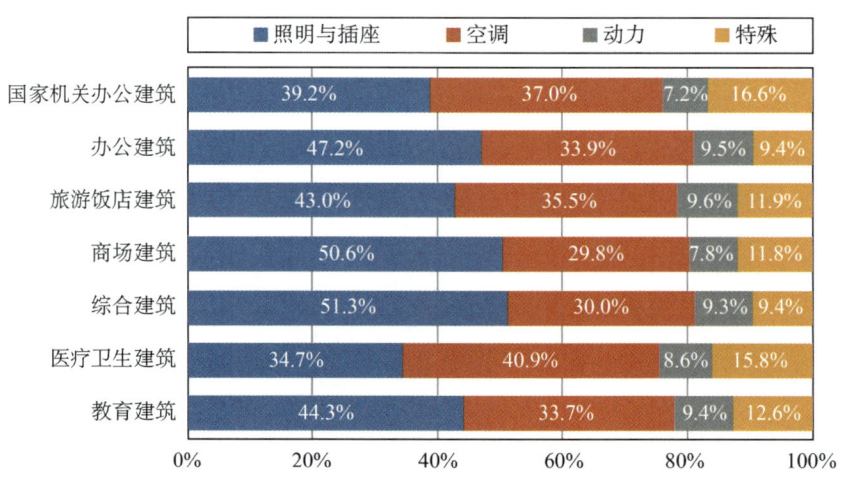

图 3-16 2022 年主要类型建筑分项用电占比情况

通过上图可以看出，医疗卫生建筑空调用电占比最高，这是由于医院特定的人员流动性、密度、室内空气质量要求所导致的全年能耗会高于其他类型建筑。医院的建筑能耗是一般公共建筑的 1.6～2.0 倍。医院建筑规模大，耗能设备繁多，区域纵横交错，使用传统的运维手段，需要投入大量的人力物力在能源管理方面，后勤管理工作烦琐沉重。作为用能大户，在当前的双碳大环境下，医院面临着降耗和保质的双重压力，总能耗要持续降低，但是医疗品质必须保证，这就要求医院的降耗措施必须有的放矢，实现精准降耗。我们完全可以在建设早期，对医院各区域的划分合理规划后，通过现在先进的能耗模拟软件，模拟实际运营后的能耗情况,一方面作为对未来运营的预测,另一方面也可作为后期实际运营后的数据对比,从而对今后其他的院区建设有一定的借鉴作用。

对于多联机系统来讲,目前大部分的多联机厂家都有自主研发的非常完善的智能控制系统,通过该智能控制系统已经可以实现很多运维管理的精细化设定(图 3-17)。同时,通过外接网关,提供相应的通信接口,可与楼宇 BA 系统实现对接,亦可实现只监不控或又监又控的控制管理要求。

未来院方考虑通过追加智能控制模块来实现远程精细化控制。

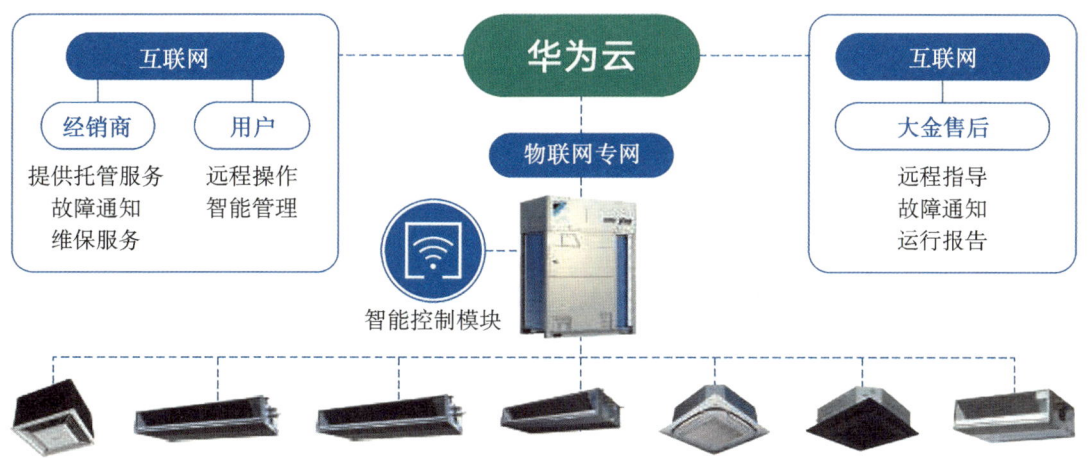

图 3-17 智能控制系统

对于大多数医院来讲,在医院初始运行阶段,可以通过以下几个方面的考量来帮助医院实现整体降耗。

1) 控制权限的设定

开放式粗犷的管理方式早已不适合现代医院后勤管理,后来经过 3 年新冠疫情影响,大家更是认识到集中管理的必要性。但在集中管理的实施过程中,也要给予医护人员一定的自主调整空间,最大限度地满足不同的使用需求。

分级管理和权限管理对于精细化控制是非常有必要的。就多联机部分来讲,如图 3-18 所示,对于公共区域的控制权限,全部收归后勤统一管理,启停、温度等控制不会被患者等随意调整。而诊室内部,可以开放一定的权限给到医护人员,在一定范围内进行温度的调节和启停的管理。后勤则作为最高权限拥有者可在后台进行监控。

后勤人员可在后台对所有设备进行开关、温度、模式、风量、风向等的功能操

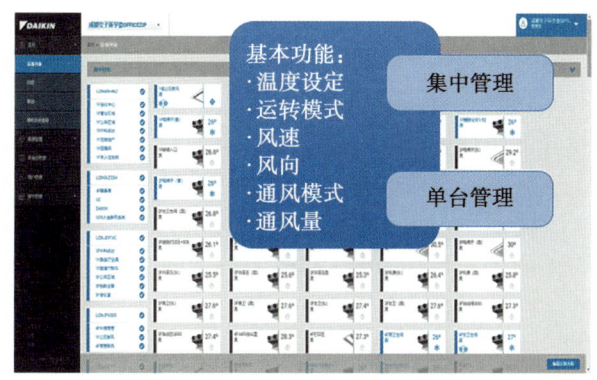

图 3-18 智能管理后台控制界面

控。无论距离长短,都可以使用电脑、手机或平板登录网页,随时随地对空调设备进行直接

管控。

2) 日程管理

管理方案可根据医院运行时间,可以单台设置或成组设置空调的运转日程,包括节假日设定,上班前预冷预热,统一关机设定等,如图 3-19 所示。

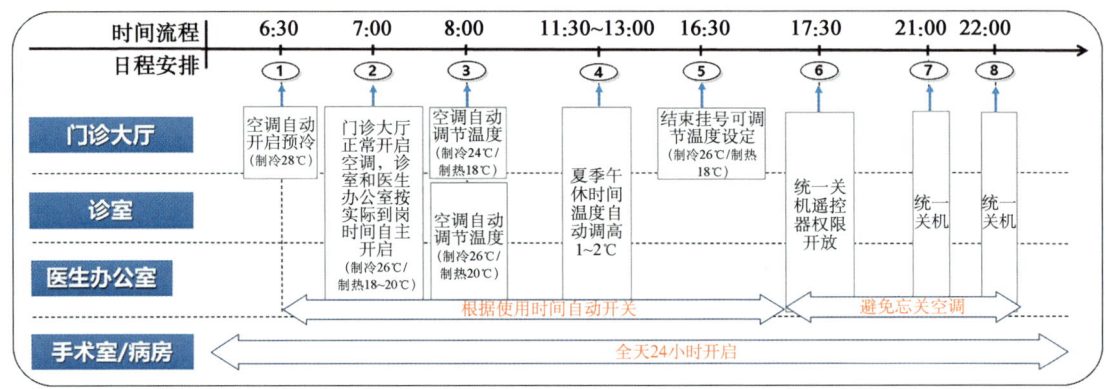

图 3-19 分区分时段进行日程设定

结合具体的工作时段设定日程管理:

定时开机管理。夏季气温较高,7:00 开门时大量患者涌入,大堂空调可提早半小时开机降温,以应对暂时的大人流带来的负荷短时变化;冬季人员着装较厚,体感反应比较慢,可在 7:00 开门时再打开空调,减少运行时间,降低能耗。诊室和医生办公室的空调可在 7:00 自动开机预冷,也可根据医生实际到岗时间自主开启,保证 8:00 正式开诊后诊室处于比较健康的温度。

定时关机管理。门诊结束,诊室和医生办公室和门诊大厅可在 17:30 自动执行第一次关机,如有需要加班的医护人员可根据实际情况,自行开机,至 21:00 再执行一次关机操作,晚 22:00 可执行末次关机操作。该策略可以有效避免忘记关空调的情况,降低能耗,避免浪费。

节假日可直接进行关机设定。

3) 温度设定优化

有实例证明,两套相同的系统在开启率基本相同时,若其中一套的室内温度设定提高 2℃,可实现 9.6% 的节能效果。同样的两套系统,有一套系统 75% 的室内机设定温度在 26℃,而另一套系统也有相当比例的室内机设定温度在 24℃ 时,通过数据可以看到,空调能耗降低明显(图 3-20)。

在实施日程设定的同时,也同时进行温度设定的优化。

夏季早上可以提前以 28℃ 进行预冷,7:00 大客流开始调到 26℃,冬季则考虑到大客流带来的人员负荷,可设定在 18~20℃ 区间。开诊后,一般可在候诊区等公共区域设定在制冷 24℃,诊室设定为 25~26℃。

中午定时调温:午休时间,一般人流量降低,医护人员也进入休息状态,这是可以将公共区域设定温度调高 1~2℃,有人员休息的房间也可相应做一些调整,到 13:00 温度调整至正常,下午一般 13:30 开诊,13:00 左右开始调整温度,给候诊病患创造舒适候诊环境,为下午的大客流做好准备。

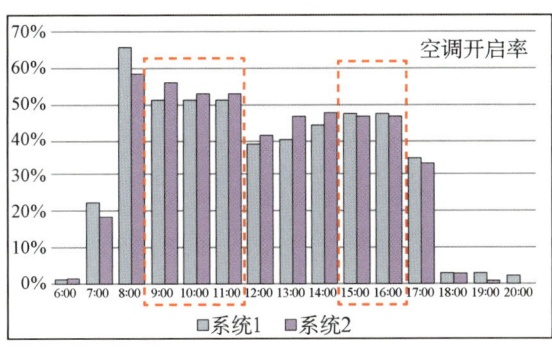 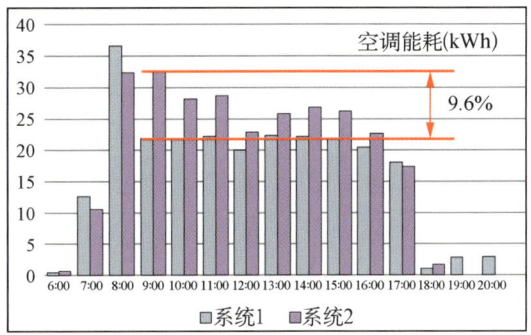

图 3-20　相同系统相同开启率不同设定温度下的能耗区别

门诊一般 16:30 停止挂号，大厅人流量逐渐减少，可以采用先调高温度设定，至 17:30 门诊结束关机的策略。

冬季可执行类似策略，此处就不再赘述。

4）未来大数据应用

信息时代的大数据应用，可以通过一段时间运行的各项数据采集，从而分析空调使用习惯、发现不良使用习惯、是否有更多节能空间、寻找新需求等，因地制宜的做好能源管理，实现节能减排。

通过智能控制界面可显示每台空调的等效运转时间、遥控器平均设定温度、外气平均温度等相关参数，在界面上直观显示能耗对比数据（图 3-21）。

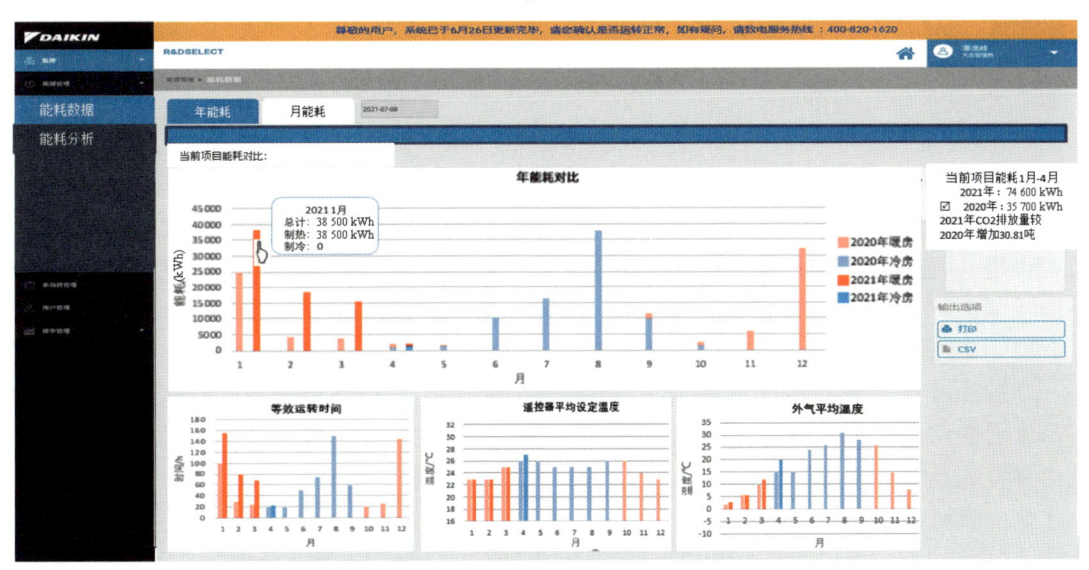

图 3-21　大金智能控制系统界面

通过提供"空调运行情况报告"，可对不合理的使用方法提供建议，帮助院方实现节能。例如给出不合理温度设置的建议，给出可能存在忘关空调的建议，或者给出超时运转的建议等。

随着技术的进步,相信未来对于大数据的应用可以有更多的空间,比如 AI 学习用户使用习惯,结合空调运行数据分析及天气数据得出最佳的运行设定,实现系统运行节能。

嘉定院区是上海市中医医院"一院三址"整体布局中的重要的院区,云端多楼宇控制技术,通过物联网云端控制,今后可统一管理各院空调的日常设定和日程设定,查看各分院空调能耗情况,以及能耗分析,将总部的管理能力覆盖到每一个网点(图 3-22)。

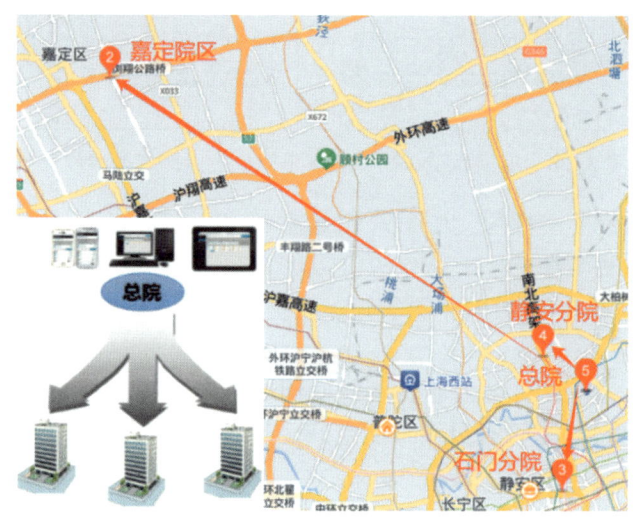

图 3-22 智能控制系统界面

3.3.3 空调水系统设计

1. 一级泵与二级泵

1) 一级泵定流量系统

空调冷冻水系统是按照满负荷设计的,为了保护蒸发器,保持通过蒸发器的水流量保持恒定;当负荷侧空调负荷发生变化时,通过压差控制器控制旁通阀流量,保证通过蒸发器流量恒定,因此冷冻水泵一直满载运行,冷水机组大流量小温差运行;保持水泵的运行耗能不能减少。

2) 一级泵变流量系统

空调冷冻水系统是按照满负荷设计的,为了保护蒸发器,传统的制冷机设计尽量使通过蒸发器的水流量保持恒定,如果水流量下降太快,超过制冷机安全范围内的反应能力时,就会导致非正常关机,甚至可能会导致蒸发器结冰、管道损坏以及设备停止运行。由此冷冻水泵一直满载运行,水泵的运行耗能不能减少。随着冷冻机控制技术的发展,有即时反映能力的控制系统可以使制冷机在一定范围内变流量运行,并保持出水温度稳定(目前厂家都能保证蒸发器流量在 50%~100% 之间变化)。当负荷变化时,可保持冷水机组的供回水温度不变,使冷水机组的蒸发器侧流量随用户侧流量的变化而变化。由于水泵的功率与流量的三级成正比,降低系统的水流量可以大大的降低水泵的能耗,节省运行费用。

3) 二级泵系统(一级泵定频,二级泵变频)

一级泵定流量/二级泵变流量系统设置了两组水泵,一级泵与制冷机组连锁,定流量运行,保证经过制冷机组蒸发器的流量恒定。二级泵根据用户侧流量的变化而变流量运行。一级泵和二级泵串联运行。二级泵是变流量运行,因此可以起到节能的效果。但是一级泵仍然是定流量运行,其节能效果不如一级泵变流量系统。

4）技术比较

与二级泵系统相比,一级泵变流量系统有如下的优势：

（1）减少了空调水系统的初投资。与一级泵定流量/二级泵变流量系统相比,减少了二级泵及其相应零配件,减振设备等的投资。但这种节省中有相当一部分要被一级泵水系统变频调速驱动器的较高价钱和旁通阀与附带控制的费用所抵消。

（2）降低了系统对冷冻机房的空间要求。由于取消了二级水泵组,因而节省了机房的建筑面积。

（3）降低了系统中水泵的电力需求。一级泵变流量系统取消了二级水泵消耗在附加零配件与装置（截止阀、除污器、吸口扩散器、止回阀、分集水器等）上的阻力损失。

（4）降低了系统中水泵的全年运行费用。其部分原因是如上所述由于变流量一级泵水系统中水泵组的总装机功率要小于一级泵定流量/二级泵变流量系统。另外,一级泵的流量是变化的,而不是像一级泵定流量/二级泵变流量系统那样一级泵的流量始终保持不变。

结合上海市中医医院嘉定院区项目采用分散型风冷热泵空调系统特点,采用一级泵变流量系统。

2. 两管制及四管制系统

对于一个采用水系统供冷、供热的大、中型中央空调业主及工程设计人员往往一开始就面临着二管制与四管制的抉择问题。二管制与四管制的选择问题归结起来就是四管制相对于二管制而言到底有何优越性以及采用四管制比采用二管制到底要增加多少投资。

医院建筑常用空调水系统形式通常有两种形式,分别为两管制空调水系统形式和四管制空调水系统形式。其特征见表 3-7。

表 3-7 两管制与四管制系统比较

类型	特征	优点	缺点	使用范围
两管制	供冷、供热合用管网	简单,占用空间少,初投资低	无法同时供冷供热	无同时供冷供热需求
四管制	供冷、供热分开管网	①可满足同时供冷供热需求;②舒适性好	管路复杂,占用空间较多,初投资高	有较大内区或医技部分有发热量较大区域,需要常年供冷

综合投资及医院使用特点,裙房及地下室部分采用四管制空调水系统形式,满足同时供冷供热需求,病房及塔楼部分采用两管制空调水系统形式,节省投资及管路空间。

3. 空调水系统节能设计

1）采用现代自控节能技术

医院原有的空调系统大部分采用人工启停控制,在医院改扩建过程中,可通过设计将群控节能技术和变频节能技术结合起来,控制水泵的运行台数、转速,以控制冷却水和冷冻水的流量,并根据中央空调的实际负荷波动情况,进行适时调整和优化。这种节能技术自动化程度高,自适应能力强,避免小温差大流量运行,同时实现水泵在高效点附近运行。

2) 大温差输送

医院中央空调常年运行,采用大温差输送节省的水泵能耗相当可观,常规空调机组冷冻水供回水温差5℃,如果将供回水温差提高至6~8℃,相应水泵能耗节省可达17%~37.5%。同时大温差技术可节省空调水管管径,节省初投资。但是在医院改造项目过程中,如果末端不更换的条件下需要复核风机盘管和空调箱制冷制热能力。

3) 合理的水利平衡技术

以前项目水利平衡通常采用静态平衡阀或者压差阀,在静态条件下达到水利平衡,但是末端调节管路阻力加大,这几年技术的进步,出现了机械式动态压差平衡阀和能量阀,阀门阻力有较大的减少,如图3-23所示。

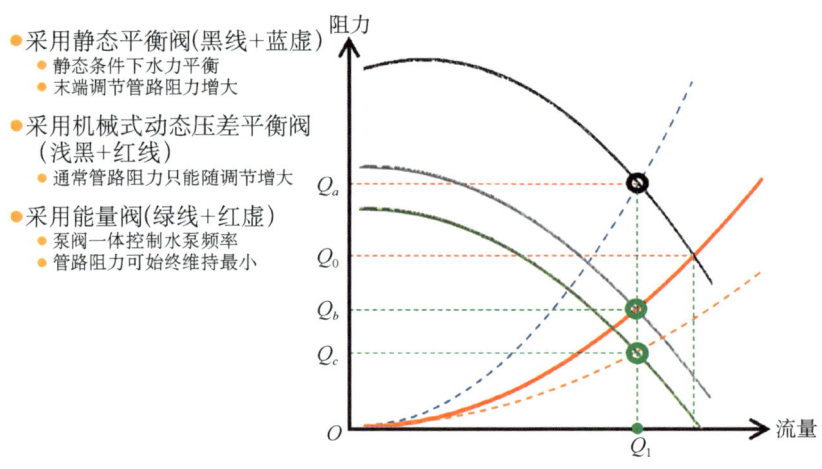

图 3-23 不同阀件阻力曲线

通过采用能量阀阀门达到降低管路阻力,节省水泵运行能耗。

4) 采用高效机房技术

高效机房是最近几年比较热门课题,通过高效机房设计,选择高效冷水机组,选择最佳的冷冻水系统布局,精心挑选低压降设备,降低系统压力损失,来满足水系统的高效节能。

3.3.4 空调风系统节能设计

1. 排风热回收

在洁净手术部、实验室等空调系统中,除洁净度要求外,还需要严格控制温度和相对湿度,使其热湿环境满足需求。

洁净空调系统新风经过表冷器冷冻除湿降温,再由加热盘管再热升温,维持房间温度和相对湿度,此类空调最大缺点是:新风量大,系统能耗高,实际运行费用高。而且在排风系统中,夏季室内低温(冬季高温)空气排至室外造成大量的能源浪费。在手术室等洁净区域改造过程中,可采用以下系统,满足节能需求。

1) 三管制空调系统

如图 3-24 所示，其主要特点如下：

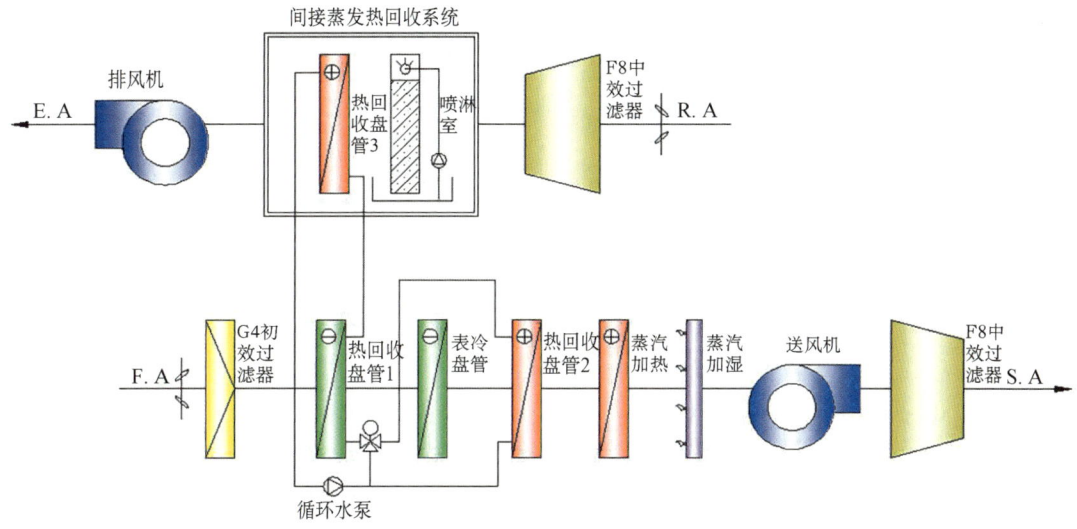

图 3-24　三管制空调热回收系统

（1）新排风完全隔离分开，不存在交叉污染。

（2）全年都可实现能量回收，夏季热回收效率可达 90% 以上，冬季热回收效率可达 60% 以上。

（3）新排风机组可分开，仅通过乙二醇管路连接，对土建影响小；在改造项目中容易实现。

（4）彻底解决全新风机组在北方使用时防冻的难题。

2) U 形热管热回收除湿系统

除湿热管就是将热管制作成 U 形盘管，设置在空调表冷器前后，可在夏季工况实现利用预冷盘管所获得的热量来再热处理过的冷空气，避免用其他热量再热，其尺寸可依据表冷器确定，直接安装在空调箱内，体积小，非常适用在局部改造的医院项目中。

3) 分离式热管热回收系统

医院改造项目中，用分体式热管热回收空调系统比较多。其主要特点为：

（1）新排风完全隔离分开，不存在交叉污染。

（2）全年都可实现能量回收，显热热回收效率可达到 70% 以上。

（3）新排风机组可分开，仅通过冷媒管路连接，对土建影响小；在改造项目中容易实现。

（4）新排风机组分开，对机组放置位置，百叶开口位置比较容易实现。

（5）缺点是只能实现显热回收，新排风机组高差需满足在 40 m 以内。

4) 其他热回收系统

如板翅式热回收，转轮热回收、溶液热回收、组合式热管热回收，由于机组尺寸相对较大、新排风百叶间距满足 10 m 以上、主新排风管在同一位置，在医院改造项目中实现相对比较困难，采用的相对比较少。一般在改扩建项目中新建病房部分实现。

2. 冷凝热回收

医院存在大量的实验室,需要大量的新风,此时采用冷凝热回收新风机组是不错的选择。主要特点:

(1) 新排风完全隔离分开,不存在交叉污染。

(2) 冬季制热时节能明显,征集能效可达 3.2。

(3) 机组最高综合能效高达 8.0,整体年均系统综合能效高达 6.0,全新风恒温恒湿条件下,与传统电加热再热系统相比,节能率可高达 75%。

(4) 排风侧的风机采用离心风机,既作为冷凝风机,又兼具室内排风的功能。

(5) 冷凝热回收可采用分体式和屋顶式,占用机房面积小。

3. 病区新风设计

1) 带热回收垂直新风系统

该系统新风机组一般放置在屋顶或者设备层,标准层不占机房,节省标准层面积,同时避免机房噪声对病房层的影响。但是该系统存在以下几个问题:

(1) 病房新风量不会根据病房内床位数增加(加床)能够加大新风量,导致病房内空气品质较差。

(2) 病房走道加床现象比较严重,走道人员与设计存在较大偏差,而走道无法根据实际情况加大新风量,空气品质往往很差。

(3) 医院办公区域晚上往往只有值班医生,其他办公区域均关闭,但是新风无法关闭,浪费能源,如图 3-25 所示。

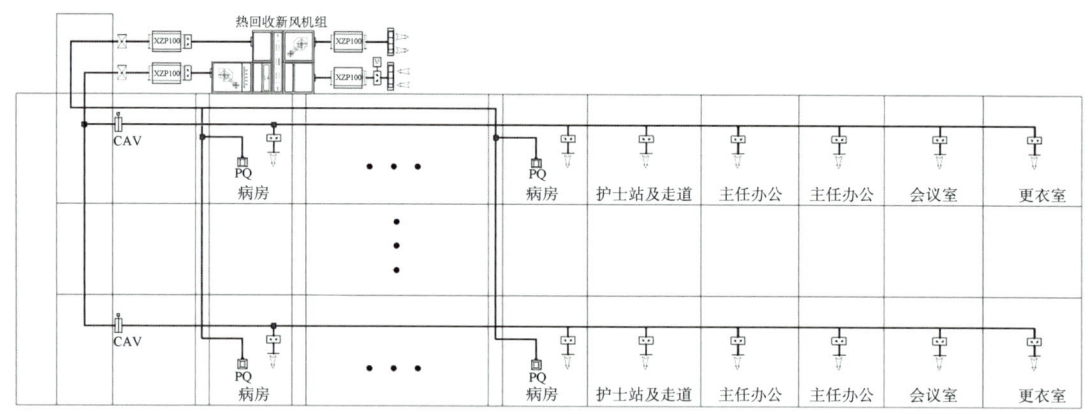

图 3-25 带热回收垂直新风系统

2) 改进型带热回收垂直新风系统一

基于常规垂直新风系统夜间浪费,新风系统做如下修改:

医生办公支路与病房支路独立,晚上办公区域新风系统自动关闭,新风机组变频,节省夜间运行能耗,如图 3-26 所示。

3) 改进型带热回收垂直新风系统二

针对三甲医院病房及病房走道加床现象比较严重,人员往往比设计时人员密度大很多情况,同时考虑在过渡季节可以加大新风量,改善住院区域的空气品质,对风系统进行如下调整:

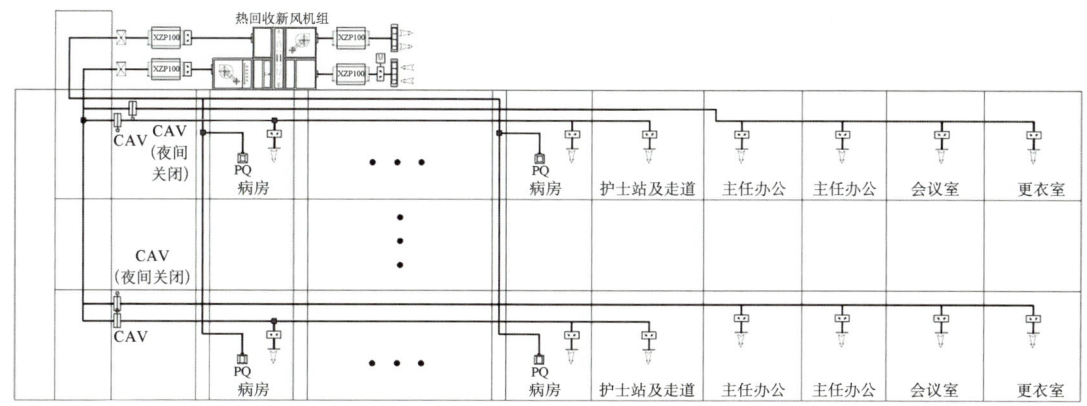

图 3-26　改进型带热回收垂直新风系统一

病房区域新风量在过渡季节和人员较多时新风量按照 4 次/h 设计,平时新风量按照 2 次/h 设计;为节省管道空间,主立风管风速按照 8 m/s 设计,病房主管风速按照 7 m/s 设计。空调箱及排风采用变频,如图 3-27 所示。

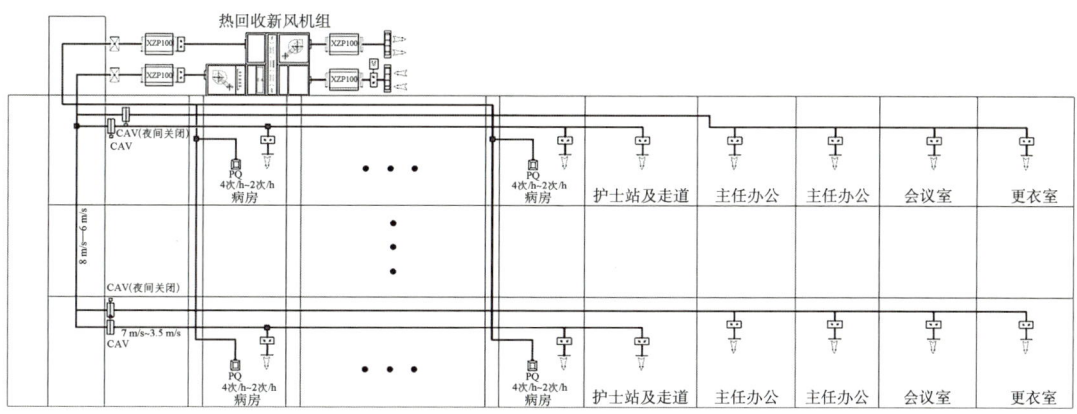

图 3-27　改进型带热回收垂直新风系统二

3.4　强电系统

在现代医疗建筑的复杂环境中,强电系统不仅是能源分配的中枢神经,更是维系医院高效运作与患者安全不可或缺的关键基石。随着医疗技术的日新月异,高端医疗设备对电力供应的质量、稳定性和安全性提出了更为严苛的要求。这一趋势促使强电系统的设计与配置不断向精细化、复杂化方向发展,从而不可避免地加剧了后期运维工作的难度与复杂性,对运维人员的专业素养和技术水平提出了更高的挑战。

为了全面应对后期运维中的各类挑战,在电力系统规划的初期阶段,就必须深度融合过往项目的实际运维精髓。这要求从多个关键维度综合考量:确保系统的可靠性以最小化故障风险,提升灵活性以应对突发状况,优化上下级选择性以防止越级跳闸,融入智慧运维技术实现预测性维护与高效管理,推动集中运维模式以简化操作流程,同时不忘节能、节电与节人的环保与经济目标。通过这一系列精心策划,旨在构建一个既前瞻又实用的面向运维的智慧型电力系统,为医院的长期稳定运行奠定坚实基础。

本节将全面而深入地探讨医疗建筑强电系统的设计原则、供配电系统规划、电力系统接地方式的选择以及变电所与配电设备的合理选型等多个关键方面。每个小节的结尾还将依据以往项目经验,总结运维建议,助力其在实践中高效应用与持续优化。

3.4.1 设计概述

医疗建筑强电系统是为医院电力系统的规划布局、为用电设备的可靠配电,旨在确保医院内的医疗设备、照明、通风、空调等设施能够安全可靠高效运行。设计不仅要满足常规电力需求,还必须考虑电力质量、电磁干扰和火灾安全等方面的需求。

医院的电力系统需要针对医疗机构的特殊用电设备和环境进行特别的规划。首先,需要进行用电负荷分析,考虑各种用电设备的功率、工作方式和运行需求。比如手术室、急诊抢救室和重症监护室等 0 类医疗场所,需要特别注意供电可靠性与电能质量。在设计中需要充分考虑备用电源系统的设置,确保在电网故障时,这些关键区域能够继续正常运作。

另一个重要考虑因素是医院的接地设计。因为医疗设备通常对电气绝缘和接地要求非常高,所以需要在设计中充分考虑接地的可靠性和安全性。此外,配电系统中的各种保护措施也是至关重要的,包括过载保护、短路保护、漏电保护等,这些措施旨在确保供电系统的安全性和可靠性。

除了以上因素,医院配电设计还需要考虑安全和紧急情况。这包括防火安全和紧急疏散系统的设计,以及医疗设备的稳压、稳频等特殊要求。

3.4.2 供配电系统

医疗建筑的供配电系统设计应根据医院性质、医院等级分类、医疗场所分类、各区域对供电连续性和安全性的要求以及用电容量、当地的供电条件和发展规划,并应安全可靠,同时兼顾节能低碳。

1. 电力系统的干线规划

医院的运转离不开可靠的电力供给,而可靠合理的电力干线架构是提供可靠电力供给的基础。通过电力干线架构实现了对多种供电电源所提供的电能进行合理的二次分配,因此归根溯源,若想要对电力系统有一个系统的干线规划,首先需要从电源侧开始。

常见的电源侧供电来源有如下几种:

(1) 市电电源。从外电市网取电,由当地供电局确保市电电源的稳定提供,是医院电力系统的最主要的电能来源。

(2) 备用电源。通过柴油发电机、不间断电源(Uninterruptible Power Supply，UPS)+电池为主要电力来源，由使用方(常常是运维方)确保电源的稳定提供。

(3) 新能源电源。以太阳能、风能等新能源为主要来源，由使用方(常常是运维方)确保电源的稳定提供。

不难发现，从电能供给侧的角度来看，外电市网承担了主要的供电角色，但其仍需要备用电源、新能源电源作为备用和辅助，以确保供电电源的可靠、稳定、绿色低碳，故而电力系统干线规划时，应充分考虑如何融合这几类电源类型，并与架构设计时，考虑未来的运维高效与便捷。

考虑到电力系统主干规划涉及多类型电源融合，专业性要求较高，且牵涉与外电市网的协调，流程复杂，因此在常规项目中，一般建议由设计院给出方案建议，由业主方、代建方协同所在地供电局，基于医院的实际电力使用需求，结合当地经济、人文、地理环境等多种要素，确认最优电力主干架构和电源接入方案。

运维提示：针对柴油机、UPS电池、光伏板等这类需要进行年度运维检修的设备，应与前期干线设计时充分考虑不停电倒闸及单电源短时带全部负载的技术需求，方便这些设备的停电检修运维。同时为避免当柴油机在检修的同时发生外电网的停电事故，电力主干上应预留移动柴油车的应急电源接口，实现极端情况下可接入移动柴油车发出的电作为院区关键设备的应急电源。

2. 负荷容量估算及负荷等级分类

电力主干网架构确认的同时，常常需与供电局同步探讨确认具体的电压接入等级及电力参数。为此需要针对终端负载的使用量进行测算，并基于各个负荷所属等级，复核所设计的主干架构是否能满足目前院区的使用需求。

由于此时往往项目处于前期阶段，院内相关业务部门暂时无法提出非常详细准确的负载，因此一般可采用单方指标法先行进行估算，并基于负荷等级决定负载的电源来源及其数量。

如下将从负荷容量估算及负荷等级两方面做介绍。

1) 负荷容量估算

《2009JSCS 全国民用建筑工程设计技术措施》电气部分中指出了医院的用电负荷指标为 $40\sim70\ \text{W/m}^2$，变压器装置指标 $60\sim100\ \text{VA/m}^2$，该数据可以适用于大部分项目作为估算指导，但伴随着现代化大型医院内医疗设备的设置方案及数量各有其特点，以及放疗类、检验类医疗设备所需电能需求越来越大，从笔者的经验来看，建议前期测算时按 $90\sim120\ \text{VA/m}^2$ 考虑报装容量。

当然如能与前期收集到各科室所需的真实需求，由设计单位结合大量类似同档次医院设计经验，给予一个较为准确的报装容量，是为上上之策。

2) 负荷等级分类

根据我国供电相关标准、规范等，可以将医院用电负荷分为一级负荷中特别重要负荷(特级负荷)、一级负荷、二级负荷和三级负荷四类(表3-8)。

表 3-8　医院用电负荷

医疗建筑名称	用电负荷名称	负荷等级
二级、三级医院	急诊抢救室、血液病房的净化室、产房、烧伤病房、重症监护室、早产儿室、血液透析室、手术室、术前准备室、术后复苏室、麻醉室、心血管造影检查室等场所中涉及患者生命安全的设备及其照明用电；大型生化仪器、重症呼吸道感染区的通风系统	一级负荷中特别重要的负荷（特级负荷）
	急诊抢救室、血液病房的净化室、产房、烧伤病房、重症监护室、早产儿室、血液透析室、手术室、术前准备室、术后复苏室、麻醉室、心血管造影检查室等场所中除一级负荷中特别重要负荷的其他用电设备； 下列场所的诊疗设备及照明用电：急诊诊室、急诊观察室及处置室、婴儿室、内镜检查室、影像科、放射治疗室、核医学室等； 高压氧仓、血库、培养箱、恒温箱； 病理科的取材室、制片室、镜检室的用电设备； 计算机网络系统用电； 门诊部、医技部及住院部30%的走道照明； 配电室照明用电	一级负荷
	电子显微镜、影像科诊断用电设备； 肢体伤残康复病房照明用电； 中心（消毒）供应室、空气净化机组； 贵重药品冷库、太平柜； 客梯、生活水泵、采暖锅炉及换热站等用电负荷	二级负荷
一级医院	急诊室	
三级、二级、一级医院	一、二级负荷以外的其他负荷	三级负荷

（1）一级负荷中特别重要负荷（特级负荷）是指在医院发生供电故障时会造成医院设备全面瘫痪和造成人身重大伤亡的供电负荷。

（2）一级负荷是指在医院发生供电故障时会造成医院设备瘫痪和人员伤亡的供电负荷。

（3）二级负荷是指在医院发生供电故障时会造成较大损失、较大影响和公共场所秩序混乱的供电负荷。

（4）在医院供配电系统中除一级负荷中特别重要负荷（特级负荷）、一级负荷、二级负荷后，剩余其他设备均为三级负荷，在供电保障中居于次要辅助位置，这些三级负荷虽然不会对医疗工艺造成巨大影响，但往往会影响患者及医院工作人员在院内的生活、工作体感，进而间接的影响临床诊疗效果和恢复效果。

运维提示：医院后期运维局部公区会进行改造，建议在空间较大的公区用电指标适当放大，以应对后期的改造需求。

从后期的医院维护角度来看，三级负荷由于涉及数量多，范围广，类型杂，在实际院区投用后，后期零星维修和扩容实际主要以三级负荷为主（如灯具损坏、插座更换、增加热水壶等),故前期建议注意对三级负荷供电设计,除末端箱内尽量预留备用回路并预留一些备用功率外,可考虑将一些比较容易引起不良感受的负荷升级至二级负荷或设备层面实现备用,做到人性化设计。

3. 常见电压等级及对应接线方案

完成电力主干架构搭建和负荷估算后,就需要结合这两项因素,选择合适的电压等级并细化适合的电网接线架构方案。本节将从电压等级和接线架构两方面探讨。

1) 电压等级

医院内常见的电压等级一般为交流 35 kV、交流 10 kV、交流 400 V 及直流 750 V(新型电力系统),主要的电压等级方案如下:

(1) 交流 35 kV。一般两路常用电源供电的方式,不设母联。两路电源引自外线电业,一般要求两个市电电源来自上一级不同电站或不在同一配电电源母线上。

(2) 交流 10 kV。一般两路常用电源供电的方式,两路电源即可引自外线电业也可引自上游 35 kV 变压器(如院区内设 35 kV 变电站),设母联,以便应对外线的检修和倒负荷要求。

(3) 交流 400 V。400 V 电源即可引自外线电业也可引自上级 10 kV/0.4 kV 变压器,设母联投切方式,并配置有手动投切转换以便应对外线的检修和倒负荷要求。由于 400 V 往往会带有大量一级负载,因此 400 V 母线上常会设柴发电源接入柜,并设置应急母线段,以便实现一级负载所需要的三电源供电的需求。

(4) 光伏电源(750 V 直流网)。单个光伏电池板发出的是直流电,电压等级很低,因此一般会组成阵列,并通过逆变器,将光伏板发出的直流电源转换成交流后,接入 400 V 系统或升压后接入 10 kV 系统,一般情况下光伏发出的电不会倒送电网。

伴随直流系统的发展,国内也已有落地小范围的 750 V 直流电网,其能将光伏板、储能电源发出的直流电直接与充电桩、照明、插座等典型直流负载形成一个小型微型直流电网,该电网脱离于交流电网,由此取消了直流逆变模块,提高直流电的利用效率,减低转换损耗。

运维提示:一般院区所在地的供电局基于医院所在辖区的实际市电电网情况针对不同电压等级所能允许提供的电能容量上限会有所限定,且设计更高电压等级的外电网,代表着需要更多的设备及工程投入,其相应的后期设备运维费用也更高昂,因此在电压等级的选择上需要平衡当地电网条件、未来医院发展需求、设备工程投入、运维投入多方面因素,避免一味的求大、求多。

从运维单位的承装(修、试)电力设施许可证的等级来看,取得三级许可证的,可以从事 110 kV 以下电压等级电力设施的安装、维修或者试验活动;取得四级许可证的,可以从事 35 kV 以下电压等级电力设施的安装、维修或者试验活动;取得五级许可证的,可以从事 10 kV 以下电压等级电力设施的安装、维修或者试验活动。

因此,一般中小型医院建议以 10 kV 为限,大型医院以 35 kV 为限。

2) 高压系统构架

由于医疗建筑对于用电可靠性要求较高,通常采用的高压系统构架包含以下几种:

(1) 两路市政高压进线,同时使用,互为备用,上海地区大多为此方案。

(2) 两路市政高压进线,一用一备。

(3) 三路市政进线,两用一备。

(4) 多路市政进线。

通常设计需根据当地供电部门的规定与习惯做法(各地区对于互为备用或一用一备通常有规定)、项目的变压器总安装容量(如 10 kV/0.4 kV 变压器总装机容量超过 12 600 kVA 需采用 35 kV 进线；10 kV/0.4 kV 变压器总装机容量超过 7 000 kVA 需增加设置高压配电房)来确定高压供配电系统构架。

运维提示：需特别注意虽然国家规范未作明确规定，但在医疗设备的实际使用中发现，由于电源切换存在断电瞬间，一些重要的医疗负载会受到该瞬间的影响造成损坏，这些设备前端建议设置 UPS。

由于实际投运后经常会出现需要倒闸配合外电网停电的情况，因此 400 V 市电的两进线一母联处建议选用带手动投切并联转换功能的双电源转换设备。

针对 UPS 的供电，一般则要求市电切换时 N 线不中断，因此从双电源选择方面，建议采用带 N 线重叠型的双电源转换模式。

3) 典型案例

以上海市中医医院嘉定院区项目为例，该院报装容量达到 12 600 kVA，同步考虑到预留未来院区新增设备、扩容等的多方因素，结合电力外网信息，最终选择电压等级为 35 kV 作为主进线供电电源，下级 10 kV 侧接线方式采用单母线分段连接两路电源同时工作互为备用。其中一路电源中断供电时，另一路电源能承担全部一级负荷中的特别重要负荷、一级负荷及二级负荷。

低压侧采用 400 V 交流供电方案，参见图 3-28。

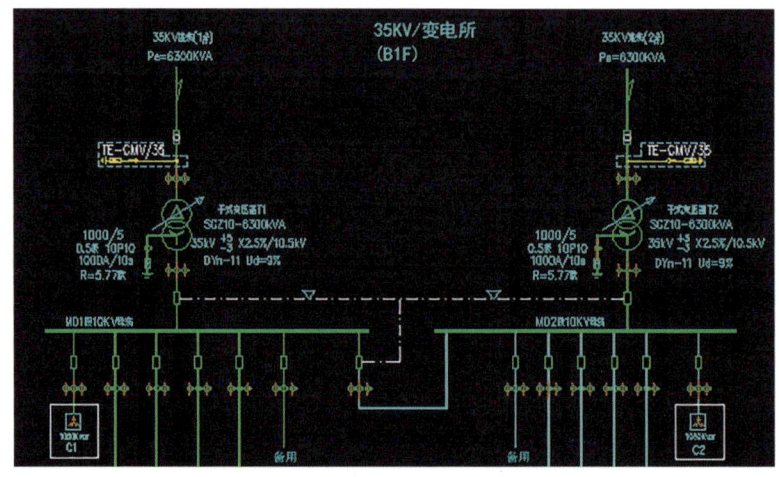

图 3-28 中压电力系统架构

接地系统方面，35 kV 采用经电阻的小电流接地方式，10 kV 采用不接地方式，400 V 采用中性点直接接地的 TN-S 方式，末端负载基于《民用建筑电气设计规范》(JGJ 16—2008)中 12.8.2 条的要求按需设置。

4. 医院电力系统接地方式

1) 接地系统

接地系统分为直接接地系统、不接地和不直接接地系统三类，一般医院电力系统接地方式一般采用如下的接地形式：

(1) 35 kV 采用小电流接地系统。

(2) 10 kV 采用不接地系统。

(3) 400 V 采用中性点直接接地系统(TN-S)。

2) 院内各个用房末端负载接地方式分析

《医疗建筑电气设计规范》(JGJ 312—2013)3.0.2 条按医疗电气设备与人体接触的状况和断电的后果，将医疗场所作如下分类：

(1) 0 类场所应为不使用接触部件的医疗场所。

(2) 1 类场所应为接触部件接触躯体外部及除 2 类场所规定外的接触部件侵入躯体的任何部分的医疗场所。

(3) 2 类场所应为将接触部件用于诸如心内诊疗术、手术室以及断电将危及生命的重要治疗场所。

可见医院的负荷等级划分应以医疗场所与人体生命的安全程度及电气设备与人体的接触程度进行划分。如表 3-9 所示。

表 3-9　IEC 标准医院各部位的供电等级、接地方式的划分示例

医疗用房	场所类别	医用接地方式		非接地配电方式（局部 IT 系统）
		保护接地	局部等电位接地	
手术室、急救室、心血管造影室、ICU、CCU、重症监护室	2	△	△	△
早产儿保温箱、恒温箱	2	△	△	—
分娩室、内镜室、治疗室、血液透析室、水疗室、理疗室、功能检查室	1	△	△	—
病房、灭菌室、待产室	1	△	—	—
X 线室、CT 室、MIR 室、核医学室、高压氧仓、中心血库	1	△	—	—
浴室及潮湿场所、护士站、门(急)诊诊室、中心(消毒)供应室	0	△	△	—

运维提示：低压侧由于采用 TN-S 系统，其是大电流接地系统，故当电力系统发生故障时往往会直接跳闸，其故障很容易被运维人员发现，但 IT 系统由于是小电流系统，其故障一般以报警的方式出现，因此在后期运维上建议可以将精力更多的放在采用 IT 接地方式的重点区域，加强巡查，避免忽视故障。

5. 电力架构及电力整定值的校验

随着新建医院院区建筑面积的攀升，院内的生活用电及医疗用电的负载数量及功率也成比例的大幅上涨，从而致使整个电力系统架构愈加庞大复杂，这对电力系统的保护整定计算及可靠性评估提出了新的要求，目前主要有如下的两大困难：

(1) 如何确保当故障发生时能最小化停电范围，计算出合理的保护定值；

（2）如何模拟各类突发状况并数字化可靠性指标，确保使用上的可靠。

为更好的解决上述难题，业内一般依托专业软件如 ETAP 等进行仿真模拟，依托计算机分析及大数据算法给出最优策略，并校验可靠性和保护选择性。

以 ETAP 软件为例，使用该软件的短路分析功能，可以分析电力系统中三相、单相、线—地、线—线、线—线—地情况下故障的影响，计算系统中总的短路电流和单个电动机、发电机以及等效电网连接对短路的贡献。

短路分析可在库中选择短路电流额定值等参数执行数十个不同类型的短路分析，计算出最坏情况下的故障电流，从而为保护定值验证提供数据基础。

ETAP 的保护选择性分析功能，则可以高效完成整个系统的上下级选择性配合分析。验证电气保护定值设置是否正确，上下级配合是否合理。院方可清晰地了解每个支路的保护配合情况，验证短路故障发生后系统中开关的动作顺序，避免越级跳闸，减少停电事故，解决医院保护跳闸频发的事故问题。配合曲线可参考图 3-29 所示。

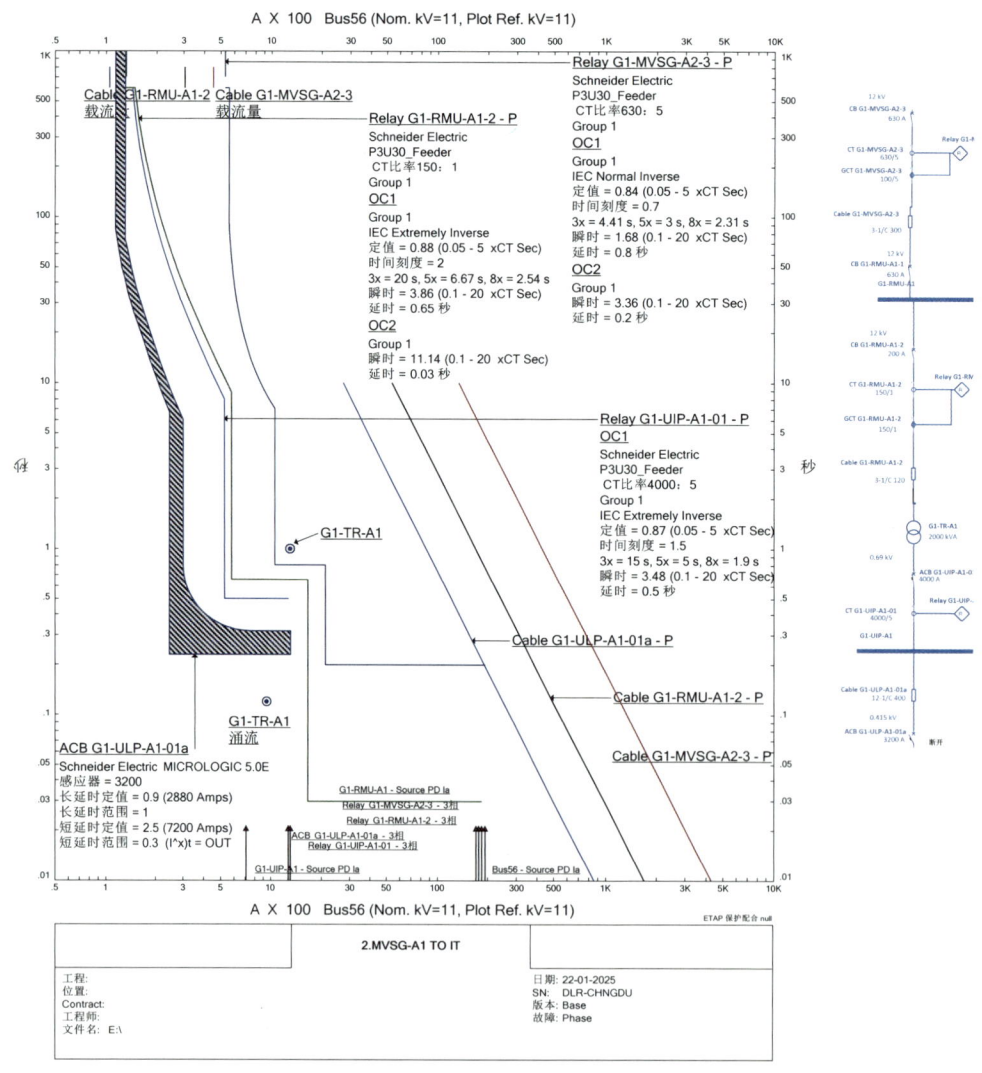

图 3-29　ETAP 计算的上下级断路器的保护配合曲线 TCC

在可靠性方面，采用 ETAP 电力系统分析软件中的可靠性评估模块，可以基于用户的电气系统单线图及运行方式，根据每个元件的故障概率计算每个节点、负荷点和发电机故障率、平均停电时间和平均中断成本。软件里提供了各种元件的 IEEE 标准故障率数据。该模块可以计算医院电气系统设计架构的可靠性，指导系统设计和运行工作。

软件可以根据每个设备的故障率对电力系统不同架构的连续供电能力进行定量分析和评估，识别系统中可靠性的薄弱点，分析配电系统末端负荷年故障率和年停电时间，根据客户的需求，选择合适的系统架构，保证系统安全与稳定性。生成可靠性分析报告，系统可靠性指标，例如：MTTF 平均无故障时间，SAIDI 系统平均停电持续时间，ECOST 预计年停电成本指标等参数。可靠性计算图示可参考图 3-30。

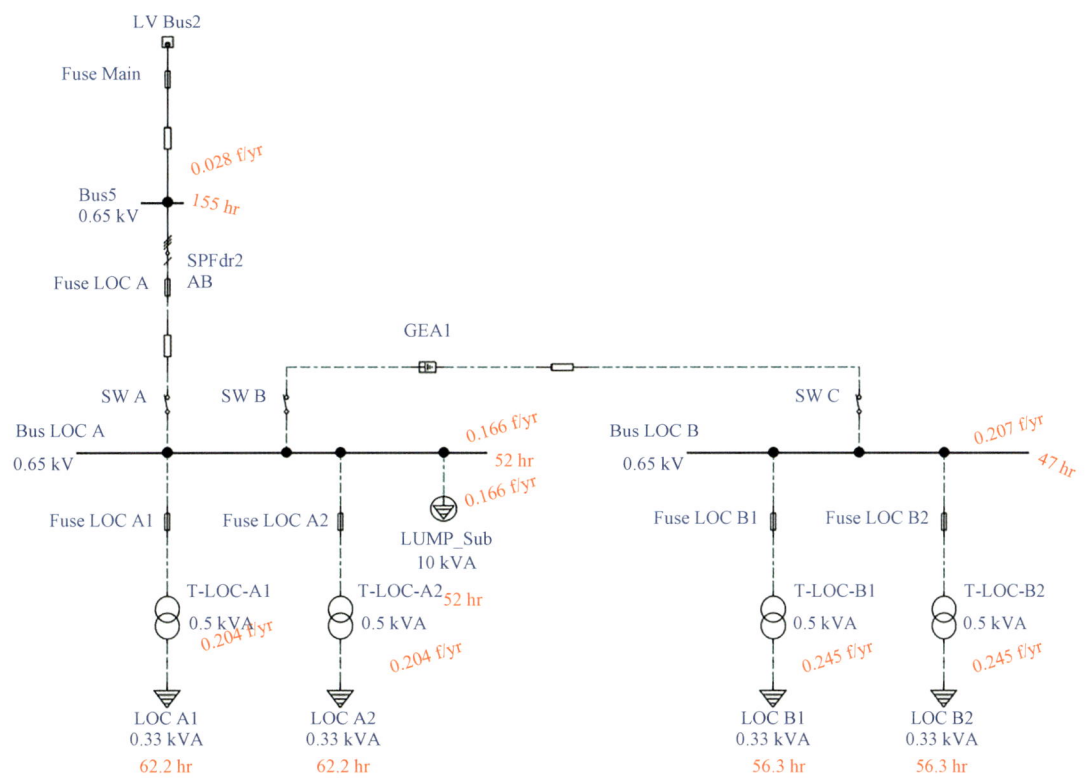

图 3-30　ETAP 计算的各级可靠性

运维提示：在实际运维中经常会出现越级跳闸导致事故波及面扩大的情况，虽然一般依托双电源供电的方案，非故障回路可以快速的被切换至备用电源供电，但从临床业务部门的反馈来看实际感受并不理想，临床上仍希望 100% 的实现电力稳定供应，故而定值的校验复核功能可为所有保护定值的合理选择提供技术支持。

基于软件的可靠性计算及模拟仿真功能，运维人员也可提前发现电力系统中的薄弱点，不仅能在前期针对系统进行优化，针对已建院区，也可为后期电力技改提供技术和理论支持。

6. 变电所设置、电力变压器及配电设备的合理选型

1）变电所设置

医院变电所设置应遵循下列原则：

(1) 深入或靠近负荷中心(可采用简易重心法计算)。

(2) 进出线方便。

(3) 设备吊装、运输方便。

(4) 不应设在对防电磁干扰有较高要求的场所。

(5) 不宜设在多尘、水雾或有腐蚀性气体的场所。

(6) 不应设在厕所、浴室、厨房或其他经常有水并可能漏水场所的正下方,且不宜与上述场所贴邻。

(7) 变电所作为独立建筑时,不应设置在地势低洼和可能积水的场所。

(8) 不宜设置在地下室最底层,当地下只有一层时,应采取预防洪水、消防水或积水从其他渠道浸泡变电所的措施(需注意有些地区供电部门只允许设于地上,且地坪需高于室外 1 m)。

(9) 机房不应有变形缝穿越,地面或门槛高于本楼层面,标高叉至不应小于 0.1 m,设在地下层时不应小于 0.15 m。

2) 电力变压器的选型

变压器的选型,应根据负荷计算、负荷等级、医院性质、经济允许等因素来确定容量及台数,并且需结合当地供电部门对于单台变压器容量上限的限制(一般 10 kV/0.4 kV 变压器单台不宜超过 2 000 kVA,个别区域要求不超过 1 600 kVA)。

单台变压器的容量应考虑满足大型电动机及其他冲击符合启动造成的电压降对其他负荷造成的影响,无法满足时,可考虑将变压器容量增大。

变压器负载率一般取 75%~85%,当变压器所带特级、一二级负载较多时,为满足一路电发生故障,另一路需保供的要求,负载率可适当降低。

变压器应优先选择高效、低能耗(二级能效值及以上)、低噪声(室内不高于 45 dB)、短路阻抗小的变压器。

在成组变压器后接的负荷,空调、照明插座、动力等分类负荷实际使用时需要系数差距较大,可考虑将不同分类负荷尽可能均衡分布在成组变压器后端,以避免实际运行过程当中变压器负载分配不均。

3) 配电设备的选型

经过前述的设计和复核,可获得一个最匹配的方案,但好的顶层电力规划所决定的是这个电力架构的上限,而电力配电设备作为将电力架构落地的硬件设施,决定的是电力结构的下限,木桶效应告诉我们一个系统的可靠性是由其系统内最薄弱的环节决定的,因此如何选择合适、优质的电力设备是需要探讨的一个问题。

一个优质的电力设备应能够具备如下特点:

(1) 具有可靠的质量,除满足必要的技术参数条件外,其能尽可能减少因设备自身故障带来的计划外电力系统故障。

(2) 能自主提示自身的健康状态,尽最大可能提前发现故障隐患,以防代治。

(3) 节能,低损耗,能减轻自身损耗所带来的能源浪费。

下面将分项探讨如何量化上述特点。

(1) 可靠性:设备的可靠性一般被认为是设备的第一考虑要务,而能影响一个设备或元器件可靠性的因素有很多,常见的如设备设计方案上是否合理、主要材料使用是否可靠高端、生产流程是否品控到位、成品是否达到设计标准、存储运输是否满足产品特性、现场装配是否有破坏性、运维使用是否在产品许可范围内等。

（2）主动运维：电气设备的主动运维是指通过先进的监测技术，通过采集关键位置温度、电气使用情况数据等重要数据，依托机器算法，最终设备能自主自觉地反映设备自身的健康状态，实时提供设备的健康数据参数，帮助运维人员对电气设备的运行状态进行实时跟踪和评估，提前发现并解决潜在问题，从而确保电力系统的稳定、高效运行。

善战者无赫赫战功，依托主动运维，最终希望实现的是颠覆原先运维上的被动式应对，使得问题发现前置化，以防代治，将隐患扼杀在萌芽之中，同时依托主动运维，可以量化判断需要采购哪些备品备件，从而减少备品备件上闲置资金的投资额度，进一步给虚拟运维仓库的落地实施带来了可能。

图 3-31 展示了一个典型的本地运维屏幕所展现的效果。

（3）节能高效：随着全球能源短缺和环境问题的日益严峻，节能已经成为各行各业必须面对的重要课题。电气设备自身所带来的损耗，由于不产生经济效应，因此应尽最大可能节省，从运维侧减低医院的运营成本，提高经济效益，减少能源消耗和环境污染，实现绿色双碳的目标。

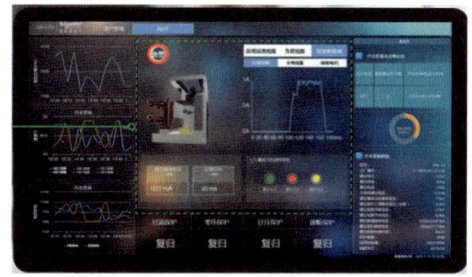

图 3-31　本地运维屏

运维提示：在院区投用后，运维团队人员经常会出现疲于奔命的情况，一个运维人员平均每天会收到几十条零星报修的要求，且均要求立刻解决。

造成这样情况的主要原因一方面是在实际使用中设备不可避免的自然损耗，另一方面也是由于以往传统的运维方式一般以事后运维为主，主张当事件发生后以最快速度实现响应和修复，这样的传统方式面对现在愈发庞大的院区和愈发精简的人员配置显得有些力不从心，因此设备层面如能确保自身品质的同时，通过数字化手段实现自主运维，主动提示风险，以防带治，不仅能减少故障发生的数量，同时也帮助运维团队更好地提前规划设备检修更换的时间窗口，减少备件库存同时，实现降低院区运维成本。

在院区投用后，会存在根据院方的使用需求增加出线电缆，建议变电所低压配电柜设计初期按 30%～35% 的备用回路预留，同时断路器模数尽可能按常规低压配电箱模数设计，以避免后期因为选用不同厂家造成配电箱安装空间不够的情况发生。

4）典型案例

以上海市中医医院嘉定院区项目为例，在项目前期即要求打造变电所级的就地运维条件，提高本地检修的运维效率。

因此该项目于所有变电所内均就地设置电力监控站控单元 POI。其作为展示终端，可与就地实时的对供配电站内的所有电力设备进行监视并就地展示，使得运维人员无需返回控制室，即可在现场通过查看站控单元 POI 设备，掌握本变电所内的电力系统运行情况，运维人员可在现场看到的信息包括但不限于：

（1）系统单线图，关键设备的运行参数、历史记录、负荷电流、电压、功率因素、电能等全电量测量,并实时监测变化。

(2) 通过系统提示的开关跳闸等告警信息,记录并追踪电气系统的报警和故障,供现场巡检和故障处理时候进行分析。

(3) 提供关键设备效率分析,显示关键设备的运行效率参数。

(4) 提供关键电气设备的健康度分析,并通过数据显示、报表呈现等方式显示和记录数据。

(5) 提供完善的资料管理功能。通过监控单元可以大幅简化配电运维人员的来回奔波时间,提高工作效率的同时,数字化的智能和主动运维也能提前警示风险,以防代治,更好地帮助医院院区健康运转。

7. 谐波治理

电能质量治理的核心目标在于解决电力系统中出现的各类问题,如三相不平衡,相电压偏移,频率不稳,电网谐波,电能容性感性偏差等。这些问题会对电力设备和系统带来严重影响,因此电能质量治理的重要性不言而喻。

电能质量主要关注的两个方面是功率因数以及谐波治理,由于国网考核的点在于市网与医院内部电网的交界点,此处往往为 35 kV 或 10 kV,其功率因数经过院内 400 V 低压侧下游补偿后一般都能满足国网要求,因此谐波治理目前正在成为医院电力建设的重点关注事宜。

国家有关部门针对注入公共供电网络(即市电网)的谐波有其要求,而医院的医疗设备又是一个重大的谐波产生源,下文将重点探讨分析谐波问题。

1) 负荷分析

医院配电系统,主要负载为电子医疗精密设备、照明及变频通风设备、计算机及 UPS 等。其中大部分为非线性负载,低压配电网上谐波严重。

针对以上情况,治理谐波的目的,一方面是确保患者及医护人员的安全,即通过有针对性的谐波污染治理,减少甚至消除其对配电系统的不良影响,保证变压器、电缆、医疗设备的正常运行;另一方面是体现直接经济效益,即保证低压电容补偿系统的正常运行,发挥其应有的作用,降低低压配电系统中谐波总体含量的水平,提高功率因数,减少无功损坏,延长设备使用寿命。

以往,医院配电系统设计阶段,对谐波治理的"量"这一要素的认识上是模糊的,因为谐波的产生和多个谐波源的叠加都不是稳定的,所以往往是在医院投入运营以后,用户发现电源质量问题,才想到解决谐波,改善电源质量。

2) 医院谐波源负载

(1) 通风设备:为了节约能源,大部分医院采用变频风机和空调。变频器是非常典型的谐波源,会产生大量 5、7、11、13 次等谐波。

(2) 照明设备:由于医院内部使用大量节能荧光灯具,因此会产生大量的谐波电流,其中 3 次谐波最高,当多个荧光灯接成三相四线负载时,三次谐波电流就会在中线上叠加。

(3) 电子医疗精密设备:医院内部的大型电子医疗设备一般为开关电源供电,开关电源设备会产生 3、5、7、9 等次谐波。

(4) 计算机及 UPS 电源:目前医院均为计算机网络管理,计算机的数量很多,此外服务器等数据存储系统必须配有 UPS 等备用电源。个人电脑的开关电源及 UPS 均为谐波源,会产生大量的 3、5、7、9 等次谐波。

(5) 负载谐波电流经验值,参见表3-10。

表 3-10 负载谐波电流经验值

谐波源负载种类	谐波电流次数	谐波电流畸变率
照明灯具、电脑等	3、5、7、9等次	7%～10%
电子检测设备、手术室、伽玛刀等	3、5、7、9等次	10%～15%
CT、核磁共振、DSA等	3、5、7、9等次	30%～40%
加速器、X光机、胃肠机等	3、5、7、9等次	50%～60%
UPS、变频通风设备、电梯等	7、9、11等次	25%～35%

3) 谐波电流/电压的直接危害

(1) 引起电流、电压失真。

(2) 产生谐波磁场,干扰数据通讯,引起电脑网络管理系统异常或死机。

(3) 引起电子医疗设备过热,缩短电子设备使用寿命。

(4) 影响精密医疗设备的使用性和精度。

(5) 影响配电系统中继电保护设备的正常工作,引起异常断电或故障扩大。

4) 谐波对能耗的影响

(1) 谐波使配电系统功率因数过低,难以提升,电能利用率低。

(2) 增加供配电系统传输能耗。

(3) 引起电气设备震动。

(4) 引起电缆、电机等用电设备附加发热。

5) 谐波治理的方法

谐波治理一般采用有源滤波器:这是一种电力电子设备,通过电流运算电路来检测分析出电网的谐波电流含量,继而发出一个可以与之相抵消的补偿电流。有源滤波器的精度较高,可以动态滤除系统内的各次谐波,且不会产生谐振。

除此以外,还可以采取优化负载结构,减少非线性负载的使用,或采用有就地补偿设备的非线性负载。

8. 电力监控系统

现代医院一般院内设有多个变电所,为将这些变电所内的设备集中展示、监测,需设置气全院的电力监控系统。

从整体来看,电力监控系统通常包括各种智能设备、测控单元、通信设备和计算机等,它们通过总线连接成一个网络系统。系统可以实时监测电力系统的运行状态、设备状态、电量数据等,并通过分析这些数据来预测和诊断可能的问题,提前采取措施进行预防。

现代的电力监控系统发展也是历经多次迭代,最早的电力监控系统以监测和展示数据为主,伴随着AI及大数据的发展,最新的软件中除传统的数据收集外,还更多的集成了主动运维等自动化运维的模块,帮助运维值班班组可以更好地提前发现风险,以防代治。

1) 电力监控系统架构

以施耐德EcoStruxure Power智能配电架构为例(图3-32),其最底层通过多功能表记、综保等电气硬件实现数据抓取和保护后,通过网关传输至高配间控制室。

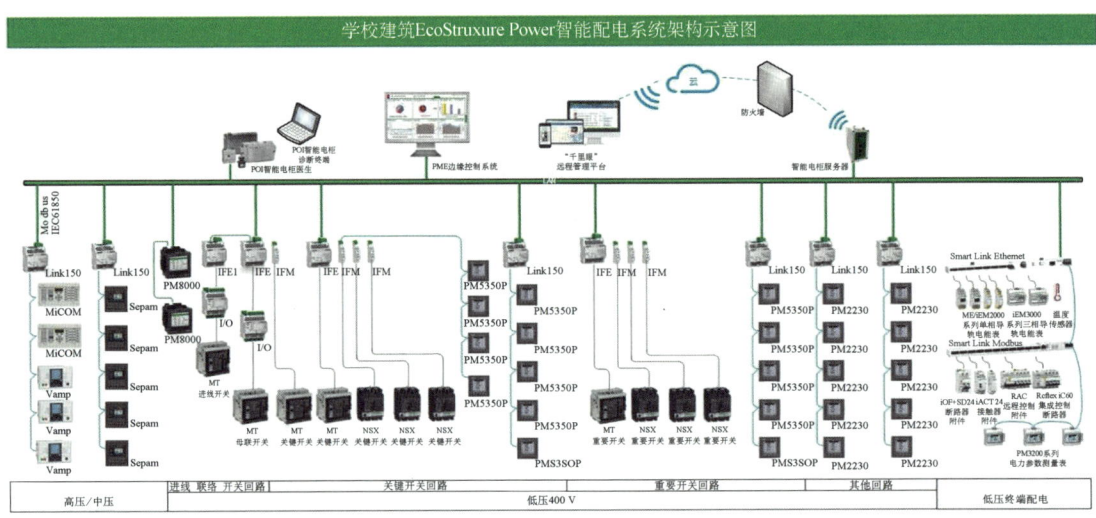

图 3-32　电力系统数字化监控总体架构

2)电力监控系统的功能

最新的电力监控系统一般具有如下几个功能。

(1)监控功能:监测功能是电力监控的基本功能。在监测界面中,系统的使用者能够清晰地监视电网的运行状态,在设备详细界面中,使用者能够获取设备的状况,通过分析判定故障原因,或者向维护者提供维护帮助。

① 提供图形化的用户界面显示,在任何服务器完成用户界面访问。

② 支持不同界面的权限区分访问;显示整体的配电系统结构图,以单线图形式显示的各测量点的实时数据,电力参数,变压器状态和温度等,如图 3-33 所示。

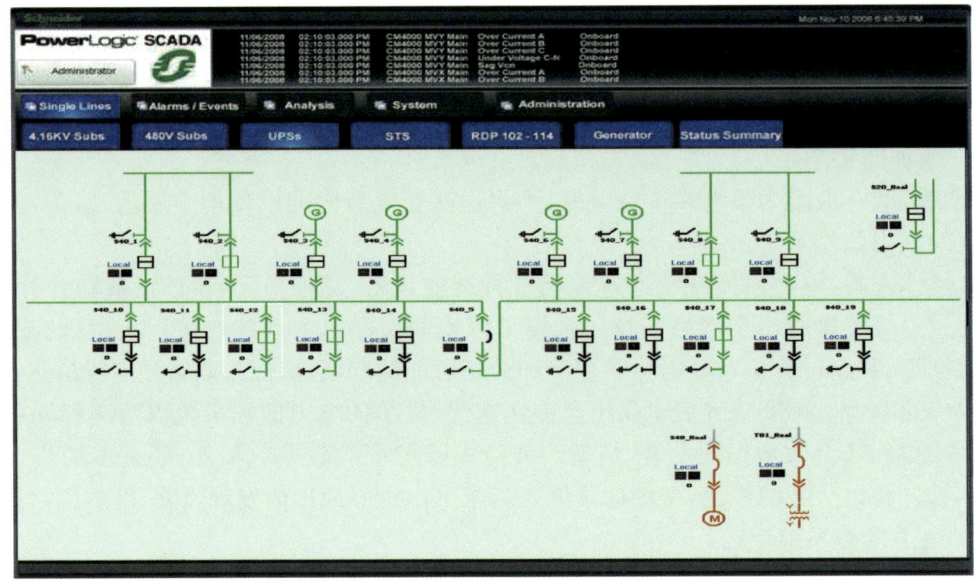

图 3-33　电力监控系统配电系统结构

③ 提供每一个设备的独立子画面,通过子画面,能够清晰地访问设备监测的关键参数。

(2) 报警和事件管理:当出现开关事故变位,遥测越限、保护动作和其他报警信号时,系统能发出音响提示,并自动推出报警画面。报警需经操作员确认后方能手动复位。报警事件记录入监控系统数据库。图 3-34 展示了一个典型电力监控系统能展示的部分数据。

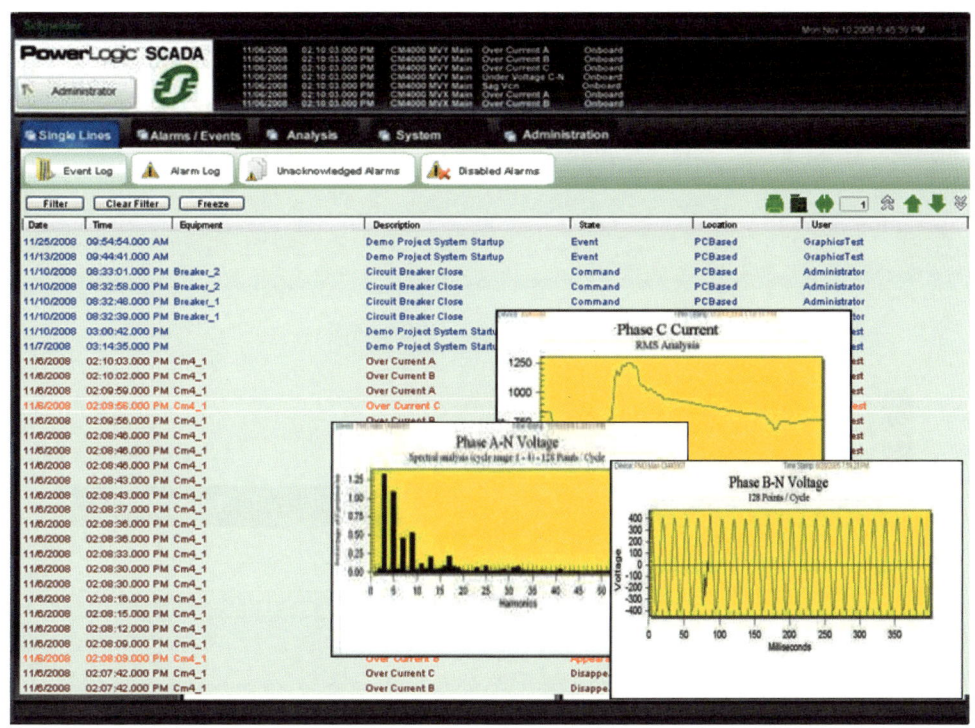

图 3-34　电力监控系统展示数据页面

(3) 历史趋势和实时曲线:系统可以展示趋势曲线,并支持鼠标拖拽、缩放功能,包括实时曲线和历史曲线两类。基于特定的智能设备采用标准方式显示其在实时库或历史库中的模拟量数据曲线。如:显示保护装置相电流、相电压、一个有功或无功功率曲线。

同时系统可绘制单个或多个参数的趋势图,对数据进行简单的图形化分析。可以对任何测量参数绘制趋势图:电压,电流,功率因数,电能,谐波,等等。发现危险的负荷趋势或系统的剩余容量,并可追踪馈出线路,监测每条馈出线消耗的能源成本。

图 3-35 展示了一个典型系统绘制趋势图。

(4) 历史存储及数据的查询:系统可实现历史储存和数据查询,历史存储包括报警事件,包括有定值越限报警触发的事件、操作事件(监控主机对保护测控装置进行的整定、遥控操作、参数修改等、一般事件)通信故障等的保存,以及对模拟量信息的保存。历史事件查询显示应包括日期及时间、事件内容,对越限事件内容中还应包括越限值。可按时间、分类、设备模型进行查询和显示。

(5) 变电所和关键设备运行报表:一般监控系统都可提供报表功能,其报表格式可以自由定制,报表数据支持自动生成和自动打印,且能够支持灵活设置。图 3-36 展示了一个典型趋势图类型报表。

图 3-35 典型系统绘制趋势图

Timestamp	SMIC.E_BUSSNP005A_PM			
	Current A (A)	Current B (A)	Current C (A)	Active Energy Out of the Load (kWh)
2016/10/20 4:15:00	1,710.00	1,748.00	1,729.00	54,300,768.00
2016/10/20 4:30:00				54,301,028.00
2016/10/20 4:45:00	1,720.00	1,744.00	1,743.00	54,301,296.00
2016/10/20 5:00:00	1,723.00	1,741.00	1,738.00	54,301,560.00
2016/10/20 5:15:00	1,739.00	1,718.00	1,760.00	54,301,824.00
2016/10/20 5:30:00	1,691.00	1,759.00	1,711.00	54,302,092.00
2016/10/20 5:45:00	1,682.00	1,719.00	1,694.00	54,302,348.00
2016/10/20 6:00:00	1,699.00	1,758.00	1,723.00	54,302,608.00
2016/10/20 6:15:00				54,302,864.00

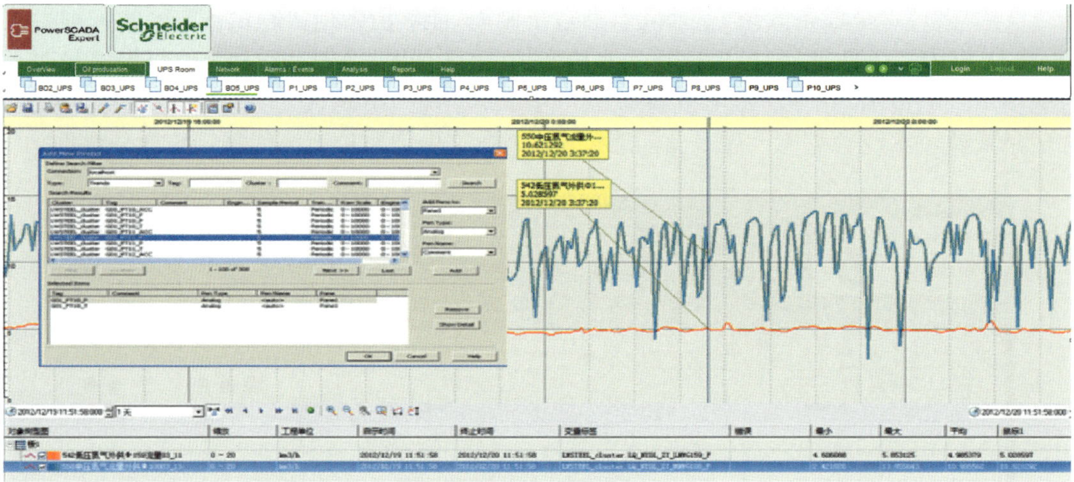

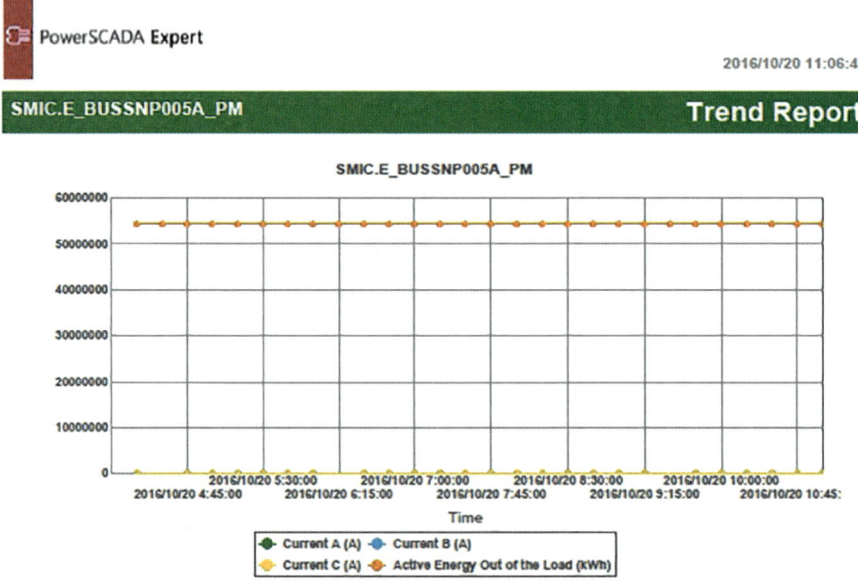

图 3-36 典型趋势图类型报表

运维提示:一般院内高配间需配置24 h值班班组,该值班班组虽一般不承担维保工作,但其可担负起院内电力系统故障的发现、汇报任务。可以依托电力监控系统将全院的电力系统情况和数据汇总至该值班室内,并基于软件的主动运维模块,要求值班班组定期汇报可能发生的故障。该班组也可利用软件内的台账管理模块,帮助院方实现院内固定资产的数字化整理。

3) 典型案例

以上海市中医医院嘉定院区项目为例,院内高配间内控制室设值班班组,通过电力监控系统,将院内独立分散分布的4个变电所的电气信息进行集中监控、展示运维的方式,对全院电力系统实现中低压一体化的全面电力系统监控。同时又创造性的设置了非重要负载的切除功能,当发生重要情况时通过该界面即可实现对非重要负载的切除,将有限的容量倾斜至关键负载上。

图3-37展示了本例的拓扑图。

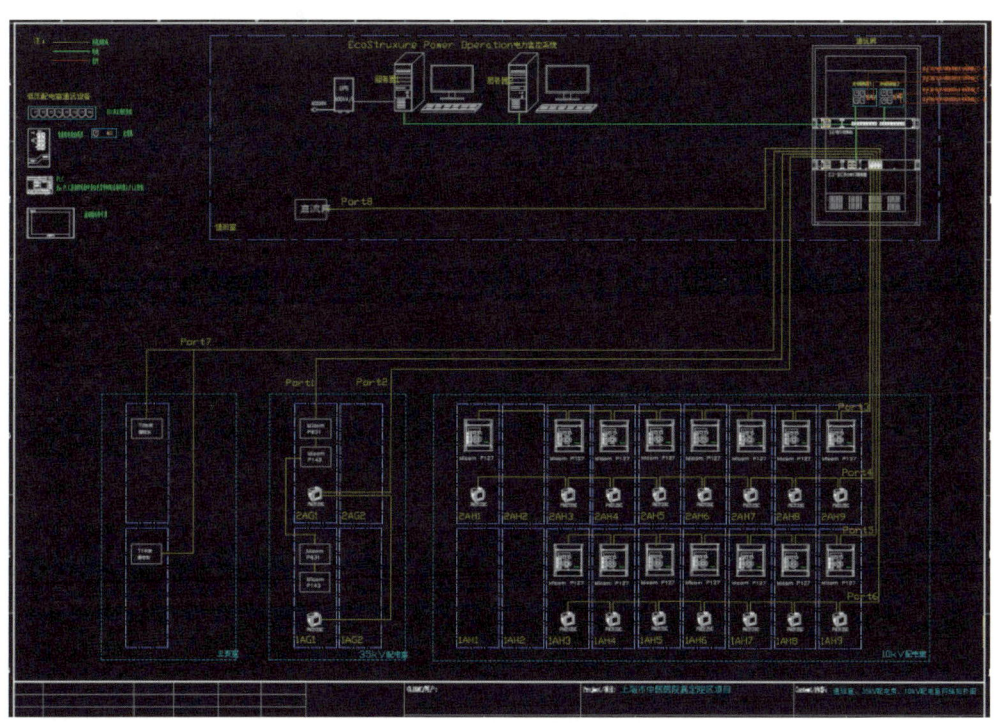

图3-37 本例拓扑图

9. 新型电力系统展望

在以保障能源安全及实现双碳目标的双重驱动下,新型电力系统建设正在成为实现低碳化与电气化转型的重要实现路径,在此背景下,对于以医院为代表的公共建筑领域也面临着多方面的挑战:

(1) 由于质子重离子等医疗治疗设备等的使用,这类医疗设备对电压波动耐受度非常低,因此外网不可避免的电压波动带来了一系列问题,给医院的正常运营带来了不小的困扰。

（2）院内在可再生能源利用方面仍然处于摸索阶段，实现低碳发展还有不小的挑战。

（3）医院作为人员密集、设备繁多的场所，一旦发生电力事故或故障，后果将不堪设想。因此，为使得当发生战争、地震、海啸等极端情况下还能正常运转院内电力设施，急需将太阳能、风能等具有强鲁棒性的能源接入院内电力系统，作为一个不会被破坏的能源供应来源。

针对上述问题，各家医院都会基于成本和本院的实际情况做出不同的权衡取舍。

面对多重挑战，越来越多的医院正在建设自己的微电网（图3-38），通过改善电力供应来更好地保障患者的生命安全，同时缓解预算和环保压力。一个完整的微电网解决方案可以智能地协调各种现场分布式能源资产，优化成本和电力稳定性（包括脱离公用电网中"孤岛运行"，以免受到电力中断或电力扰动的影响）。

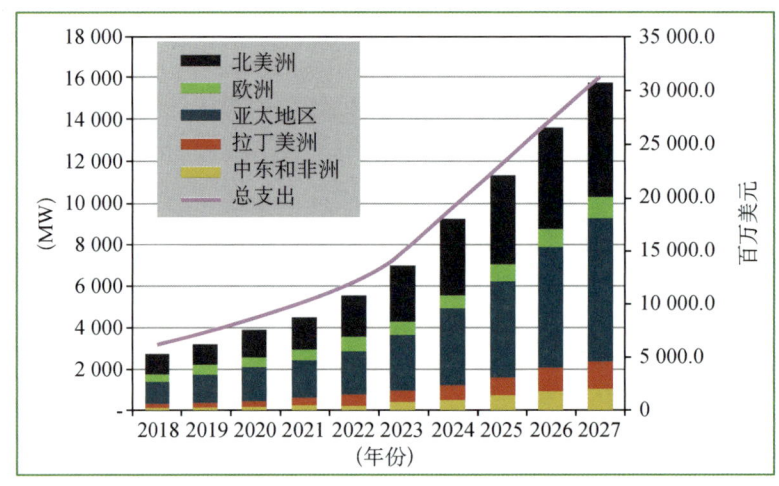

图3-38　微电网容量和支出统计图（2025—2027年为预估值）

1）智能微电网架构

微电网是一个与公用电网交互的本地能源系统，包含一台或多台发电机以及必要的能源管理控制器，可以为消费者提供安全的电力。与公共电网不同，微电网所有能源资产（从发电到负载）的布局非常紧凑，以便服务多座建筑，或针对单栋建筑供能。

微电网通常连接到主电网，在经济上有利时利用市电能源，将市电和现场能源结合起来使用。微电网也可在需要时断开连接，以独立模式运行。这被贴切地称为"孤岛运行"，因为微电网暂时变成了一个独立的能源孤岛，与主电网分开运行。

全面的微电网解决方案可能包括多种分布式能源，包括可再生能源的接入、燃料电池、储能。分布式能源（DER）类型的选择将取决于经济和环境方面的考虑（图3-39）。

在运行层面，分布式能源的协调由微电网控制系统管理。在主电网停电的情况下，该控制系统负责安全地与电网断开连接，并可靠地过渡到孤岛模式。在孤岛模式下，该系统对所有的DER进行管理，以维持电力稳定性。

将微电网控制系统与医院的楼宇管理系统（BMS）和能源管理系统（EMS）连接起来，可以获得更多收益。数字化和物联网的进步正在使电力和楼宇系统变得更加智能互联。将这些系统与微电网控制系统相结合，可以充分发挥DER（包括电动汽车充电站等非关键可

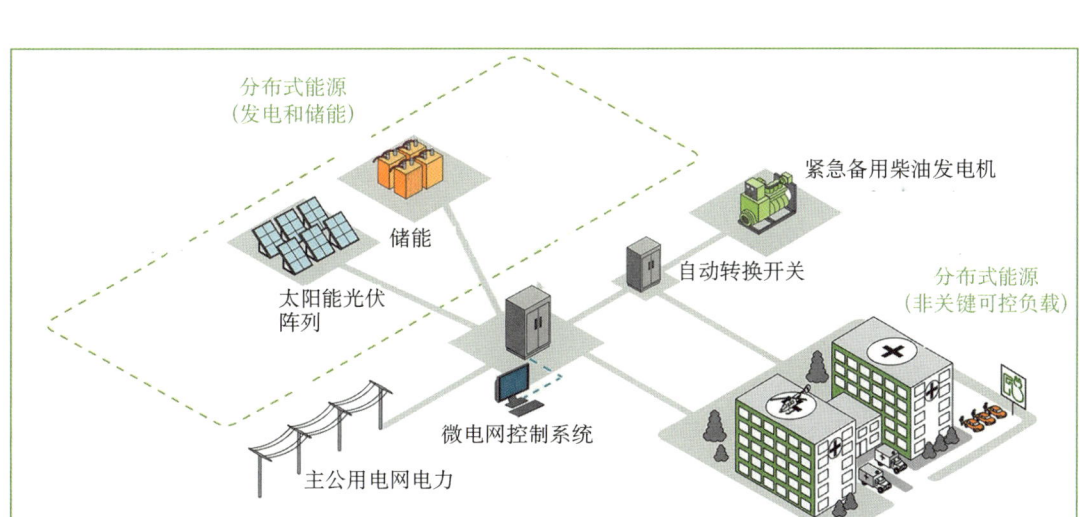

图 3-39　在智能微电网控制系统的协调下，综合利用各种分布式能源

控负载）的柔性，从而优化成本和可靠性。

如此高水平的数字化连接和控制，使得防范网络威胁、确保通信网络安全至关重要。微电网解决方案应符合端到端网络安全最佳实践，包括与 IEC 62443.4-2 和 IEC/ISA 62443-3-3 等标准保持一致，并使用可信赖供应商提供的网络安全组件。

2）分布式能源的选择

微电网可以包括各种各样的分布式能源。DER 的选择将取决于几个因素。

（1）备用发电机：医院普遍采用柴油发电机作为备用电源设备，它们通常需要符合当地的法规要求。柴油是一种可靠的燃料资源，可以方便地存储在现场。但是，柴油发电机具有三个潜在弱点。

① 燃料的储存量是有限制的，一般不超过 15 m^3 的油罐，因此医院可以预期的总发电时间通常不超过 24 h。

② 环境排放法规限制了柴油发电机在一年中可以运行的时长。

③ 虽然法规要求对备用发电机进行定期测试，但这并不能百分之百保证发电机在公用电网停电的情况下能可靠地启动。过往案例提醒我们：应采取谨慎措施，提高备用系统的可靠性。

（2）可再生能源：据估算，医疗保健行业约产生了全国 10% 的碳排放，其中，医院产生全行业 39% 的碳排放。随着医疗保健行业的快速发展，可以预计，该行业产生的碳排放除非得到控制，否则也将快速增长。

太阳能发电非常适合大多数医院。医院的屋顶空间往往很充裕。如果屋顶空间不足，可在停车区增设太阳能雨棚，它既能提供可再生能源，也可用来遮荫。此外，医院设施的全天候运作意味着太阳能可以得到最大程度的利用。而且太阳能的价格在持续下降。

太阳能有两种形式：直接将太阳能转化为电能的光伏（PV），以及产生蒸汽驱动涡轮机发电或为医院洗衣淋浴等需求提供热水的光热。太阳能电池板的可行性和效率在很大程度上取决于安装、定向/追踪、遮阳和天气。在有可能实现余电上网的地区，可以实行净计量电价政策将多余的太阳能发电量出售给电网。

（3）储能：拥有现场储能能力，可以为医院带来广泛的好处。首先，作为不间断电源（UPS）系统的一部分，储能可与备用发电机、CHP、可再生能源配合使用，从而增强弹性，更好地应对公用事业电网中断。其次，存储下来的多余能量，可在光伏面板或风力发电设备无法发电时使用，充分发挥可再生能源发电的价值。最后，储存的能源可以被调度，用于高峰需求管理，在能源成本较高的时段减少对公用电网电力的消耗。尽管需要投入大量资金，但储能是应对尖峰负载的一个良好选择，而其他DER（如CHP）更适合用于支持基底负载。

储能可以有多种形式，从电池到机械飞轮到热储能。固态电池是医院应用中最常见的选择，目前锂离子技术已超越铅酸技术，其使用寿命更长，密度也更大。然而，不断上升的锂成本和回收挑战正促使市场考虑其他新技术。

用于关键电力应用的专用储能解决方案也在不断涌现。正如Navigant Research报告所指出的，"使用分布式储能系统（DESS）的关键基础设施先进电池（ABCI）解决方案……可以通过提供电网辅助服务和减少电力需求费用，帮助减轻电力服务中断对关键任务设施运营的影响"。

（4）燃料电池：随着燃料电池技术不断进步，其全球市场份额迅速上升，2016年为32.1亿美元，并且预计大规模增长还将持续下去。从交通运输到现场发电，燃料电池的应用范围正变得越来越广泛。据燃料电池和氢能协会称，燃料电池可以作为主电源、备用电源或用于热电联产。燃料电池并非基于燃烧，而是基于氢氧结合的化学反应来产生电力。燃料电池的副产物仅为水和热量。氢气不是一种自然存在的燃料，因此需要人工制造。今天，最常见的手段是使用天然气或沼气（甲烷），经由一个被称为"天然气改制"的过程制氢。不过，也可以使用水，经由一个被称为"电解"的过程制氢，电解可由太阳能、风能等可再生能源供能。这种情况下产生的氢燃料可视为一种可再生能源。

与其他竞争方案相比，燃料电池的占地面积小得多，重量也更轻。因此，它们可以被置于室外、室内或屋顶。这些系统也可能带来显著的能源节约，具体取决于融资、激励措施、燃料成本。

由于这些原因，许多医院已经采用燃料电池为其设施提供电力、热能和热水。

3）微电网系统的架构

微电网系统可视为拥有三层架构（图3-40）。

第一层包括所有智能互联产品，包括监测和控制设备、分布式能源资产等。

中间层实时进行本地"边缘控制"。微电网控制器与相关软件相结合，可以监控所有资产、做出关键决策并采取措施来控制发电和耗电资产，增强弹性，最大程度地利用可再生能源。

顶层是可以进一步增强微电网解决方案的应用程序、分析工具和辅助服务。

高级能源分析工具通常托管在云端，有助于优化生产、消耗和存储能源的时间和方式，从而最大程度地降低成本，提高可持续性。

在应用层，微电网系统监管所有的DER，并使用智能、预定义的算法，在有需要时采取适当行动：

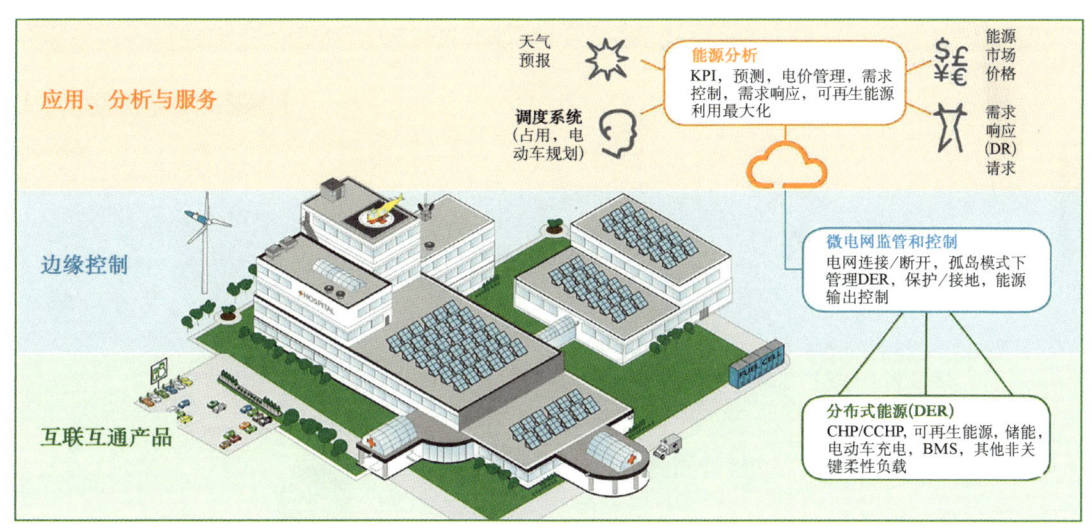

图 3-40 微电网架构

(1) 自动并离网切换：系统必须能够与电网断开连接、支持关键负载并在遭遇突发事件后重新恢复连接。

(2) 在孤岛模式下管理 DER：系统必须确保能源生产与消耗保持平衡。必要时，系统将卸除非关键负载，以确保生产能够满足消耗需求。

(3) 确保微电网安全：微电网系统以并网和孤岛模式管理设施范围内的电网保护，适用于每种 DER 组合。这样做是为了确保断路器保持协调，反过来，如果设施中的任何地方发生电力故障，影响也会降到最低。

(4) 在并网模式下管理 DER：控制器可以编程，以便在可能时最大限度地利用可再生能源。多余的能源可以储存至储能系统或回售给电网。微电网系统管理着对公用电网的授权能源输出水平，可以响应公用事业、第三方发出的信号，也可以在达到预定阈值后做出反应。

微电网架构的三个功能层在紧密协调的基础上运行，以最大限度地提高弹性、节约成本和使用可再生能源。

微电网系统需要出色的速度和性能。快速切换响应通过平衡负载需求和 DER 资产的可用发电量来帮助确保设施的电力稳定性。

实施微电网控制系统冗余可以进一步保障任何条件下的可靠运行。此外，微电网系统应提供自动与手动控制选项，以便在特殊情况下推翻系统的控制算法。

如果主电网中断（可能是由于风暴破坏或电网过载问题），微电网将自动脱离主电网，以保护设施的电能质量，并持续为所有关键负载供电。此时，发电资产要能够在独立于电网的情况下立即启动，并在无电网信号的条件下运行。当然，还必须有足够的发电能力来支持所有关键负载。

最先进的微电网解决方案还提供主动保护功能（图 3-41）。根据天气数据和警报，微电网系统可以"预见"即将到来的情况，并在暴风雨来临前做好脱离主电网的准备，为设施工作人员留出足够的时间来采取预防措施。

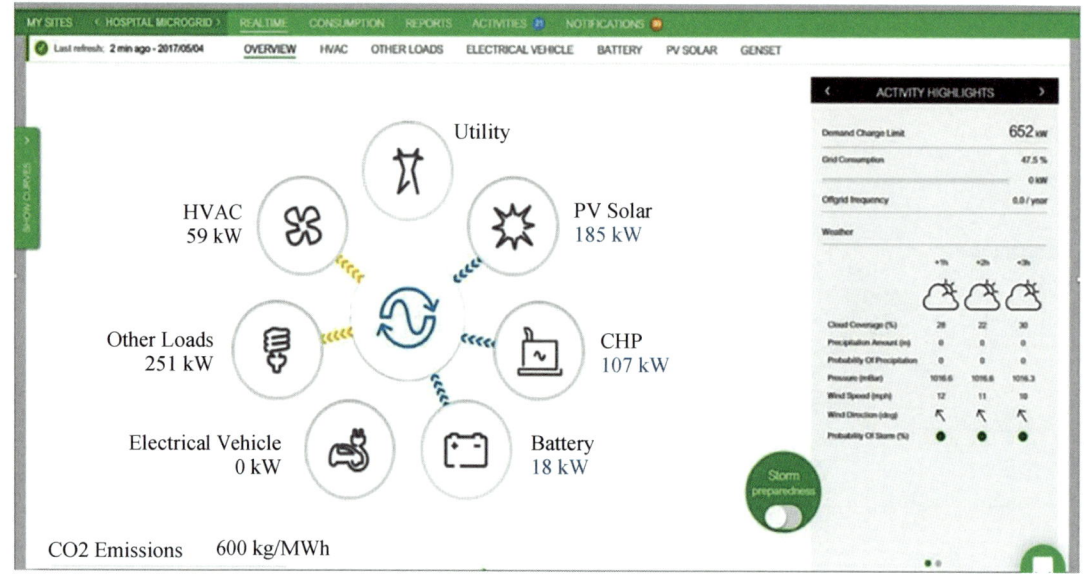

图 3-41 微电网解决方案页面

并非仅在主电网完全中断的情况下,才能与主电网断开连接。如果主电网出现不稳定,孤岛运行有助于保护敏感设备免受不良电能质量的有害影响。例如,局部性雷暴天气可能会导致大规模电压瞬变,这些瞬变可能会引发设施配电网扰动。

随着医院中先进仪器和电器的数量不断增加,除了要关注新负载类型(如变速驱动器、LED 照明等)的数量外,也要密切监控电气状况,并了解需要维持的电能质量阈值,以保证设备的可靠运行。如果情况趋于超过安全运行阈值,微电网控制系统可以激活孤岛模式来保护设施。

医院微电网可以根据目前的能力水平,适当地响应公用事业供给侧问题。随着 DER 利用水平的提高,更高的弹性是可能的(表 3-11)。

表 3-11 微电网控制能力

微电网控制能力	
1 级-没有微电网-仅有备用电源:	如果设施有备用发电机,但没有 UPS,医院将遭受短期断电,直到发电机组上线。如果有 UPS,就不会出现断电,因为 UPS 将为关键负载供电,直到发电机组上线。 备用系统通过自动转换开关(ATS)参与关键电路供电,如手术室、重症监护室、其他各种关键生命安全设备、数据中心等。如果发电机组足够大,甚至可以为整座设施供电。 如果发电机组无法启动或无法持续运行,整座设施将会断电。此外,由于需要柴油燃料,发电机组的持续发电能力有限
2 级-带有可再生能源的微电网	微电网系统与紧急备用发电机不冲突,备用发电机仍将作为抵御主电网故障的第一道防线 然而,如果备份发电机无法启动,或由于燃料耗尽而达到运行时间上限,微电网控制器可以启用 DER 资产,如太阳能和储能,以帮助关键电路供电

(续表)

2级-带有可再生能源的微电网	此外,如果备用发电机能够可靠地为关键电路供电,微电网就可以使用DER来为医院的其他电路供电,在电网中断期间保持更多的医院服务正常运行。万一发生大规模自然灾害,这可能起到极为重要的作用
3级-带有备用发电机和可再生能源的微电网	借助额外的DER,微电网可实现几乎无上限的自主供电,具体取决于柴油发电机的燃料供应。 额外的可再生能源(如太阳能、风能和储能)可作为柴发供电的补充,为整座医院的额外负载供电

4)成本节约和可持续发展机遇

高级能源分析,通过先进的工具和方法,可实现DER能源柔性和功用价值的完全变现。最先进的微电网解决方案提供整合外部数据的分析智能:

(1)天气预报。

(2)太阳能的可用性。

(3)能源市场定价(包括电网电价以及天然气、氢气、柴油等其他燃料资源的定价)。

(4)负荷设施占用率预测和活动时间表(如电动汽车充电)。

(5)能源管理分析层最常作为云托管服务提供。微电网分析应用与设施BMS系统的整合,将使资源和负载的协调优化成为可能。通过这种方式,微电网成为智能建筑的一个组成部分,使其能够利用智能BMS的耗电功能,例如供热、制冷、调节日光和被动太阳能的百叶窗自动化等,来优化设施的能源状况。

分析层对上面列出的所有相关关键绩效指标进行跟踪,并将其可视化。应用程序使用高级建模,根据天气预报和历史能源使用情况预测设施需求,然后确定生产、使用、存储或出售能源的最佳时间和方式。

分析层与微电网控制层协同工作,使用预定义算法和控制方案来优化可再生能源的使用,同时实现最经济的能源支出。微电网在现场发电、储能和可控负载方面的柔性越大,医院可以利用的优化机会就越多。如表3-12所示。

表3-12 微电网控制能力

节约机会	微电网控制能力
场景1 规避需量电费	如果当地电力公司对医院开出的能源账单包括对引发需量高峰的罚款,那么可以使用微电网系统来动态地管理需量。如果系统预测总需量呈上升趋势并可能超过罚款阈值,微电网控制器可以使用以下两种方式中的任一种来降低电网能耗: ① 消耗更多来自现场资源的能源。可包括可再生能源、储能或CHP。 ② 暂时关闭非关键负载。当然,需要预先定义清楚哪些负载是非关键性的。例如,非关键负载可能包括电动车充电站,或提供洗衣热水的锅炉。与BMS的整合可能提供额外的选择
场景2 电价管理	如果医院位于电价价格波动较大或峰谷电价差值明显的地区,微电网系统可以响应定价信号以优化设施能耗。可通过多种方式来实现这一点: ① 确定何时消耗每种能源(或能源组合)具有经济性。 ② 将一些负载转移到"非高峰"时段。这可以包括:对BMS进行编程,根据预测的太阳能供热情况,在不影响舒适度的情况下,对设施的某些区域进行预冷;帮助医院管

(续表)

节约机会	微电网控制能力
场景 2 电价管理	理团队重新安排一些非关键性的活动。 ③ 在电网能源价格低时储存能源，在电网价格高时消耗储存的能源。储存的能源可以来自电网（价格较低时），也可以来自现场的可再生能源。 如果医院位于电网运营商提供"智能电网"计划（例如需求响应）的地区，参与其中可以带来显著的经济效益。医院需要同意在电网电力供应紧张时减少部分能源消耗。减载通常需要在接到电网运营商通知的两小时或更短时间内进行。参与单位会收到与其可以减少的负载容量相应的预付款
场景 3 参与需求响应	微电网及柔性 DER 可用于需求响应的参与，通过提供使用本地发电或负载管理的选项来满足削减要求。这时，储能可以发挥巨大优势。响应削减负载要求消耗储能，可以有效地减少对电网能源的消耗。在某些情况下，电网运营商可能要求增加本地能耗。这时可以使用主电网电力为储能充电

微电网系统为医院提供了一种智能、透明的方式来管理其分布式能源，并提供了一种简单、自动化的方式，使医院可以作为能源产消者来参与智能电网计划。微电网平台综合考虑企业的能源、环境、经济需求，自动提出不同机会之间的最优套利方案。

3.4.3　自备应急电源系统

为满足特级负荷的供电要求，二、三级医院配电除两路双重电源外，需增设应急电源系统，应急电源包含柴油发电机、UPS、消防照明应急配电箱（EPS）。

1. 柴油发电机

为加强医院建筑的供电可靠性，柴油发电机组作为自备应急电源，当市电电源均断电时，柴油发电机投入运行，非消防状态下保证特级负荷及部分一级负荷用电，消防状态下保证消防负荷及部分特级负荷的短时用电。

医疗场所应急柴油发电机组设置要求参见表 3-13。

表 3-13　医疗场所应急柴油发电机组设置要求

医疗建筑名称	是否设置应急柴油发电机机组	应急柴油发电机组供油时间
三级医院	应设置	大于 24 h
二级医院	宜设置	大于 12 h
一级医院	不作要求	大于 3 h（若设置时）

设置室外储油罐，当总容量不大于 15 m³，且直埋于建筑附近、面向油罐一面 4 m 范围内的建筑外墙为防火墙时，储油罐与建筑的防火间距不限。

储油间的储油量满足消防用电设备工作 3 h，建筑物附近油加油站等设施，燃油来源可靠且方便运输时，可考虑预留供油接驳口。

为保证柴油发电机的正常运作，在合适位置设置必要的自然进、排风口，其通风面积应满足油机燃烧时产生的废热排放和油机燃烧所需的空气量。

柴油发电机房内墙作吸声处理，柴油发电机排烟管道设置重载消声器，减少噪声对周边环境和值班人员的影响;发电机排烟管道,发电机排烟引至塔楼屋顶高空排放。

柴油发电机启动电源采用直流蓄电池组。发电机组启动信号取自每组变压器(变压器两俩成组)低压主开关断电信号。当任一组变压器的任一台低压主开关断电时,启动柴油发电机,不送电;当任一组变压器的两台主开关均断电时,柴油发电机送电,并依此延迟闭合应急配电柜低压出线开关送电。

2. UPS 装置

为保证空调系统 DDC 控制设备、安防、综合布线、计算机网络系统及恢复供电时间不大于 0.5 s 的重要设备和场所满足不间断供电的时间要求,除独立双电源供电、末端自动切换并由应急柴油发电机组保证供电外,还在该类设备的机房或配电间配置 UPS 不停电电源。UPS 采用在线式,连续供电时间为 30 min。

3. 消防照明应急配电箱(EPS)

智能疏散及应急照明系统除双电源自动切换供电外,由集中蓄电池作后备电源。电源的持续工作时间不小于 0.5 h。备用照明及安全照明采用灯具自带蓄电池方式,蓄电池的持续供电时间不应小于 0.5 h。

3.4.4 电力配电系统

变电所内一、二次线路沿电缆桥架、金属线槽敷设,密集型铜母线采用上出线方式。35 kV/10 kV 变电所内高压柜采用下进下出,10 kV/0.4 kV 低压配电柜采用上进上出方式。

变电所室内 35 kV、10 kV 线路选用无卤低烟阻燃 A 级交联电缆沿电缆桥架敷设。

变配电所靠近负荷中心,低压配电线路长度控制不超过 200 m。对单台容量较大的设备、或重要负荷采用放射式配电,对一般设备采用放射式与树干式相结合的混合方式配电。

动力与照明线路分开敷设。变压器低压侧的电力干线最大工作压降应当不大于 2%,分支线路的最大工作压降应当不大于 3%。

单相用电设备接入低压(220/380 VAC)三相系统时,控制各项负荷分配尽量平衡,最大相负荷不超过三相负荷平均值的 115%,最小相负荷不小于三相负荷平均值的 85%。

220 V/380 V 普通照明、动力配电干路均采用燃烧性能 B1 级、产烟毒性 t1 级、燃烧滴落物/微粒等级为 d0 的电缆沿桥架敷设。

220 V/380 V 普通照明、动力配电支线均采用燃烧性能 B1 级、产烟毒性 t1 级、燃烧滴落物/微粒等级为 d0 的电缆穿金属管暗敷或沿金属线槽在吊顶内敷设。

消防设备配线有如下形式:消防负荷配电干线采用隔离型柔性矿物绝缘型电力电缆,常/备用配电线路在桥架内用隔板分隔;消防动力负荷配电支线采用燃烧性能 B1 级、产烟毒性 t1 级、燃烧滴落物/微粒等级为 d0 的耐火电缆。应急照明、疏散指示照明、消防设备配电分支线路采用燃烧性能 B1 级、产烟毒性 t1 级、燃烧滴落物/微粒等级为 d0 的耐火电线穿金属管或金属线槽敷设。

至重要设备的低压配电线路的配电方式采用放射式,至一般设备的配电方式采用放射与树干混合方式配电或链式配电,采用预分歧电缆沿强电井内明敷设。

每层按防火分区设置强电间兼垂直竖井,分别负责为本防火分区的照明、空调、动力设备等供电。强电垂直竖井内设置楼层配电柜及安装垂直电缆桥架和母线槽。施工结束后采用防火材料将楼板的预留孔封堵。

所有消防及重要设备供电均设置双电源末端自动切换设备，选用质量可靠的ATS切换开关，保证供电的可靠性。消防设备配电装置均设置明显的消防标志。

各楼层非消防负荷配电柜的进线主开关带分励脱扣器，火灾情况下，由FAS强制切除非消防电源；电缆干线或者母线干线型式配电的设置分励脱扣器附件设置在配电柜的进线主开关上。

在三相负荷中，单相负荷均匀地分配以尽量减少中性线电流，照明和动力用电将按照实际需求分相设计，以减少因动力负荷所引起的电压波动而影响供电质量。

消防设备均由变电所专用回路供电，并在用电点末端设置双电源自动切换装置，选用质量可靠的ATS切换开关，保证供电的可靠性。消防设备配电装置均设置明显的消防标志。穿越消防防火隔离带的电气设备应采取耐火和阻燃措施。

电缆桥架要求采用节能复合高耐腐（彩钢）电缆桥架，具体如下：户内采用聚酯（PE）彩涂板，中性盐雾试验时间≥480 h；户外采用聚偏氟乙烯（PVDF）彩涂板，中性盐雾试验时间≥960 h。电缆桥架的支架表面涂装处理要求：采用RQ复合层方式（热镀锌＋烤漆）工艺，锌层厚度不小于70 um。紧固件采用达克罗工艺处理。

桥架型式：电气竖井内采用"T"式电缆桥架（加盖）沿墙明敷；无吊顶处，电缆桥架采用封闭式；水平电缆桥架敷设高度不应低于2.5 m，有困难时局部一般不应低于2.2 m。有吊顶处电缆桥架采用全封闭式，电缆桥架敷设在吊顶内，除图中注明外由施工队由现场协调与风管水管的关系，提供敷设方案，设计院确认。

一般设备机房配电柜/控制柜就地现场安装，防护等级IP40；潮湿场所如水泵房配电柜防护等级：IP55；室外配电箱防护等级：IP54以上。

配电控制箱（柜）负荷有远控要求的，内设手动/自动转换开关，预留控制用中间继电器（无源）与消防系统和BA系统连接。风机、水泵配电箱与设备异地设置时，设备旁增加就地控制按钮箱和解除远方控制的按钮开关。

低压配电线路设过载保护、短路保护；消防设备线路仅设短路保护。从变压器低压侧至用电设备之间的低压配电级数不超过三级；各级配电屏或低压配电箱应预留有备用回路。

空调水泵容量在30 kW以上时，采用星-三角降压启动（暖通专业要求变频控制的除外）；根据暖通专业要求，部分空调箱采用变频控制。

电线、电缆配管及敷设方式如下：原则上采用钢管敷设，Φ40 mm及以下的沿顶棚墙面明敷/暗敷的金属管采用JDG管，Φ40 mm以上的及首层埋地暗敷的金属管采用热镀锌SC钢管。

低压电缆室外敷设：由室内引接至室外的低压电缆，采用无卤低烟阻燃A级交联电缆穿包含钢管敷设；完全敷设于室外地坪下的电缆，采用YJV交联聚乙烯绝缘聚氯乙烯护套电力电缆在室外地坪下0.7 m穿保护钢管敷设；室外敷设的电缆保护管采用厚壁钢管（保护钢管内径≥电缆外径的1.5倍）敷设；室外排管在终端、分支处、敷设方向及标高变化处设置工作井，直线段工作井间距≤50 m。

由于医院内存在大量的大型医疗设备(DSA、DR、PET、CT、ECT 等),及大楼内设有大量的变频空调系统,为避免大型医疗设备及变频器等运行时产生的谐波对医院内重要检测、监测仪器的干扰,且大量谐波造成电能损耗、引起变压器噪声较大等因素,在变电所内设置有源滤波器,对谐波进行治理,同时设置末端用电防护治理设备系统。

手术部的供电电源由变电所专用回路放射式供给,直接供电至手术室集中 UPS 机房,UPS 采用在线式。每个手术室设一个独立的专用配电箱,且配电箱应设在手术室的清洁走道,不得设在手术室内。

2 类医疗场所的 TN-S 系统的每个终端配电回路均应设置过载和短路保护,病房照明应与医疗设备带上的电源分开回路。

医疗场所局部 IT 系统隔离变压器的一次侧与二次侧应设置短路保护,不应设置动作于切断电源的过负荷保护。

大型医疗设备采用专用回路供电;对于需进行射线防护的房间,其供电、通信的电缆沟或电气管线严禁造成射线泄漏;其他电气管线不得进入和穿过射线防护房间。

2 类医疗场所局部 IT 系统的配电线缆采用塑料管敷设;穿手术室隔墙和楼板的线缆应加保护管,管内应采用不燃材料密闭。进入手术室内的线缆敷设后,管口应采用无腐蚀、不燃、弹性密闭材料封堵。洁净手术室、洁净辅助用房及各类无菌室内不应有明敷管线。

交流充电桩应设置过负荷保护、短路保护以及剩余电流动作保护功能,并应采用额定剩余动作电流不大于 30 mA 的 A 型 RCD。保护接地端子应与保护接地导体可靠连接,安装在室外的充电桩的防水防尘等级不应低于 IP65。

户内安装的充电设备,利用建筑物的接地装置接地。

变频器、限流保护器等元器件发热较大,在设计中需充分考虑其发热量,以便于控制配电间温度在合理范围值。

3.4.5 照明配电系统

诊断室、治疗室、检验室、手术室等部门选用漫反射、高显色性灯具,采取减少眩光措施,以满足医疗环境的视觉要求。病房、护理单元通道的照明设计宜避免卧床患者在其视野范围内产生直射眩光;病房照明应满足患者的视觉要求,光线明暗可调、无频闪、无噪声。

手术室、放射科的处置室入口处安装红色信号标志灯。病房设夜间巡视脚灯;病房门口设门灯,每个护理单元设一套。在手术室、诊断室、治疗室、检验室等场所设置紫外线消毒灯。各部位按下列照度标准设计参见表 3-14。

表 3-14 照度标准设计

房间或场所	参考平面及其高度	照明标准值(lx)	UGR	Ra
治疗室	0.75 m 水平面	300	19	80
化验室	0.75 m 水平面	500	19	80
手术室	0.75 m 水平面	750	19	80
诊室	0.75 m 水平面	300	19	90

（续表）

房间或场所		参考平面及其高度	照明标准值(lx)	UGR	Ra
候诊室、挂号厅		0.75 m 水平面	200	22	80
病房		地面	200	19	80
护士站		0.75 m 水平面	300	—	80
药房		0.75 m 水平面	500	19	80
重症监护室		0.75 m 水平面	300	19	80
候诊室、挂号厅		地面	200	—	80
走廊		地面	100	—	80
楼梯间		地面	75	—	80
自动扶梯		地面	150	—	60
厕所		地面	150	—	80
电梯前厅		地面	150	—	60
库房		地面	100	—	60
车库		地面	75	28	60
通信等弱电机房		0.75 m 水平面	500	19	80
风机和空调机房		地面	100	—	60
水泵房		地面	100	—	60
强电和弱电小室		0.75 m 水平面	200	—	60
变电所	配电装置室	0.75 m 水平面	200	—	60
	变压器室	地面	100	—	20
控制室	一般控制室	0.75 m 水平面	300	22	80
	主控制室	0.75 m 水平面	500	19	80

医疗照明光源以 LED 光源为主；病房内和病房走道设有夜间照明。病房内夜间照明宜设在房门附近或卫生间内。在病床床头的夜间照明照度宜小于 0.1 lx，儿科病房床头部位的夜间照明照度宜为 1.0 lx。

公用场所、护士站及医生办公室采用高光效 LED 光源灯具；楼梯间、防烟楼梯间前室、消防电梯间及其前室和疏散走道采用节能高光效 LED 光源灯具。

变电所和地下车库采用高光效 LED 光源灯具；防烟排烟机房等场所采用壁装式 LED 灯；消防控制室和通信机房采用防尘型 LED 灯。

候诊区、传染病诊室及病房、手术室、血库、洗消间、消毒供应室、太平间、垃圾处理站等场所，宜设紫外线消毒器或紫外线消毒灯。

手术室、无菌室、新生儿隔离病房、灼伤病房、洁净病房、病理实验屏障环境设施净化区等有洁净要求的场所，应采用不易积尘、易于擦拭的密闭洁净灯具，且照明灯具采用吸顶安装;洗衣房、开水间、水泵房、卫浴间、消毒室、病理解剖室等潮湿场所,采用防潮型灯具。

磁共振设备房间的灯具应采用铜、铝、工程塑料等非磁性材料。

特殊场所照明开关设置应符合下列规定:

(1) 手术室无影灯和一般照明,应分别设置照明开关。

(2) X线诊断设备、CT机、MRI机、DSA机、ECT机等诊疗设备工作室的照明开关,宜设置在控制室内或在工作室及控制室内设双控开关。

(3) 紫外线消毒灯的开关应区别于一般开关,且安装高度为底边距地1.8 m,紫外线消毒灯应有防止误操作的措施。

(4) 洗衣房、开关间、卫浴间、消毒室、病理解剖室等潮湿场所,应采用防潮型开关。

(5) 病房区走道夜间照明开关由护士站统一控制。

X线诊断室、核医学扫描室、γ照相机室和手术室等用房,应设防止误入的红色信号灯,红色信号灯电源应与机组相连。

设计中所选用灯具均采用高品质、节能型LED灯具,其$\cos\phi \geqslant 0.95$。

一般场所的照明控制:

(1) 楼梯间、防烟楼梯间前室、消防电梯间及其前室内照明灯具平时兼做一般照明,采用声光控节能延时开关控制;火灾时,消防(FAS)强制点亮。

(2) 疏散走道、地下车库、大厅、多功能厅、会议室等区域一般照明采用智能照明开关模块控制。

(3) 疏散指示和安全出口标志用的应急照明灯具采用常亮方式(采用LED发光体)。

(4) 普通诊室、办公室、实验室、设备用房等场所采用房内就地开关控制。

3.4.6 防雷、接地与电气安全防护

1. 接地系统设计

上海市中医医院嘉定院区项目采用TN-S系统。医疗场所的安全防护应按照0、1、2三类场所设置。

手术部、重症监护部(ICU)、心脏监护部(CCU)的重要配电线路采用由电源隔离变压器和绝缘监视设备组成的IT不接地系统;当第一次接地故障时,发出声光预报警信号,第二次发生接地故障时,由保护电器切断故障线路。

一般插座回路均设置漏电保护开关,其他低压配电线路设置相应的接地故障保护措施。

该项目设置总等电位联结(MEB)。手术室、重症病房、医疗设备(麻醉器、台式图形显示仪、人工呼吸机、X射线仪、无影灯等)、弱电设备房和浴室等处需作局部等电位连接,各层在正常情况下不带电的金属器件(包括电气设备外壳、风管、水管等)均与等电位联结箱可靠相连。

变压器低压侧主开关及母联开关均采用四极开关。

安装高度低于2.4 m的灯具须接入PE线,I型灯具须接入PE线。

金属电缆桥架、金属线槽及其支架、进出桥架或线槽的金属管、封闭式母线外壳及其支架全长不大于30 m时,不少于两处与PE干线可靠连接。大于30 m时,应每隔20~30 m

增加与 PE 干线的连接点。

消防安保室、网络机房等弱电设备机房设置 S 型或者 M 型等电位连接网络。通信网络机房、消控安保室的架空地板设防静电接地。

2. 防雷系统设计

1) 规范规定

上海市中医医院嘉定院区项目属二类防雷民用建筑。

2) 防直击雷

（1）利用金属屋面或沿女儿墙上用－25×4 mm 热镀锌扁钢装设明敷接闪带，并在屋面上用－25×4 mm 热镀锌圆钢敷设成 10×10 m 或 12×8 m 接闪网格（暗敷），并对不同标高的避雷带采用－25×4 mm 热镀锌扁钢在变标高处连接。

（2）突出屋面的排放无爆炸危险气体、蒸气或风尘的放空管、风管等物体，屋面上的空调风机、热泵机组、金属水箱等设备应和屋面防雷装置可靠连接。屋面上太阳能热水器需采用 Φ16 的热镀锌圆钢作为接闪器，并通过金属支架与防雷装置可靠连接。在屋面接闪器保护范围之外的非金属物体应装设接闪器，并与屋面防雷装置相连。

（3）屋顶上的金属栏杆用做接闪带的，其所有部件之间应连成电气通路，其尺寸不小于圆钢直径 10 mm、扁钢截面 50 mm^2、扁钢厚度 4 mm。

3) 防雷引下线

利用建筑物钢筋混凝土柱子或剪力墙中的钢筋作为防雷引下线：钢筋直径 16 mm 及以上时用 2 根钢筋、10 mm 及以上时用 4 根钢筋绑扎或焊接作为一组防雷引下线。其上部与避雷与避雷带焊接，其下部与地下接地装置相连接。防雷引下线平均距离不大于 18 m。

4) 防雷电波侵入的措施

所有进出建筑物的电缆，在进出端将电缆的金属外皮、钢管与防雷装置相连；直埋和架空的金属管道在进出处就近与接地汇总线或其它防雷装置相连。

5) 防侧击雷

外墙内外竖直敷设的金属管道及金属物的顶端和底端应与防雷装置等电位可靠连接。

6) 等电位措施

（1）外墙内外竖直敷设的金属管道及金属物的顶端和底端应与防雷装置等电位可靠连接，且每三层与局部等电位端子板相连一次。

（2）从首层起，每层利用结构圈梁水平钢筋焊接连通，使成封闭的均压环，并与引下线可靠焊接，建筑物内各种竖向金属管道每层与均压环相连。

（3）上海市中医医院嘉定院区项目采用总等电位联结，变电所内设置总等电位联结端子箱，用－40×4 mm 热镀锌扁钢暗敷将进线配电箱（柜）的 PE 母排、进出建筑物的金属管道、建筑物金属构件等进行联结。

（4）带淋浴的卫生间内实施局部等电位联接，局部等电位联结应包括卫生间内的金属给、排水管、金属浴缸、金属采暖管以及建筑物钢筋网，用 BVR-1×6 PC20 暗敷联结到局部等电位端子箱；地面及墙内钢筋网用－25×4 mm 热镀锌扁钢联结局部等电位端子箱。

7) 接地装置

（1）采用联合接地；变压器中性点工作接地、防雷接地，电气设备保护接地，医疗设备功能接地,电梯控制系统的功能接地,计算机功能接地及其他电子设备的功能接地合用同一接地体(联合接地体),即利用大楼基础桩基及承台内主钢筋作接地极,要求接地电阻不大于1Ω。如接地电阻达不到要求,这离外墙3.0 m增设人工接地体。接地极采用长2.5 m、50 mm×5 mm热镀锌角钢,顶端埋深0.8 m,相距5.0 m,采用40 mm×4 mm热镀锌扁钢与接地体相连。

(2) 靠外墙的每组防雷引下线相对应的室外地坪下0.8 m处,由引下线钢筋焊出一根40 mm×4 mm热镀锌扁钢,伸向室外,距外墙不小于1 m。基础内钢筋之间如不具有贯通性连接,则采用40 mm×4 mm热镀锌扁钢连接。各单体取4处防雷引下线,距地面0.5 m处设连接板,供测量接地电阻用。

(3) 为防止杂散电流的干扰影响,10 kV用户变电所接地采用一点接地。

8) 防雷击电磁脉冲

根据上海市中医医院嘉定院区项目雷击评估报告,建筑物电子信息系统雷电防护类别为A级,并采取如下措施。

(1) 建筑物电子信息系统防雷击电磁脉冲。

(2) 在低压配电线路、弱电线路各个防护区交界处,按照建筑物电子信息系统雷击防护等级,安装现行《建筑物电子信息系统防雷技术规范》(GB 50343)所规定参数的浪涌保护器,具体如下:雷电电磁脉冲防护等级定为A级,采用4级保护等级,第4级由设备自带。弱电信息系统信号防雷详见弱电设计。

低压配电柜各级SPD参数表参见表3-15。

表3-15 低压配电柜各级SPD参数

SPD级数	波形	标称放电电流 I_n	电压保护水平 U_p	最大持续工作电压 U_c
第一级	10/350 μs	20 kA(limp)	2.5 kV	385 V
第二级	8/20 μs	40 kA	2.2 kV	385 V
第三级	8/20 μs	10 kA	1.5 kV	385 V

在1类及2类医疗场所的患者区域内,应对下列设备及导体做局部等电位连接:①PE线,②外露可导电部分,③安装了抗电磁干扰物的屏蔽物,④防静电接地地板下的金属物,⑤隔离变压器的金属屏蔽层,⑥除设备要求与地绝缘外,固定安装的、可导电的非电气装置的患者支撑物。

对于大型医用设备的等电位接地,设备厂家经常提出需要单独设置接地极的要求(与防雷接地、保护接地绝缘),但实践证明,绝对地设备单独接地并不存在,尤其一旦当设备绝缘被破坏时,医用设备的接地与电力系统保护接地将形成电位差,反而增加了患者触电的危险。同时,考虑到影像、放射、核医学等医技用房的防屏蔽要求,此类机房通常设置一个局部等电位端子箱,将患者周围的金属体(比如水管、金属门窗)、金属屏蔽墙体、电气管线做等电位连接。为保证大电流接地医疗设备的可靠接地,该等电位端子板不仅与本楼层钢筋可靠连接,还需从基础大底板专放接地引上线,引上线可暗埋于就近结构柱或经强电井引出。

对于设置 IT 系统的 2 类医疗场所(比如手术室、ICU、抢救室等),尽管通过单相隔离变压器实现了一二次设备间的电气绝缘,提高了供电的可靠性,但在同一房间内,仍存在部分 TN-S 系统供电的设备,如手术室一般照明、一般插座或插座箱、电动门、手术台等,因此房间内仍在混凝土结构体上预留局部等电位端子箱或等电位连接母排,通过等电位连接线(一般采用 4 mm² 铜导线或 25 mm×4 mm 镀锌扁钢)将 TN-S 配电箱内的 PE 端子排、IT 系统配电箱 PE 端子排、隔离变压器用于电磁屏蔽的隔离层、房间内外露导电部分(如手术床、器械柜、IT 变压器外壳等)与端子板连接,将手术室或 ICU 的局部电位钳制在建筑物基础电位上。

3.4.7 节能系统

1. 智能照明系统

对于医院而言,定时控制、集中控制等相对普遍,特殊区域例如就诊大厅、多功能厅等局部场所实现场景控制、色温控制等功能,因此系统多采用集散式安装方式,时钟逻辑、现场控制面板、控制主机等均可实现智能照明的有效管理。照明改造应在满足用电安全和正常运行的前提下进行,改造后走廊、门厅及车库等场所应能根据照明功能要求与节能控制。

消防控制室或者后勤管理机房里应考虑智能照明控制的主机位置的摆放空间,各类调光模块、控制面板、感应探测器、窗帘等元件的位置放置应尽量合理。智能照明联网总线路由应统一规划,尽量实现强弱电分离式布线,当不易完全分离时,应加隔板或者采用屏蔽型联网总线。

2. 可再生能源利用

随着落实绿色发展理念的贯彻,建筑高质量发展的推进,规范标准及各地行政部门均对可再生能源利用提出了更高要求,要求新建建筑按照要求采用一种或多种可再生能源,以实现可再生能源替代率要求。由于国标、地标、各地政府均有明确数据要求,比如《绿色建筑评价标准》(GB/T 50378—2019)、《建筑节能与可再生能源利用通用规范》(GB 55015—2021)、《关于推进本市新建建筑开再生能源应用的实施意见》等,因此应满足各种数据规定要求。拿光伏发电系统举例,绿色建筑评价标准中可再生能源提供电量百分比比例在 0.5~1 区间得 2 分、1~2 区间得 4 分、2~3 区间得 6 分、3~4 区间得 8 分、≥4 的区间得 10 分,通知中要求国家机关办公建筑和教育建筑屋顶安装太阳能光伏的面积比例不低于 50%,其他类型的公共建筑屋顶安装太阳能光伏的面积比例不低于 30%。

可再生能源包含多种类型,主要包含太阳能系统、地源热泵系统、空气源热泵系统、风能、潮汐能等内容,采用何种可再生能源类型与当地气候与资源条件紧密相关,因此应因地制宜制定经济合理、技术可行的可再生能源形式,充分实现绿建、节能、环保的要求,并满足可再生能源综合利用量、发电效率、光伏安装面积、系统制冷 COP、能效等级等各项技术参数的规定要求。

3. 智能配电系统应用

医院建筑供配电不同于常规的民用建筑,内容繁多、功能丰富、问题复杂、患者要求也越来越高，因此安全、可靠、智能化、人性化的配电方案对于医院而言至关重要。原有医院配电设备一般都存在设施老化、故障率高、维修不及时、且抢修主要取决于人员素质配置等各种各样的突出问题。

随着社会技术的发展，智能配电设备不断涌现，与之对应的是不断扩大医院建设规模与不断提升的安全可靠的供电要求，因此需要引入智能配电解决方案，结合组合控制和大数据分析等技术，将配电系统中的智能设备互联互通，实现主动性高效维护，保障电气运行更加安全可靠，在建筑生命周期内不断提高供配电系统管理水平与用电效率。

目前各个厂商都在推出各自的智能配电系统架构，互相间彼此借鉴且大同小异，因此本文以某种配电系统应用为基础，用以对智能配电系统应用与改造进行说明，智能配电主要功能如下：

（1）电能质量监测功能，实现供电质量的持续监测与控制。
（2）断路器老化分析管理，实现开关设备的预防性维护。
（3）能耗持续监测、分析和管理，实现能源利用效率的提升。
（4）报警和故障快速定位，实现故障的隔离、诊断和预防性维护。
（5）能源管理分析工具，提供有效的数据分析和报表工具。
（6）智能配电设备有效控制，连接仪表、断路器、发电机、变压器、绝缘监测等配电设备，实现远程管理及控制。

4. 电力运维管理

传统运维投入大、效率低、响应慢，只有出现故障后才能反馈到运维管理人员处，因此掌控各处配电室的整体运行情况非常重要，对配电整体运行环境进行实时监测，一旦运行环境异常，及时提醒维护人员，在有故障隐患的时候就能及时排查处理，防患未然。

电力智能运维平台是集数据采集、监测预警、计划维护、数据分析、决策支持于一体的综合电力运维平台，与智能配电紧密联系，其功能可包含在上一章节智能配电系统之中：

（1）移动运维功能，通过智能手机的 App 应用，实现低压柜的移动运维功能。
（2）本地网页监视，通过 WEB 网页端全面实现资产、报警、运维、工单等的监管。
（3）地图导航，通过地图定位设备站点。
（4）资产管理，提供详细完整的台账信息，实时数据的显示。
（5）运维信息管理，历史数据、作业文档、现场照片、运维日志、设计信息等。
（6）运维计划管理，周期性维护计划制定，预防性维护计划，临时维护任务的工单自动/手工生成及派发。
（7）报警管理，应可设置区分不同等级的报警，并能够通过短信通知接收人第一时间获取报警信息，应可通过手机 App 确认和记录报警事件，通过报警属性来管理、筛选和导出报警信息。
（8）工单管理，工单创建，工单执行日期提前短信推送执行人，当天临时创建工单，创建后立刻短信推送。
（9）实现高、中、低压一体化监测控制管理平台，从中压、低压到母线的深度传感覆盖，提供局放、温度、烟雾、老化分析全方位在线监测。

3.5 智能化系统

3.5.1 医院弱电智能化规划设计

1. 医院弱电智能化发展

弱电智能化是建筑智能化系统建设的一项综合性、复杂性的系统工程,是现代计算机技术、现代通信技术、现代自动控制技术、现代图像显示技术、系统集成技术等现代化信息技术与建筑技术的有机结合。

随着国内医院建设的浪潮发展过程中,作为必不可少的弱电智能化专业的发展也发生了翻天覆地的变革。从最早的几个系统逐渐发展到现在的二三十个系统,从最初的模拟时代,跨越到了数字时代,再到现在的智能时代。同时,随着新技术、新产品的不断涌现,医院管理需求的不断提升,还萌发出了很多新的应用系统(如物联网+、智慧运维管理平台等),为医院日后的运营及管理提供助力。

2. 弱电智能化的建设意义与目标

以国家"健康中国2030"规划纲要为引领,并积极贯彻《关于推动公立医院高质量发展的意见》要求,进一步以电子病历、智慧服务、智慧管理"三位一体"的智慧医院建设为目标,并结合国家各项建设标准与规范对医疗建筑的总体建设要求,为医院建筑内的医务人员提供高效舒适的工作环境、为患者提供良好的就医体验、为管理者提供更加精细化的管理手段。弱电智能化是实现上述愿景与功能的基础,是"智慧医院"建设的基石。

3. 医院弱电智能化的建设标准

以《智能建筑设计标准》(GB 50314—2015)、《综合医院建筑设计规范》(GB 51039—2014)以及《医疗建筑电气设计规范》(JGJ 312—2013),并结合安全防范、综合布线、信息安全、多媒体会议、建筑设备管理、数据中心、绿色建筑等行业的建设标准及规范,同时充分考虑上海一系列地方标准及规范的要求,来对上海市中医医院嘉定院区的弱电智能化专业的规划与设计,力求在设计层面周全顾及医院建设的各项标准与规范,并尽可能为今后医院的运营与管理创造良好的条件。

4. 医院弱电智能化的建设内容

作为一家以中医为特色的大型专科三级医院,上海市中医医院嘉定院区项目的弱电智能化系统主要涉及:信息设施系统、安全防范(公共安全)系统、建筑设备管理系统、弱电机房工程、医疗信息化应用系统以及智能化集成管理系统等几大板块所组成,各建设板块内容及互相之间的逻辑关系,如图3-42所示。

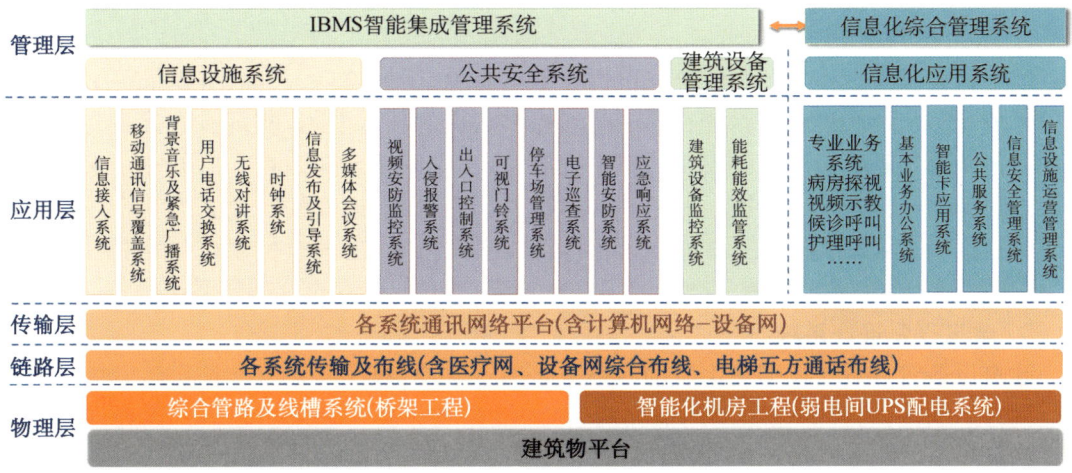

图 3-42　医院弱电智能化系统整体架构

3.5.2　主要子系统的需求分析

结合设计标准及规范,针对所要建设的弱电智能化系统的功能板块,在规划设计之初便进行了细致而周密的需求调研与分析,确保建设的内容在满足标准与规范的前担下,尽可能贴合管理者的使用需求,以及医院未来的可持续发展。图 3-43 所示为该项目所涉及主要的医院业务科室与弱电智能化相关的需求调研的关切点。

医疗业务科室	安全保卫科室	信息管理科室	总务后勤科室
✓ 医院综合运营管理 ✓ 医生、护士、患者管理 ✓ 临床、医技业务及流程管理 ✓ 为患者提供咨询服务管理 ✓ 日常培训及会议示教管理	✓ 消防系统的运维管理 ✓ 安防系统的运维管理 ✓ 紧急情况下的预案处理 ✓ 重点人群管控及人员流调配合	✓ 计算机网络系统运维及管理 ✓ 信息机房设施运维及管理 ✓ 所有IT硬件终端设备的运维及管理 ✓ 各类信息化应用系统软件平台运维及管理	✓ 机电设备运维管理 ✓ 患者、员工就餐服务及管理 ✓ 楼宇自控系统运维管理 ✓ 建筑能耗系统的运维及管理 ✓ 集成管理系统的运维管理

图 3-43　医院各主要科室弱电智能化需求调研关切点

1. 信息设施系统

信息设施系统主要为医院内部与外部提供所有信息通信的连接,以实现各类有线、无线的通信互联需求。需要建设的内容有:通信网络接入、移动通信信号覆盖、综合布线、信息网络、有线电视(数字电视)、背景音乐及紧急广播、信息发布及引导、网络时钟、用户电话交换、无线对讲、多媒体会议等系统。

2. 安全防范系统

安全防范系统以整个各类安全防范的技术与应用，为医院的人、物、事提供一个安全可靠的环境，当发生突发事件后，能在第一时间提供相应的技术能力，实现有效处置。针对本次中医医院嘉定新建设院区的安全防范系统的建设，应以整个医院在今后的安全保工作为中心，以技防＋物防＋人防的结合为抓手，建设一套先进的、适宜的医院立体安全防护体系为目标。需要建设的内容：视频监控、入侵报警、联网报警、出入口控制（门禁控制、访客管理、楼梯管理）、车辆进出管理、在线实时巡检、智能安防、智能安全保障等系统。

3. 建筑设备管理系统

建筑设备管理系统以围绕医院的各类机电提供监控与管理，实时掌控医院室内外主要空间的环境状态，对各类能源消耗情况的采集、统计及分析为需求出发点。需要建设的内容：建筑设备监控（含环境监测）、能耗能效监管、智能照明等系统。

4. 弱电机房工程

弱电机房工程应以医院所涉及的所有通讯管理、信息管理、后勤管理所使用的各类机房及设备存放空间的建设。为承载整个弱电智能化，以及未来智慧医院建设所涉及的主要设备的可靠运行保障。需要建设的内容：消防安保控制中心、数据网络机房、运营商接入机房、无线信号覆盖机房、有线电视机房以及各楼宇各楼层的弱电间。

5. 医疗专项系统

医疗专项系统的建设，需要为患者和医者提供在候诊、付费、检查、取药、探视、住院、会议、示教等业务环节的数字化、信息化、智能化解决方案。需要建设的内容有：排队叫号、病房呼叫、手术示教、病房探视等系统。

6. 智能化集成管理系统

智能化集成管理系统需要将各个智能化子系统（功能板块）采用标准的接口与协议，以集中管理和控制。通过统一的平台和接口，实现对医院所涉及的智能化设备和系统进行整合管理，包括建筑设备管理系统、安全防范系统、信息设施系统、医疗专项系统等。智能化集成管理系能够实现对院内各智能化系统的集成化、可视化集成管理，可提高医院后勤的管理效率、保障医院运营的安全和稳定，为医护人员和患者提供更好的服务。

3.5.3 主要子系统的设计思路及系统规划

针对一家新建的省市级大型医院的建筑智能化工程而言，在规划设计阶段应首要考虑如下三点的总体原则：

（1）系统的规划设计应尽可能考虑未来医院运营管理的各项需求，并考虑医院建设存在不断扩展与迭代的特性，采用"整体规划、分步实施"的设计思路，是唯一且正确的做法。如图3-44所示。

（2）在系统架构及技术路径的选择上，应尽可能选择市场和行业广泛认可、选用的、技术成熟、产品通用、系统标准的方案制定原则。

（3）在各个子系统的设计时，应在主要设备、关键功能、核心业务上，在技术成熟的前提下，应具备一定的先进性和超前性，确保在建成后，5年持续先进、10年不落后的建设理念。

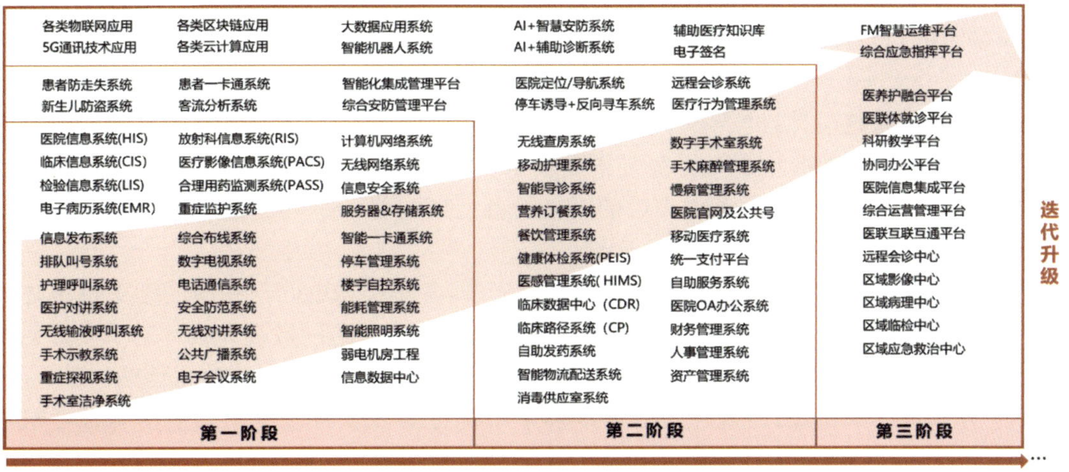

图 3-44　大型医院智慧化建设分期路径示意

1. 信息设施系统

上海市中医医院嘉定院区项目中的信息设施系统主要涉及：通信网络接入、移动通信信号覆盖、综合布线、信息网络、有线电视（数字电视）、背景音乐及紧急广播、信息发布及引导、网络时钟、用户电话交换、无线对讲、多媒体会议等子系统，其中值得重点介绍的有如下几个系统。

1）信息网络系统

该院的信息网络系统主要涉及 4 张信息网，即医疗内网、信息外网、设备专网、安防专网，同时医疗内网/外网不仅设计了有线网络，还考虑了相应的 WLAN 信号的覆盖。

上述 4 张网络均为相互独立，物理隔离。如确有互联要求的，两个相互独立的网络边界处设计采用防火墙对访问进行严格限制。

根据该院的建筑布局（东/西两个门诊楼、东/西两个住院楼、医技楼以及相应的地下室），4 张网络的架构均采用三层网络架构（核心—汇聚—接入），骨干网络传输：接入至汇聚为 10G 上联，汇聚至核心为 10G/40G 上联的传输需求，医疗内网采用采用了双核心、骨干双链的冗余设计，其他 3 张网络均为单核心/单链传输方式。

接入层设备根据接入的端口容量需求，设有 8 口/24 口/48 口多种规格的千兆以太网接入交换机，同时根据前端终端设备的供电要求，还配备了具备 POE 功能的网络交换机。

2）综合布线系统

该院的综合布线系统是支撑今后所有智能化子系统实现终端接入、网络通信、系统互联的基础链路系统，采用遵从国际标准的结构化综合布线架构进行设计，设有 7 个子系统组成，分别是工作区子系统、水平子系统、管理子系统、垂直主干子系统、建筑群子系统、设备间子系统、进线间子系统。

（1）工作区子系统：采用单口/双口面板，模块采用标准的符合 TIA/EIA568B、EN50173-1 和 ISO 11801—2002 标准的六类与超六类非屏蔽信息模块，可支持数据、语音等传输与通信。

(2) 水平子系统设计：采用六类非屏蔽布线系统，部分有高性能接入传输需求和无线 WLAN 需求的点位均采用超六类非屏蔽布线系统，可以分别为终端提供 1G/10G 的传输接入能力。

(3) 管理子系统设计：设于各个楼宇的弱电间内，为水平子系统与垂直子系统的交汇和管理，铜缆的端接与管理主要涉及六类非屏蔽系统与超六类非屏蔽系统，光缆采用高密度光纤配线架端接与管理，同时考虑今后的网络设备上架配置一定数量的理线架装置。配线架与网络设备的跳接均采用成品跳线连接。

(4) 垂直子系统设计：垂直骨干均采用单模光缆，各楼层弱电间与相应的汇聚机房之间为医疗内网/外网敷设 4 根 12 芯单模万兆光缆，为设备网/安防网敷设 3 根 6 芯单模万兆光缆。汇聚机房至核心机房分别是敷设 4 根 12 芯单模万兆光缆作为主干数据传输。

(5) 建筑群子系统设计：该项目的建筑群子系统主要涉及各楼宇汇聚机房至核心机房的主干传输部分，包括大线数光缆及相应的光纤配线架装置。

(6) 设备间子系统设计：主要涉及西门诊楼二层的数据中心机房，为管理各楼栋主干光缆引来，以及数据中心机房内部中心布线柜（MDF）与各服务器机柜、网络机柜之间的铜缆与光缆的连接与端接管理。

(7) 进线间子系统设计：位于病房楼地下一层的通信进线间以及运营商机房，在运营商机房设置接入配线架，实现院内综合布线系统与运营商通讯接入线路的接驳。

3) 网络时钟系统

为医院建设一套统一时钟系统是非常有必要的，为整个医院所有的信息系统及设备提供标准的时钟系统，并具有统一时钟显示及校时功能。在中心机房设置一套 GPS 接收单元、中心母钟及子母钟服务器装置，并在前端的就诊大厅、候诊区域、输液区域、护士台等设置电子日历钟与数字显示钟，并通过标准的通信接口和协议，为重要的信息系统提供时钟同步信号。

2. 安全防范系统

作为医院高效、安全运营的有力保障，建设平安医院的总体思想为引领，该项目中的安全防范系统主要涉及：视频监控、入侵报警、出入口控制、停车管理、实时巡检、智能安防 6 个子系统，值得重点介绍的有如下几个系统。

1) 视频监控系统

该院的视频监控系统采用高清网络系统架构，前端采用各类 720P/1080P 网络摄像机，根据安装环境及监控目标，设有半球型、固定枪型、快球型、电梯专用型等摄像机，关键监控点位支持智能分析功能（如人脸抓拍、违堆分析、警戒线分析等），重点点位处还配备有拾音器，可与视频图像进行声音复合功能。中心控制端设备放置于地下一层的消防控制室内，设有 1 组 18 块（3×6 组合）的 55 英寸高清拼接大屏作为集中监控大屏，视频管理及集中存储设备均放置在专用的机柜内，所有前端图像可以存储超过 30 天的录像。

视频监控系统可与入侵报警系统、出入口控制系统实现联动，在有异常情况发生时，可第一时间将事件现场的相关图像弹窗至拼接大屏上，警示安保管理人员及时处置。

2) 入侵报警系统

该院的入侵报警系统采用 IP 网络＋总线传输的架构，各类前端探测器（含红外/微波双鉴探测器、紧急按钮、门磁等)通过传输网络连接至设于地下一层的消防控制室内的报警主机上。所有前端报警的响应时间应不大于 5 s。

系统与管理电脑连接,通过入侵报警管理软件,当发生报警事件时,可在管理软件上的电子地图上清晰显示报警的点位及信息,系统并第一时间触发视频监控等系统。

系统同时安装了一套联网报警系统,可在发生重大警情时,联网报警至就近的 110 接警中心,第一时间通知及申请警力现场支援。

3) 出入口控制系统

出入口控制系统由门禁控制、梯控管理、访客管理、可视对讲以及组合认证系统构成,并通过一卡通管理平台实现统一业务的整合与管理。

门禁控制系统采用全 IP 网络的系统架构,主要对院内重要的通道、房间及出入口进行门禁的管控,极为重要的房间或通道处设置双向门禁识读控制,所有的门禁控制器均设于就近的弱电间内集中管理,各个门禁控制器连入就近的安防专网,并经安防网汇集至地下一层的消防控制室内,在中心设有门禁管理工作站及管理软件。门禁系统可与消防报警系统实现联动,在应急情况下确保人员疏散的需要。

梯控管理结合电梯的运行及管控要求,将患者及家属与医内的医务工作及后勤管理人员进入相应楼层的有效管控;可视对讲主要应用于病房楼病区出入口、ICU/EICU 等特殊病区出入口的人员身份确认及管控要求;组合认证装置主要设置于存放"精、麻、毒、放"等需要管控的药品及物品的库房出入口对进入人员进行身份核验及管控需求。

4) 智能安防系统

为了适应安全防范系统一体化综合,以及满足上海市公安对医院行业智慧安防建设的总体要求。安全防范系统中的视频监控、入侵报警、出入口控制、组合认证、停车管理、实时巡检等均通过相应的标准协议接入统一的智能安防管理平台。可以实现子系统之间的数据共享、联动应用、集成管理等功能,正真实现"化被动为主动"现代化安全防范的管理需求。

3. 楼宇设施系统

为了实现院内机电系统的高效、绿化运行,提供一个良好的就医、工作环境而设置此系统。楼宇设施系统主要涉及楼宇自控、智能照明、环境监测、能耗计量等系统的建设,值得重点介绍的有如下几个系统。

1) 楼宇自控系统

楼宇自控系统主要对医院机电系统中的冷热源、空调机组、新风机组、通风、给排水进行实时监测与控制,以达到绿色节能、节省人力、安全舒适的目的。系统应具备一定的扩容、扩展和升级的能力,系统管理软件同时应具有良好的可视化人机交互界面。

整个楼宇自控系统采用三层网络架构设计,第一层:为末端采集及执行层,主要有各类传感器及执行机构组成,以干点节方式或 RS485 方式接入区域控制器(DDC);第二层:区域管理层,主要为设于各类机电设备机房内的区域控制器及接入模块组成,区域控制器向上采用标准的 RJ45 接口,以 BACnet-IP 协议或 TCP/IP 协议与中央管理系统数据交互;第三层:楼宇自控管理主机及管理软件,以实现对整个系统的统一配置及管理。

该医院楼宇自控系统对各类主要机电设备的控制要求及方式如下:

（1）冷热源系统。为空气源热泵，自控主要目的是协调设备之间的连锁控制关系进行自动启停，同时根据供回水温度、流量、压力等参数计算系统冷量，控制投运机组的台数，以达到节能目的。

（2）空调机组、新风机组。通过空调机组向特定区域提供经过处理的空气达到特定区域的环境保持舒适性条件的目的，通过监测温、湿度参数，根据预设值，经相应的区域控制器（DDC）计算以控制水阀开度、设备启停，确保相应区域的舒适性和节能性，同时实时监测各机电设备的状态报警，及时对故障设备进行检修维护。

（3）风机盘管。各楼层公共区域风机盘管由 RS485 通讯总线连接，通过接口网关转化为标准的 BACnet-IP 协议接入楼宇自控软件，可在软件平台对前端风机盘管进行实时监控及开关。

（4）送排风系统。送排风系统根据医院内各个受控区域的室内空气品质来设定送排风的定时启停，以达到保证新风量同时又节能的目的。

（5）排水系统监控。排水系统的监控和管理目的是实现远程监控各集水井的状态。系统实时监控医院内的排水系统；当系统出现异常情况时，将产生报警，及时通知管理人员处理。

（6）楼宇自控管理分站。考虑到西病房楼 2 层的血透区域和医技楼 1 层的抢救室区域的特殊管理需求，在这两个区域（科室）分别设置有独立的分控站点，分控管理端以网页方式实时监控及管理各自区域内的机电系统。

2）能耗计量系统

能耗计量系统应能采集与统计医院所有建筑的一、二级用能计量。根据《医院建筑能耗监管系统建设技术导则（试行）》要求进行分项计量，需分项计量的用能划分为照明插座用电、空调用电、动力用电和特殊区域用及其他等类型。医院需要计量的用水情况应为室外总表、室内各楼层水表，以及各特殊功能用房的水表用水计量。空调能耗的计量应考虑冷热源总表、以及各楼层空调能耗分表的计量。

能耗计量系统分为四级架构：第一层数据采集层，由各种能耗计量仪表用环境参数传感器组成；第二层数据传输层，由专用的能耗数据采集器对前端的各类智能用能仪表进行实时数据的采集；第三层数据集中层，能耗管理服务器对能耗数据采集器的数据进行储存与分析；第四层应用业务层，通过能耗管理工作站与管理软件，实现对医院的能耗计量、能耗分析、能耗查询、能耗警报等功能。

能耗管理软件应能提供各级管理者，分级查看相关能耗数据、分析模型、能耗分析图表。可多维度（时间、区域、建筑类型、分类及分项能耗等）查询所需数据，对不同的医院建筑单体、科室、区域等用能情况进行月对比和同期对比分析，找出某时段及某区域的用能高峰，深度挖掘节能潜力需求点。分类展现的能耗数据能够通过人机实时界面、以图和表等多种方式灵活进行展现，并可将能耗统计与分析的数据进行导出和上传给上一级能耗监测平台。

4. 弱电机房工程

弱电机房工程是为医院内部建设的信息化与智能化各系统的核心设置存放的场所，主要涉及的有西门诊楼二层的数据中心机房、地下一层的消防控制室、地下一层的信息备份机房其、通信接入机房及运营商机房、各楼层的弱电间等空间，对各个机房空间应设计相应的装修、配电、通风、消防、UPS 电源、防雷与接地、防鼠防灾等建设内容。其中值得重点介绍的有如下几个机房内容。

1）数据中心机房

位于西门诊二层的数据中心机房面积 300 m²，内设有核心机房区、UPS 及配电区、办公及会议区以及内部走道等，整个数据中心机房按国家 B 级机房标准进行设计及建设。

整个数据中心机房采用 4 路独立的市电引入，其中 2 路 220 kW 分别为关键的服务器机柜及网络机柜的负载供电（2N 架构），另外 2 路 100 kW 分别为行级精密空调及其他市电需求提供可靠电力。

核心机房设置 1 套一体化模块化机柜组，内含 30 个服务器机柜＋2 个网络机柜，服务器机柜按 5 kW 容量，网络机柜按 3 kW 容量考虑用电量。并配置 4 台 50 kW 制冷量的列间恒湿恒温空调机组，所有的强弱电走线均采用上走线方式，采用敞开式线槽进行线缆管理。整个模块化机柜组采用冷通道封闭的方式，可以很好的实现整个机房的 PUE 效率。

同时核心机房内预备未来十个服务器机柜的容量区域，并预留 2 台 25 kW 的精密空调机组用于相对应的制冷需求。

数据中心机房内的每个服务器机柜分别布放 24 根超六类非屏蔽双绞线缆＋2 根 12 根万兆光缆至两侧的网络布线列头柜，线缆的两端分别采用模块化六类配线架和高密度光纤配线架进行端接及管理。

数据中心机房的 UPS 及配电间设计 2 台 300 kVA 模块化 UPS 电源系统（采用 2N 架构），相应的配置了 1 h 的后备电池组。

数据中心机房内设置 1 台机房环境监测系统，主要用于实时检测微模块机柜组的运行情况、机房供电系统的运行情况、机房内空间环境（温湿度、漏水浸入）情况、机房门禁控制/入侵报警/视频监控情况、精密空调运行情况、UPS 不间断电源运行情况，当有异常事件发生时，及时告警至机房管理人员。

数据中心机房的墙面采用保温处理后，采用彩钢板做饰面，吊顶上方及地板下方做好基层防尘及保温处理，吊顶为微孔铝扣板，地板采用 30 m 高的防静电地板。

数据中心机房设计有专用的接地端子箱，并核心机房及 UPS 配电间的防静电地板下方设置有 4 mm×40 mm 接地铜排环网与其连接，一体化微模块机柜组及独立的服务器机柜等重要设备均采用 ZR-BVR16 mm² 接地线与就近的铜排连接。所有的吊顶、防静电地板、金属线槽、管道等均与等电位均压环可靠连接。

2）消防控制室

该院的消防控制室位于地下 1 层，面积 110 m²，设有消防控制室及配套的 UPS 及配电间两部分组成。消防控制室内设有 6 个工位的操作台（为能耗计量、智能照明、一卡通、视频监控、入侵报警/巡更、停车管理、集成管理、消防报警等系统的管理工作站）、55 英寸拼接液晶监控屏、7 台用于智能化系统的设备机柜以及相应的消防报警设备机柜等，而 UPS 及配电间设计有 1 台 80 kVA 不间断电源系统，并配置了可支持 1 h 备电的蓄电池组，为整个消防控制室的智能化核心设备、楼层弱电间的关键智能化设备、室外区域的智能化设备提供可靠电力保障。

消防控制室安防设计为两侧的出入口均设计有门禁系统，对进入人员进出身份认证及管控，并对消防控制室内进行摄像机监控的全覆盖设计。

消防控制室的装修设计为 20 cm 高的防静电地板、吊顶为微孔铝扣板,墙面采用防尘处理后涂刷乳胶漆饰面。

消防控制室设计有专用的接地端子箱,并在消防控制室及 UPS 配电间的防静电地板下方设置有 4 mm×40 mm 接地铜排环网与其连接,设备机柜及电视墙等重要设备均采用 ZR-BVR16 mm² 接地线与就近的铜排连接。所有的吊顶、防静电地板、金属线槽、管道等均与等电位均压环可靠连接。

5. 医疗专项系统

根据医院行业的业务特性与该院的建设需求,应设计建设由:排队叫号、病房呼叫、手术示教、病房探视等医疗专项系统的建设,这些系统均须与医院信息化系统(HIS)实现数据交互,为患者及家属、医生及护理人员提供服务,提高就诊效率及服务感受。

该院的东、西病房楼的住院病区及急诊病区设计病房护理呼叫系统。

系统主要实现病床床位(7 英寸液晶接触屏)、病房门口(15 英寸液晶触摸屏)、病区护士站主机之间的实时呼叫与对讲功能,为病房的卫生间设置应急求助按钮/拉绳,用于应急情况下的紧急求助,并在病区走廊的两侧安装有液晶呼叫显示屏,护士站侧设计 1 台 65 英寸液病员信息一览屏,系统与医院的 HIS 系统实现数据交互。整个系统为今后的智慧病房建设提供完善的硬件支撑。

6. 智能化集成管理系统

本次医院所设计的智能化集成管理系统将采用标准的接口与协议,集成管理各个智能化子系统(功能板块),并统一进行管理及展现。

管理平台应实现对医院所涉及的智能化设备和系统进行整合管理,用以实现对院内各智能化系统的集成化、可视化集成管理,以提高医院后勤的管理效率、保障医院运营的安全和稳定,为医护人员和患者提供更好的服务。

3.5.4 为智慧运维平台互联互通的思考

同时上述各类智能化系统的建设,还应充分考虑统一的接口与协议,以给到整个医院的后续未来即将建设的可视化智慧运营运维管理平台,相应的数据调用及协同需求。以实现整个医院运营及运维阶段的资产管理、能碳管理、楼宇自控管理、楼宇集成管理等核心业务融合,数据互联互通,实现品能平衡、降本增效、资产保值增值的目的。

具体的智能化各子系统为今后智慧医院运营管理平台提供如表 3-16 所列出的各个功能子系统与管理平台对接的标准接口与协议。

表 3-16 智慧医院运营管理平台接口与协议

子系统类别	对接数据呈现方式	系统接口
视频监控系统	支持三维地图展示视频设备位置、实时监控设备运行状态、可视化展示视频实时画面等操作。 支持电视墙,可选单路、四路、九路视频拼接,可存储预设电视墙,快速切换。 支持三维地图展示人脸识别相机设备位置、实时监控设备运行状态、管理人脸库信息、记录人脸事件	ONVIF、GB 28181、流媒体 HLS、API、SDK

（续表）

子系统类别	对接数据呈现方式	系统接口
出入口控制（门禁）系统	支持三维地图展示门禁设备位置、实时监控设备运行状态、可视化展示门禁出入记录、支持远程开门等操作	ONVIF、GB 28181、流媒体 HLS
入侵报警系统	支持三维地图展示求助报警设备位置、实时监控防区报警状态、支持在线布防/撤防等操作	API、SDK
停车管理系统	支持三维地图展示停车场出入闸机设备位置、实时监控设备的运行状态、可视化展示车辆出入趋势图、车辆出入记录	API、SDK
消防管理系统	支持三维地图展示消防设备位置、实时监控设备运行状态	RS485 串口
弱电机房系统	支持实时监控项目各机房运行状态及机房内设备运行情况	API、RS485 串口、ModbusTCP、SNMP
楼宇自控系统	支持三维地图展示送排风设备位置、实时监控设备运行状态。支持三维地图展示给排水设备位置、实时监控设备运行状态。支持三维地图展示新风空调设备位置、实时监控设备运行状态。三维地图展示变配电设备位置、实时监控设备运行状态。支持管道图展示冷机设备运行信息，实时监控设备运行状态	BacnetIP、ModbusTCP、OPC、API
能耗计量系统	支持可视化展示上海市中医医院嘉定院区项目用电、用水、用气等数据，针对能源走势画出能流图，以及支持按月、按年等时间维度导出能源数据	API、ModbusTCP、OPC
公共广播系统	支持三维地图展示公共广播设备位置、实时监控设备运行状态	API、ModbusTCP、OPC
智能照明系统	支持三维地图展示智能照明设备信息，实时监控设备运行状态，设备开关状态与模型进行联动	BacnetIP、ModbusTCP、OPC
访客管理系统	定制开发访客管理小程序，支持可视化展示园区访客数据	API、数据库接口

3.6 消防系统

医院的消防水系统是用于扑灭火灾和提供消防用水的重要设施，具有至关重要的作用。其设计和维护需要考虑多个方面，包括室外消火栓给水系统、室内消火栓给水系统、自动喷水灭火系统和气体灭火系统等。

医院的火灾自动报警系统是用于及时发现与规避火灾、有效疏散人员并控制火势蔓延的重要手段，能够最大限度降低火灾造成的生命财产损失，其设计实施与运行维护要考虑诸多内容，主要包含火灾探测报警系统、消防联动控制系统、防火门监控系统、余压监控系统、可燃气体报警系统、消防水炮控制系统、消防物联网系统等相关内容。

3.6.1 消防水源及消防水量

1. 消防水源

医院多数位于市区,周围市政给水管网较为完整。对于上海市区内若满足两路供水条件且接入管管径满足水量要求时,消防水泵可直接从市政管网抽水,不用额外设置消防水池。

对于上海市中医医院嘉定院区项目,与自来水公司核实后,周边市政道路满足两路供水要求,即院区周边有两条不同的市政给水干管可以向医院院区供水,且均能提供 DN300 给水管接入,满足院区生活及消防所有用水量需求,故不需要设置消防水池。

2. 消防水量

民用建筑同一时间内的火灾起数应按一起确定,所以对于医院建筑来说,其消防给水量计算同样应按一起火灾确定。

对于一座医院建筑来说,其消防用水量按灭火时需要同时作用的室内外消防给水用水量之和计算。通常一座医院建筑的消防系统包括室外消火栓系统、室内消火栓系统、自动喷水灭火系统、防护冷却系统、水喷雾系统、自动跟踪定位射流灭火系统、灭火器系统、气体灭火系统。

对于上海市中医医院嘉定院区项目,消防水量见表 3-17。

表 3-17 消防水量

系统	消火栓用水量(L/s)	火灾延续时间(h)	备注
室外消火栓系统	40	3	432 m^3
室内消火栓系统	40	3	432 m^3
自动喷淋灭火系统	50	1	180 m^3
中庭自动扫描高空水炮	20	1	不与喷淋系统同时
水喷雾灭火系统	20	0.5	不与喷淋系统同时
防护冷却系统	15	1	54 m^3
室内消防用水量	105		612 m^3
室内外消防用水量	145		1 044 m^3
屋顶消防水箱容积	初期火灾消防水量		36 m^3

3.6.2 消火栓给水系统

1. 室外消火栓给水系统

对于上海市中医医院嘉定院区项目,市政为两路供水,水压满足要求,故室外消火栓采用低压系统,在室外总体的适当位置、水泵接合器附近、地下车库出入附近,从室外消防管道接出地上式三出口消火栓,提供室外消防供水。室外消火栓保护半径不应超过 150 m,间距不应大于 120 m,在水泵接合器 15~40 m 范围内设室外消火栓。

2. 室内消火栓给水系统

1) 系统设置

对于上海市中医医院嘉定院区项目,室内消火栓系统采用临时高压消防系统。在地下一层消防水泵房内设置一体化成套消防给水设备，直接从市政给水管上吸水供整个消火栓系统用水。为保证最不利点消火栓静水压力的要求，主楼屋顶设置箱泵一体化消防稳压供水机组。

2) 医院建筑消火栓布置注意事项

由于医院建筑的功能复杂性，存在以下特点：建筑平面尤其是门诊区域面积较大；内走道较多；不同楼层的平面布局差别大；个别场所如中心供应室、检验科、ICU、静配中心等存在大间套小间的情况。因此在室内消火栓的布置上应该因地制宜，结合每层建筑平面解决。

具体做法可参考如下步骤：

(1) 消火栓布置在楼梯间、前室等位置。此位置一般能上下对齐，火灾时也是消防专业人员的主要通道，所以是室内消火栓布置的首选位置。布置在楼梯间、前室的消火栓应明装，并不影响楼梯门和电梯门的开启。

(2) 消火栓布置在公共走道两侧，这些位置的消火栓易被消防人员使用。

(3) 消火栓在集中区域内不公共空间内安装。医院建筑中心供应室、ICU、检验科、静配中心等场所，根据医疗流程要求，在建筑平面布局上会布置成一块独立的区域，在这些场所内，消火栓可以在敞开公共空间内沿柱子外皮明装，也可以沿靠近敞开公共空间的房间的外墙上暗装。

(4) 特殊区域如手术部、车库、门诊大厅、病房大厅等场所，应根据其平面布局布置。

3.6.3 自动喷水灭火系统

1. 设置位置

《建筑设计防火规范》(GB 50016—2014)中涉及了"不宜用水扑救的部位"这个概念。具体到医院建筑本身，高压配电室、低压配电室、网络机房、影像中心机房(CT 室、MRI 室、DR 室、X 线室、数字肠胃室、钼钯室等)、介入中心机房(DSA 室)、核医学科机房(PEC 机房、ECT 机房、PET 机房)、放射治疗机房(直线加速器、模拟机房等)、消控室、进线间及电气专业要求不能用水扑救的房间。以上房间或部位不能设置自动喷水灭火系统，只能采取高压细水雾系统、气体灭火系统、灭火器系统保护。还有一类特殊场所：手术室和有创检查的设备机房，为涉及病患感染的重要场所，这些场所的病患对于防止感染要求较高，要防止自动灭火系统的误喷对病患的影响，也被视为"不宜用水扑救的部位"。除上述房间外，其余位置均应设置自动喷水灭火系统。

2. 系统设置

对于上海市中医医院嘉定院区项目，自动喷水灭火系统采用临时高压给水系统，在地下一层消防泵房内一体化成套消防给水设备。为保证最不利点喷淋末端静水压力的要求，主楼屋顶设置箱泵一体化消防稳压供水机组一套。自动喷水灭火系统与大空间智能型主动喷水灭火系统合用消防水泵。

医院建筑中的地下车库火灾危险等级按中危Ⅱ级确定；其他场所火灾危险等级均按中危Ⅰ级确定。

在设计中，应明确医院建筑内库房(药品库)净空高度、储存物品的种类、危险等级、物品储存方式(堆垛或货架)、储存高度等,确定仓库危险等级,再计算确定仓库场所自动喷水灭火设计流量。地下车库若采用机械式停车时,应根据具体形式计算车库场所的自动喷水灭火设计流量。

3. 报警阀设置位置比选

医院建筑自动喷水灭火系统报警阀组通常设置在消防水泵房或专用的报警阀室内。

第一种方式是将报警阀组设置在消防水泵房内。此种方式布置紧凑,靠近自动喷水灭火给水泵组,系统控制集中方便。通常用于消防水泵房设置在本建筑物地下室和医院占地面积较小的情况。

第二种方式是降报警阀组设置在专用的报警阀间。此种方式布置分散,当医院体量较大,地下室和群房面积较大时,分散报警阀间可以大大减小管道水头损失,降低泵的扬程,降低系统的复杂程度。

上海市中医医院嘉定院区采用第二种方式,从喷淋泵引出的两根主管道在地下室成环,在几个主管井附近设置报警阀间,共设置三个报警阀间。

3.6.4 防护冷却系统

医院建筑中中庭与周围连通空间会设置防火玻璃进行隔断,防火玻璃的耐火完整性及耐火隔热性均应满足 1 h 防火要求,当不能同时满足时需设置防护冷却系统对防火玻璃进行保护。

上海市中医医院嘉定院区项目对此进行方案比选,若采用两者均满足的防火玻璃,相对与采用防护冷却系统而言则价格过高,所以采用了耐火完整性能满足 1 h 要求,但耐火隔热性不能满足 1 h 要求的防火玻璃,宜设置防护冷却系统对防火玻璃进行保护。

3.6.5 大空间智能型主动喷水灭火系统

该院建筑中建筑高度≥8 m 的高大空间处可设置全自动跟踪定位射流灭火系统。医院建筑的门诊大厅、病房大厅、门诊中庭等部位常做成高大空间,当净空高度 $8\text{ m} \leqslant h \leqslant 18\text{ m}$ 时亦可采用大流量喷头的自动喷水灭火系统,但可能会带来设计用水量过大的问题,故通常采用大空间智能型主动喷水灭火系统。

3.6.6 灭火器系统

1. 危险等级

医院建筑各场所部位的灭火器配置危险等级应根据各场所的功能性之来定。对于医院建筑的主体来说,住院床位是否超过 50 张是一个重要的控制指标,若住院床位数≥50 张的医院建筑,其门诊、病房、手术等医疗功能区的灭火器配置危险等级应按照严重危险级设计;若<50 张床位,这些部位的灭火器配置危险等级应按照中位线级设计。

2. 火灾种类

医院建筑灭火器设置场所的种类通常有几下三类:

A 类火灾。医院绝大多数场所,如手术室、门诊部、药房、住院部等,其内存在着木材、纸张等固体物质及其制品。

B类火灾。车库,其内停放的机动车附有汽油或柴油油箱。

E类火灾。医院建筑内敷设的电气房间,其内存在着发电机、变压器、配电柜、开关箱、电子计算机等电气设备。

3. 系统设置

对于上海市中医医院嘉定院区项目,灭火器配置如表3-18所示。

表3-18 灭火器配置

配置部位	危险等级	火灾种类	最低配置基准	配置种类	最大保护距离(m)
地下室汽车库	中危险级	B类	55B	MF/ABC5	12
地下室充电车位	严重危险级	E类	89B	MF/ABC5	9
变、配电房	严重危险级	E类	89B	MF/ABC5	9
水泵房、水箱间、风机房	轻危险级	A类	1A	MF/ABC5	25
厨房区域	严重危险级	C类	89B	MF/ABC5	9
其他部位	严重危险级	A类	3A	MF/ABC5	15

3.6.7 气体灭火系统

以下为医院建筑较特殊区域。

(1) 电气设备房间:包括高压配电室(间)、低压配电室(间)、柴油发电机房储油间、UPS间等房间。

(2) 智能化机房:网络机房、信息中心、网络信息灾备机房、应急响应中心、BA控制室等房间。

(3) 影像中心机房:包括CT室、MRI室、DR室、X线室、数字肠胃室、钼钯室等房间。

(4) 介入中心机房:包括DSA室等机房。

(5) 核医学科机房:包括PEC机房、ECT机房、PET/CT机房、后装机等房间。

(6) 放射治疗机房:包括直线加速器机房、模拟机房等房间。

(7) 病案室。

医院中上述房间不宜用采用自动喷水灭火系统进行灭火,除MRI室以外,其余房间可采用高压细水雾系统或气体灭火系统进行灭火。经过与多方医院沟通,核磁共振房间(MRI室)内不能有任何带磁性的物品,否则会影响检测结果且损坏机器,因对灭火设施进行消磁处理不能完全消除物体的磁性,所以仅考虑在MRI室外放置灭火器。

3.6.8 火灾自动报警系统

1. 火灾自动报警系统

火灾自动报警系统一般分为区域报警系统(仅需要报警,不需要联动)、集中报警系统(需要报警和联动)、控制中心报警系统(设置两个及以上消防控制室,或设置两个及以上集中报警系统的保护对象)。

根据工程实际情况,上海市中医医院嘉定院区项目采用集中报警系统形式,在地下一层设置一处 88 m² 消防安保控制室,内设火灾报警主机、广播主机、应急照明控制器、消防电源监控主机、电气火灾监控主机、就低液位显示装置等设备。贴临消防控制室设置一处 15 m² UPS 间,用于放置消防及安保系统的配电设备。

火灾自动报警总线制系统分为树形结构和环形结构两种形式:树形总线为单向回路形式,单点故障会影响后续设备,但成本低、扩容简单、布线方便;环形总线为闭合成环回路形式,单点故障不会互相影响,但成本较高、扩展困难、布线复杂。经过综合对比分析,且考虑医院后期建设布局调整较多以及消控室空间布置等原因,该项目最终采用树形结构。

常规场所的探测器选择按照规范进行设置,高度大于 12 m 的空间场所采用选择两种及以上火灾参数的火灾探测器,做到与视频监控系统联动,考虑光照影响以及维护方便,探测器位置尽量避开幕墙一侧并且点位设置要便于今后维修。

2. 消防联动要求

火灾自动报警系统的联动控制均按照规范要求进行常规设计,以下部分结合项目经验对相关特殊联动要求进行相关讨论。

事故风机应根据放散物的种类,设置相应的检测报警及控制系统,手动控制装置应在室内外便于操作的地点分别设置。事故通风系统的通风机应与可燃气体泄漏、事故等探测器连锁开启,并在工作地点设有声光等报警状态的警示。事故风机与可燃气体报警系统的联动,燃气报警探测器动作后反馈信号给燃气报警控制器,联动控制事故风机启动,切断相关区域内的燃气电磁阀并启动警报装置。

扶梯、中庭周围以及防火分区边界上的防火卷帘,联动情况需要根据建筑专业疏散走向的设置情况,明确为"一步降"还是"两步降",并按照规范要求设计。

门禁系统与火灾自动报警系统联动,一般分为电控锁直接断电和逻辑判断联动(间接联动)两种方式,并与视频监控系统实现联动。由于门禁系统逻辑判断联动方式能够实现包括消防报警信号、玻璃破碎器报警信号、强制电锁动作等输入输出等功能,且能够按设定联动命令去灵活控制指定电锁自动打开或者关闭。考虑到医院安防系统设置有诸多要求且门禁点位设置部位较多,为方便点位扩展及功能实现,一般选用逻辑联动方式。

电动移门的联动,由于医院内部布局不一且功能复杂,建筑专业从自身角度考量会设有要求消防时能自动开启的电动移门。从强电配电和火灾信号的实施角度进行综合分析与考量,要求电动移门需要具有断电自动打开的功能。净化区域内的电动移门一般由净化单位进行深化设计,由 UPS 输出柜配出回路供电,保证消防时电动移门仍可正常打开。

3. 防火门监控系统

防火门分为常开防火门及常闭防火门,防火门监控系统主机设于消防安保控制室。防火门监控系统对疏散通道上的常闭防火门、常开防火门进行开闭状态监测,对常开防火门进行远程控制关闭及故障状态进行监控。

防火门监控系统沿每处楼梯间、前室依据竖向原则进行预埋,每樘防火门门框边沿预埋接线盒,避免现场损坏、方便后期使用中的维修与维护。

4. 余压监控系统

根据规范要求,前室、合用前室、消防电梯间前室、封闭避难层(间)等处设置余压监控系统,火灾时对相关正压送风区域的余压值进行自动控制。当余压值大于最大允许值或小于最小允许值时,分别打开或者关闭正压风机旁通阀。

余压监控系统支持连续反复调节,并将工作状态反馈给消防控制安保中心。当同一正压送风竖向通道中各层对应区域的余压值不一致时,系统应能判断火灾发生楼层,并以该楼层的余压值作为第一优先判据执行相关的联动逻辑。余压控制器、余压探测器等设备做好平面及垂直方向的管线预留,沿楼梯间、前室等位置进行垂直敷设。

为便于管理人员随时掌握和了解设备运行情况,余压控制器通过通信接口接入系统总线,将系统工作状态实时上传至消防控制室内的监控器。余压探测器由余压控制器集中供给供电,超压时发出声光报警信号,以便维修人员及时发现并进行维护。

5. 可燃气体报警系统

厨房、燃气进线间、燃气热水机房等有可燃气体的场所,设置可燃气体泄漏探测和自动关断系统,每个燃气泄漏探测区域应设置各自的自动关断阀门,切断燃气输送管道。燃气泄漏现场同时具备声光报警功能,通过燃气探测报警控制器提供报警信号给火灾报警系统。

在消防安保控制室设置可燃气体报警控制器,在燃气区域设置可燃气体探测器点位,预留管路并就近引入线槽至消防安保控制室,便于消控室管理人员及时发现燃气泄漏情况。

6. 消防水炮控制系统

自动跟踪定位射流灭火装置灭火系统,集防火、防盗、监控于一体。火灾时图像信息处理主机发出报警信号,显示报警区域的图像并自动开启录像机进行记录,同时通过联动控制台,采用人机协同的方式启动消防水炮进行定点灭火。

在被保护区域内设置自动跟踪定位射流灭火装置(由给排水专业定位)和现场控制箱,现场控制器安装在自动跟踪定位射流灭火装置设计区域主出入口处,距地面1.5 m壁装,并预留好相关控制及配电管线。

7. 消防物联网系统

消防设施物联网系统将消防设施与互联网相连接进行信息交换,将消防给水及消火栓系统、自动喷水灭火系统、机械防烟和机械排烟系统、火灾自动报警系统等信息接入消防设施物联网系统,消防设施系统按不同的消防设施系统分别采集并应汇总到相应系统的采集装置。从消防物联网用户信息装置获取各类系统的信息到控制中心,控制中心向119报警服务台或应急联动中心转发经确认后的火灾报警信息。

消防物联网系统分为有线及无线两种形式,鉴于医院为人员密集场所且智能化系统设置很多(无线对讲系统、运营商无线覆盖系统、AP系统等),为保证物联网系统安全可靠运行、避免互相干扰,系统建议采用有线形式,并在消防招标时增加配管配线,将消防物联网系统平面布置补充完整。若为改造或者新增物联网系统,则建议根据实际情况,可以选择无线系统形式。

8. 消防应急广播系统

广播系统一般分为消防广播与公共广播分别设置、公共广播兼用消防广播两种形式。当工程广播系统规模较大且需要设置多个功率放大器时,可选用光缆采用数字广播,设置于末端弱电间内的功放,由楼层应急照明配电箱备用回路进行供电。

公共广播兼用消防广播时,又分为以下两种情形:消防应急广播功放设备等装置是专用的,仅利用公共广播的扬声器和传输线路。火灾时消防联动控制器负责切换广播线路,切换装置为继电器或者专用设备;消防应急广播利用公共广播的扬声器、传输线路及功放等设备,消防控制室内进设置应急音源及话筒,火灾时强制普通广播转入应急广播。

根据工程实际情况及以往项目经验,该项目选用光缆采用数字广播,采用公共广播兼用消防广播形式,并利用公共广播功放等主要设备。在各建筑的大厅、走廊、电梯厅、楼梯间、地下室车库和设备用房等公共场所设置扬声器。公共广播系统平日播放有关工作、生活信息及背景音乐,当有火警或紧急情况时,由消防报警主机输出控制信号,强行切入播放消防应急广播信息,同时向全楼进行广播。

广播系统线缆施工及维护时,线缆接口连接处应避免出现脱落现象,保持设备周围的运行环境。定期检查自检功能并进行消防联动测试,及时发现问题,保证系统始终处于正常工作状态。

3.7 物流系统

随着医疗服务的不断发展和医院规模的扩大,医院机电系统的规划设计与实施日益成为医院管理和运营的重要组成部分。医用物流系统作为医院机电系统中的重要组成部分之一,承担着药品、输液、检验标本、器械等物资的运输和分发任务,直接关系到医院内部物流效率和医疗服务质量。

医用物流系统的高效运作不仅能够确保医院各个科室之间物资的及时供应和流通,还能够提高医疗服务的响应速度和精确度,降低医疗事故的风险,从而为患者提供更加安全、便捷的医疗服务。因此,对医院机电系统的规划设计与实施中,特别需要充分考虑医用物流系统的设计与运营。

下文将围绕医院机电系统中的医用物流系统展开,首先对医用物流系统的重要性进行分析,其次从物流选型和规划设计两个方面探讨医用物流系统的优化策略和关键技术,最后通过上海市中医医院嘉定院区项目的案例和经验分享,为医院机电系统的规划设计与实施提供有益的参考和指导。

通过对医用物流系统的深入研究与实践,我们有信心能够为医院提供更加高效、安全的机电系统,为医疗服务质量的提升和医院管理的现代化发展贡献力量。

3.7.1 医用物流需求分析

随着医院规模扩大和就诊人数增加,物资运维管理和输送面临更高要求。传统医院依赖人工+推车+电梯的方式,效率低下,成本高昂,需解决诸多问题。一方面,批量货品运输效率低,如药品送达住院部依赖手工,速度慢、时间长,患者常等待。人工运输易致货品损坏、丢失,责任难追溯,管理风险大。另一方面,高峰时段物资运输量叠加,电梯资源紧张,物品难及时送达,影响医疗服务效率和质量,如图 3-45 所示。

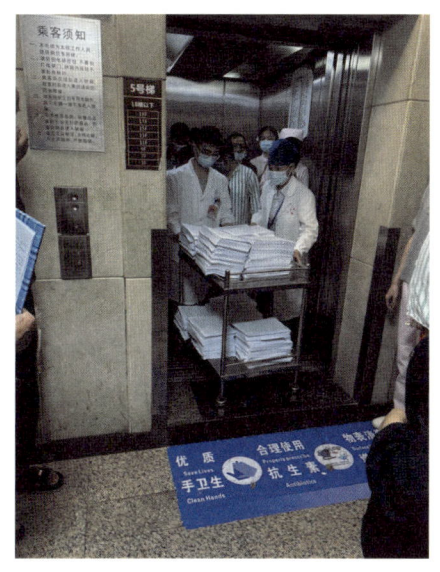 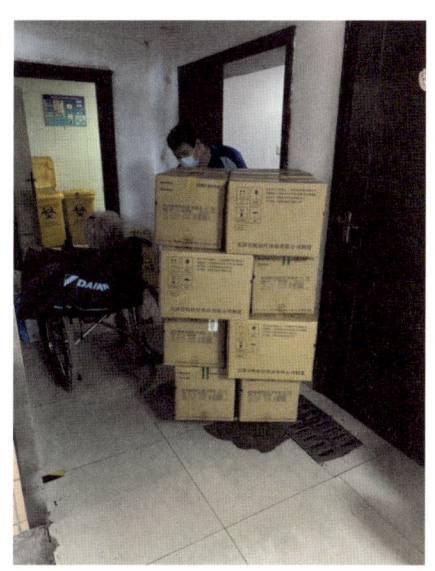

图 3-45　高峰时段电梯人货混杂　　　图 3-46　人工运输

现有的人工运输方式需要雇佣大量人员,不仅增加了医院的人力成本,还给医院管理和财务带来了巨大压力,如图 3-46 所示。

采用非现代化的物流模式不仅会制约医院未来的发展,也会影响医院的形象和声誉。运输拥挤、延误和错误频发的状态会给患者和家属带来不良体验,不利于医院的形象建设和现代化发展。

在医院物流中,不同类型的物资传输需要考虑安全性和时效性等因素,如表 3-19、图 3-47、图 3-48 所示。为了确保物资的安全运输和及时送达,以下是需要考虑的几个关键点。

表 3-19　各科室运输物资

科室	物品
静脉输液配置中心	250 ml/500 ml 输液袋
中心药房	所有盒装瓶装袋装的口服片剂药
	所有盒装瓶装袋装的口服溶液药
	所有盒装瓶装袋装的针剂
	所有袋装瓶装的静脉输液
检验中心	各类血液检测样本
	各类体液、腔内积液样本
	尿液和粪便样本
	其他液体检验样本

(续表)

科室	物品
血液中心	各类血液制品
病理实验室	各类病理检验标本
护理单元/病区	各类药品（中心药房）
	各类送检验中心的样本
	各类送病理实验室的标本
	各类医用材料和敷料
	一次性无菌用品
	各类小型诊疗包、小型器械包
	各类无菌导管、穿刺器械
	清洗和消毒的溶液、溶剂等
	特殊病房用的各类物品（如石膏等）
中心供应室	各类手术器械包、敷料包、诊疗包
	各类导管、穿刺器械
	各类专用动力工具
	包装材料和各类供应室专用耗材
	清洗和消毒液
手术室	小型消毒包，手术器械包
	各类输液药品和注射用具
	各类手术用材料、敷料、一次性耗材
	小型的专科手术器械和腔镜
	手术室用的清洗和消毒溶剂
	各类病理样本
门急诊和医技诊疗室	各类口服药品、针剂、静脉输液
	各类小型消毒包、诊疗包
	检验样本
	各类口服药品、针剂、静脉输液

（1）安全性方面：物流与人流交织增加交叉感染风险，需避免或减少。运输需防遗失或被拿取，可采用封闭式运输或监控。高值、毒麻药品需专人专拿。物资需有追溯性，确保来源和流向可追踪。

（2）及时性方面：确保医疗物资准时到达，特别在电梯高峰时段，需规划路线和时间。减少医务人员时间占用，保障医疗服务。建立全天候运输机制，确保急需物资随时供应。

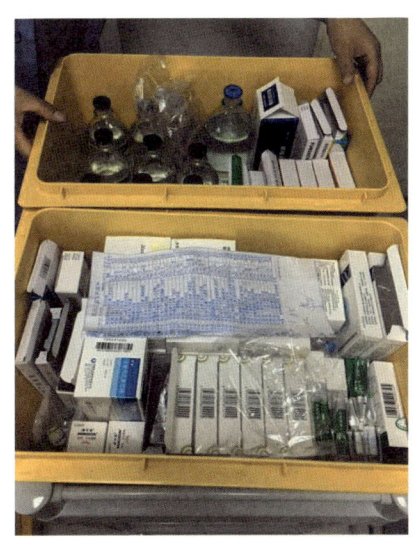 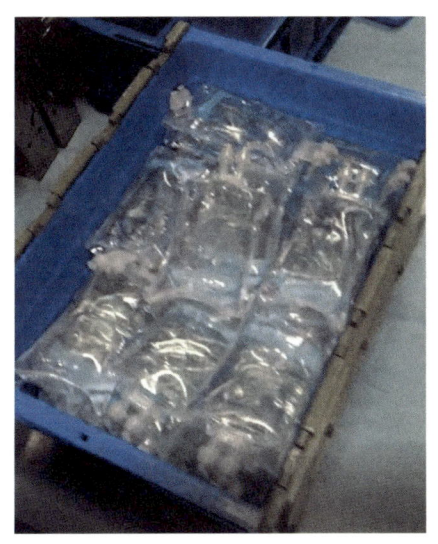

图 3-47　药品传输　　　　　　图 3-48　输液传输

医院应调整物流系统,智能化降低人工成本,提升效率。物流系统重要性凸显,需多元化组织,高速路比喻主要通道,通过机电规划确保畅通。智能化技术和流程优化提升运输效率,提供优质服务,提高医疗服务水平和质量。改进物流系统解决挑战,提高效率和安全性,为患者提供更好的体验。

3.7.2　医用物流设备选型

目前常见的物流形式有四种,如表 3-20、表 3-21 所示。

表 3-20　常见物流形式对比

对比项目	气动物流	轨道小车物流	中型箱式物流	机器人物流
传输重量	≤5.5 kg	≤30 kg	≤50 kg	100 kg 以上
传输速度	5～8 m/s	水平 0.4～1.0 m/s,垂直 0.4～0.8 m/s	水平 0.8～1.5 m/s,垂直 1.75～3 m/s	0.8～1.5 m/s
发送科室等候时间	高峰期排队等候	叫车等候,科室配备小车数目有限,尤其在高峰期等候时间较长	几乎没有等候现象,科室配备周转箱较多,随发随走。连续发箱,无需等待	一次性运输多物资,返程需要等待,但一般用于局部传输
主传物品	少量血液、少量标本、少量药品、小型器材	血液、标本、药品、小型器材、文件、部分输液	血液、标本、药品、文件、器械、中心配液、中心供应物品、被服、配餐等几乎所有物品	用于物资的局部传输,如静配中心、供应中心、住院药房或仓库
优点	速度快、效率高	一条轨道上可以有多辆小车同时发送,安装方便	传输量大、基本不受体积限制,传输箱使用存放方便、物品始终水平放置	单趟载重量最大,适合局部区域物品传输

(续表)

对比项目	气动物流	轨道小车物流	中型箱式物流	机器人物流
缺点	传输体积、重量受限	速度慢、维护成本高、车离不开轨、物品翻转、物品形状受限	工作站占地空间大	占用电梯资源,不适合全院传输
可扩展性	系统密闭 增加载体成本:低 不可与其他物流系统对接	系统密闭 增加载体成本:高,小车价格10万元/台 不可与其他物流系统对接	系统开放 增加载体成本:低,周装箱价格200元/个 可与其他系统无缝对接:SPD供应链、机器人物流系统、智能仓储系统、无人机系统、新零售等 垂直提升:一次可运输4箱,最大可达12箱	系统较为开放 增加载体成本:高 机器人系统可与中型箱式物流系统对接共用垂直管井

表 3-21 传输适宜性对比

设备类型 需求	气动物流	轨道小车物流	中型箱式物流	机器人物流
静脉中心	不适合	适合,但需要多次完成	适合,一次完成	适合,一次完成
大批量药品(长期医嘱)	不适合	适合,但需要多次完成	适合,一次完成	适合,一次完成
临时医嘱	适合	适合	适合	适合
血液制品、血样	部分适合	适合	适合	适合
小型手术包	不适合	适合,但需要多次完成	适合,一次完成	适合,一次完成
一次性无菌物流	不适合	适合,但需要多次完成	适合,一次完成	适合,一次完成
检验标本、病例样本	部分适合	适合(但必须内置特殊传输载架)	适合	适合
患者衣物	不适合	不适合	适合	适合
大型手术包	不适合	不适合(装载不下)	适合	适合
手术灭菌盒	不适合	不适合(装载不下)	适合	适合
餐食	不适合	不适合(翻转)	适合	适合

总之,气动物流适合小件急件传输,为辅助方式;轨道小车物流适合中小型物资,适合小型医院或需大改造场景;中型箱式物流解决中大型物资需求,适用于医院大批物资运输,为主流物流方式;机器人物流适合大型物资传输,尤其局部和平层,建议局部传输选择。

建议医院应采用中型箱式物流为主,气动物流为辅的复合型物流形式。中型箱式物流作为骨干物流方式,提高运输效率;气动物流解决小件急件传输,提升物资快速性和准确性。

此物流组合形式可提高医院物资运输效率和准确性,满足不同规模和特性的需求,为医院物流管理提供高效优质解决方案,奠定医院发展基础。

3.7.3 医用物流规划设计

本设计方案结合中型箱式与气动物流,满足医院大批量及紧急物资运输需求。通过精心规划与布局,确保物流高效、安全且建筑美观。设计预留未来扩展空间,利用信息技术实现智能化管理,降低误差风险,提升医院运营水平。未来,将探索应用机器人、智能仓储、无人机等技术,进一步提升运输效率和应急响应速度,增强医院服务能力和医疗体验。

1. 规划设计

在设计物流系统的平面布置时,需要遵循高效、合理、实用和美观的设计理念,同时注重空间的充分利用和运输效率的平衡。以下是设计的原则和思路具体展开。

物流站点的位置选择至关重要,应便于物资的发送和接收。合理规划物流流向路径,提高水平传输系统的传输效率。同时,要与其他机电管线合理排布,避免影响整体建筑标高。设计思路采用中型箱式物流和气动物流的结合方式,以满足不同类型物品的运输需求。

中型箱式物流适用于大批量、集中性运输,需要考虑土建规划设计和预留管井及洞口。在选择垂直管井位置时,需充分考虑医院建筑空间布局,符合工艺流程,并方便医护人员使用,同时将使用端站点安置在管井附近。水平输送线除了考虑运输效率外,还需要注意层高和机电管线的碰撞、避让等问题,如图 3-49 所示。

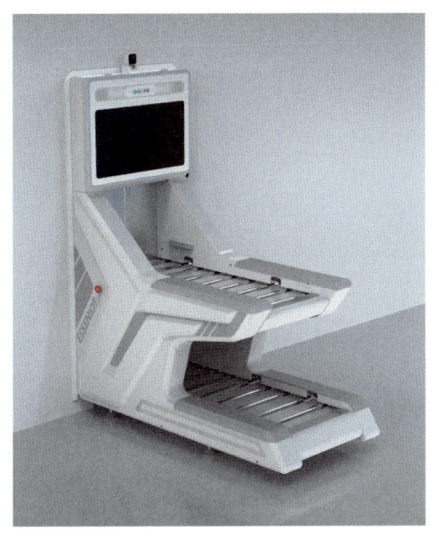 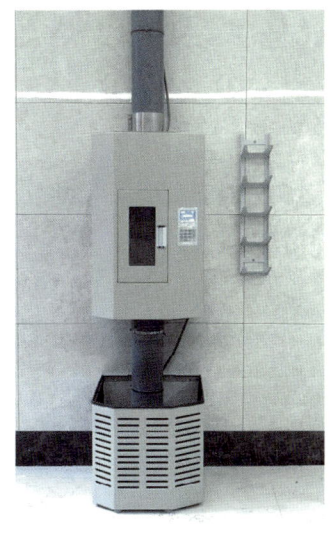

图 3-49 中型箱式物流站点　　　　图 3-50 气动物流站点

气动物流站点占地较小,管线直径较小,不需要进行土建预留,可以更加灵活地布置。经过多轮次的方案调整和比较,最终确定了目前的解决方案,充分考虑了物流系统的高效性和实用性,如图 3-50 所示。

设计物流系统的平面布置需要全面思考各个因素的影响,确保系统的高效运行。通过合理规划和布局,可以提高物流运输效率和准确性,同时优化空间利用,提升整体设计美观度。注重细节、考虑周全,是设计物流系统平面布置的重要原则,也是实现物流效率和美观性的关键。

在医院物流系统的设计方案中,中型箱式物流和气动物流扮演着重要角色,为医院内大批量、集中性物品的运输提供了高效解决方案。首先,中型箱式物流涵盖了25个站点和9根垂直提升机,将负一层设为库房主发站点,并在药库、检验科和病区等关键区域设置站点,以满足不同科室的物资补货需求。特别是通过共用站点模式设立静配中心和住院药房的站点,实现了同时发送输液和药品到各需求点的方便和高效。其次,垂直提升机一次提升四箱的设计,配合主水平输送线在地下一层的双线设计,为院内物资输送效率提供了有效保障。最后,整体的路线规划不仅考虑了物流效率,还考虑了机电管线布局、维护和办公区域的避让,确保了物流系统的高效运作,如表3-22所示。

表3-22 上海中医医院嘉定院区中型箱式物流系统站点一览

楼层	LT1	LT2	LT3	LT4	LT5	LT6	LT7	LT8	LT9
13F	预留	预留	—	—	—	—	—	—	—
12F	预留	预留	—	—	—	—	—	—	—
11F	病房护士站	病房护士站	—	—	—	—	—	—	—
10F	病房护士站	病房护士站	—	—	—	—	—	—	—
9F	病房护士站	病房护士站	—	—	—	—	—	—	—
8F	病房护士站	病房护士站	—	—	—	—	—	—	—
7F	病房护士站	病房护士站	—	—	—	—	—	—	—
6F	病房护士站	病房护士站	—	—	—	—	—	—	—
5F	病房护士站	病房护士站	—	—	—	—	—	—	—
4F	病房护士站	层流洁净病房	—	—	—	手术室	—	—	—
3F	—	ICU	检验科	—	—	—	—	—	中心供应
2F	—	急诊病房	—	—	—	—	—	—	—
1F	—	—	—	静配中心、住院药房	—	—	急诊急救	—	—
负1F	—	—	—	—	药库	—	—	中控维护室	—
站点小计	8	10	1	1	1	1	1	1	1
站点总计	25								

气动物流系统包含了28个站点和3台风机,主要应用于手术室、住院药房、分诊采血、

检验科、病理科等科室,用于快速运输药品和标本。气动物流管线具有较高的灵活性,可在医院内实现物资的快速运输,满足科室急件的紧急需求。物流机房设置在地下一层,既满足了气动风机的正常运行,又能够实时监测中型箱式物流和气动物流系统的运转情况,确保运输过程的顺畅和安全,如表3-23所示。

表3-23 上海中医医院嘉定院区气动物流系统站点一览

楼层	科室	科室	科室	科室	科室	站点小计
11F	病房护士站	—	病房护士站	—	—	2
10F	病房护士站	—	病房护士站	—	—	2
9F	病房护士站	—	病房护士站	—	—	2
8F	病房护士站	—	病房护士站	—	—	2
7F	病房护士站	—	病房护士站	—	—	2
6F	病房护士站	—	病房护士站	—	—	2
5F	病房护士站	—	病房护士站	—	—	2
4F	病房护士站	预留	病房护士站	—	手术室	3
3F		预留	ICU	检验科	输血科	3
2F	血透中心	预留	急诊病房	病理科		3
1F	住院药房	1F分诊采血	抢救室/EICU	急诊采血	体检中心	5
站点合计	28					

物流系统设计方案考虑医院科室间物资传递和紧急运输需求,通过站点设置和管线规划提升效率和灵活性。未来,随医院规模扩大和科技进步,物流系统将持续优化完善,满足日常和应急需求。创新和技术升级将使物流系统成为医院管理重要部分,为医疗服务提升和质量保障贡献力量。

2. 项目特色和未来展望

上海市中医医院嘉定院区项目选择中型箱式物流与气动物流复合型物流形式,以解决医院内部物资运输需求。传统医院物流系统通常采用单一物流系统,专注于大批量医疗物资的运输。然而,近年来复合型物流系统逐渐兴起,致力于整合多种运输方式,以满足医院多样化的物资运输需求。经过前期多方调研、论证并考虑未来发展趋势,最终决定采用复合型物流系统,旨在提高医院物资运输效率并适应未来的发展需求。

中型箱式物流是主要适用于大批量基础物资的快速运输,例如药品、医疗器械等。中型箱式物流系统可以提高传输效率,减少人工操作,确保物资的安全性和准时性。同时,气动物流则适用于解决医院内部小批量、频繁性的物资运输问题,比如病房的样本送检、急诊科的急需物资等,提高了运输速度和效率。

通过整合中型箱式物流与气动物流,医院内部物资运输得到全方位的覆盖,提升了运输效率和准确性,降低了人为操作带来的误差和风险。同时,信息技术的应用实现了物流系统的智能化管理,提高了医院物流运输的整体水平。

总的来说,复合型物流系统的应用使医院内部物资运输更高效、更快速。准时供应医疗物资,提升了医院医疗服务水平。这种物流系统不仅提高了运输效率和准确性,还充分利用信息技术实现了智能化管理,为医院未来的发展提供了可靠支持。

没有最好的物流系统,只有更适合医院需求的物流系统。在医疗环境中,物流系统至关重要,直接影响医院运转和服务水平。随着医疗发展和服务需求提升,物流系统不断演变。传统洁物运输已难以满足需求,洁、污物一体化方案逐渐兴起,如气力式垃圾收集、机器人处理医疗垃圾、厨余垃圾就地化处理等。医院物流体系自动化水平提高,中型箱式物流广泛应用,支持物流系统扩展和突破。结合机器人技术,实现跨楼层运输,减轻电梯负担。与智能仓储、无人机技术联动,提高运输效率和应急响应速度。医院物流系统创新是提升服务质量的关键,未来将智能化、高效化发展,为患者提供更便捷、可靠的医疗服务。这种趋势将帮助医院灵活应对挑战,提升医疗体验和照护服务。

(1) 医院物流传输系统提升运营效率:自动化和智能化减少医护人员劳动强度,确保药品和标本及时送达,提升医疗服务效率和安全性,优化运营秩序。

(2) 提升医院形象:智能物流系统改善环境,降低错误和风险,提升社会形象和声誉,增强公众信任。

(3) 降低运营成本:自动化运输减少人力资源浪费,提高经济效益,解放医护人员,提升工作满意度。

(4) 缓解内部交通压力:专用物流管道减少对电梯依赖,缓解拥堵,减少设备磨损和维护成本,提升患者体验。

(5) 提升管理透明度:数字化系统使管理层实时掌握运营情况,优化流程,提升决策精准性和管理透明度,确保合规运营。

总之,物流传输系统对医院运营、成本、服务质量和形象具有重要意义,合理规划和实施物流系统,实现高效、安全和可持续运营。

3.8 医用气体

3.8.1 医用气体工程

上海市中医医院嘉定院区的医用气体系统工程合计约900床,医用气体工程项目主要包括了,中心供氧系统、中心吸引系统、医用压缩空气系统,上海市中医医院嘉定院区项目建设周期150 d,系统管道全部采用铜管,主机设备均选用当前市场最优品牌。

1. 该项目施工特点

充分结合了目前国内外医用气体系统先进设计理念及国内知名医院设计模式;设计的动力设备目前国内医院普遍使用率较高,运行性能良好,经济合理;设计规范在按照《医用气体工程技术规范》(GB 50751—2012)前提下,又参照了《医院洁净手术部建筑技术规范——医用气体篇》(GB 50333—2013)要求。保证系统今后的扩展性,液氧站、负压吸引机房总管出口处预留阀门,可供今后其他大楼的用气连接之用。

设计中应遵守的国家及行业标准规范有:

(1)《医用气体工程技术规范》(GB 50751—2012)。
(2)《综合医院建筑设计规范》(GB 51039—2014)。
(3)《医用洁净手术部建筑技术规范》(GB 50333—2013)。
(4)《建筑设计防火规范》(GB 50016—2018)。
(5)《气瓶安全技术规程》(TSG 23—2021)。
(6)《氧气站设计规范》(GB 50030—2013)。
(7)《压缩空气站设计规范》(GB 50029—2014)。
(8)《工业金属管道设计规范》(GB 50316—2008)。
(9)《压力容器》(GB 150—2011)。
(10)《固定式压力容器安全技术监察规程》(TSG 21—2016)。
(11)《压力管道安全技术监察规程——工业管道》(TSG D0001—2009)。
(12)《医用气体工程技术规范》(GB 50751—2012)。
(13)《医用洁净手术部建筑技术规范》(GB 50333—2013)。
(14)《工业金属管道工程施工规范》(GB 50235—2010)。
(15)《工业金属管道工程施工质量验收规范》(GB 50184—2011)。
(16)《现场设备、工业管道焊接工程施工规范》(GB 50236—2011)。
(17)《现场设备、工业管道焊接工程施工质量验收规范》(GB 50683—2011)。
(18)《脱脂工程施工及验收规范》(HG20202—2014)。
(19)《医用气体和真空用无缝铜管》(YS/T 650—2007)。
(20)国家医药行业标准《医用中心吸引、中心供氧系统通用技术条件》(YY/T0186—0187—1994)。
(21)国家及地方颁布的其他相关法律法规。

2. 配置表

配置表如表3-24所示。

表 3-24 项目供气配置表

楼层	房间名称	间数	床数	氧气	吸引	空气	二氧化碳	开关及灯	插座	空气检修阀	氧气检修阀	二氧化碳检修阀
地下一层	留观室	1	1	1	1	0	0	1	2	0	1	0
	注射等候	1	1	1	1	0	0	1	2	0	1	0
	PET-CT	1	1	1	1	0	0	1	2	0	1	0
	小计	**3**	**3**	**3**	**3**	**0**	**0**	**3**	**6**	**0**	**3**	**0**
一层	DSA	2	2	4	4	4	0	2	6	2	2	0
	患者恢复	1	2	2	2	1	0	2	6	1	1	0

(续表)

楼层	房间名称	间数	床数	氧气	吸引	空气	二氧化碳	开关及灯	插座	空气检修阀	氧气检修阀	二氧化碳检修阀
一层	4人留观室	2	8	8	8	0	0	8	24	0	2	0
	输液大厅	1	36	36	9	0	0	36	72	0	10	0
	抢救室	1	11	22	22	22	0	22	88	11	11	0
	CT、MRI等	8	8	8	8	8	0	8	24	8	8	0
	热疗室、抢救室	3	3	6	6	6	0	3	12	3	3	0
	留观室	2	20	20	20	0	0	20	60	0	7	0
	雾化室	1	7	7	0	0	0	0	14	0	2	0
	儿童输液室	1	9	9	0	0	0	0	18	0	3	0
	DR	1	1	1	1	1	0	1	3	1	1	0
	小计	**28**	**112**	**128**	**85**	**41**	**0**	**107**	**336**	**25**	**55**	**0**
二层	治疗室	1	1	1	1	0	0	1	3	0	1	0
	抢救室	3	3	6	6	6	0	6	12	3	3	0
	4人阳性透析	15	60	60	60	60	0	60	360	15	15	0
	腹膜透析	1	2	2	2	2	0	2	12	1	1	0
	阴性透析	3	9	9	9	9	0	9	54	3	3	0
	2人间透析	1	2	2	2	2	0	2	12	1	1	0
	5人间病房	3	15	15	15	15	0	15	45	6	6	0
	3人间病房	5	15	15	15	15	0	15	45	5	5	0
	2人间病房	2	2	2	2	2	0	2	6	2	2	0
	恢复室	1	1	2	2	1	0	1	3	1	1	0
	超声介入	2	2	2	2	0	0	0	6	0	2	0
	ERCP、纤支镜、检查室等	12	12	12	12	12	12	12	36	12	12	0
	内镜病房	1	2	2	2	2	0	2	6	1	1	0
	麻醉复苏	3	11	22	22	22	0	22	66	11	11	0
	清创室/麻醉准备	4	5	5	10	10	5	5	15	5	5	0
	小计	**57**	**142**	**157**	**162**	**158**	**17**	**154**	**681**	**66**	**69**	**0**
三层	ICU	1	29	净化区域								
	特殊治疗	1	4	4	4	4	0	4	12	1	1	0
	小计	**2**	**33**	**4**	**4**	**4**	**0**	**4**	**12**	**1**	**1**	**0**

(续表)

楼层	房间名称	间数	床数	氧气	吸引	空气	二氧化碳	开关及灯	插座	空气检修阀	氧气检修阀	二氧化碳检修阀
四层	抢救室	1	1	2	2	2	0	1	4	1	1	0
	4人间病房	15	60	60	60	0	0	60	180	0	15	0
	膀胱镜	1	1	1	1	1	0	0	3	0	1	0
	小计	**17**	**62**	**63**	**63**	**3**	**0**	**61**	**187**	**1**	**17**	**0**
五至九层	抢救室	2	8	16	16	16	0	16	32	2	2	0
	4人间病房	29	116	116	116	0	0	116	348	0	29	0
	小计	**31**	**124**	**132**	**132**	**16**	**0**	**132**	**380**	**2**	**31**	**0**
	5—9 合计	**155**	**620**	**660**	**660**	**80**	**0**	**660**	**1 900**	**10**	**155**	**0**
十层	抢救室	2	8	16	16	16	0	16	32	2	2	0
	4人间病房	29	116	116	116	0	0	116	348	0	29	0
	小计	**31**	**124**	**132**	**132**	**16**	**0**	**132**	**380**	**2**	**31**	**0**
十一层	抢救室	2	4	2	2	2	0	1	16	1	1	0
	2人间病房	23	46	46	46	0	0	46	138	0	23	0
	1人间病房	1	2	2	2	0	0	2	6	0	1	0
	小计	**26**	**52**	**50**	**50**	**2**	**0**	**49**	**160**	**1**	**25**	**0**
	总计	**273**	**970**	**1 018**	**980**	**301**	**17**	**993**	**3 127**	**105**	**310**	**0**

3. 医用供气系统的核心要点

1) 解决全系统的最佳气体流量及压力分配问题

根据整幢大楼的总用气点流量,从主管、横管、支管进行一系列的实际与理论相结合的计算,确定最佳管径保证了用气点的气体流量。

为保证压力符合使用要求,氧气每层均配有流量调压装置,均采用双路设计,并能根据需要调节使用压力。

2) 解决全系统的密封性问题

为了提高系统密封性,从工程设计到施工、材料选购、检验均严格按照《医用气体工程技术规范》(GB 50751—2012)、国家医药行业标准《医用中心吸引、中心供氧系统通用技术条件》(YY/T0186—0187—1994)及国家相关标准执行。中心供氧、负压吸引系统、压缩空气系统均设计脱脂紫铜管,连接均采用标准的医用紫铜管件连接金属密封后银基钎焊接,保证了大楼医用气体工程整个系统的气密性。

3) 解决全系统的寿命及安全性问题

为了保证系统整体寿命,除所选用的产品均是国内知名品牌产品外,另外从脱脂紫铜管的连接采用金属管件密封,系统中无非金属密封材料,避免了系统的老化,且铜元素有杀菌抑菌功能。从而保证整套管路系统使用寿命超过 30 年。

供氧整个系统中氧气部分的所有减压装置均采用双路设计，一路使用一路备用。且每个减压装置中均设有一套安全阀，当减压装置故障出口压力高于最高使用压力时，安全阀自动开启并进行卸压，从而避免了氧气终端出现超出使用压力的危险情况。

3.8.2 设备选型的设计依据

1. 氧气使用流量计算

氧源不在本次工程施工范围内。

2. 负压吸引使用流量计算

负压吸引使用流量计算如表 3-25 所示。

表 3-25 负压吸引使用流量计算

使用科室	终端组件或计算单元的数量(个)	负压吸引用气量			
		吸引单位用量（终端处设计流量 Q_a）(L/min)	吸引单位用量（终端处使用流量 Q_b）(L/min)	同时使用系数(η)	计算流量(L/min)
手术室	16	80	40	100%	
小手术室	15	80	40	50%	
术后恢复、苏醒室	20	40	30	25%	
麻醉诱导室	19	40	30	25%	
ICU、CCU	29	40	40	75%	
急诊室、抢救室、临终关怀室	27	40	40	50%	
内镜 MRI 室、CT 室、DSA 室、DR 室	115	40	20	25%	
普通病房 B 超室、彩超室、心电室	919	40	20	10%	
负压吸引总需求量					299.9 m³/h

3. 压缩空气使用流量计算

压缩空气使用流量计算如表 3-26 所示。

表 3-26 压缩空气使用流量计算

使用科室	终端组件或计算单元的数量(个)	负压吸引用气量			
		空气单位用量（终端处设计流量 Q_a）(L/min)	空气单位用量（终端处使用流量 Q_b）(L/min)	同时使用系数(η)	计算流量(L/min)
手术室	16	40	20	100%	
小手术室	15	60	20	75%	

(续表)

使用科室	终端组件或计算单元的数量(个)	负压吸引用气量			计算流量(L/min)
		空气单位用量(终端处设计流量Q_a)(L/min)	空气单位用量(终端处使用流量Q_b)(L/min)	同时使用系数(η)	
术后恢复、苏醒	20	60	25	50%	
麻醉诱导	19	40	40	10%	
ICU、CCU	29	60	30	75%	
急诊、抢救室、临终关怀	27	60	20	20%	
内镜 MRI、CT、DSA、DR	115	60	15	10%	
普通病房 B超、彩超、心电	919	10	6	15%	
		压缩空气总需求量			3.15 m³/min

4. 医用气体用量计算结果

根据《医用气体工程技术规范》(GB 50751—2012)规定,医用气体系统气源的计算流量根据下面公式得出:

$$Q = \sum[Q_a + Q_b(n-1)\eta] \qquad 式(3-1)$$

式中 Q——气源计算流量(L/min);

Q_a——终端处额定流量(L/min),按本规范中附录 B 取值;

Q_b——终端处计算平均流量(L/min),按本规范中附录 B 取值;

n——床位或计算单元的数量;

η——同时使用系数,按本规范附录 B 取值。

上海市中医医院嘉定院区项目氧气流量(Nm³/h):—;上海市中医医院嘉定院区项目负压吸引流量(Nm³/h):299.9 m³/h;项目压缩空气流量(Nm³/min):3.15 m³/min。

3.8.3 中心站房设备选型

中心液氧站:氧源不在本次设计范围内,生命支持区域采用 1 套 2×10 瓶组氧气汇流排作为应急备用氧源。

中心负压吸引站:负压泵及其配套设备。

压缩空气站:空压机及其配套设备。

1. 中心供氧系统详细设计说明

1) 液氧站方案说明

中心供氧系统的氧气源是液氧储罐及应急氧气汇流排,液氧站主要设备配置如表 3-27 所示。

表 3-27 液氧站主要设备配置表

序号	货物名称	型号规格	单位	数量
1	氧气汇流排	全自动数显,10+10	套	1

2）中心供氧系统技术参数

（1）终端保证气压：0.2～0.48 MPa（可调）。

（2）系统小时泄漏率：≤0.2%。

（3）最大和最小使用流量工况下供氧压力误差：≤0.02 MPa。

（4）氧气终端设计流量：普通床≥10 L/min；手术室、急诊抢救等重病床≥100 L/min。

（5）氧气管道气体流速：≤8 m/s。

（6）系统运行方式：各终端连续用气，停电时不停供气。

（7）自动控制要求：当氧源和整个管路系统输出压力低于或高于额定值时有声光报警信号。

（8）所有用于氧气管道中的阀门、密封材料、仪表和设备生产厂必须具有氧气系统生产许可证。

（9）氧气管道需可靠接地，接地电阻为<10 Ω。

2. 中心负压吸引系统详细设计说明

中心负压吸引系统的负压源是真空机组、真空罐、细菌过滤器、自动控制柜等附属设备等组成，通过真空泵抽吸使吸引系统管路达到所需负压值。真空吸引机房设在地下二层，采用 3 台 200 m³/h（二用一备）油润滑旋片式真空泵，3 台 2.0 m³ 真空罐、2 套细菌过滤器、1 套污物收集罐、1 台分气缸及 1 台 PLC 控制柜。

1）中心负压吸引站主要设备配置

见表 3-28。

表 3-28 中心负压吸引站主要设备配置

序号	货物名称	型号规格	单位	数量
1	油润旋片式真空泵	功率≤5.5 kW，单泵抽气量：≥200 m³/h	台	3
2	真空罐	2 m³（碳钢）	台	2
3	细菌过滤器	$L=521$ m³/h	组	2
4	分气缸	三进一出	套	1
5	污物收集罐	0.1 m³	个	1
6	远程控制箱	PLC 控制	套	1

2）大楼吸引站主要技术参数

（1）最大抽气量（3 台同时工作，不含备用机流量）：400 m³/h。

（2）压力调节范围：-0.02～-0.07 MPa（可调）。

（3）小时增压率：（负压达到-0.07 MPa）<0.5%。

（4）吸引站噪声：室内小于 80 dB(A)，室外小于 60 dB(A)。

（5）电机功率：5.5 kW×3 台。

（6）负压报警范围：>-0.019 MPa，<-0.73 MPa。

（7）泵自动启停参数：启动-0.04 MPa，停止-0.07 MPa（可调）。

3）吸引站设计说明

根据《医用气体工程技术规范》（GB 50751—2012）要求，中心吸引站房的设计应符合下列规定：

(1) 真空泵四周应留适当空间，作为维修通道。

(2) 每台真空泵应根据设备或安装位置的要求采取隔振措施，机房及外部噪声应符合现行国家标准《声环境质量标准》(GB 3096—2008)以及医疗工艺对噪声与振动的规定。

(3) 站房内应采取通风或空调措施，站房内温度不应超过相关设备的允许温度。

(4) 中心吸引站应设置独立的配电柜与电网相连接。

(5) 中心吸引站应设置应急备用电源。

(6) 吸引管道均应接地，接地电阻不大于10 Ω，施工由院方负责。

(7) 多台真空泵合用排气管时，每台真空泵排气应采用隔离措施；排气管口应使用耐腐蚀材料，并应采取排气防护措施，排气管道的最低部位应设置排污阀。

(8) 真空泵的排气应符合医院环境卫生标准要求。排气口应设置有害气体警示标识。

(9) 排气口应位于室外，不应与医用空气进气口位于同一高度，且与建筑物的门窗、其他开口的距离不应少于3 m。

(10) 排气口气体的发散不应受季风、附近建筑、地形及其他因素的影响，排出的气体不应转移至其他人员工作或生活区域。

(11) 站房维保人员进入中心吸引站房，应注意个人防护。中心吸引系统设置除菌过滤器，过滤精度应达到99.999 9%。

3. 压缩空气系统详细设计说明

压缩空气系统的空气源是由空压机、储气罐、空气干燥机、过滤器、减压装置、自动控制柜等附属设备等组成。空气压缩机房设在地下二层，采用3台2.08 m³/min(二用一备)无油涡旋空压机机组、2台2.0 m³储气罐、2台吸附式干燥机、6套过滤器、1组减压装置、1台分气缸及1台PLC控制柜。

1) 主要设备配置

压缩空气站主要设备配置如表3-29所列。

表 3-29 中心负压吸引站主要设备配置

序号	货物名称	型号规格	单位	数量
1	无油涡旋式压缩机	功率≤11 kW，空压机气量≥2.08 m³/h	台	3
2	干燥机	处理量≥2.08 m³/h	台	2
3	预过滤器	过滤精度99.9%	套	2
4	精过滤器	过滤精度99.99%	套	2
5	除味过滤器	过滤精度99.999%	套	2
6	空气储气罐	① $V=2.0$ m³，$PN=1.0$ MPa ② 材质：碳钢	台	2
7	空气分气缸	1进2出	套	1
8	远程控制箱	PLC控制	套	1
9	减压装置	0.8 MPa，一用一备	套	2

2) 压缩空气站技术参数
(1) 最大供气量：两台空压机同时工作时 4.16 m^3/min。
(2) 压缩空气站出口工作压力：0.45 MPa(可调)。
(3) 压缩空气总体每小时泄漏率：<0.2%。
(4) 压缩空气管道可靠接地，接地电阻<10 Ω。
(5) 空气终端气压不低于 0.4 MPa，每个终端流量不低于 60 L/min。

3) 空气站设计说明

根据《医用气体工程技术规范》(GB 50751—2012)要求，压缩空气站房的设计应符合下列规定：

(1) 空压机四周应留留适当空间，作为维修通道。
(2) 每台压缩机应根据设备或安装位置的要求采取隔振措施，机房及外部噪声应符合现行国家标准《声环境质量标准》(GB 3096—2008)以及医疗工艺对噪声与振动的规定。
(3) 站房内应采取通风或空调措施，站房内温度不应超过相关设备的允许温度。
(4) 压缩空气站应设置独立的配电柜与电网相连接，压缩空气站应设置应急备用电源。
(5) 压缩空气管道均应接地，接地电阻不大于 10 Ω，施工由院方负责。
(6) 医用压缩空气严禁用于非医用用途。

空气压缩机进气装置应符合下列规定（施工由院方负责）：

(1) 进气口应设置在远离医疗空气限定的污染物散发处的场所。
(2) 进气口设于室外时，进气口应高于地面 5 m，且与建筑物的门、窗、进排气口或其他开口的距离不应小于 3 m，进气口应使用耐腐蚀材料，并应采取进气防护措施。
(3) 进气口设于室内时，医疗空气供应源不得与医用真空汇、牙科专用真空汇，以及麻醉废气排放系统设置在同一房间内，压缩机进气口不应设置在电机风扇或传送皮带的附近，且室内空气质量应等同或优于室外，并应能连续供应。
(4) 进气管应采用耐腐蚀材料，并应配备进气过滤器。
(5) 多台压缩机合用进气管时，每台压缩机进气端应采用隔离措施。

3.9 屏蔽工程

3.9.1 平面布局设计

防护屏蔽项目作为医疗专项，需提供专项设计方案。设计时，不仅要考虑满足建筑的相关规范，结构荷载、平面布置，还需满足相应的医疗规范。随着社会的发展，国家这几年对放射诊断、治疗、环境影响、职业病危害、设备类型审批等相关标准，进行了大量修订和完善。这也要求，我们要随着标准的变化，相应的流程布局设计、工艺方法、再到施工和安装的具体工作实施，都要满足其专业性和高要求性，为医护人员和患者提供一个舒适、温馨、优美的诊疗就医环境。

在做辐射防护项目专项设计时,从最初的相应的医疗规范要求开始,对在总体项目中的空间位置、面积大小、单边长度、周边环境的影响、建设方和使用科室的具体要求等,要有详细的规划,同时,根据不同类型设备、功能、效果的需求,以及建筑项目的建设、管理、验收等规范为基础,从建筑结构、材质、技术、经济等方面,综合考量,以达到最合理的效果,更好的为民众服务。

以上海市中医医院嘉定院区项目为例,在专项工程实施之前,与建设方、设计院的相关专业人员、使用科室进行了充分的讨论,做了详细的深化设计。从目前投入使用的效果来看,前期的讨论、调整是非常必要,并且是有效的。以下内容就是前期主要讨论的内容。

(1) 核磁设备所需的荷载:核磁设备的不同厂家、不同设备类型,从 6~12 t 不等,尤其现在的 5T、7T 设备,已经将近 15~20 t,对结构承重的要求的很大。同时,还得包括核磁设备的进场通道尺寸、进场路径的结构荷载要求,并预留的设备进场洞口。

(2) CT、DR 等放射设备机房的墙体砌筑材质——实心砖:墙体材质的不同,直接影响到防护材料的种类及数量、项目的经济要求、专项的建设规模。

(3) 机房的有效面积、单边长度、门窗洞口尺寸与位置:放射用房的建筑面积,因有结构方面的柱、墙、管井的需要,对机房的有效面积有很大的影响;而根据相应的放射诊疗等规范,要求的是有效使用面积(建筑面积减去因为柱、管井等影响,而剩余的完整矩形面积为有效面积,见图 3-51、表 3-30),必须满足不同设备类型的要求,同时还要考虑在完成防护屏蔽施工、装饰装修施工后对"有效面积"的影响。

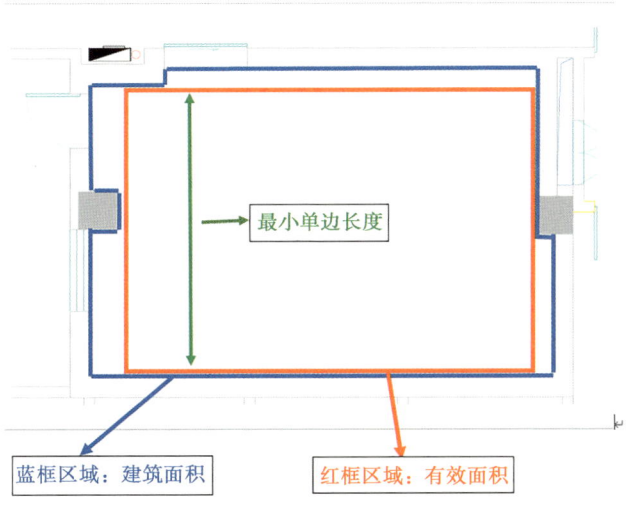

图 3-51 建筑面积与有效面积

表 3-30 规范标准(GBZ 130—2020)

设备类型	机房内最小有效使用面积[d]/ m^2	机房内最小单边长度[c]/ m
CT 机(不含头颅移动 CT)	30	4.5
双管头或多管头 X 射线设备[a](含 C 形臂)	30	4.5

(续表)

设备类型	机房内最小有效使用面积[d]/ m^2	机房内最小单边长度[e]/ m
单管头 X 射线设备[b]（含 C 形臂，乳腺 CBCT）	20	3.5
透视专用机[c]、碎石定位机、口腔 CBCT 卧位扫描	15	3.0
乳腺机、全身骨密度仪	10	2.5
牙科全景机、局部骨密度仪、口腔 CBCT 坐位扫描/站位扫描	5	2.0
口内牙片机	3	1.5

[a] 双管头或多管头 X 射线设备的所有管球安装在同一间机房内。
[b] 单管头、双管头或多管头 X 射线设备的每个管球各安装在 1 个房间内。
[c] 透视专用机指无诊断床、标称管电流小于 5 mA 的 X 射线设备。
[d] 机房内有效使用面积指机房内可划出的最大矩形的面积。
[e] 机房内单边长度指机房内有效使用面积的最小边长

关于建筑面积、有效面积、单边长度，看似只要预留足够空间即可满足，但在实际案列中，却经常碰到这类问题而无法通过验收。无论是改造项目还是新建项目设计时，因穿插比较多的专业和人员，在汇总形成最终的施工图上，因某一项的施工安装要求就会造成不满足相应医疗规范的现象，例如，从结构、平面设计上，尺寸、面积已经满足规范要求，但如果再因消防、暖通等的施工需要，设置管道井、排烟管或其他，就影响到机房的有效面积及单边长度测量。这方面需要在设计规划中，应予以充分协调、考量，并在深化设计时予以调整。

另外，门窗洞口尺寸与位置，这和设备安装位置、医护的操作、科室的工作习惯、需求有关，需满足医生观察角度、视野、患者进出的便利，要综合各方面来考虑。例如患者进出的防护移门与医生进出的防护单开门尽量相邻或相对同一侧，以便于患者诊疗前，与医护人员的沟通；防护移门洞口设置为 1 500 mm×2 200 mm，即可保证病床的进出，又可保证大部分设备的进出，不用在单独开始设备进场通道；防护观察窗 1 500 mm×900 mm，窗台下沿至完成面 800~850 mm，利于医护人员操作时，更能清晰观察扫描间内患者的状态。但有一些设备要求观察窗尺寸尽量大，有更大的观察视野，例如 DSA 机房，还有一些有教学需求的，也要安装更大的观察窗，一般尺寸设置为 2 000 mm×1 000 mm 或 1 800 mm×1 000 mm。

（4）建设方、管理方、设备供应商、使用科室等的信息收集：对开关插座的点位、数量、应急（急停开关）位置进行优化。主要考虑设备摆放位置、医疗人员的观察角度及辅助设备的数量及位置。点位位置及数量也会因设备的不同有相应变化，例如，核磁、CT、ERCP 等设备（影像处理、显示器数量等需求高），需要的插座、网络就明显增多，一般需 8~10 组插座，4~6 组网络（含电话），而 DR、钼靶、骨密度等，保证基本的 6 组插座加 2 组网络（含电话）即可。另外，如有其他辅助设备（吊塔、高值柜等）也要提前准备预留相应的管线等。

（5）核医学科：核医学科近几年的发展的非常迅速。从作为体检、术后筛查的基础上，已经发展为多种类核素、多技术手段、多方法诊断、治疗方法，并取得了良好的效果。同时随着核医学的发展，核素使用种类的增多，相应的专项环评、职业病危害的评价标准和方式也随着调整，国家为之出具了相应的最新规范及标准。上海市中医医院嘉定院区项目中在核医学科的布置、流程和相关专项环评单位、职业病危害预评价单位、建设单位、设计院协调讨论中，进行了多项的调整，包括平面位置、平面布局、关于三废处理（废水、废气、固废）、核素使用的种类等，才确认了目前符合建筑、医疗、环保、运营、使用等方方面面的要求。

核医学科，作为未来的检查、治疗的一种有效手段，作为医院发展、评级的基本要求，有很大的发展空间，虽然其防护屏蔽项目造价相对较高，相关管理及审核也烦琐，但非常值得建设方、管理单位充分重视、投入。建设方可以考虑一些前瞻性需求：例如扩大衰变池的容积，预留相应的空间，为后续更多的核素使用，建设实验室、增设功能区等。

（6）放疗科：放疗主要是直线加速器机房，该机房因设备产生的大量X射线，防护材料的最优选择是混凝土或重晶石混凝土，厚度非常大。除了混凝土施工的难度外，最关键是是满足设备安装和使用的预埋件问题，例如：消防、暖通、弱电、物理检测、强电等需要的预埋管的数量、位置、间距、角度等，这在施工前需进行大量设计、协调、沟通工作。

3.9.2 专项环评报告（表）、职业病危害预评价报告

1. 专项环评报告（表）

因辐射防护屏蔽的特殊性，除了总体项目的所需的"环评报告"，对辐射防护这一医疗专项，还需编制"专项环评报告（表）"和"职业病危害预评价报告"。专项环评报告（表），通常是以设备类别来区分，例如：回旋加速器、PETMRI等一类设备，需要编制专项环评报告；二类设备，核医学科、直线加速器、DSA、ERCP（有手术需求）等，编制专项环评报告表；以CT、DR等为代表的三类设备，进行环评备案即可。核磁共振设备不需要进行相应的评价报告，但施工完成后，需进行独立的屏蔽效能检测。

首先，大部分新建、扩建医疗项目，都含有核医学科的建设，专项环评报告（表）内容主要涉及科室建设选址是否合理，流程、布局等是否满足规范要求，废水（衰变池、选址、容积、）、废气（核素挥发物）、固废（放射性废弃物）的处理，防护铅当量的验算等。例如核医学科空间布局上，一般设置在地下室，并尽量远离人群相对集中的地方，同时周边的一定范围内，不允许有食堂、食品仓库、超市、妇产科等；医生、患者（药物注射前、注射后）、核素药物的进、出路径不能有交叉，各个功能区——注射前诊断、注射室、缓冲区、污物室、储源室、注射后候诊室、抢救室、患者卫生间、留观室是否完备，患者检查后离开的独立通道等，这些都是专项环评报告（表）、职业病危害预评价非常关注的内容，并有严格的要求。因为一旦发生事故，会对医院较大范围造成严重的环境影响。相关流程、布局、动线的不合理，也会造成对患者、医护人员和公众的影响。因而，核医学科的建设是一个独立的系统工程，从土建、防护屏蔽到装饰装修及安装项目，和其他科室及区域都有着明显的区别，例如，它的水处理、通风系统都需独立设置，定期检测，防护当量也远比其他普通放射设备的要求高等。

其次，核医学科的防护屏蔽，如从防护效果和经济方面考虑，可以适当增加墙体的厚度。核医学科产生射线主要是伽马射线，防护效果最好的方式是增加墙体的厚度，然后才是配合防护材料的密度，例如，从一般为200 mm厚的实心砖墙，增厚为370 mm实心砖墙，虽然墙体厚度增加不多，但防护效果却能提高几个层级，大大减少了防护材料（铅板）的使用。它与产生X射线的CT等设备不同，主要依靠防护材料的密度来达到防护效果（例如

铅板密度 11.34 kq/m³)。针对伽马射线和 X 射线,防护方式有本质的不同。

再次,核医学一般建设在医院的地下一层,其顶面一层一般都为门诊或病房等人流量多的地方,从环境评价角度来说,通过相应计算,所需要的防护当量就非常大("居留因子"的取值较高),有时候能达到 18~20 铅当量,如果能在土建施工时,增加相应区域的楼板厚度,或增加相应区域的空间高度(采用"距离防护"方式),可以有效降低防护材料的使用量,降低防护屏蔽项目的造价。但相对的,也会增加土建方面的工作量,因而也需建设方及设计院综合考虑,采用合理方案。

最后,关于防护铅当量的计算,专项环评报告(表)的计算方法、依据和职业病危害预评价报告的有不同,环评的计算数据,一般比职业病危害预评价报告的数据要高,但建设单位、设计单位和施工单位一般以专项环评报告(表)为主要参考数据,职业病危害预评价报告数据为辅。但在总体项目的建设、推进过程中,两项"报告",容易受到设备选型、设备采购、科室建设方向等方面的影响而滞后,严重影响了辐射防护屏蔽专项工程的方案设计,进而影响施工的进度。这方面需要建设单位、管理单位等相关方予以充分重视。

2. 职业病危害预评价报告

专项环评报告(表),是对环境影响角度来进行规范及评价。职业病危害预评价报告,是从卫生医疗角度来进行评价,依据相关卫生管理标准,不同的设备及建筑类型,通过计算提出辐射防护当量的数值。同时报告也会对放射用房的空间位置的布置、面积大小、防护材料的材质等提出合理化建议。

3. 两份"报告",对辐射防护屏蔽项目起到很关键的作用,是防护屏蔽方案深化设计的基础

它对防护材料的选择、技术手段、造价、质量、验收、使用及维保等方面都起到引领作用。例如,选择采用混凝土、重晶石混凝土、实心砖墙或轻质砖墙等建筑材料,对需要铺设、使用多少的铅板、硫酸钡、防辐射涂料(目前主要使用的防护材料),需要多少的"铅当量",通过计算得出的数据,建设单位和设计单位通过综合考量,详细对比,可以选择最合理、经济的手段,来完成防护屏蔽专项的实施。辐射防护屏蔽专项,在以上述两份报告为基础上,来进行相应的深化设计。在符合医疗、建筑规范的前提下,经过深化的设计方案,出具完整的施工图,通过一系列依次施工过程,完成专项的建设,得以满足医院运营需求、提升诊疗体验。

3.10 净化系统

3.10.1 暖通系统

1. 系统概述

上海市中医医院嘉定院区项目净化区主要包含手术部、重症监护病房、中心供应室、实验室、静脉配置中心、无菌层流病区。

重症监护病房、静脉配置中心的普通药物调配区、中心供应室、无菌层流病区的清洁病

房病区净化区采用自引新风一次回风医用卫生型净化循环空调系统；静脉配置中心的抗生素药物配置区、实验室、负压手术室采用全新风医用卫生型净化空调系统；手术部区域除负压手术室外其他区域采用集中新风一次回风医用卫生型净化循环空调系统，新风集中处理之后再送到循环机组中；无菌层流病区的百级层流病房采用自循环水平无菌层流装置＋集中新风医用卫生型净化空调系统。

2. 多方案对比

医院净化暖通系统的设计应从多方面进行考虑，应结合项目特征合理对比。

（1）不同的功能分区应该采用各自独立的净化空调系统。

（2）自引新风净化循环空调系统：分区内空调子系统数量少、净化机房空间小、工程造价低、对湿度范围要求不高的场所可以选用自引新风净化循环空调系统，但是自引新风净化循环空调系统温湿度控制受室外气候影响比较大，存在较大的波动。通常要配直膨机进行辅助降温除湿保证室内温湿度。

（3）集中新风净化循环空调系统：分区内空调子系统数量多、净化机房空间大、工程造价富裕、对湿度范围要求高的场所可以选用集中新风净化循环空调系统，集中新风净化循环空调系统是对室外气候进行预处理，在经过了循环机组处理后送至室内，室外气候对系统的影响小，室内温湿度控制的比较温度，但是相对自引新风净化循环空调系统而言造价会高点，能耗会高点。

（4）气流组织：洁净区域采用上送下回/排的气流组织优于上送上回/排的气流组织，对尘埃粒子的吸附过滤，对温湿度的均匀度、对感染控制均有利。

3. 医院运行和维护的要求

净化环境的控制其核心是对尘埃粒子、菌落数的控制，暖通净化系统过滤器设计、配置显得尤为重要，在医院的运行和维护过程中有着至关重要的地位。净化空调机组采用三级过滤：初效＋中效＋亚高效过滤器，房间送风末端配置高效过滤器，回风末端配置中效过滤器。在系统正常运行，按周期对以上过滤器进行清洗、更换，是保证设备高效运行的关键，还能降低系统故障率、病原菌感染率等。除此之外，洁净室还需进行定期系统监测，记录空调机组的运行参数，房间压差状态并且检查空调设备的运行情况。

4. 基于医院运维的暖通设计

对于医院后期的运维，上海市中医医院嘉定院区项目以设计的角度在节能降耗、感染控制、系统稳定性等方面进行了着重考虑：

（1）对静脉配置中心、重症监护病房、手术室、实验室等经常有人员驻留、活动的场所设计了上送下回/排的气流组织，利于医院感染控制、洁净度控制。

（2）对于百级手术室设计了二次回风系统，相较于传统的一次回风系统，二次回风系统节能降耗。

（3）对于手术部、无菌病房这类子系统多、温度是严苛的场所，设计了集中新风净化循环系统，室内温湿度稳定、可控。

（4）对于百级无菌病房设计了自循环水平无菌层流装置，相较传统的机组与病房1对1的系统，自循环水平无菌层流装置用电能耗更低，运行管理也更直观、方便。

（5）对于加湿系统，配置了全自动软水器，加湿器使用寿命更长、维护频率更低。

3.10.2 强弱电系统

1. 系统概述

医院洁净区是医院中对环境洁净度有特殊要求的区域,如手术部、重症监护病房、中心供应室、实验室、静脉配置中心、无菌层流病区等。这些区域对空气、温度、湿度、噪声等环境因素有严格的控制标准。在进行医院洁净区的强弱电系统规划设计时,需要特别注意系统的可靠性、安全性、洁净度和对医疗设备的支持能力。强电系统在医院洁净区主要用于提供稳定和安全的电力供应,弱电系统在医院洁净区主要用于信息传输和设备控制。

医院洁净区的强弱电系统规划设计是一个专业性很强的工作,需要综合考虑医疗需求、安全规范、环境控制等多方面因素。通过合理的设计,可以为医院提供一个安全、可靠、高效的工作环境,提高医疗服务的质量和效率。

2. 多方案比较

净化电气系统的核心目的之一是对生命的支持,不间断应急电源便是生命支持保障的核心措施之一,不间断应急电源(UPS)系统方案对系统设计、运行、后期维护至关重要。

首先,可采用 UPS 集中供电方式,设置 1 个总的 UPS,放射式引至手术室专用配电箱,集中式供电可以节省建筑面积,并且由于整合后采用大功率 UPS,使用效率会更高。这种方式还可以降低机器的采购成本,提高运营维护人员的工作效率,减轻劳动强度。

其次,还可以采用 UPS 分散供电方式,每个手术室专用配电箱处设置 UPS,每个手术部辅助电源专用配电箱设置 UPS;这种分散式供电则有利于风险分散,各手术室之间的供电互不影响,某台 UPS 出现问题不会影响到其他手术室。

最后,为保证患者的生命安全,上海市中医医院嘉定院区项目的手术部的电力采用一级负荷的要求供电。两路电源在手术部所在楼层的总配电箱处自动切换。手术部按一级负荷中特别重要负荷的要求供电,还必须增设 UPS 应急电源,根据医院手术部的具体需求和条件采用了 UPS 集中供电方式,具有较高的抗干扰性,从而避免了由于手术区内小型医疗设备众多,干扰众多的影响,如隔离变压器的励磁冲击电流、设备短路故障电流、电机起动电流等,UPS 集中供电方式的耐受冲击电流大,因此影响相对较小,运行更稳定。另外也有效地降低医院机器的采购成本,提高运营维护人员的工作效率,减轻劳动强度。

3. 医院运行和维护的要求

为保证医院洁净室正常运行和维护需要综合考虑多个方面,从设计到设备选择、从安全保护到定期维护等都需要精心安排和管理。可以通过以下措施确保洁净室内的电气系统安全可靠地运行,为患者提供安全的技术和环境。

(1) 符合相关标准和规范:医院洁净室的电气设计符合国家和地方的电气设计规范和标准,如国家标准、行业标准等。

(2) 供电可靠性:确保洁净室的供电系统具有足够的容量和稳定性,以支持各种设备的正常运行。比如手术室通常需要采用双路电源供电,以及备用应急电源等措施来确保电源的可靠性。

(3) 电气设备的选择:在选择电气设备时,考虑其性能、安全性、可靠性和易维护性。关键设备应选择有良好信誉的知名品牌产品。

（4）配电系统设计：合理设计配电系统，包括线路布局、开关选择、接地保护等，以确保电气系统的安全稳定运行。

（5）照明系统设计：照明系统应满足手术室内各种操作的光照需求，并确保光线均匀柔和，避免产生阴影或眩光。

（6）安全保护措施：采取必要的安全保护措施，如漏电保护、过载保护、短路保护等，以防止电气事故的发生。

（7）定期检查与维护：对整个电气系统进行定期检查和维护，包括线路、设备、开关等的检查，以及对故障进行及时修复。

（8）培训与管理：对操作人员进行专业的培训和管理，提高他们的电气安全意识和技能水平，确保他们能够正确地操作和维护电气系统。

（9）应急预案制定：制定应急预案以应对突发情况，如停电、设备故障等，确保在紧急情况下能够迅速采取措施恢复正常运行。

4. 基于医院运维的电气设计

上海市中医医院嘉定院区项目的净化配电系统形式及特点主要包括独立电源供电、应急电源配置以及合理的配电方式等。

（1）独立电源供电：洁净手术部属于一级用电负荷，需要由两路独立电源供电，这是为了确保手术过程中电力供应的稳定性和可靠性。通常这两路电源会直接由低压配电室的两个专用回路提供。

（2）应急电源配置：在有生命支持电器设备的洁净手术室中，设置应急电源，以保证在主电源失效时能迅速切换至备用电源，维持生命支持设备的正常工作。

（3）合理的配电方式：根据医院内不同部门的性质和对电源可靠性的不同要求，采取分区域配电。例如，手术室、ICU等重要负荷通常采用放射式的方式配电。

（4）IT系统接地：手术室中的医疗电气设备及系统的回路，尤其是那些用于维持生命、外科手术、重症患者实时监控的设备，采用医疗场所局部IT系统供电，以确保患者安全。

（5）配电柜和配电箱的设置：洁净区域总配电柜应设在非洁净区域，而每个手术室等洁净间应设独立的配电箱，置于清洁走廊，不得设在洁净区域内或手术室内。

这些措施共同构成了洁净手术室的配电系统，它们的主要特点在于高可靠性、安全性以及符合医疗电气设备特殊要求的设计。这样的设计能够确保手术过程中关键医疗设备的稳定运行，保障患者和医务人员的安全。

3.10.3 给排水系统

1. 系统简介

医院的洁净工程的供水系统除空调水系统外，还包括生活给水系统、生活热水系统、净化水（包含软水、纯水、无菌水、酸碱水等）系统。给排水系统的选择一般要满足以下几点规定：

（1）洁净工程生活用水的水质均应符合现行国家标准《生活饮用水卫生标准》（GB 5749—2006）和《二次供水设施卫生规范》（GB 17051—1997）等的要求。

（2）洁净工程给水系统除涉及传染病的洁净工程外，应尽量沿用主体建筑整体供水路由，由建筑物供水系统统一供给。洁净工程应分区单独设置计量设施。洁净手术部给水系统应设置两路水源环形供给。

（3）洁净工程给水系统，除对水压有特殊要求的供水点外，给水系统用水压力不宜大于 0.20 MPa，并应满足卫生器具的工作压力要求。当供水系统压力超压时，可采用减压阀、局部节流装置、减压孔板等调整用水点供水压力。

（4）涉及传染病的洁净空间、传染病负压病房，污染区生活给系统应独立设置，宜采用断流水箱供水方式供水，且供水系统宜采用断流水箱加水泵的给水系统。当供水区域小、用水点少或采用断流水箱确有困难时，供水系统可采用设置减压型倒流防止器的方式，防止污染回流。

（5）下列场所用水点应采用非手动开关，并采取防止污水外溅的措施。①公共卫生间的洗手盆、小便斗、大便器；护士站、治疗室、中心（消毒）供应室、监护病房等房间的手盆；②手术室刷手池、血液病房、ICU 等房间的洗手盆；③检验科等房间的洗手盆，有无菌要求或者防止感染场所的卫生器具。

2. 多方案对比分析

给水系统的管材应综合考虑工程情况以及医院运维使用、投资等情况确定，目前工程上应用较多的为铜管、薄壁不锈钢管、金属复合管以及塑料管，禁止使用镀锌钢管。上海市中医医院嘉定院区项目在在实施之前对各类管材进行了一个对比分析。

（1）铜管：铜管质地坚硬，不易腐蚀，且耐高温、耐高压，可在多种环境中使用。另外，铜管还具有抗微生物的特性，可以抑制细菌的滋生，尤其对大肠杆菌有抑制作用，水中99%以上的细菌在进入铜管 5 h 后会自行消失。因此，铜管为首选管材，但是铜管的缺点是价格高，施工现场材料保护工作量大，在资金充足的情况下，推荐使用铜管。

（2）薄壁不锈钢管：宜采用卡压、环压等活性连接方式，具有迅速装配、方便日后的改动或维护，对施工人员技术要求不高、连接稳定、不受安装环境影响、提高施工工作效率、降低安装成本、无电无声无明火操作等技术优势。不锈钢管具有强度高、抗腐蚀性能强、韧性好、抗震性能优、低温不变脆、输水过程中可确保输水水质纯净、耐用且无二次污染等特点。目前薄壁不锈钢管材为医疗建筑常用给水管材，在资金不紧张的工程中，优先采用薄壁不锈钢管材。

（3）金属与非金属复合管：兼有金属管道的强度大、刚度好和非金属管材耐腐蚀、内壁光滑、不结垢等优点。复合管的缺点是两种材料热膨胀系数相差较大，容易脱开，生活热水系统中，不推荐使用金属与非金属复合管。

（4）塑料管：塑料管有良好的化学稳定性、卫生条件好、热传导好、内壁光滑阻力小、安装便捷、成本低、无毒、无二次污染等优点；其缺点则是抗击性能及耐热性能差、热膨胀系数大。

3. 医院运行、维护要求

上海市中医医院嘉定院区作为新建医院，在建设初期从运行的可靠性、降低维修成本等方面对给排水系统提出了以下几点要求：

（1）给排水系统要有很高的稳定性、连接紧固可靠、具有较高的强度、同时具备一定的抗腐蚀性能，减少后期检修更换的频率。

（2）内壁环境要洁净无菌、在运输过程中避免造成二次污染，确保水质干净。

（3）遵循安全设计、安全施工的原则，减少明火作业。

（4）施工工艺要成熟，多采用模块化、工厂预制工艺，减少现场定制加工的比例。

4. 基于医院运维的给排水设计

上海市中医医院嘉定院区项目的净化区域包含手术部、重症监护病房、中心供应室、实验室、静脉配置中心、无菌层流病区。该项目站在医院后期运行维护的角度,从减少交叉污染,提高使用可靠性,降低维修率等方面进行了着重考虑:

(1) 经过多方案比选及结合医院的运维要求,该项目生活给冷水、热水管、纯水管、无菌水管最终采用304薄壁不锈钢管,卡压连接;生活排水管采用HDPE管,承插。供应室的高温灭菌器、清洗机排水管采用焊接无缝钢管(吊顶内高温排水管采用50 mm厚铝箔覆面离心玻璃棉管绝热)。

(2) 手术部刷手池同时设置冷、热水供水,并设置洗手、消毒、干洗设备,同时设置有可调节冷热水温的非手动开关龙头,末端供水温度宜为30~35℃。手术室刷手龙头按每间手术室不少于两个龙头配置。

(3) 手术部区域内卫生器具和装置的污水透气系统独立设置,排水横管直径比设计值大一级。中心(消毒)供应室排水管道的管径,大于计算管径1~2级,同时结合工艺设备厂家提资设置。

(4) 公共卫生间的洗手盆全部采用感应自动水龙头,小便斗采用自动冲洗阀,蹲式大便器宜采用脚踏式自闭冲洗阀。

(5) 中心供应(消毒)室的冲洗、洗涤和漂洗用水采用软化水,终末漂洗及湿热消毒用水应采用纯化纯化水符合电导率≤15 μs/cm(25℃)。压力蒸汽灭菌器蒸汽用水选用软化水、纯化水或蒸馏水。手工清洗后不锈钢和其他非金属材质器械、器具和物品灭菌前的消毒使用酸性氧化电位水。

(6) 护士站、治疗室、ICU等房间的洗手盆,采用非手动开关水龙头。

(7) 卫生器具应不易于积存污物且易于清扫,自带存水弯,水封高度≥50 mm;卫生器具污水透气系统应独立设置,保证排水的通畅。

(8) 洁净手术部内的盥洗设备应同时设置冷、热水系统,当采用储存设备供热水时,水温不应低于60℃;当设置循环系统时,循环水温应大于或等于50℃;热水系统任何用水点在打开用水开关后宜在5~10 s内出热水。

3.10.4 气体系统

1. 系统简介

医用气体通常包含氧气、压缩空气、负压吸引、笑气、氮气、二氧化碳,使用区域一般由手术室、重症监护类病房等,患者用气和设备用气要严格分开,避免相互干扰,除此之外还有以下几点规定:

(1) 手术室医用氧气、医用真空、医用空气宜从医用气源处单独接入,手术部(室)的专供医用气体汇流排,应设于临近洁净手术部的非洁净区域。

(2) 各种医用气体汇流排在电力中断或控制电路故障时,应能持续供气,且应能自动切换。

(3) 医用气体供气源主要包括液氧、氧气汇流排、医用分子筛制氧站、医用空气源、真空泵、医用气瓶等。

(4) 手术室、ICU等生命支持区域的医用气体管道宜从医用气源处单独接出。

(5) 主要医用气体接头终端配置如表 3-31 所示。

表 3-31 每床主要医用气体接头终端最少配置数量(个)

用房名称	氧气	压缩空气	负压(真空)吸引
手术室	2	2	2
重症监护	2	2	2
恢复室	2	1	2
预麻醉	1	1	1

2. 多方案对比分析

医用气体供应与患者的生命息息相关,出于管道寿命和卫生洁净度方面的严格要求,使用使用的安全性、运行寿命等方面做了如下分析:

(1) 铜作为医用气体管材,是国际公认的安全优质材料,具有施工容易焊接质量易于保证、焊接检验工作量小、材料抗腐蚀能力强,特别是具有较好的抗菌能的优点。因此,目前国际上通用的医用气体标准中,包括医用真空在内的医用气体管道均采用铜管。

(2) 在我国,业内也有多年使用不锈钢管的经验。不锈钢管与铜管相比,强度、刚性能更好,材料的抗腐蚀能力也较好。但是在使用中有害残留不易清除,尤其医用气体管道通常口径小壁厚薄,焊接难度大,总体质量不易保证,焊接检验工作量也较大。

(3) 镀锌钢管在国内医院的真空系统中曾大量使用,并经长期运行证明了其易泄漏、寿命短、影响真空度等不可靠性,依据国际通用规范的要求不再采纳。

(4) 鉴于国内医用气体工程的现状,将铜与不锈钢均作为医用气体允许使用的管道材料,但建议医院使用医用气体专用的成品无缝铜管。

3. 医院运行、维护要求

从医院运行安全、运行可靠、减少维护的角度出发,医用气体管道要兼具以下特质:

(1) 医用气体管道要密封性好、抗震性能强,可以在保证气体安全运输的同时,防止管道爆裂和泄露等意外事故的发生。

(2) 管道表面光滑平整,易于清洗和维护,可以有效延长管道使用寿命,减少维护成本。

(3) 管道具有优良的抗菌性能,能大大降低管道内细菌的滋生和传播,确保患者的生命安全。

(4) 管道耐腐蚀性能远远优于传统管道材料,不易被化学药品侵蚀,可长期保持管道的稳定性。

4. 基于医院运维的气体设计

上海市中医医院嘉定院区项目的净化区域的气体工程涉及了 EICU、ICU、中心供应室、血液层流病房、中心手术部。该项目气体系统的设计从医院后期使用的可靠性、维修便捷性等方面进行如下配置:

(1) 经过多方案比选及结合医院的运维要求,该项目医用气体管道最终采用脱脂无缝铜管,密封性好,表面光滑平整,方便清洗和维护,同时铜具备优良的抗菌、抗腐蚀性能,以满足患者的医疗用气安全。

(2) 净手术部用的医用气体应通过专用管路从气站单独引入。从气站来的输气管路进入大楼后,与布置在气体管井中的供气干管相连接。供气干管在各用气楼层都设有气体出口,出口处装有楼层气体总阀。楼层医用气体管道一般分为总管、支管和分支管。

(3) 楼层气体总管在管井处与供气干管的楼层气体总阀相连接。气体总管上装有二级稳压箱和气体报警装置的表阀箱。表阀箱内装有气体总管的切断阀。

(4) ICU病房作为医院生命线工程,氧气系统、压缩空气系统应从医院站房经过二级减压,以安全的低压气体输送到病房,由区域报警阀门箱统一管理,并可随时监控该区域的气体压力和故障报警。吸引和压缩空气采用医院主机房单独管路接入。

(5) 氧气、负压吸引、压缩空气管道按《医用气体工程技术规范》(GB 50751—2012)第5.2.1条执行,全部采用无缝铜管。无缝铜管铜的化学性能稳定,集金属管材与非金属管材的优点于一身,可在不同的环境中长期使用,虽然其价格高,但它安全可靠,使用寿命可以与建筑物寿命一样长,是医用气体管材的首选。无缝铜管材料与规格应符合行业标准《医用气体和真空用无缝铜管》(YS/T 650—2020)的有关规定。

(6) 重症监护病房应设置区域监测报警系统,可接入医院的医用气体集中监测报警系统中,用于监测医用气体系统的压力状况。区域报警装置宜设置在护士站或其他24 h可监控的位置。

(7) 手术部、ICU、EICU区域监测报警系统宜由医用气体系统就地监测报警装置、数据采集装置、网络布线系统、医用气体系统管理软件、监控计算机等组成。医用气体计量仪表根据需要设置。

3.10.5 无菌病房创新设计

1. 原方案概况

上海市中医医院嘉定院区项目血液科新建层流病房,总面积约970 m²。原方案共12张床位,包含四间单间百级层流病房、四间双人万级恢复病房,并配置相关工作辅房。

2. 调整原因

为满足医院使用需求,提高工作效率,提高病床利用率,提出增加床位数的需求。按照国家规范要求,每间百级层流病房需要单独设置净化机组。因此若采用百级层流病房采用净化机组的传统方案,床位数的增加势必会需要更多的使用面积。但受现实情况限制,必须在原有的空间内完成使用科室增加床位数的要求,同时也面临这技术上缺少空调机房空间、病房内噪声难以控制的难题。设计者在综合各方面现实因素后,选择打破原来思路,放弃需要大空间的传统方案,引进百级层流病房不需要传统净化机组的创新产品,百级水平层流装置。

3. 现在实际概况

在与原方案同等条件下,增加了两间百级层流病房,五间万级恢复病房,共增加12张床位,实现了六间单间百级层流病房、九间双人万级恢复病房,共24张床位的血液科净化病房。

4. 水平层流装置特点

床位数量的增加,得益于百级水平层流装置产品模块薄、无需空调机组、低功率、低噪音、产品集成化等突出优势。百级水平层流装置送风单元深度仅200 mm,不需要传统大面积的回风夹墙,能够最大限度保证病房空间,减少患者的闭塞感。

1) 低噪声

整体模块均在病房内,采用领先国际水平的超低阻过滤器和超静音风机,噪声值远低于传统空调技术形式。装置有高低风速两档可调节,治疗时期为高风速,噪声值低于45 dB,休息时期调节为低风速,噪声值可低于40 dB,相当于安静的同图书馆水平的噪声值,不妨碍患者的睡眠。

2）高度集成

装置是由四个高效层流箱模块送风,两个风机模块回风,一个控制模块控制高低两档风速,共七个模块组合而成。带有医疗气体、读书灯、长夜灯、呼叫分机、对讲电话等附件,达到送风、回风、风机、控制等使用功能的高度集成化。

3）安装方便

各个模块组装后,实现百级层流装置内的自循环,相比占地面积大、高能耗、安装复杂的净化机组,减少了传统技术中大量的送回风管道、楼板开洞、机组基础,实施模块化拼装,安装维修便捷,通常单元格间里 1 h 可以进行,也大大加快了整个项目的施工进度,节约了经济成本和人力成本。

4）无机房

采用自循环装置,层流病房内不再需要净化机组,完美解决了空调机房空间小的问题、可以更好的为医院节省病房面积、设备间面积,提高空间利用率,实现空间利用最大化,提高医疗工作效率、提高医疗建筑舒适度。

5）节能降耗

采用自循环装置在根本上能够降低运行能耗。传统采用净化机组的方式单间病房运行能耗约 5.5 kW 左右,自循环装置以 0.6 kW 的超低能耗与传统方式拉开巨大差距,单间病房每年大约能为医院节约 3.4 万 kWh 电。节省电费,为医院减少运维成本。

5. 意义

水平层流装置的使用,提高了患者的舒适度、医护人员的工作效率、医院的空间利用率和营业收益,降低了医院的运营维护成本。实现节能降耗增效,有效、合理地利用能源,为医院节约成本,提高利润率,提高医院的社会效益和经济效益。实现绿色、节能、低碳化运行,减轻大气污染,美化环境,为绿色节能事业发挥节能表率作用,引领医院绿色发展。

3.11 BIM 技术在设计过程中的应用

3.11.1 各阶段图纸 & 模型的建立

在各阶段实施过程中,需要对各阶段各专业的应用需求进行模型建立。在项目历经方案阶段、扩初阶段、施工图阶段等过程中,针对图纸与模型的版本进行挂钩校核。确保项目设计以及施工进程中图纸与模型的一致性,并基于模型对全专业整合,以此达到各参建方基于同一个模型进行协调性工作,为项目各参建方工作协同带来巨大的便利,如图 3-52 所示。

其中 BIM 模型与图纸的更新追踪是确保安装工程项目顺利进行的重要环节。在 BIM 技术应用中,模型与图纸的更新和追踪主要会取决于团队协作的紧密程度,BIM 技术应用

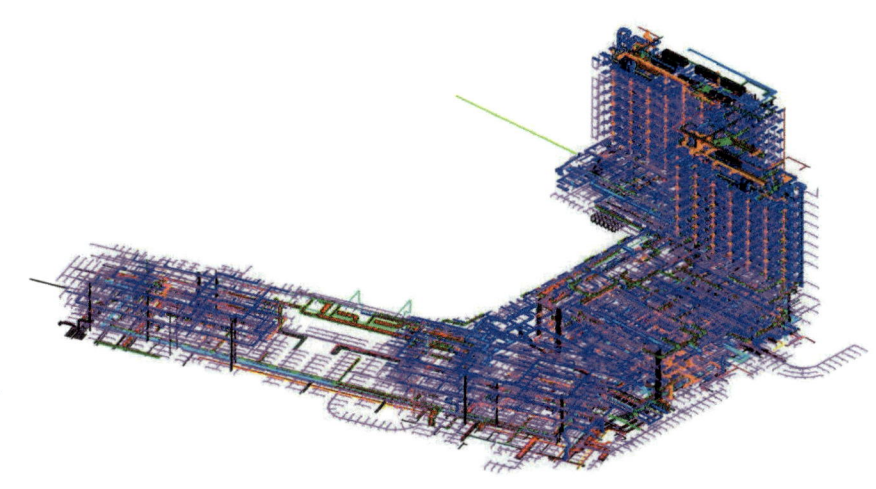

图 3-52　地上机电全专业模型

的落地程度也大大取决于 BIM 模型与施工图纸的一致性。

在上海市中医医院嘉定院区项目的实际应用中,特别注重对于模型以及图纸的版本监控:通过 BIM 软件中的版本控制功能,每次对模型或图纸进行修改时,都会自动生成一个新的版本。这样可以确保每个团队成员都清楚知道当前使用的是哪个版本的模型或图纸。

同时设立专门的变更管理流程,对模型或图纸的变更进行记录(表 3-32)。在该项目中所有变更都需要经过相关人员的审核和确认,以确保变更的准确性和合规性。同时针对设计院不定期因项目因素而进行的图纸调整,利用 CAD&BIM 软件提供的对比工具,可以快速比较不同版本的模型或图纸之间的差异。这有助于识别出哪些部分发生了变化,以及变化的具体内容。快速得协助 BIM 工程师能够准确发现需更新的部位,使得 BIM 模型的版本更新速度能够保持在图纸更新后的一周之内。

表 3-32　图纸 & 模型版本对应跟踪

机电图纸对应表			
序号	专业	图纸名称	图纸日期
1	给排水	地上给排水平面图	2022 年 11 月 15 日
2		地下室给排水平面图	2022 年 11 月 15 日
3	暖通	裙房暖通平面图	2022 年 11 月 15 日
4		塔楼暖通平面图	2022 年 11 月 15 日
5		地下室暖通平面图	2022 年 11 月 11 日
6	强电	裙房照明平面图	2022 年 9 月 13 日
7		裙房应急照明平面图	2022 年 11 月 11 日
8		塔楼照明平面图	2022 年 11 月 11 日
9		塔楼应急照明平面图	2022 年 11 月 11 日
10		地上动力平面图	2022 年 11 月 11 日

（续表）

机电图纸对应表			
序号	专业	图纸名称	图纸日期
11	强电	地下室动力平面图	2022年11月11日
12		地下室照明+应急照明平面图	2022年11月11日
13	弱电	地上弱电平面图	2022年11月13日
14		地下室弱电平面图	2022年11月13日
15	消防	裙房消防平面图	2022年9月13日
16		塔楼消防平面图	2022年9月13日
17		地下室消防平面图	2022年6月13日

机电模型对应表			
序号	专业	模型名称	模型日期
1	机电	B1机电	2023年2月16日
2		B2机电	
3		1F机电	
4		2F机电	
5		3F机电	
6		4F机电	
7		标准层机电	
8		13层机电	

在该项目实施过程中也非常强调BIM团队之间的沟通与协作，确保每个人都了解模型与图纸的最新状态。该项目每周定期召开BIM会议，讨论模型或图纸的变更情况，以及需要采取的相应措施。并且咨询&总包BIM工程师&现场安装工程师被安排在同一办公室内进行办公，针对BIM模型、设计图纸还有现场施工技术等需多方共同讨论的技术问题，能够充分围绕该项目唯一的一个BIM模型进行展开讨论，这大大提升了该项目在技术层面的讨论效率。

该项目通过以上安排，可以有效地实现BIM模型与图纸的更新追踪，确保安装工程项目的顺利进行。同时，也有助于提高团队协作效率，减少错误和遗漏，提升工程质量。

3.11.2 模型审核图纸设计问题

由于当前各类医院项目存在前期设计时间紧张,项目为了达成既定的开工日期,而催促设计院加快设计进度的做法。导致设计院在加快设计图纸的进度同时,对设计内容以及图纸质量方面会存在细节上的缺失与错误。而 BIM 模型在审核图纸设计问题中,能发挥着至关重要的作用。通过 BIM 模型,可以提前预判建筑构件之间的相互冲突,并帮助排除因人工绘制而导致的各类细节错误,实现巨大的经济效益。

在项目未进入具体施工实施阶段之前,BIM 便能够发挥大量预前设计协调性问题检查。通过多专业的模型整合,专业工程师借由模型能够快速高效得发现二维平面图纸中较难发现或遗漏的细节问题。上海市中医医院嘉定院区项目在该施工图设计阶段工作中发现 300 多项较为细微的设计性问题,这些问题在施工承包商进行具体施工之前便能够得到有效的设计院回复,大量提升了设计交底工作效率,节约了大量沟通成本。

同时建设单位也会召开图审会议进行设计图纸交底会议,各工程参建单位进行图纸会审,整理成会审问题清单,如图 3-53 所示。经过各方沟通,设计方会根据图纸问题清单,给出解决方案。

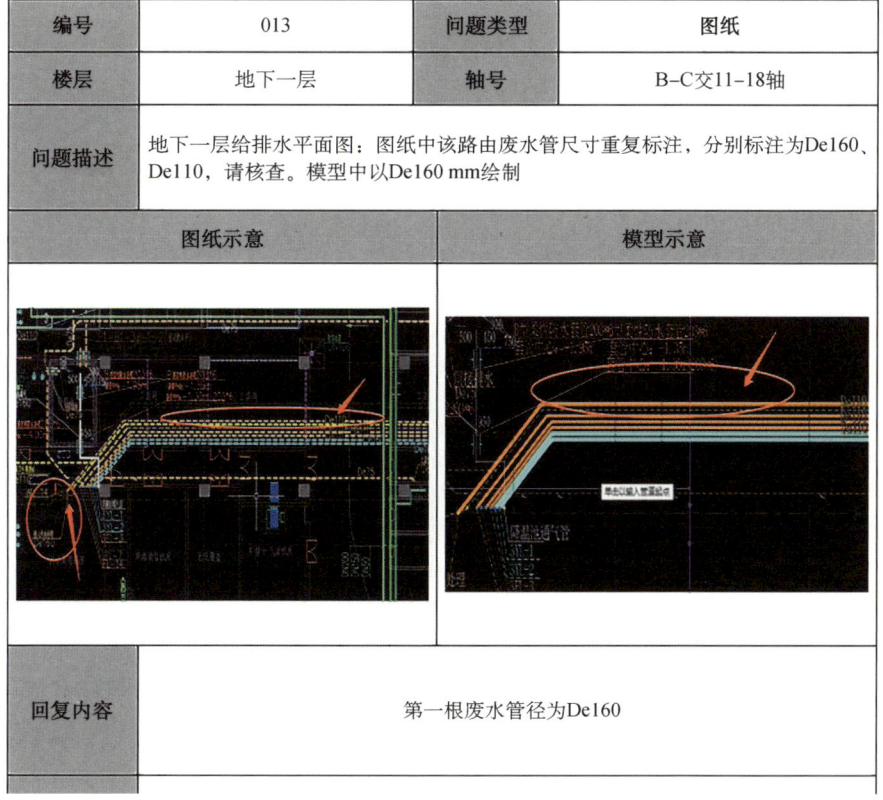

图 3-53 列举机电专业 & 模型校核追踪

在此期间 BIM 模型审核图纸设计问题时,也需要特别注意几个常见的错误和难点。比如，BIM 构件与实际尺寸可能存在偏差，这会导致现场安装问题，增加额外的成本。为了避免这种情况，需要确保在创建 BIM 模型时，模型构件与施工构件尺寸完全一致，包括预留孔洞尺寸等，同时也需注意容易遗留的设计注意点：例如卷帘箱尺寸、挡烟垂壁等图纸中未显示标注尺寸的安装设备等。

在 BIM 模型审核图纸设计问题的过程中，还可以利用专业的 BIM 软件，进行碰撞检查，确保各个专业的协调，降低预期工地现场问题造成损失的风险。

目前上海市已开始应用 BIM 模型进行设计检查，尤其在结构计算模型、造价计算模型中已逐步开始应用。BIM 模型在审核图纸设计问题时具有显著的优势，可以大大提高设计的准确性和施工的效率。同时在审核时，也需要注意筛查设计、施工规范性问题，确保 BIM 技术在工程中的有效应用。

3.11.3　BIM 在专项设计中的配合

在最初的设计阶段，让潜在的分包商参与模型的创建和审核。这样可以确保他们的专业需求和技术标准被早期识别并整合到模型中。利用 BIM 模型精确描述工程技术规范和要求，使招标文件更加清晰和具体，减少分包商解读上的偏差。使用模型进行方案评估，确保所有提案的技术可行性，并评估其对主体结构和总体项目的影响。

针对上海市中医医院嘉定院区项目在主体结构施工过程中，正在进行招标的各专业分包进行模型提前核对与审核工作，因各项设计专项通常只负责整个项目中的一小部分，而通过 BIM 系统，各方能够直接纳入同一个协同管理系统，使得信息沟通更加流畅。同时设计意图也能够通过 BIM 的可视化展现方式，更有助于大幅度减少因专业技术配合不到位而导致的土建 & 机电各专业技术性协调性问题，为招标进场后的施工也提供相当程度的便利。

在招投标阶段使用 BIM 技术辅助设计院对专业项招标方案进行复核，以提高该项目在专业分包招标过程中做到方案有包容性、不唯一性，且可行性得到验证；在专业分包配合单位招标进场后，在施工之前配合专业单位进行二轮深化，做到在 BIM 验证后进行施工，在实际施工前，利用 BIM 进行最后的模型验证，确保施工前所有计划都已最优化，所有潜在问题已被解决。大幅提升专业分包设计、施工效率。

利用 BIM 的集成化平台，项目相关的所有参与方可以实时访问和检查模型，确保信息的透明度和即时更新。定期通过线上平台进行虚拟会议，利用 BIM 模型进行视觉展示，讨论可能的设计问题和优化方案，确保意图的精准传递。施工过程中，根据现场实际情况不断更新 BIM 模型（表 3-33），反馈给设计院和所有相关分包商，确保工程适应任何不可预见的变化。

表 3-33　物流专业结合 BIM 工作计划跟踪

	分项名称	对应施工节点	涉及专业	建议招标时间	深化完成节点	对应施工日期
1	物流	地上/地下结构	土建	2022年2月14日	2022年5月17日	2022年7月17日
列1	业主	设计	施工承包商	设备提供商	BIM 深化	完成节点
使用点位与参数	确定使用需求	复核使用参数	确定使用参数	提供具体功能与参数	复核使用参数	2021/3月

(续表)

列1	业主	设计	施工承包商	设备提供商	BIM深化	完成节点
土建预留与施工条件	—	确定施工图满足条件	确定施工图满足条件	确定施工图满足条件	确定施工图满足条件	2021/3月
深化施工图	—	复核深化施工图	复核深化施工图	提供深化施工图	复核深化施工图	2021/4月
具体站点方案	确定功能与效果	配合深化	配合深化	提供多方案效果	配合深化	2022年

利用BIM技术，可以对机电管线进行三维模拟排布，确保专项设计的管线与常规安装管线之间的空间布局合理、互不干扰。通过可视化的虚拟安装建造，设计过程更加直观，提高了设计质量和效率。同时，还可以利用BIM软件进行碰撞检查，优化管线设计，避免施工过程中的冲突和返工。

同时可以将机电设备安装工程的复杂节点制作成图文形式的技术交底，使得安装作业前的技术交底更加清晰易懂。此外，通过动画生成施工模拟视频，可以模拟设备安装过程，为安装作业提供直观的指导，使得医院使用方对于专项设计的内容了解更为清晰，便于专项设计的决策。

而在进入项目整体施工阶段后仍旧处于方案调整以及招标过程阶段的，对于这部分仍未招标进场的专业分包，上海市中医医院嘉定院区项目也采用了BIM模型预先审核深化的工作方式，此举可以降低专业分包由于未达到施工图深化程度而导致的土建配合问题，可以大幅度减少专业分包与其他专业管线之间的管线综合问题，如图3-54所示。其中该项目在该阶段包含物流、净化、消防、电梯等各专业，为后期施工图深化配合打下基础。

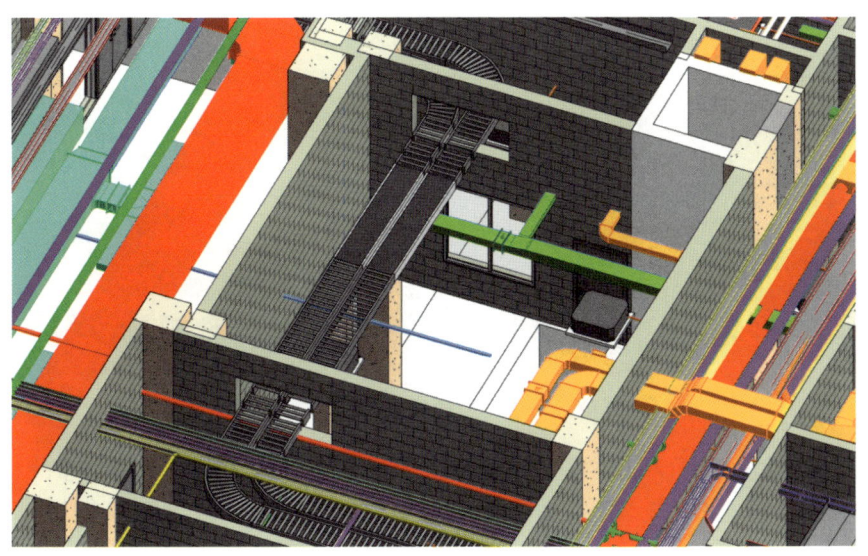

图3-54 物流专业深化模型

3.11.4 BIM 设计方案比选中的应用

在医院建设中进行多方案比选是非常重要的,因为这有助于确保最终选择的设计方案是最适合医院需求并在多方面最优的。

而在医院建设中,采用 BIM 设计方案可以带来许多便利。BIM 能够促进设计团队、施工团队和业主之间的合作与沟通,确保信息的实时共享和更新。通过 BIM 技术,设计团队可以创建逼真的三维模型,帮助各方更好地理解设计意图,发现和解决问题。BIM 能够帮助识别设计中的潜在冲突,避免在建设过程中出现问题,提高效率并降低成本。同时可以整合和管理建筑项目的各类数据,包括材料、成本、进度等,帮助项目管理更加高效。BIM 可以进行模拟和优化,帮助设计团队做出更合理的设计决策,提高设计的品质和效率。

上海市中医医院嘉定院区项目在屋面层的管线排布方案比选为一个较好的应用实例:

方案一如图 3-55 所示,原设计在塔楼屋顶布置有 2 根医院总的热水管,由于该管线为架空贴近屋面边缘布设。业主与设计担心架空的管线会影响建筑整体立面美观,因此设计院设计了方案二管线排布方案如图 3-56 所示,同时使用 BIM 技术对此处进行方案分析以及对比。

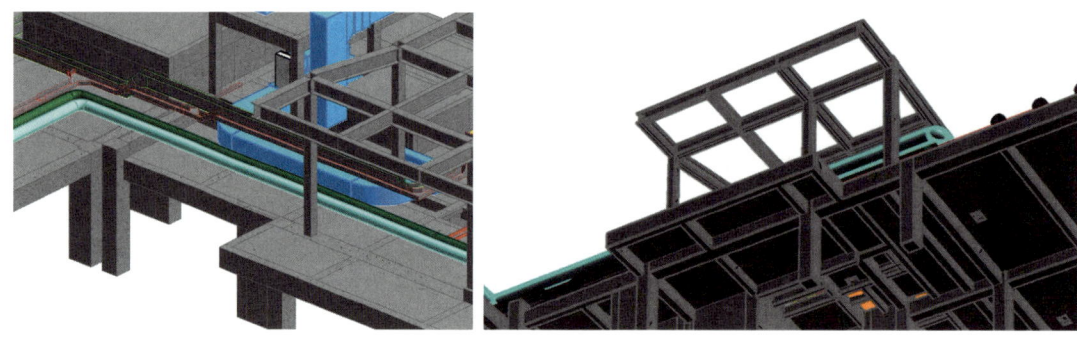

图 3-55 方案一管线降低桥架升高模型及效果

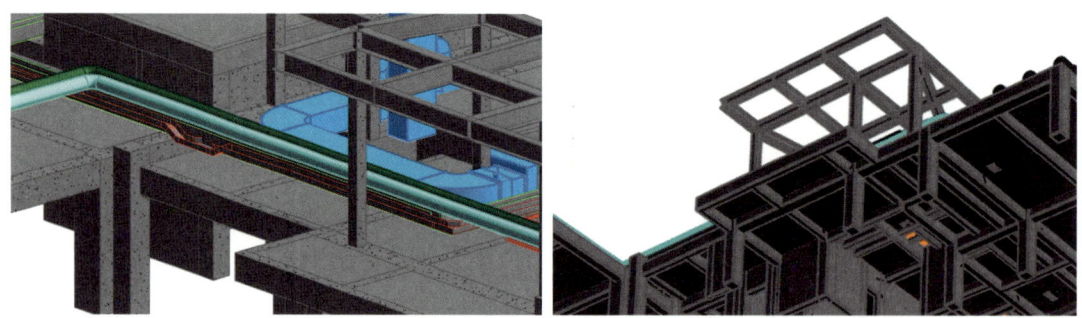

图 3-56 方案二管线保持高度桥架挪位模型及视觉效果

然而在 BIM 模型的分析比对过程中发现,尽管方案二的管线在项目整体的视觉效果上有了进一步的优化。但是由于管线的降低布设使得此处人员步行通道变得过分狭隘,导致了维修通道不畅,而弥补的代价为需要设置长达十几米的爬梯。

在经过模型导出的实物量清单估价之后,项目组决定使用方案一,以确保此处的维修通道足够人员通行,同时也避免了为了小幅度的美观优化而付出大量的变更资金。此实例印证了 BIM 技术的必要性,一些因主观判断的决策如无法得到 BIM 技术的提前模拟对比,往往会发生顾此失彼的决策性失误。而通过 BIM 的方案对比便能够避免此类问题。

3.11.5　BIM 对于特种设备 & 车辆通行方案的复核及优化

针对上海市中医医院嘉定院区项目相关的大型医疗设备运输路线及方案进行模拟,为该项目后续大型设备的运输安装起到预先评估、预先确定方案的作用,如图 3-57 所示。能够最大程度避免以后因设备运输未考虑周到而导致的对项目结构、建筑墙体等进行二次改造工作。同时也考虑到医院今后的运营可能存在的维修、更换需求,保证设备不仅可以进入也可以在将来有足够的空间运出。

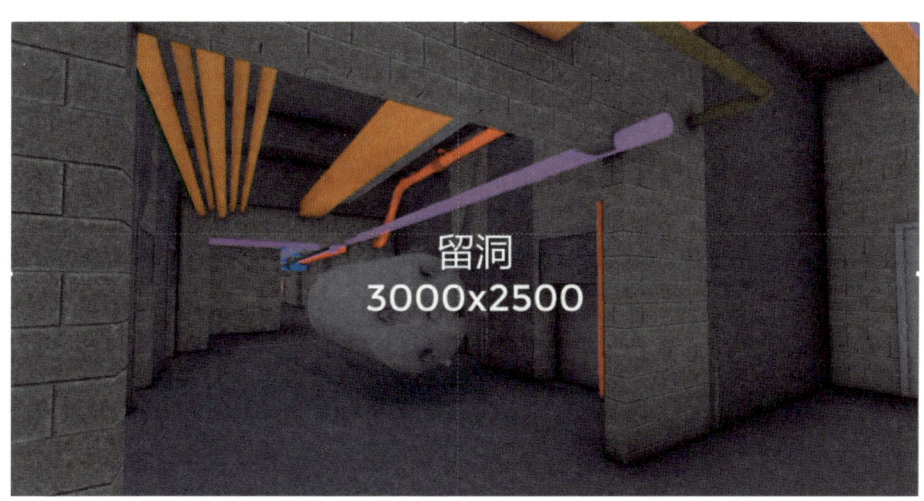

图 3-57　地下室设备运输分析模拟漫游

在该项目中利用 BIM 技术,建立设备和车辆的三维模型,精确地反映其尺寸、形状和结构特点。通过与实际设计方案的对比,可以快速发现可能存在的偏差或错误,确保方案与实际需求的一致性。

对设备和车辆的安装、调试过程进行模拟。通过模拟,可以预测施工过程中的难点和关键点,提前制定应对措施,确保施工过程的顺利进行。在模拟过程中进行碰撞检测,模拟设备和车辆在运行、运输过程中的相互作用,预测可能发生的碰撞或冲突,从而提前调整和优化设计方案,如图 3-58 所示。

而 BIM 模型不仅可以用于设计阶段的复核和优化,同时还对于设备和车辆的后期维护与管理起到作用。通过模型,医院后勤管理部门可以方便地查询设备的结构、性能参数等信息,为设备的维护和管理提供便利。对于今后需采购更新的设备在运输、安装以及运行合理性方面提供诸多帮助。

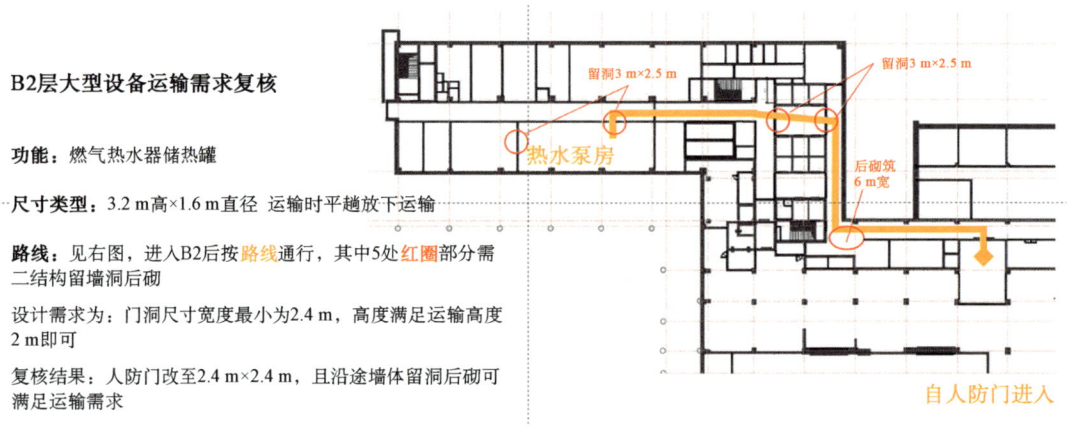

B2层大型设备运输需求复核

功能：燃气热水器储热罐

尺寸类型：3.2 m 高×1.6 m 直径 运输时平趟放下运输

路线：见右图，进入B2后按路线通行，其中5处红圈部分需二结构留墙洞后砌

设计需求为：门洞尺寸宽度最小为2.4 m，高度满足运输高度2 m即可

复核结果：人防门改至2.4 m×2.4 m，且沿途墙体留洞后砌可满足运输需求

图 3-58 地下室设备运输分析

3.11.6 BIM 结合医疗工艺设备的设计优化

对于医疗工艺设备的设计优化有各个方面。功能性需求：确保设备能够满足医疗工艺的需求，包括精准性、稳定性和可靠性等方面。需求分析：首先要充分了解医院的需求和服务模式，确定需要的医疗设备种类和规格。空间规划：考虑设备的摆放位置、尺寸和通风要求，确保设备能够有效地组织和布局。安全性考量：医疗设备的设计应符合相关行业标准和法规要求，确保设备使用过程中的安全性。易用性和人机工程学：设备操作界面应设计简洁易懂、操作方便，考虑使用者的人体工程学特性。设备协同性：不同医疗设备之间的协同工作十分重要，因此需要考虑设备之间的联动和数据共享。

而 BIM 技术结合医疗工艺设备的设计优化可以提高医疗设施的效率、安全性和功能性。医疗工艺设备包括手术设备、影像设备、监护设备等，对医院的运作和医疗服务起着至关重要的作用。

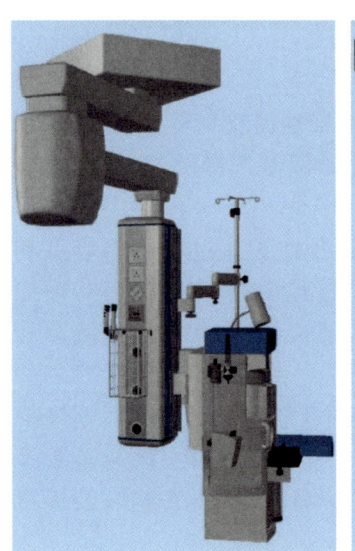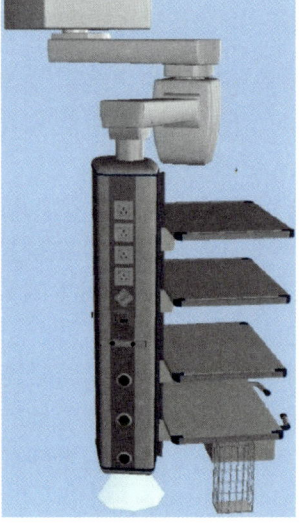

将医疗工艺设备的详细信息（尺寸、功能、连接等）精确建模到 BIM 平台中，确保模型的准确性和完整性，如图 3-59 所示。通过 BIM 模型可视化不同设备在建筑内的布局和安装位置，优化空间利用和设备之间的协调。利用 BIM 的冲突检测功能，检测医疗设备之间或设备与建筑结构之间的潜在冲突，避免现场安装和施工过程中的问题。确保医疗设备与供电、通

图 3-59 各类塔吊设备模型

风、管道等工程系统之间的协调一致,避免安装和运行过程中的不必要问题。利用BIM模型进行医疗设备的功能模拟,例如手术室内手术灯、手术台的摆放和使用模拟,以优化设备布局和操作效率。通过BIM模拟医疗设备在不同环境下的使用情况,评估设备性能和使用效果。

第 4 章

基于运维的医院机电系统施工

随着现代医疗技术的飞速发展,医院建设对于机电系统的要求也日益提高。机电系统作为医院项目中的重要组成部分,其施工质量直接关系到医院的正常运营以及患者的就医体验。为确保机电系统在运行中的可靠性和安全性,在机电系统的施工过程中,要充分考虑机电系统运维的需求,确保运维高效可靠的运行。本章结合机电运维的需求,重点阐述各机电系统的施工、管理、风险应对以及具体的施工步骤和技术要求。从总包和各专业分包的角度对医院项目的施工进行深入分析,确保机电系统的施工能够高效、有序地进行,为后续医院运维阶段打下夯实的基础。

4.1 基于运维的机电系统总承包管理的实施

在现代医院建设与运营中,机电系统作为支撑医疗功能高效运转的核心基础设施,其总承包管理的科学实施对于确保医院安全、舒适、绿色运营具有不可替代的作用。因此,基于运维视角的机电系统总承包管理,需从多个维度精细规划、严格执行,以构建高效、可持续的医院运营环境。重点围绕施工组织管理的实施、施工物资管理的实施、施工进度管理的实施、绿色施工管理、施工质量管理等关键领域展开。

4.1.1 施工组织管理的实施

1. 劳务人员选择

机电工程质量的好坏对后期机电运维起着决定性的作用,劳务人员的选择又直接决定着工程的质量,所以劳务人员的选择尤为重要。为确保项目的顺利进行,项目部采取了以下措施:

(1)严格筛选。确保劳务单位有医院施工经验和质量评奖的经验前提下,严格审查劳务人员的技能水平、工作经验和职业道德,确保选择到合适的劳务人员。每个施工班组长需有医院施工经验,每个班组至少一半劳务人员工龄需达到5年及以上。

(2)专业技能评估。进行专业技能评估,包括实际操作能力和理论知识测试。确保所选拔的劳务人员具备满足项目需求的技能水平。如空调水管电焊工的选择,在5年工龄的前提下,对其进行现场操作测试,焊工技能水平达不到要求的坚决不录用,并对达到要求的电焊工进行评级,评级高的焊工进行主管、立管、机房、屋面等重要区域的施工,评级一般的焊工进行其他焊接作业。

(3)维保期安排。为保障医院开业后过渡阶段的机电系统运维的正常,项目部要求分包单位在2年维保期内安排施工阶段的主要施工员、施工班组长和部分劳务人员留守,熟悉上海市中医医院嘉定院区项目机电系统的人员能在第一时间解决现场的问题,对医院机电系统运维起着至关重要的作用。

2. 劳务人员安全管理

(1)安全教育培训:在项目开始前对劳务人员进行全面的安全教育培训,确保他们了解施工现场的安全规定和操作规程。同时,定期进行现阶段针对性的安全知识更新培训,提高劳务人员的安全意识。

(2)安全设施配备:为劳务人员提供必要的安全防护设备,如安全帽、安全鞋、防护眼镜等,并做好签收记录。同时,在施工现场设置明显的安全警示标志和隔离设施,确保劳务人员在施工现场的安全。

(3)安全检查与监督:施工单位设立专门的安全监督岗位,对施工现场进行定期和不定期的安全检查。发现安全隐患及时整改,并对相关责任人进行处罚。同时,鼓励劳务人员积极参与安全监督,共同维护施工现场的安全。

3. 劳务人员工资保障

(1)签订劳动合同:与农民工签订劳动合同,明确双方的权利和义务。合同中明确约定工资标准、支付方式、支付时间等条款,确保农民工的合法权益得到保障。

(2)设立工资专用账户:为农民工设立工资专用账户,确保工资款项的专款专用。

(3)考勤与发放工资:劳务人员采用钉钉考勤制度,确保考勤记录真实有效;每月8日前由分包单位提供上月劳务人员工资清单和钉钉考勤记录,由总包单位于每月25日发放工资;每年年底与每个劳务人员签订"工资结清承诺书"。

(4)公示工资支付情况:每月公示劳务人员的工资支付情况,让劳务人员了解自己的工资发放情况。同时,设立投诉渠道,接受劳务人员的投诉和举报,及时解决存在的问题。

4.1.2 施工物资管理的实施

1. 材料(设备)报审

材料(设备)报审是施工物资管理的重要环节,旨在确保选用的材料、配件和设备符合工程设计要求,并具备安全可靠的性能,以满足医院正常运行的需求。

(1)材料选择。所选用的材料、设备的材质、规格、技术参数应满足设计要求和国家标准,并在合同品牌范围内。

(2)样品送审。管道、线管、阀门、喷头等材料应在进场前先进行样品送审,待业主、代建、监理、设计单位确认后方可进场。

(3)材料(设备)进场验收。材料(设备)进场前应提前通知监理单位进行进场验收,在材料(设备)的规格、材质、壁厚、外观等进行现场实测,并提供相关的材料设备清单、供应单位营业执照、检测报告、合格证、产品质量认证证书等文件,以确保所选用的材料(设备)能够满足工程施工的需求。

(4)材料复检。机电材料(设备)涉及电线电缆、各种形式的保温材料、风机盘管、照明灯具及其附属装置进场时,应进行材料复检,复检应视为见证取样检验。

(5)材料(设备)报审。向工程监理单位提交报审申请,申请文件包括所选用材料、构配件和设备的相关资料和证明文件。

2. 材料设备进场实施

材料设备进场实施是施工物资管理的关键环节,确保物资按时、按质、按量进入施工现场。

(1) 制定进场计划。根据施工进度计划制定材料设备进场计划,明确进场时间、数量、品种和规格等要求。每月编制月度材料计划,每周编制周计划。

(2) 验收与入库。对进场的材料设备进行严格的验收,包括数量、质量、规格等方面的检查。验收合格后,办理入库手续,并分类存放和标识。

(3) 现场堆放与管理。根据施工总平面图的规划,合理安排材料设备的堆放位置,确保方便施工、避免或减少场内二次搬运。同时,加强现场管理和监督,防止材料设备丢失和损坏。

3. 大型设备进场与吊装实施

大型设备的进场与吊装管理是工程项目中的重要环节,它直接关系到工程进度、安全和质量。因此,制定科学、合理的进场与吊装管理方案,对于确保项目的顺利进行具有重要意义。

(1) 前期策划。项目部前期梳理了需要编制吊装方案的大型设备,主要包括柴油发电机组吊装、供配电 35 kV 变压器吊装、风冷热泵机组吊装和 VRV 空调外机吊装等。

(2) 编制方案。在大型设备吊装前,需要制定详细的吊装方案。吊装方案应包括吊装设备的选择、吊装点的确定、吊装顺序和步骤等。在制定吊装方案时,充分考虑设备的重量、尺寸、形状等因素,以及现场环境和条件的影响。

图 4-1 吊装后成品保护

(3) 方案审批。总承包单位技术负责人及分包单位技术负责人共同审核签字并加盖单位公章后实施。

(4) 进行吊装。步骤如下:①开具吊装令。②吊装前对所有吊装人员进行全面的安全交底。③设备吊装前,吊装现场用红白带围拉,划分出吊装区域,以免非吊装人员进入吊装区域,避免安全隐患的产生,确保吊装工作顺利进行。④吊装设备前,汽车吊在指定位置停好后,施工人员要仔细检查,支腿位置是否停在可靠的受力点。在吊装前,要先做试吊,做全方位置的回转和至就位的高度,来确认是否能够满足汽车吊的要求,和吊装高度荷载的重量是否大于设备重量。并且,起吊物件由专人负责,统一指挥。⑤正式吊装。在正式吊装过程中,严格按照经过验证和优化的吊装方案进行操作。

(5) 吊装完毕后,对所有设备采取可靠的成品保护,避免设备在其他作业时被污损。如图 4-1 所示。

4.1.3 施工进度管理的实施

1. 机电系统施工进度

(1) 实施严格的管理制度,根据业主及土建的工期安排,编制机电各专业工程施工进度计划,设置工期控制点,保证总工期的实现;该项目进度计划控制点详见表 4-1。

表 4-1　机电里程碑计划

序号	名称	时间
1	机电样板施工	2022.6.1—2022.7.15
2	下部管线施工	2022.7.16—2023.1.6
3	上部管线施工	2022.9.1—2023.7.31
4	屋面机电施工	2023.5.1—2023.7.31
5	各机房施工	2023.3.1—2023.6.30
6	机电系统收尾	2023.8.1—2023.8.20
7	机电系统调试	2023.8.21—2023.9.20
8	消防、规划及各项专项验收	2023.9.21—2023.9.30
9	竣工验收及备案	2023.10.9—2023.10.13

（2）所有施工计划均由专业分包单位负责人签字盖章，并由分包单位项目负责人签字确认，挂墙公示。

2．医疗专业分包及专业设备的进程及施工进度

（1）医疗专业分包及专业设备的进程。由于医院项目的特殊性，医疗专业分包，如净化工程、物流工程、医用气体工程、屏蔽工程等，这些分包的进场时间往往会直接影响到整个项目的施工进度。为此，机电总包单位在前期就提出这些医疗相关专业分包及医疗专业设备需明确进场时间，并在前期就需要开始配合图纸深化、综合图布置等配合工作。

（2）医疗专业分包及专业设备的施工进度。将医疗专业分包和专业设备厂家纳入总承包管理范围内，所有施工计划均由专业分包单位负责人签字盖章，并由分包单位项目负责人签字确认，挂墙公示，并参与项目的工程例会及总包例会。施工进度计划详见表 4-2。

表 4-2　医疗专业分包计划

序号	名称	时间
1	净化工程	2022.9.1—2023.9.20
2	物流传输系统工程	2022.8.11—2023.6.10
3	屏蔽工程	2022.10.11—2023.6.30
4	医用气体工程	2022.8.11—2023.9.10

4.1.4　绿色施工管理

1．绿色施工技术优化与创新

1）样板层先行

样板层先行意义：实行样板层施工先行是为了防止现场施工人员对施工工艺不熟悉，导致现场出线返工现象，从而浪费不必要的人工和材料。

（1）指导施工：统一施工规范，以样板层施工为标准，为之后的施工起指导作用。

(2) 工序交接：明确综合机电样板层施工顺序，有序作业。确定参与的各协作单位之间的配合工序，防止停滞待工现象。

(3) 优良工艺展示：以样板层样品进行展示，能更加对质量验收有值观的判断标准。

2) 材料工厂化预制加工装配优化

风管、电缆桥架、抗震支架采用工厂化加工，较大程度减少现场切割及返工。工厂化加工，现场无噪声，无污染，无油漆味。工厂化避免现场工人失误，产品更加标准，提高半成品精度。如图 4-2、图 4-3 所示。

图 4-2

图 4-3

2. 环境保护

1) 施工噪声污染控制情况

上海市中医医院嘉定院区项目根据现场环境保证标准，白天必须控制在 70 dB 以下，夜间必须控制在 55 dB 以下。现场噪声监测共设置 6 个点，每周监测一次，监测数据范围为 50～70 dB。截至 2023 年 11 月 29 日，未发生一起因工地施工噪声致使周边居民的投诉事件。

2) 扬尘控制情况

(1) 现场共设置 7 个扬尘监测点，每周监测一次，扬尘目测高度小于 0.5 m。

(2) 有扬尘产生的施工切割、打磨等尽量集中进行，密闭施工或带水作业，不能集中进行的尽量密闭作业。

(3) 施工运输车辆、挖掘机械等驶出工地前必须清除泥土作防尘处理，严禁将泥土、尘土带出工地。

(4) 每日清扫 1～2 次，将清扫的垃圾装袋，立即清除到垃圾存放点。

(5) 做好保卫工作，如有扬尘污染的物体禁止带入施工工地。

3) 固体废弃物的控制情况

(1) 为了环境卫生，施工项目用地范围内的垃圾在围墙内设置堆放点，由施工单位各自倾倒至指定地点，不得在围墙外堆放或随意倾倒，并交环保部门集中处理。

(2) 在施工期间的固体废弃物分类定点堆放，分类处理。

(3) 在施工期间产生的镀锌钢板、木材、塑料等固体废料应予回收利用，并由材料员负责。

(4) 场内严禁将有害废弃物用作土方回填料，施工废料集中堆放及时处理。

(5) 在生活、办公区设置若干活动密闭式垃圾箱,派专人管理和清理。生活区垃圾集中统一处理,禁止在工地焚烧残留的废物。

(6) 对于楼层内施工作业时产生的混凝土垃圾,用推车装载后通过施工用电梯运至底层后临时堆放在指定地点,再通过卡车集中外运,由第三方清运单位回收处理,楼层内做好落手清工作。

3. 节材与材料资源利用

工程开工前,项目部科学合理地设置施工平面布置图,规划施工用地,各类材料的堆放位置做到事先计划,对用作材料堆放场地以及搭建材料仓库应事先通过计算确定面积。材料堆放与使用应最大限度地缩短场内运输距离,避免二次搬运。现场建立材料管理台账,记录材料进货日期和价格,建立领料耗用制度,并在施工过程中监督材料使用情况,遏制浪费,节约材料。对镀锌电线管、电线电缆等材料专人验收和控制使用数量,避免不必要的损失。

(1) 材料工厂化预制装配。风管、电缆桥架、抗震支架等采用工厂化加工,较大程度减少现场切割及返工;工厂化施工,现场无噪声,无污染,无油漆味;工厂化避免现场工人失误,产品更加标准,提高半成品精度。

(2) 多余废料再利用。原则上要做到施工前合理计算用量,保证施工材料无浪费。但是实际施工不可避免的会产生用料多余的现象。因此对于施工过程中产生的管材、电线等,可以收集起来进行再利用。镀锌钢管制作过程中产生的余料可用于制作穿墙套管等;多余的零头接地线可用于制作管子跨接;施工拆除过程当中产生的旧支架在支架安装过程中可以再利用,但应重新涂刷防锈漆。如图 4-4、图 4-5 所示。

图 4-4　废弃短管作套管

图 4-5　零头接地线作管子跨接

(3) 材料分类堆放。根据施工所用的各种材料,根据用量、价值、材质、重量进行分类,较重材料放在最下层、容易取的位置,经常使用材料堆放在显眼位置,价值高的材料需重点堆放,严加看管,像普通零料堆放在不阻碍人进出的地方。材料进出要做好流水账,要掌握每一种材料的库存,根据总量来严加控制材料的申请。电线电缆进出尤其控制,由施工班长登记领出,每个班长对施工人员负责区域要清楚明了。每个点位的用量要仔细符合,不允许超标使用,造成不必要的浪费。

(4) 办公区节纸措施。办公用纸正常每月消耗 A4 约 4 盒、A3 纸约 1 盒,现实行单面再利用,将一面空白的废纸集中收集再利用,每月可节约用纸 1 盒,公司内部文件均采用邮件来往,节约纸张 1 盒,节约了新纸损耗。现每月消耗 3 盒左右。

4. 节水与水资源利用

该项目给水系统水泵采用变频节水型水泵,相比传统普通水泵,变频节水型水泵具有节能节水、运行可靠、远程监控功能。

优化前:管路完成安装后进行管路试压,先把水源灌入管路中间,试压完成后把水排入临时管网,再排入排水沟。如图 4-6 所示。

优化后:经现场综合考虑,先从立管试压,试压完成后从第 11、13 层开始试压,将一个楼层试压完成的水不直接排出,而是通过立管与横管的阀门控制引至下一层,利用下一层管网进行蓄水,故整个过程只需整体引水两趟,大大节省了垂直运输的需求量,也大大减少了对试压水的需求。如图 4-7 所示。

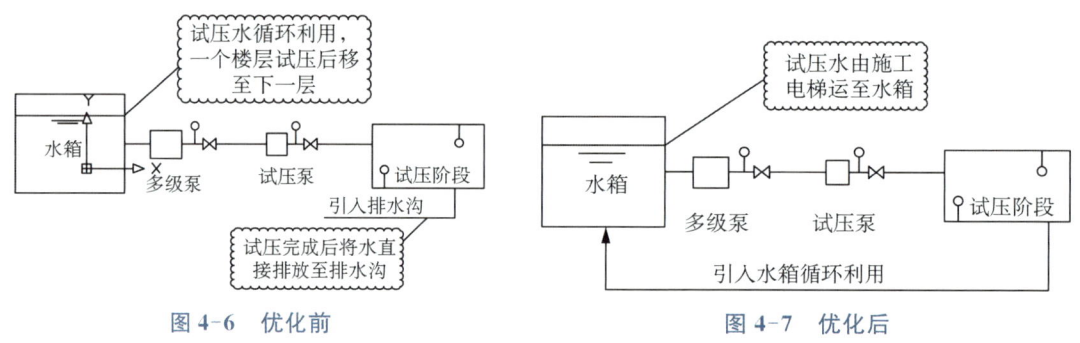

图 4-6 优化前　　　　　　　　　　图 4-7 优化后

5. 节能与能源利用

1) 生活区、办公区节能措施

(1) 办公室设置 4 台 LED 节能型灯具,节能灯配备率达到 100%,相比一般白炽灯节省 50% 以上的电能。且办公区人员办公室内所有管理人员养成随手关灯习惯,做到人走灯关。

(2) 办公室设置 2 台变频式节能空调,冬、夏季减少使用空调时间,办公空调制冷温度不小于 26℃,空调制热温度不大于 20℃。

(3) 生活区每间寝室均安装限流装置,如有大容量用电设备进行使用,限流装置会自动跳闸。

(4) 生活区寝室实行夜间 11 点熄灯制度,用电使用过程中,注意灯具和电器的及时关闭,做到"人不在灯不亮电器关闭"。

(5) 严禁使用电炉及非节能型大功率用电器具。

2) 施工区节能措施

(1) 采用直流电焊机、使用低能耗和机械效率高的手持电动工具,禁止耗能超标机械设备进入施工现场。

(2) 合理安排施工工序,根据施工总进度计划,编制月进度计划、周进度计划,在施工进度允许的前提下,尽可能少的进行夜间施工。施工结束及时关闭临时电箱。

(3)施工现场照明基本采用低功率 LED 灯带,代替传统高能耗灯具,部分施工区域如有需要,使用照明灯提供单独区域的照明,在保证施工现场亮度的基础上节省能源。

6. 节地与土地资源保护

(1)办公大楼等设施及部分仓库设置在施工区周边,场地利用率大于 90%,做到不浪费土地资源,并保持良好的环境。

(2)为了防止套丝机等废油对土地造成污染,现场都设置了托油盘以保护土地资源。

(3)专门设立危险品仓库存放点,地点选择在通风性好且不会被阳光直射的地方,并配备足够的消防器材,定期养护保证正常使用。仓库内使用防爆灯具且严禁使用明火,人员搬运材料时请拿轻放,严防碰撞。

7. 科技及技术创新

(1)采用"建筑业 10 项新技术",实现与提高绿色建造过程施工的各项指标,其中与机电专业相关的 4 项如表 4-3 所列。

表 4-3 "建筑业 10 项新技术"应用

序号	新技术项目名称	应用部位
1	6.1 基于 BIM 的管线综合技术	工程整体
2	6.5 机电管线及设备工厂化预制技术	热水机房
3	6.8 金属风管预制安装施工技术	工程整体
4	6.10 机电消声减振综合施工技术	工程整体

(2)项目部开展技术创新,不断革新传统工艺,共申请 2 项实用新型专利,一种用于穿越防火分区的水平轨道传输装置和一种动态可调的精密支架系统。如图 4-8、图 4-9 所示。

图 4-8 实用新型专利

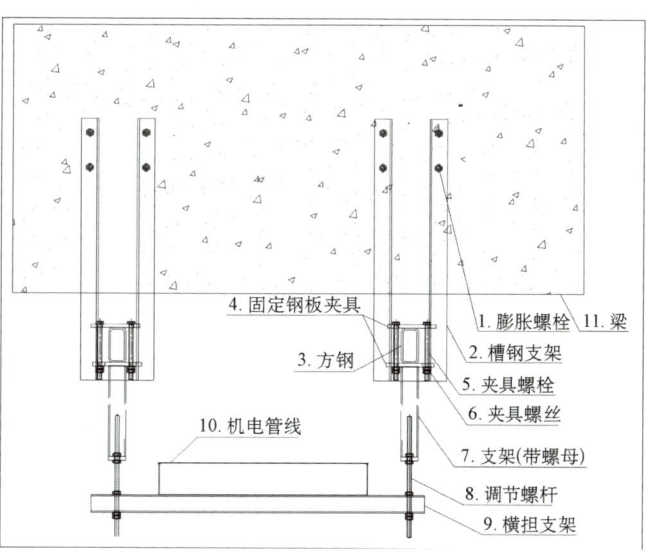

图 4-9 一种动态可调精密支架节点

4.2 基于运维的机电质量管理的实施

机电施工质量是运维工作的核心基础,直接影响设施性能、安全性及运维成本。基于运维的机电质量管理,强调施工质量的重要性,旨在通过精细施工,为运维奠定坚实基础。本小结将探讨如何通过科学管理,确保机电施工高质量,促进运维高效稳定,实现设施长期可持续发展。

4.2.1 工程创优的目标确立及管理体系的建设

1. 目标的确立

在建设工程领域,创优不仅是一种追求,更是推动行业发展和提升企业竞争力的关键。确立明确的工程创优目标,则是迈向卓越的第一步。

2. 管理体系建设

创优工程项目构建完善的项目管理体系至关重要,其中质量管理体系的建设更是核心关键。质量管理体系是创优工程项目的基石。它涵盖了从项目策划到竣工验收的全过程,确保每一个环节都达到高质量标准。

4.2.2 工程创优的技术质量保障

1. 技术的保障

技术保障是确保工程顺利进行和高质量完成的关键。首先,组建一支技术精湛、经验丰富的专业团队,其次,具备深厚的行业知识和实践经验,最后能够针对医院项目的特殊需求,提供定制化的技术解决方案。

2. 质量的保障

质量保障是确保工程安全、可靠和持久运行的基础。首先,始终坚持质量第一的原则,建立了严格的质量管理体系,从工程的设计、材料采购、施工到验收等各个环节,都制定了详细的质量标准和检验程序。其次,还应加强施工现场的质量管理,实行质量责任制和奖惩制度,确保每个施工人员都能够严格按照质量标准进行操作。最后,还应建立了完善的质量检测体系,对工程的各项指标进行定期检测和评估,及时发现和纠正问题,确保工程质量得到全面保障。

4.2.3 与相关单位的配合与协调

1. 与土建单位的配合协调

在追求工程创优的过程中,与土建单位的配合协调显得尤为重要。建立与土建单位的高效协作机制,是确保工程创优目标实现的关键。

应认真阅读并熟悉施工图纸,对各部位、各专业的预留预埋内容仔细校核坐标、规格尺寸、数量,避免错留、漏留;制定结构留洞、套管检查表及时发至各相关人员手中;加强现场巡视力度,对不合格的预留预埋件及洞口及时给予纠正,在钢筋绑扎前,应提前做好预留预埋件的加工、准备工作,加工件质量应符合专业有关规范规定。

2. 与机电单位的配合协调

协调各机电单位明确搭接界面,避免界面重复或者遗漏的情况;相互提出需求,充分了解其他专业的做法和想法;统一支架形式、方向,确保工程观感上有很好的效果。在机电总包的协调下将所有机电专业结合成一个整体。

3. 与装修单位的配合协调

在施工前,与装修单位共同制定工序计划,仔细研究每一道工序;在施工中,对在饰面上安装的器件(如灯具、开关、插座等),参考相应部位装修图及甲方、设计的意图进行定位。在配合施工时,主动与装饰单位联系,及时了解墙面与楼地面的进度,把有关工作量按时安装完毕,不影响装饰进度和避免造成二次破坏。

4.2.4 机电工程创优过程的实施

1. 整体质量管理

(1)明确质量目标:在专业承包单位进场时,明确上海市中医医院嘉定院区项目确保"鲁班奖"的目标,可以像一把利刃悬挂在各单位的头上,产生强烈的紧迫感和责任感,提醒施工人员时刻保持警惕和专注。

(2)机电工程所需的原材料和设备相当重要。在选择材料供应商时,项目部严格对材料的质量和供应商的信誉度进行考察,在材料进场时严格验收,确保每批材料的质量满足技术规格书和规范的要求。

(3)强化过程控制:在机电项目的实施过程中,加强对各个环节的质量控制。这包括设计、采购、施工、调试、验收等各个阶段。通过制定详细的质量控制计划和检查表,对各个环节进行严格的监督和检查,确保每个环节都符合质量要求。

(4)提高人员素质与技能:机电项目的质量管控离不开专业人员的支持。项目部加强对项目人员的培训和管理,在过程中经常性地开展质量培训,培训的人员一定要求各班组长参加,明确并统一基本的施工做法,提高他们的专业素质和技能水平。

(5)建立持续改进机制:机电项目的质量管控是一个持续改进的过程。在项目实施过程中,项目部每周至少开展两次质量检查,并开具整改单,要求分包在整改期限内完成整改并现场确认后签字存档。

2. 重点部位施工质量的控制

机电工程的重点部位是设备机房、管井和屋面,这些区域有大量的机电设备和管线,其施工质量的好坏,不仅影响工程的施工质量,同时对工程功能的正常发挥起着至关重要的作用。利用BIM管线综合技术,对机电设备和管线进行综合布置,同时针对工程的细部节点,进行针对性的策划。

(1)采用BIM技术,并严格按照建立的模型进行施工。

(2)对焊工的技能进行考察,最终在10名焊工中挑选出4名优秀焊工在机房和屋面进行施焊作业。

（3）采用红外线放线仪对设备的中心进行放线，成排设备安装应整齐划一，水泵限位可靠，如图 4-10 所示。

图 4-10　成排水泵安装

（4）空调水管采用镀锌钢管综合架空支架敷设，空调水管位于上方，确保维修通道畅通，如图 4-11 所示。

图 4-11　空调水管高支架安装

（5）水泵的出口管道进入总管应采用顺水流斜向插接的连接形式，夹角不应大于 60°，如图 4-12 所示。

（6）屋面所有金属构件均可靠接地，如图 4-13 所示。

图 4-12　水泵出水顺水安装

图 4-13　屋面钢爬梯接地

(7) 屋面设备电机、阀门执行机构、风管进出建筑物上方设置防水措施,如图 4-14 所示。

图 4-14　水泵防水措施

图 4-15　水泵电源设置滴水弯

(8) 屋面敷设的电线导管采用厚壁镀锌电线导管,导管末端设置防水弯或防水接线盒与设备接线端子连接,如图 4-15 所示。

(9) 屋面室外管道金属保护壳平整美观,顺流向搭接,流向标记标识清晰,如图 4-16 所示。

(10) 热水机房采用彩色铝皮保护壳,美观且层次分明,如图 4-17 所示。

图 4-16　金属保护壳安装

图 4-17　热水机房实景

3. 管道安装

(1) 埋墙暗敷管道安装严禁在小砌块墙体中开留水平沟槽,经二次试压合格后,方可用水泥砂浆封槽,初装饰(毛坯)工程应在墙面标出冷、热水管道的走向标记线。

(2) 管道安装应做到横平竖直,排列整齐,接口正确,各种形式接口不允许在墙内或楼板内。管道连接根据设计要求可采用螺纹连接、法兰连接、焊接、卡箍连接、环压连接等等形式。管道安装见图 4-18。

(3) 管道敷设不允许半明半暗。管径大于 100 mm 的镀锌钢管应采用法兰或卡套式专用管件连接,镀锌钢管与法兰的焊接处应二次镀锌。

(4) 管道与设备连接时应在进出口处设置支架,支架设置位置应合理,不得将支架设置在设备与软接头之间,如图 4-19 所示;大口径的阀门和部件处应设支架,不得由设备承受管道的重量;管道井内的立管应合理设置承重支架或支座;在管道穿墙面、转弯、上返或下返处应加设支架。

图 4-18 管道安后实景

(5) 管道及组件(如阀门、压力表、安全阀等)安装走向、坐标及标高一致,做到整齐美观。如图 4-20 所示。

图 4-19 管道与设备连接支架设置　　图 4-20 管道及组件安装后实景

(6) 管道与设备的连接应在设备安装完成后进行,与水泵制冷机组的接管必须为柔性接口。柔性短管不得强行对口连接,与其连接的管道应设置独立支架。

(7) 水泵的出口管道进入总管应采用顺水流斜向插接的连接形式,夹角不应大于 60°。如图 4-21 所示。

(8) 埋地塑料管道出地坪处应设置护管,其高度应高出地坪 100 mm,其护管根部应窝嵌在地坪找平层内。

图 4-21 水泵出口管顺水斜向连接

(9) 室内箱式消火栓安装:栓口应朝外,并不应安装在门轴侧,如果是安装在墙角的消火栓箱,其门轴应安装在墙角侧;栓口中心距地面为 1.1 m,允许偏差 ±20 mm,水带盘法和接口绑扎正确,箱体内四周应封堵严密,门上标识(消火栓箱、火警 119、灭火器)明显齐全,且有便于开、关的手柄。消火栓门安装在石材或木质结构时,机电安装单位要与装饰单位加强沟通和配合,要确保消火栓门与石材或木质结构要浑然一体,开启灵活,满足开启角度,美观协调。栓口位置应确保无阻碍快速接头的连接,箱内双栓口的管段应有支架固定,管道穿越箱体孔口其空隙部位应封闭。消防箱安装如图 4-22 所示。

图 4-22 消防箱安装后实景

(10) 报警阀组安装:报警阀组的安装应先安装水源控制阀(图 4-23)、报警阀(图 4-24),然后连接报警阀辅助管道。报警阀应安装在便于操作的明显位置,距地高度宜为 1.2 m,两侧距墙的距离不应小于 0.5 m,正面与墙的距离不应小于 1.2 m;安装报警阀组的室内地面应有排水设施,水力警铃应安装在公共通道或值班室附近的外墙上,且应安装检修、测试用的阀门。

图 4-23　水源控制阀安装后实景

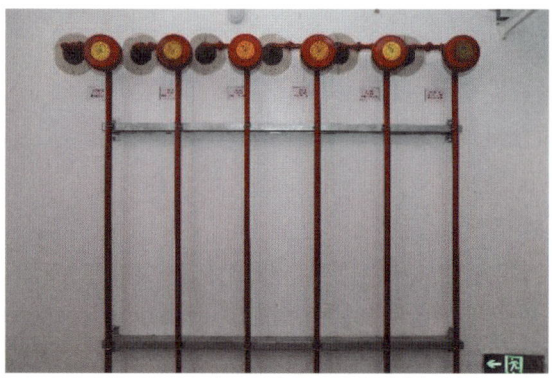
图 4-24　报警阀组安装后实景

(11) 水流指示器安装：水流指示器安装应在管道试压和冲洗合格后进行，并应水平立装，水流指示器前后应保持有 5 倍安装管径长度的直管段，安装时注意水流方向与指示器的箭头一致；信号阀应安装在水流指示器前的管道上，与水流指示器的距离不宜小于 300 mm。

(12) 自动喷水灭火系统安装。

① 消防水泵吸水管上应安装：控制阀、过滤器、偏心异径管和软接头，其中控制阀不应采用没有锁定装置的蝶阀，偏心异径管安装应采用管顶平接。消防喷淋水泵吸水管安装如图 4-25 所示。

图 4-25　吸水管安装后实景

② 安装喷头的吊顶开孔不应过大，以溅水盘能完全覆盖为宜，且应与吊顶接触平整严密；粉刷吊顶不应污染溅水盘，喷头与照明灯具的距离不宜小于 300 mm，并应保持等距，且应与灯具成行成线。

③ 自动喷水灭火系统的消防水泵接合器应设置与消火栓系统的消防水泵接合器有区别的永久性固定标志，并有分区标志，其安装高度距地面宜为 0.7 m。

④ 消防水泵出水管上应安装止回阀、控制阀和压力表，或安装控制阀、多功能水泵控制阀和压力表。系统的总出水管上还应安装压力表和泄压阀，安装压力表时应加设缓冲装置。压力表和缓冲装置之间应安装旋塞；压力表量程应为工作压力的 2~2.5 倍。

⑤ 消防水泵的室内地面应有排水设施。排水沟：排水沟箅子可选用不锈钢、塑料或石材箅子，箅子铺贴平整稳固，箅子表面与地面平整，接缝严密，无晃动变形。导流槽：设备基础导流槽可做成 Φ50~Φ80 的 PVC 圆弧形或不锈钢梯形。导流槽边缘与地面应交接平整严密，导流槽内可刷黄色或其他色油漆，但必须与四周环境协调一致。

（13）管线严禁穿越防火卷帘门等设备本，当穿越防火分区隔墙时，应进行防火封堵，防火封堵应密实，端面光滑、美观。管线穿过伸缩缝、抗震缝、沉降缝时，应采取补偿措施或设置补偿装置，并在补偿装置两端 200 mm 范围内设置支、吊架。如图 4-26 所示。

图 4-26 补偿装置安装后实景

（14）冷、热水管和蒸汽管水平段变径时应采用偏心异径管、冷热水管安装时做到顶平下偏，但蒸汽管要底平上偏。

（15）直径 $D \geqslant 150$ mm 的同一管段的直管对接时，相邻的两道环焊缝间距不应小于 150 mm，$D < 150$ mm 的不应小于管子外径。直线管段不允许利用小于 800 mm 长的短管拼接成材。

（16）水平管道试压压力表安装位置：测量液体压力的应在管道底部或侧面，测量气体压力的应在管道顶部或侧面。压力表与存水弯管（缓冲盘管）之间应安装旋塞。

图 4-27 沟槽式管道支、吊架安装后实景

（17）沟槽式连接管道支、吊架不得支承在连接头上。水平管的任意两个连接头之间和弯头处必须有固定支、吊；支、吊架离连接头距离 300~500 mm，卡箍安装方式应一致。沟槽式管道支、吊架安装如图 4-27 所示。

（18）管道井内立管，每隔 2~3 层应设导向支架，并装固定管卡外，还须按规定设置管道承重支座。

（19）民用建筑设备中连接管道法兰的螺栓拧紧后，超出螺母的长度不应大于螺杆直径的 1/2；处于露天或潮湿腐蚀环境的螺栓、螺母应进行防腐处理，如涂干油脂等，特殊环境下还应按要求进行特殊防腐处理。

（20）管道连接的法兰、焊缝、连接件以及管道上的仪表、阀门安装位置应便于使用和检修，不得紧贴墙面、楼面或管架。

（21）冷、热水管道与支、吊架接触间应有绝热衬垫（承压强度能满足管道重量的、不燃、难燃硬质绝热材料或经防腐处理的木衬垫)其厚度不应小于绝热层厚度,宽度应大于支、吊架支承面的宽度。

(22)当采用塑料、不锈钢、铜等材质的管道时,其与金属支、吊架间应放隔绝衬垫、不可直接接触,如图 4-28 所示。

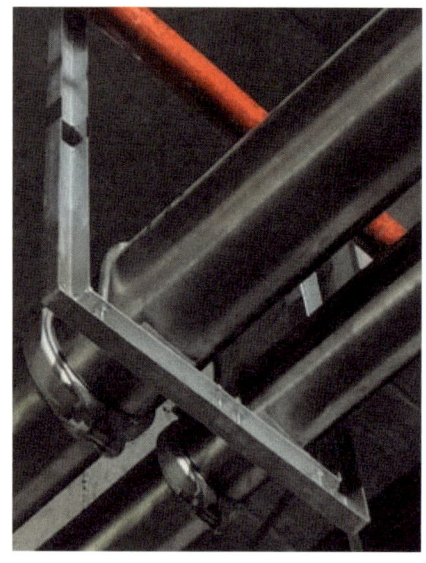

图 4-28　不锈钢管与支架隔绝处理

(23)管道支架不得设置在管道的焊缝上,同时也不能利用法兰螺栓吊挂、支撑其他设备或设施。

(24)管道的绝热层与管壳的粘贴应牢固,绑扎应紧密,无滑动、松弛等现象。绝热层与垫木支座间不得有空隙,纵缝应错开。但管道连接的套管伸缩器及橡胶软接等不应作绝热(除设计要求外),在非空调工程中其两侧应留 70～80 mm 空隙,并在绝热层端部作 60°～70°斜坡面封闭。

(25)圆形保护壳应贴紧绝热层,不得有脱壳、褶皱、强行接口等现象,接口搭接应顺水流方向设置,并应有凸筋加强,搭接尺寸应为 20～25 mm;水平管道金属保护层的环向接缝应顺水搭接,纵向接缝应设于管道的侧下方,并顺水,立管金属保护层的环向接缝必须上搭下,如图 4-29 所示。

(26)当阀门与管道连接时不要使阀体承担管道的重量,故应在阀门两侧的管道上设置吊支架,且以不影响阀门开闭和拆装为宜。

(27)集水井排水管支架应设置在软接头上方,阀门两侧设置固定支架,压力表缓冲管朝向一致,旋塞阀喷水口朝上无人侧,如图 4-30 所示。

图 4-29　金属保护外壳安装后实景

图 4-30　集水井管道安装后实景

(28)卫生器具安装。

① 成排洁具布置应间距均衡、标高一致。挂式小便器安装高度为上沿口距地面 600 mm,蹲式大便器居中布置,周边缝隙均匀,打胶美观,小便器安装如图 4-31 所示。

图 4-31 小便器安装后实景

图 4-32 地漏安装后实景

② 地漏设置正确,安装低于排水表面 2~5 mm,排水通畅。地漏水封高度不得小于 50 mm,地漏安装如图 4-32 所示。

③ 卫生器具应与装饰顶面、墙面、地面进行整体排布,做到布局合理、固定牢固、协调美观。阀配件的位置及朝向合理、接口严密、安装端正、使用灵活、维修便利,器具配件完好无损伤,表面洁净,无外露油麻。成排器具排列整齐美观,支架设置合理、牢刷,与器具接触良好,卫生器具与墙面接触部位需打胶处理,严禁卫生器具用水泥砂浆掩埋。

4. 暖通安装

(1) 金属、非金属矩形风管法兰的四角处应设有螺孔,法兰上螺栓及铆钉孔间距,金属的不得大于 150 mm,非金属的不大于 120 mm,矩形金属风管的起始铆钉距棱边不得大于 40 mm。无法兰矩形风管接口处四角应有固定措施。

(2) 金属风管与法兰铆接的翻边宽度不少于 6 mm。风管连接的法兰螺栓应均匀拧紧,拧紧后,露牙长度应不大于螺栓直径的 1/2,同一层面或同一路风管连接的螺栓方向应一致。非金属风管法兰螺栓两侧应加镀锌垫圈。

(3) 柔性短管安装:

① 应选用防腐、防潮、不透气、不易霉变的柔性材料。用于空调系统的应采取防止结露的措施;用于净化空调系统的还应是内壁光滑、不易产生尘埃的材料。

② 柔性短管的长度,一般宜为 150~300 mm,其连接处应严密、牢固。

③ 柔性短管不宜作为找正、找平的异径连接管,应松紧适度,无明显扭曲,如图 4-33 所示。

④ 设于结构变形缝的柔性短管,其长度宜为变形缝的宽度加 100 mm 及以上。

(4) 各类风阀应安装在便于操作及检修的部位,安装后的手动或电动操作装置应灵活、可靠,阀板关闭应保持严密;防火阀设独立支、吊架,且不得阻碍手柄的操作。如图 4-34 所示。

图 4-33 风管柔性短管安装后实景

图 4-34 防火阀设置独立支架

图 4-35 风管穿墙防火封堵

图 4-36 风管出屋面防雨装置

（5）风口与风管连接严密、牢固，紧贴装饰面；风口表面平整、不变形，调节灵活、可靠。条形风口的安装，接缝处连接自然，无明显缝隙。同一室内送（回）风口的安装位置和高度一致，排列整齐。

（6）在风管穿过需要封闭的防火、防爆的墙体或楼板时，应设预埋管或防护套管，其钢板厚度不小于 1.6 mm，风管与套管之间，采用不燃且对人体无危害的柔性材料封堵。如图 4-35 所示。

（7）风管穿出屋面处应设有防雨装置，如图 4-36 所示；屋面风立管超过 1.5 m 时应设置拉索固定，拉索不得固定在风管法兰上且严禁拉结在避雷设施上。

（8）水平悬吊的风管在靠近系统的起、止点或改变方向处和主、干风管超过 20 m 时，均应设置防止晃动的固定支架。

（9）风管吊支架的螺孔应采用机械加工，不得用气割开孔。吊杆螺纹完整、光洁、平直，各副吊杆受力均匀。保温风管的支、吊架不得与风管直接接触，应设在保温层或隔绝垫的外部，并不得损坏保温层。

（10）通风机传动装置的外露部位以及直通大气的进、出口，必须装设防护罩（网）或其他安全装置，室外进出风口必须装 45°拼接管，防止雨水进入。

（11）安装悬吊式通风机时，机座与吊框架间应用隔振垫块或隔振器，并用螺栓固定，其吊杆或弹簧式吊杆与吊框架固定时应采用上下螺母锁死，并有防松装置。如图 4-37 所示。

（12）通风机安装隔振器的地面应平整，各组隔振器承受荷载的压缩量应均匀，高度误差小于 2 mm，机座框架与隔振器连接螺栓固定牢靠，当隔振器底座无螺栓固定时，应设防位移装置；如图 4-38 所示。

图 4-37 悬吊式通风机安装后实景

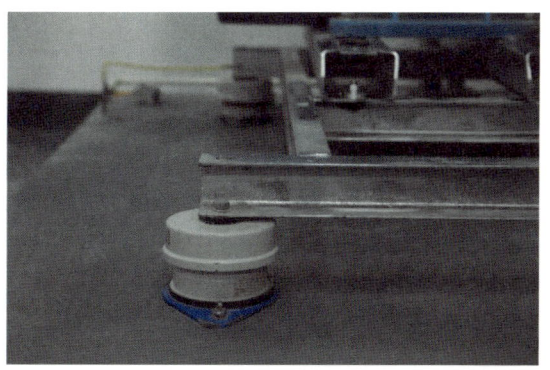

图 4-38 风机隔振器安装后实景

(13) 空调机组应设置减振器,减振器采用三硬两软综合限位装置。如图 4-39 所示。

图 4-39 空调机组减振器安装后实景

图 4-40 风管保温安装后实景

(14) 矩形风管或设备保温钉的分布应均匀,其数量底面每平方米不应少于 16 个,侧面不应少于 10 个,顶面不应少于 8 个。首排保温钉至风管或保温材料边沿的距离应小于 120 mm;保温层表面应平整、密实,无裂缝、窄隙等缺陷,粘胶带应粘贴牢固,不得有胀裂和脱落等现象。如图 4-40 所示。

(15) 风管绝热层采用粘结固定时,其绝热层纵、横向的接缝,应错开,风管法兰连接部位的绝热层的厚度,不应低于风管绝热层的 0.8 倍。

(16) 室外冷媒管道保温层外采用热浸锌防水桥架。如图 4-41 所示。

5. 电气安装

(1) 电气设备、器具安装时使用的紧固螺栓都必须是镀锌制品且平垫片,弹簧垫片等应齐全。

(2) 金属导管严禁对口熔焊连接,采用螺纹连

图 4-41 VRV 冷媒管安装后实景

接时,管端螺纹的长度不小于管线接头长度的1/2,连接后,其螺纹宜外露2~3扣并涂防锈漆保护。

(3) 当非镀锌钢导管螺纹连接时,连接处两端焊跨接接地线应采用直径不小于 φ6 mm 圆钢作跨接,焊接长度为其直径6倍。焊接应牢固、饱满,不得有夹渣、假焊和钢管焊穿等现象,并应清除焊面焊渣,涂防腐漆。镀锌的钢导管,可挠性导管和金属线槽不得熔焊跨接接地线。用专用接地卡跨接的跨接线应为黄绿双色铜芯软导线,截面积不小于 4 mm²。

(4) 金属导管采用紧定螺钉连接,螺钉应拧断并紧固,在震动的场所紧定螺钉应有防松动措施。

(5) 套接扣压式薄壁钢导管的连接,当管径为 Φ25 及以下时,每端压点不应少于2处;管径为 Φ32 及以上时,每端扣压点不少于3处,扣压点对称,间距均匀。套接扣压式薄壁钢管在管路连接处可不设置跨接接地线,但管路起、终两端应采用专用接地线卡与箱、柜内的接地(PE)或接零(PEN)汇流排可靠连接。

(6) 金属、塑料导管采用套管连接时,套管长度为管外径的1.5~3倍,管与管的对口处应位于套管的中心。套管采用焊接,其焊缝应牢固严密,并清除焊面药渣涂防锈漆保护。塑料套管应采用涂专用胶合剂,连接口应牢固密封。

(7) 塑料管采用插入法连接时,管口平整、光滑,管与器件连接,插入深度为管外径的1.1~1.8倍,连接处结合面应涂专用胶合剂,接口严密牢固。

(8) 塑料导管与金属导管不准在同一管路的同一系统内混合使用,当设计允许二者混用时,必须保证金属导管有可靠的接地(PE)或接零(PEN)保护。

(9) 接地(PE)或接零(PEN)支线必须单独与接地(PE)或接零(PEN)干线相连接,不得串联连接。

(10) 线槽、桥架连接应紧密,连接板螺栓紧固应无遗漏,螺母位于线槽、桥架的外侧面,跨越建筑物变形缝应设置补偿装置,接地线无遗漏;直线段钢制线槽、桥架长度超过30 m,应设有伸缩节。如图4-42所示。

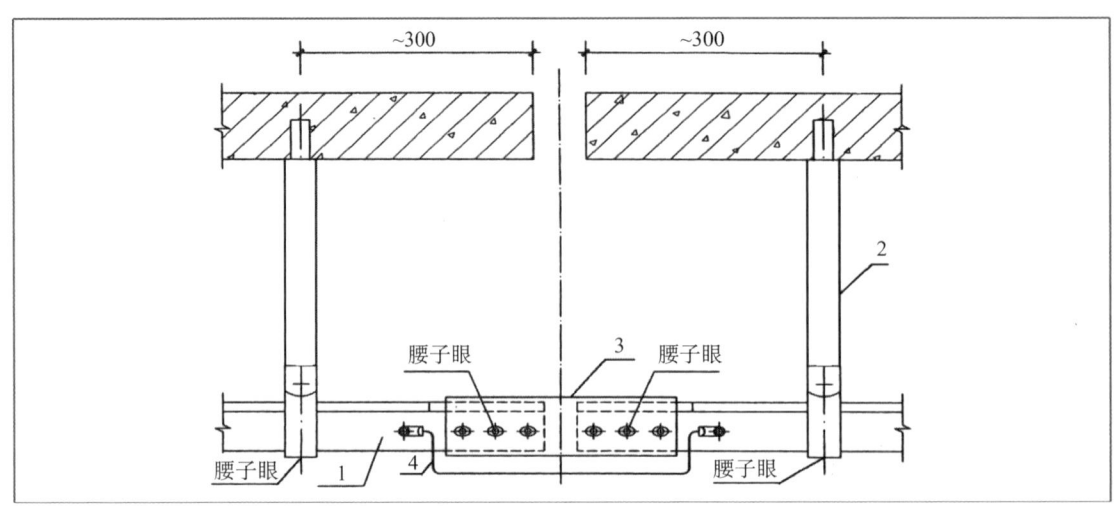

序号	名称	规格
1	金属线槽	见工程设计
2	固定支架	见工程设计,底部固定螺栓开孔应为腰子眼
3	桥架连接片	见工程设计,连接片侧面固定螺栓开孔应为腰子眼
4	接地跨接线	截面积不小于 16 mm^2,多股黄绿双色线

图 4-42 桥架伸缩补偿装置安装

(11) 镀锌线槽、桥架间连接板的两端不跨接接地线,但连接板两端不少于 2 个有防松螺帽或防松垫圈的连接固定螺栓;非镀锌线槽、桥架连接板的两端应做跨接接地,如图 4-43 所示。

(12) 桥架、母线槽等通过变配电室、电梯机房、锅炉房及防护分区墙体、楼板时,应用防火泥或阻火包(防护枕)等防火材料进行封堵、封堵应严密平整。竖向线槽内防火封堵,可在穿楼板处的线槽内横向设置两个 Φ8 的镀锌圆钢,将阻火包码放在钢筋上,当用阻火包时宜与墙面平齐,当用阻火泥时可略凸出墙面,并抹平方正,也可在防火材料封堵后用防火板封严。如图 4-44 所示。

(13) 电井内与母线、桥架同程辐射的接地干线,需采用焊接连接,安装要平直牢固,标识要明显。当井道内母线、桥架较多时,需增设横向接地干线,以便就近接地。母线垂直敷设时,应在母线分接处设减震支架,并设防水台。如图 4-45 所示。

图 4-43 桥架安装后实景

图 4-44 桥架防火封堵后实景

图 4-45 垂直母线安装后实景

(14) 金属线槽不作设备的接地导体,当设计无要求时,金属线槽、桥架全长不少于 2 处与接地(PE)或接零(PEN)干线连接。

(15) 线槽敷设顺直整齐,在直线段上的 90°转角处和丁字支线段处,其内角应为斜 45°和丁字口两侧夹角为斜 45°,槽盖应齐全、平整、无翘角,并列安装时,槽盖应便于开启。如图 4-46 所示。

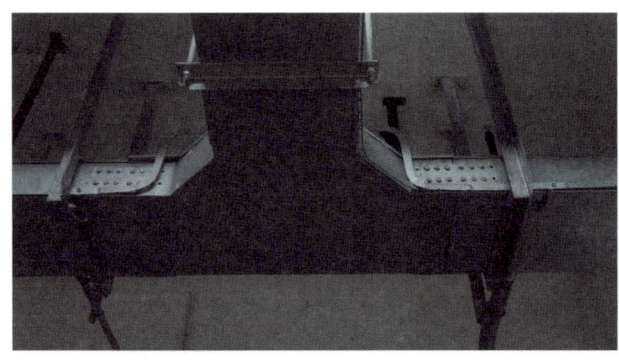
图 4-46 桥架三通设置后实景

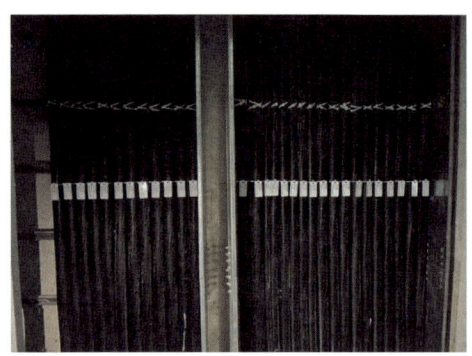
图 4-47 电缆安装后实景

（16）桥架、托盘（无盖）内严禁敷设导线；导线在线槽（有盖）内敷设时，应按回路梆扎，梆扎点间距不大于 2 m，并在转角的适当位置加以固定。导线在线槽内不得有接头。

（17）电缆敷设应排列整齐，不宜交叉。垂直敷设的电缆应每隔 2 m 进行固定，水平敷设时在首、末两端及转弯处，接头两端加以固定，直线段应每隔 5～10 m 加以固定，并在上述部位悬挂标志牌，字迹清晰，回路正确，标志牌规格统一，宜采用塑料或非导电材料制作。如图 4-47 所示。

（18）单股铜芯线的连接宜采用阻燃型安全压接帽，压接帽规格与导线截面积相匹配，并必须采用配套的"三点抱压式"多用压接钳压接。多股铜芯线连接时必须搪锡或压接，搪锡应均匀、饱满、光滑。

图 4-48 配电箱安装后实景

（19）照明配电箱（盘）内导线连接紧密，配线整齐，无绞接现象，回路编号齐全，标识正确，垫圈下螺丝两侧压的导线截面积相同，同一端子上导线连接不多于 2 根，防松垫圈等零件齐全，并应设置零线（N）和保护地线（PE 线）或接零（PEN）汇流排零线和保护地线应经汇流排配出。如图 4-48 所示。

（20）吊顶内的电气配管宜按明配管的要求施工，不得将导管固定在吊顶的吊架或龙骨上，做到横甲竖直、间距均匀、固定牢固、接地可靠、防腐到位；直线段卡子间距应符合规定，距终端箱、盒、弯头、设备边缘处为 150～500 mm；明配管弯曲半径不宜小于外管径的 6 倍，弯头应呈圆弧曲线，不得有起褶、开裂现象，弯扁度不大于管直径的 10%，同一走向的一束管线宜采用公用支架和共用接线盒成排排列敷设。

（21）当配线采用多相导线时，其相线的颜色应易于区分，相线与零线的颜色应不同，同一建筑物、构筑物内的导线，其颜色选择应统一，保护地线（PE 线）应采用黄绿颜色相间的绝缘导线，零线宜采用淡蓝色绝缘导线。

（22）开关安装的位置应便于操作，同一建筑物内开关边缘距门框（套）的距离宜为 0.15～0.2 m。同一室内相同规格相同标高的开关高度差不宜大于 5 mm；并列安装相同规格的开关高度差不宜大于 1 mm;并列安装不同规格的开关宜底边平齐。如图 4-49 所示。

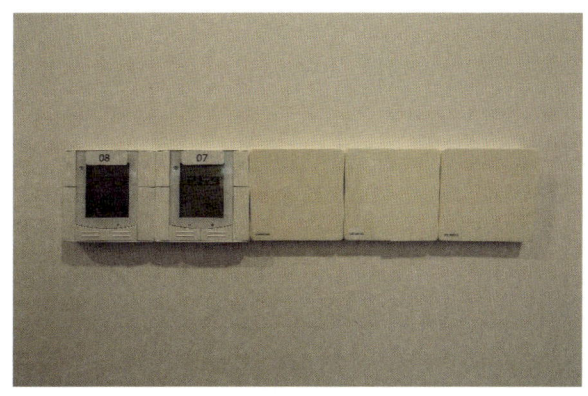

图 4-49 空调开关安装后实景

图 4-50 配电室成排灯具安装后实景

(23) 顶棚上安装的灯具应与吊顶装饰分格、风口、探头、喷头、广播喇叭等设器具布置相协调,竖成行、横成线,偏差不大于 5 mm;吸顶灯、嵌入式灯具安装应紧贴吊顶板面,四周无缝隙,固定牢固。吊顶内照明灯具的金属软管长度不大于 1.2 m。

(24) 灯具不应安装在成排管道、线槽等遮挡光线设施的上方。灯具不应安装在成套设备、裸母线、电梯曳引机的正上方。如图 4-50 所示。

(25) 接线应符合下列规定:

① 单相两孔插座,面对插座的右孔或上孔与相线连接,左孔与零线连接。

② 单相三孔和三相四孔及三相五孔插座的接地(PE)或接零(PEN)接在上孔。插座的接地端子不与零线端子连接,同一场合的三相插座接线的相序一致。

③ 接地(PE)或接零(PEN)在插座间不串联连接。

(26) 引出的接地干线与变压器的低压侧中性点直接连接,接地干线与箱式变电所的 N 母线和 PE 母线直接连接,变压器箱体、干式变压器的支架或外壳应接地(PE)。所有连接应紧密可靠,紧固件及防松零件齐全。

(27) 配电箱的安装应横平竖直,高度一致,固定牢靠;导线分色一致,成排导线平行、顺直、整齐。分回路绑扎固定牢固,绑扎带间距均匀一致;箱内设 N 排、PE 排、N 线、PE 线经汇流排配出,标识清晰,导线入排顺直、美观。每个设备和器具的端子接线不应多于两根线,不同截面的两根导线不得插接于一个端子内。如图 4-51 所示。

图 4-51 配电箱内导线安装后实景

(28) 防雷和保护接地装置的安装:

① 利用屋面金属栏杆做避雷带时,栏杆的截面积应符合避雷带的设计要求,引下点连接要明显可靠,做好引下线标识,拐弯处应做成圆弧形,栏杆连接需符合避雷接地要求。避雷带安装如图 4-52 所示。

图 4-52　避雷带引下线安装后实景

②高出屋面的金属管道、支架、电气设备等导体必须与接地干线可靠连接。保护接地线必须并联连接,不得串联。如图 4-53、图 4-54 所示。

图 4-53　出屋面套管接地后实景

图 4-54　出屋面管道接地后实景

③明敷避雷带(圆钢、扁钢)搭接焊时,应将避雷带的一端接头制作成"乙"字弯后再进行焊接,以保持避雷带顺直。避雷带采用焊接,避雷带为圆钢时,搭接长度为圆钢直径的 6 倍,双面焊接时,避雷带为扁钢时,搭接长度为扁钢长度的 2 倍,不少于三边(要有 2 个长边)焊接。避雷带转角或跨越建筑物变形缝时,应做"Ω"弯补偿。

④暗装防雷断接卡或测试点应使用成品箱(盒),箱体四周平整密实,箱门设防水和接地测试点标识,在条件允许的情况下,标识上可以增加公司 LOGO。

⑤等电位联接,设备及管线应进行可靠的接地和等电位联接,如图 4-55、图 4-56 所示。

图 4-55 等电位箱安装后实景

图 4-56 卫生间等电位连接后实景

（29）泵、风机等设备电源暗配管的长度和位置应在预埋时核实正确，一次埋设到位，避免增加接管难度并影响工程质量；管口预先套丝，并采用专用接头与软管连接，软管弯成滴水弯后与设备连接；动力工程用软管长度不应大于 0.8 m。如图 4-57 所示。

图 4-57 水泵电源连接后实景

4.3 基于运维的机电技术管理实施

4.3.1 机电施工图纸深化的实施

随着社会进步，建筑物的功能增多，室内各种机电管线也越来越多，这些纵横交错的管线需要占用更大的内部空间，但业主方总是希望留足更多的空间，提高用户的舒适感，因此满足功能和美观就需要施工图深化合理解决综合管线问题。

（1）施工图纸深化。上海市中医医院嘉定院区项目采用BIM机电管线综合技术，主要针对机电工程各专业管线位置进行合理的布置，针对各专业施工工序进行合理的安排，力求最大力度实现设计与施工之间合理衔接，满足和落实建设方、监理及设计的各项要求，以实现机电安装工程综合效益最大化的目标。

（2）深化设计原则。项目部设计人员与设计院的机电设计人员进行全面地沟通和交流，全面理解设计院设计施图图纸思路及设计规范，为深化设计阶段做好铺垫。管线布置的原则如下所述。

① 电气管让水管：从安全角度考虑，电气管原则上敷设在水管上方，且水管避让电气管会造成水管接头增加，进而增加泄漏的安全隐患。

② 水管让风管：风管在管道系统中占据的空间相对较大，其设计和安装需要考虑气流的顺畅性和阻力。因此，在可能的情况下，水管应避让风管，以确保风管系统的正常运行。

③ 小管让大管：小管在避让大管时，主要是考虑大管的安装、维护难度和造价。大管由于体积较大，安装时需要更多的空间和资源，同时其维护和更换也相对困难。因此，在布局时，应优先考虑大管的安装位置，确保大管的顺畅运行，同时尽量减少对小管的影响。

④ 有压管让无压管：由于无压管对坡度和流向的要求较高，如果随意改变其布局，可能会影响其流动性能。因此，在布局时，应优先考虑无压管的布局，确保其流动顺畅，同时尽量减少对有压管的影响。

⑤ 同等情况下造价低让造价高的：在同等情况下，应优先避让造价高的管线，这不仅可以降低项目的整体成本，还可以提高项目的经济效益。

⑥ 考虑日后维修的便捷性：在设计和安装管道系统时，还需要考虑日后维修的便捷性。应确保管道系统的布局合理、易于维护，并预留足够的空间和通道，以便在需要时能够方便地进行维修和更换。此外，还应考虑使用易于维修和更换的管道材料和配件，以进一步提高维修的便捷性和效率。

（3）机电标高的控制。在该项目的实施过程中，个别区域确实无法满足甲方标高的需求，在理解设计意图的条件下，需要通过调整管线走向来确保管线密集区域无法达到标高要求的问题。如住院楼走道区域吊顶标高需达到2.55 m，距离上方梁仅有35 cm空间，此处给水管、空调水管、消防管、桥架、医用气体、排风管和排烟管密集，根本无法将这么多管线放入这么小的空间中，为此项目部协调设计将最大的排烟管移至其他功能房间，并采用综合支架的方式满足了此处标高。

（4）机房和屋面管线深化。一个项目机电施工管线布置是否合理，功能是否满足要求，使用是否方便，观感是否良好，一个重要的方面就是要看机房和屋面的设备和管线布置及施工工艺的合理完美。上海市中医医院嘉定院区项目的机房机房空间狭小，屋面设备非常多，管线也十分密集，原设计图纸中管道交错纵横，施工难度大。通过分析，对屋面大型管道布置进行调整，采取综合架空支架的做法，将管道敷设在上方，在检修通道有管线的的区域设置钢平台走道，使原来十分紧凑的空间显得很宽敞舒适，为今后的维护维修工作提供便利。在对机房管线进行施工前，及时对吊顶标高、梁底标高、管线安装空间及预留洞尺寸、位置进行现场的测量，以做到合理的布局。

4.3.2 施工方案的实施

上海市中医医院嘉定院区项目专项施工方案如表 4-4 所示。

表 4-4 项目专项施工方案一览

序号	方案名称	备注
1	机电施工组织设计	施组
2	临电施工方案	临电
3	临水施工方案	临水
4	机电创优方案	创优
5	通风与空调工程专项施工方案	暖通
6	风管共板法兰连接施工方案	暖通
7	给排水工程专项施工方案	给排水
8	管道井施工方案	给排水
9	电气工程专项施工方案	电气
10	防雷接地施工方案	电气
11	预分支电缆施工方案	电气
12	消防工程施工方案	专业工程
13	净化工程专项施工方案	专业工程
14	弱电工程施工方案	专业工程
15	污水处理专项施工方案	专业工程
16	柴油发电机专项施工方案	专业工程
17	高压供电工程施工方案	专业工程
18	物流系统专项方案	专业工程
19	医用气体专项方案	专业工程
20	柴油发电机吊装专项方案	吊装
21	热泵机组吊装专项方案	吊装
22	变配电设备吊装方案	吊装
23	VRV 设备吊装方案	吊装
24	有限空间施工方案	安全
25	高处作业安全措施方案	安全
26	移动式操作平台搭设专项方案	安全
27	机电工程调试方案	调试
28	消防工程调试方案	调试

4.3.3 屋面降噪控制

（1）在采购设备时，优先选择符合国家或行业低噪声标准的设备，从根本上减少噪声的产生。

（2）风冷热泵机组采用混凝土浮筑基础加弹簧减振器，进行二次减振。如图4-58所示。

图 4-58 风冷热泵二次减振

图 4-59 桥架柔性连接

（3）设备进线电缆处桥架与机组间采用橡胶垫柔性连接。如图4-59所示。

（4）新风机组和空调室外机减振器采用三硬两软（三块钢板和两块橡胶垫）综合限位装置。如图4-60所示。

图 4-60 综合限位装置

图 4-61 设备减振措施

（5）水泵设置减振台座；所有与设备连接的管道、电线电缆等均采用软接头或软管连接。如图4-61所示。

（6）在风机的进出口、风管变径处设消声器，同时为了防止尺寸相近的风管产生共振现象，尺寸相近的风管布置应相距一定距离或采用改变风管截面尺寸的措施，并设置柔性短管。如图4-62所示。

（7）在支架施工时，支架与风管连接处采用橡胶垫片进行过渡，尽量避免支架与风管直接接触。

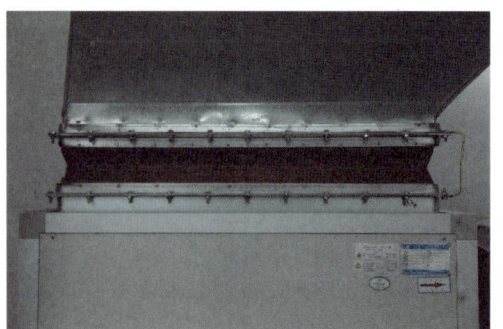

图 4-62 风机柔性短管连接

4.4 基于运维导向 BIM 技术在施工过程中的应用

4.4.1 地下室预留套管专项施工节点模拟

目前各类医院新建项目都往往拥有远期规划用地,因此基于医院远期发展目标来考量地下室的医院管线是十分有必要的,通过 BIM 进行地下室的预留套管分析并做出预留决策能够为将来的医院运维需求提供非常大的便利,由于往往医院二期会沿用原一期的配电站等重要能源功能,因此预留管线路由实际是对医院远期运维发展有非常大的帮助。避免了因医院功能拓展而发生的再次施工问题。

针对上海市中医医院嘉定院区项目地下室施工前期,模拟过程中充分考虑该项目地下室功能所涉及的预留套管(表 4-5),在经过与机电专业图纸、模型再三比对后,确定预留点位与数量,能够保证后期投入使用后结构穿孔的需求,避免再次施工或返工的现象。满足医院的长远期机电安装使用预期。

表 4-5 模型导出地下室预埋套管明细

预埋套管明细表				
尺寸 φ(mm)	类型	合计	系统类型	总计
26	柔性防水套管	11	消防	61
54	柔性防水套管	15		
83	柔性防水套管	7		
102	柔性防水套管	2		
153	柔性防水套管	17		
213	柔性防水套管	9		
15	柔性防水套管	2	给排水	295
50	柔性防水套管	24		
127	柔性防水套管	4		
146	柔性防水套管	90		
159	柔性防水套管	19		
203	柔性防水套管	115		
219	柔性防水套管	2		
250	柔性防水套管	10		
265	柔性防水套管	4		

(续表)

预埋套管明细表				
尺寸 ϕ(mm)	类型	合计	系统类型	总计
292	柔性防水套管	1	给排水	295
300	柔性防水套管	2		
377	柔性防水套管	3		
400	柔性防水套管	4		
500	柔性防水套管	9		
660	柔性防水套管	4		
800	柔性防水套管	2		
12×RC200	电缆	1	强电	5
6×RC200	电缆	2		
8×RC150	电缆	1	强电	5
6×RC150	电缆	1		
4×SC50	电缆	1	弱电	1

同时在基于主体结构施工组织过程中,发现部分可能影响到施工质量的施工工艺重点进行 BIM 节点工艺模拟(图 4-63),在保证施工进度的同时,保障施工节点质量。

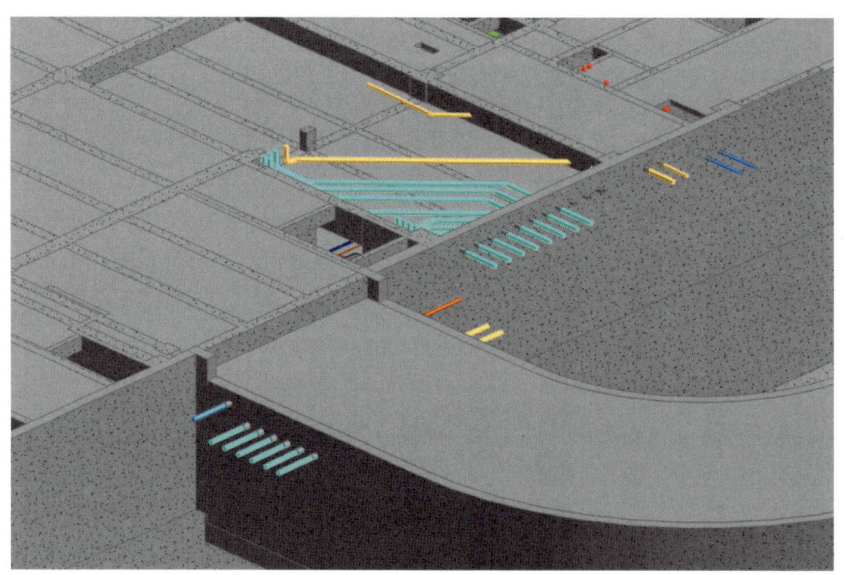

图 4-63　地下室主体结构墙柱预留套管分析

4.4.2　基于运维导向的医院室外总体管线模拟

在上海市中医医院嘉定院区项目中,以运维为导向的 BIM 模型应用体现在所有的室外雨水、电路井道模型需与现场复核到位(图 4-64),由于医院在长期运维中会遇到室外管线位置不准确,为改造带来困难的因素,因此 BIM 的室外总体管线模型十分具有指导意义,能够为将来的医院远期改造带来非常大的便利性,同时由于 BIM 模型的三维空间分析优势,将来的管线排布也可以利用模型优先排布,而无需实际现场挖开后边观察边施工。

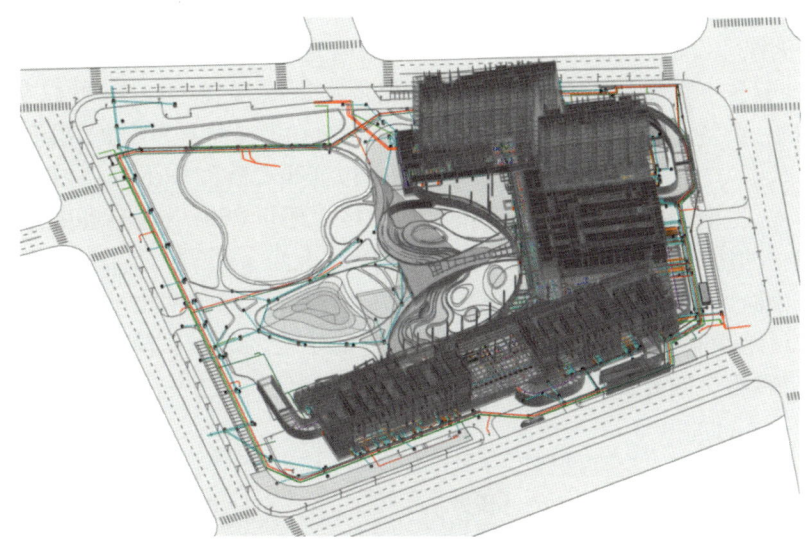

图 4-64　室外总体管线 BIM 模型

医院项目的室外总体管线施工与复核往往又是困扰众多医院业主一大问题,由于医院建筑功能需求的特殊性,医院室外总体管线繁多复杂。部分由于地势高低差可能存在布管困难的问题。该项目室外总体管线统一由 BIM 进行排布位置与埋深,杜绝了室外总体管线边设计边施工的丑态,大幅度提升了室外总体开挖与施工的进度,同时室外模型管线也较后期物探有更高的精度,在医院后期改造中能够有更为准确的存档。

4.4.3　基于运维的管线安装净高分析

BIM 的管线安装净高分析对于医院运维具有非常重大的意义,医院运维中有较多场景实际对空间净高是有一定要求的,例如:手术室一般要求 2.8 m 的高度使用以便安装使用各类吊塔设备等;该类基于医院运维使用的考量是医院管线安装 BIM 净高分析工作中的重要的一环,也必须拥有基于运维导向的思路,才能够使得管线安装净高的分析具体实际参考意义,才能更贴切医院实际运维使用。

同时由于 BIM 在优化管线安装方面在近些年来已经逐步表现出明显的优势,尤其针对医院类项目建设,BIM 技术能够发挥极大的作用,主要原因在于 BIM 技术相较于传统的二维图纸平面工作,有以下几点明显的优势。

(1) 三维可视化:BIM 技术可以将管线的布局以三维模型的形式展示,使得设计、施工和管理人员能够直观地查看和理解管线的走向、交叉、弯转等情况。这有助于在设计阶段及时发现和避免潜在的碰撞问题,从而提高施工效率和质量。

（2）碰撞检测与优化：通过 BIM 技术，可以在设计阶段进行管线的碰撞检测，模拟管线在安装过程中的相互作用，预测可能发生的碰撞或冲突。这有助于提前调整和优化管线布局，消除硬碰撞和软碰撞等问题，确保施工的顺利进行。

（3）空间优化：在满足施工与检修的前提下，BIM 技术可以帮助优化管线的空间布局，使其更加紧凑，从而增大地下可用空间。同时，通过减少不必要的管线弯转，可以进一步节省空间和材料。

（4）集成化管理：BIM 模型是一个集成的数据模型，能够集成建筑设计、结构设计、机电工程、施工管理等各个领域的信息和数据。这使得在管线安装过程中，可以实时了解管线材料的使用情况、设备的维护情况，方便进行库存管理和设备维护计划的制定。

（5）施工模拟与协调：利用 BIM 技术，可以进行管线安装的施工模拟，预测施工过程中的难点和关键点，提前制定应对措施。同时，BIM 技术还可以用于施工进度的计划和监控，以及施工过程中的协同工作，确保施工的顺利进行。

而上海市中医医院嘉定院区项目通过 BIM 模型与管线综合优化工作共同积累的成果，对该项目所有区域净高进行分析（图 4-65），针对设计院、业主、医院规范三重要求进行把控，使得该项目在施工图设计阶段就能够取得一个较为理想的净高结果，既可以满足公共

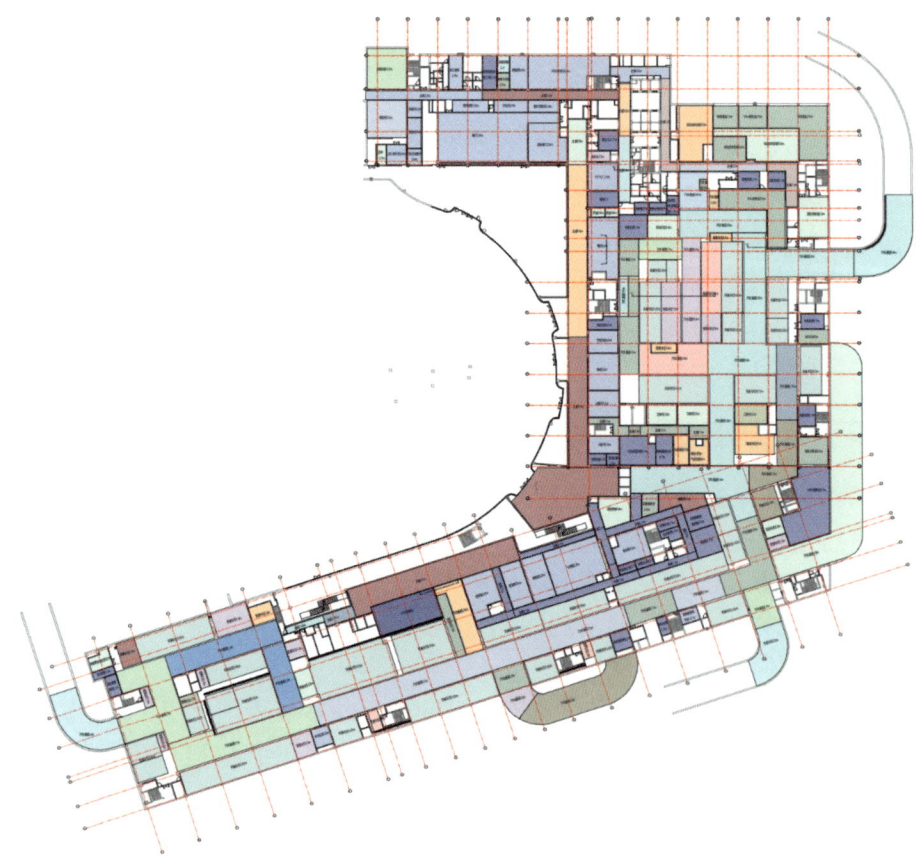

图 4-65 地下室净高分析平面

空间的使用需求,同时满足医疗空间的功能需求。以此净高平面图为参考同也将加快室内精装设计的进度,让室内设计有明确可参考的依据,以供后续设计各类异形吊顶,满足进一步的使用需求(图4-66)。

图4-66　地下室净高分析漫游

在地上主体结构施工之前,完成了该项目的地上部分管线综合并出具净高分析成果,避免可能因结构、建筑&机电专业的设计性协调问题导致的使用净高过低而导致的无法满足医院使用场景需求(图4-67)。同时提供净高至装饰设计,为下一步装饰设计提供便利。

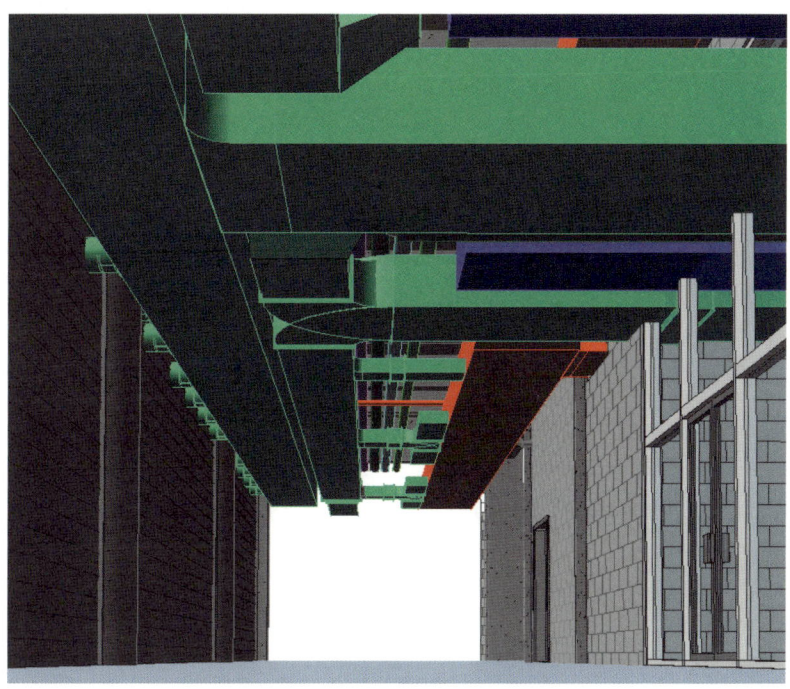

图4-67　地上二层医疗街区域管线综合模型

基于该项目的地上主体结构、建筑、机电多专业模型进行管线综合工作,在承包商机电安装队伍的现场指导支持下进行。此举能够高效地整合现场施工技术 & 机电排布设计规范 & 机电排布净高要求(图4-68),在3个方向同时考量下完成地管线综合工作,不仅更贴切实际施工情况,能够指导现场施工,同时在施工后通过现场复核微调,也能够大幅度减少将来竣工模型工作量。使得交付模型将高度与实物一致,便于后续运维模型的转换与使用。

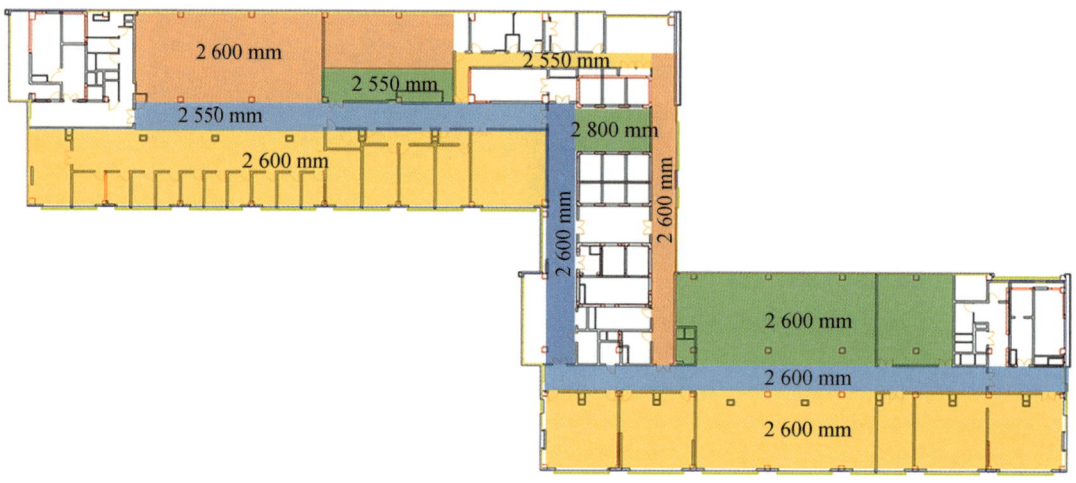

图4-68 地上十三层净高分析成果平面

同时提前进行的净高分析也为下一步的装饰设计 & 施工提供有效的支撑与参考。装饰设计在提供的净高分析成果基础上,对于吊顶的高度与划分能够有提前的认知,为下一步进行吊顶功能与造型设计提供较大的便利。

4.4.4 BIM结合弱电专业的专项应用

目前医院建筑在逐渐智能化的趋势下,各类智能化设备层出不穷,而在医院这样的关键基础设施项目中,弱电系统(如监控、门禁、通信设备等)的精确布局和功能性极为重要。因此利用BIM技术来规划和实施弱电系统布局可以显著提高系统的效率和可靠性,同时确保未来运维的便利性。

上海市中医医院嘉定院区项目的弱电专业也充分展开了与BIM技术的结合,弱电专业的各类点位例如:监控、门禁等是今后医院投入运营后的重要功能点位(图4-69)。通过在BIM模型中精确地标记出所有弱电系统的点位,如监控摄像头、门禁读卡器、警报按钮、数据接口等。利用BIM的冲突检测工具检测和解决布线路径与其他设施(如水管、空调管道等)的潜在冲突。利用BIM模型提供精确的施工指导,确保现场安装严格遵守设计规范。在设备安装完成后,进行现场调试,确保所有系统与BIM模型中的设计完全一致,系统运行稳定有效。

同时将弱电专业负责的楼宇自动化BA系统的信息到BIM模型中也是一个详细而精确的过程,关键在于确保数据的完整性和准确性。这样的集成可以极大地提高建筑的运维效率,以及能在建筑生命周期内持续监控和管理各种系统。该项目也已将所有BA系统信

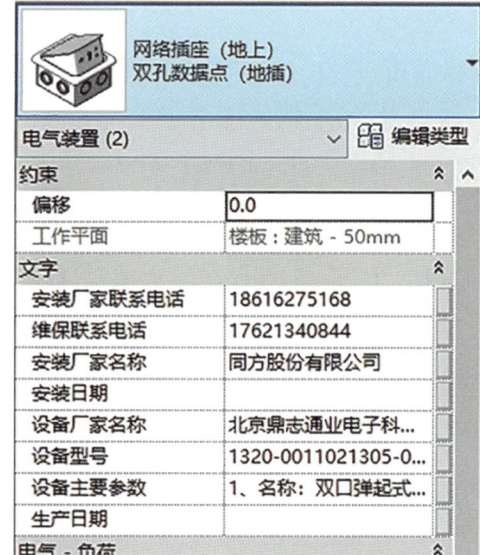 

图 4-69　弱电点位模型及信息

息均录入 BIM 模型之中(图 4-70),待后续三维可视化的运维信息平台能够与 BA 系统联动式发挥作用。

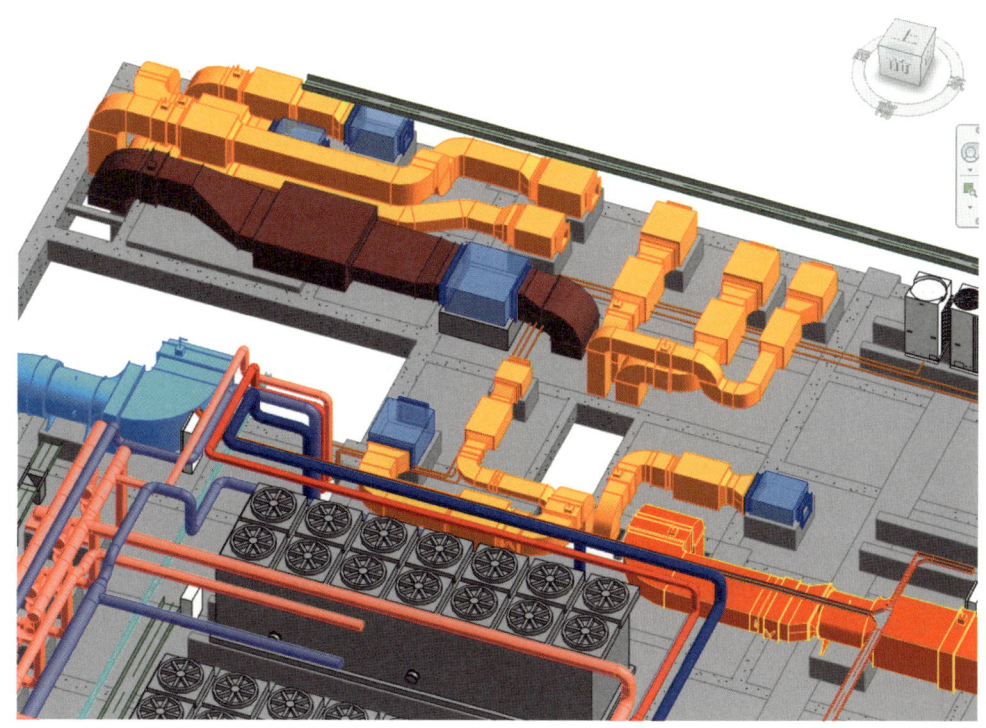

图 4-70　屋面风机已录入弱电点位的模型

4.4.5 BIM结合物流专业的专项应用

物流系统在现代医院运营中扮演着至关重要的角色。医院作为一个高度复杂和动态的环境，需要精确、高效和不断的物流支持来保证患者护理、医疗服务质量和整体运营效率。在近10年医院的建设中，物流系统已成为必不可缺的一环。同时由于物流系统的大幅度应用，对于医疗项目的安装工程管理也带来的挑战，物流系统将会占据大量的管线安装空间，对于整体安装管理工作带来了难度。

所以使用BIM技术参与物流专业的专项应用是医院项目中管理重要的专项之一。BIM不仅能够为建筑设计和施工提供详细的三维可视化（图4-71），还可以通过模拟和优化建筑项目的物流流程，增强效率和减少成本。以下为上海市中医医院嘉定院区项目在BIM在物流管理中的一些专项应用。

图4-71 BIM物流专业模型

（1）模拟物流流程：使用BIM模型来模拟物资从供应点到施工现场的运输路径。这包括入场路线规划，以及在现场内各种材料的运输和堆放位置。

（2）冲突检测：利用BIM技术检测潜在的物流相关管线路径，确保其他安装工程对物流管线不产生冲突影响。

（3）施工阶段模拟：在实际施工前，利用BIM进行整个建筑的虚拟施工模拟，包括所有物流活动。这种预演帮助识别潜在问题，并优化施工策略（图4-72）。

（4）该项目在物流系统安装实施工程中也遇到了需要特别注重的问题：物流系统穿越防火分区时对于防火卷帘的设置——由于物流系统在地下室区域大量穿越防火墙，而依据设计规范穿越时需设置防火卷帘。这项设计问题导致了该项目在BIM物流模型排布后期再次进行了一次模拟排布。由于大量的防火卷帘设置，导致物流系统需在防火墙处进行隔断处理；同时防火卷帘箱的设置也导致了其他安装管线需对防火卷帘进行避让，这导致了该项目地下室部分管线综合工作的时间加长。希望该注意点能够为今后的医院项目在使用中型物流系统时提供借鉴。

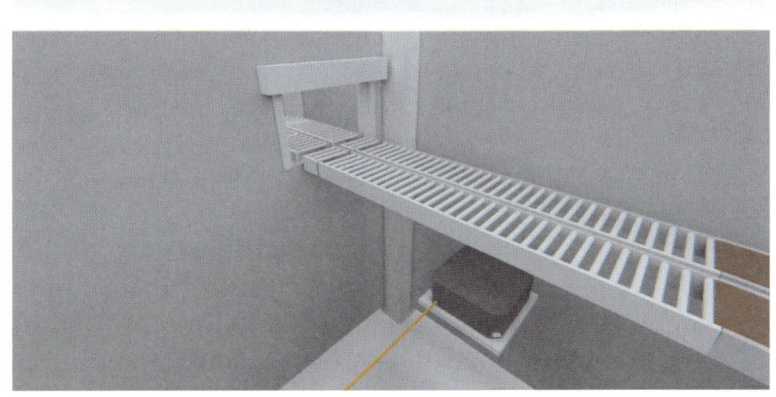

图 4-72　物流穿越防火墙处的模型模拟

4.4.6　BIM 结合净化专业的专项应用

净化工程在医院环境中扮演着至关重要的角色,特别是在现代医疗保健设施中,净化工程对确保医院内部和外部环境的洁净度和安全性至关重要。

BIM 技术结合净化专业的专项应用在医疗院所、实验室、制药厂等需要高洁净度环境的场所中至关重要。净化专业包括空气净化、水质净化、环境清洁等方面,与 BIM 结合可以提高设计精度、施工效率和运维管理的便利性(图 4-73)。以下是 BIM 结合净化专业的一些专项应用。

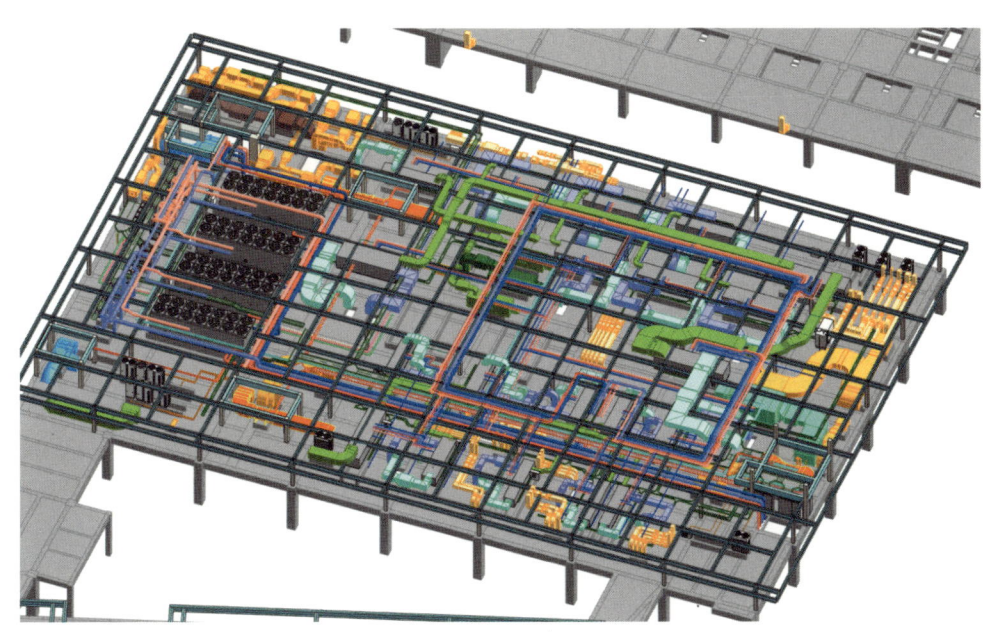

图 4-73　医技楼屋面净化专业模型

1)精细化设计与模拟

空气流线优化:利用 BIM 模型模拟和优化空气流线,确保空气净化设备的布局和设置能够有效清除有害物质。

净化空间行为模拟：利用BIM模型的可视化与空间模拟功能，实现在项目建设中对手术室类的净化医疗空间进行模拟，使得该空间更为符合医疗使用功能。

2）施工过程模拟

净化设备安装模拟：在BIM模型中模拟净化设备的安装过程，包括设备进场路径、安装图纸和施工顺序，以优化施工过程。

安装冲突检测：利用BIM的冲突检测功能，确保净化设备的安装不会与其他系统或设备发生冲突。

3）运维管理与监控功能拓展

在BIM模型中整合净化设备的维护信息和时间表，帮助制定科学的设备维护计划。

实时监控：通过BIM模型实现净化设备的实时监测和数据记录，及时发现设备故障并进行维修。

综合利用BIM技术与净化专业的结合，可以使净化系统在设计、施工和运营阶段更具效率、精准和可持续性，以确保医疗、实验室等高洁净度环境的顺利运行和管理。这种专业应用的集成将有助于提高净化系统的性能、降低运营成本并加强环保意识。

4.4.7 装饰结合安装方案的模拟

医院项目的装饰效果与管线安装方案息息相关，同时也与医院的最终运维使用息息相关。在项目管线安装方案模拟完成后，便将装饰结合安装方案的模拟进行分析，排查装饰施工图与二次机电深化的施工与设计协调性冲突，在现场装饰施工之前对可能存在的协调性问题进行优化。与此同时，这些点位的合理性分析也是十分重要的一环，基于医院的运维使用需求出发，模拟这些点位的使用场景与需求才能使得这个项目的各类点位更贴切实际使用需求。

而通过对各类护理单元的模拟，帮助建设中的医院寻找设计流程中可能存在的问题，也便于医务工作者今后能够更为便利的展开门诊工作。从病患进入门诊单元、就诊检查、门诊诊疗等门诊单元的各个方面进行验证模拟，协助业主相关使用部门决策、优化设计将门诊单元打造成更人性化、更合理、更舒适的就诊空间（图4-74）。

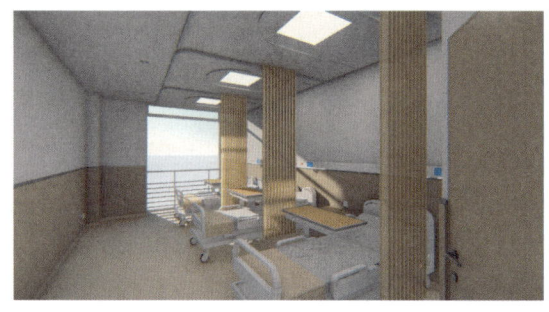

图4-74 标准护理单元三级样板间

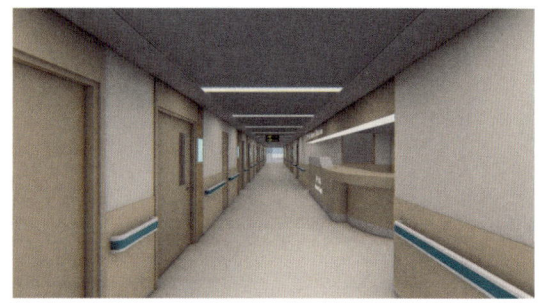

图4-75 标准护理单元走廊虚拟样板

上海市中医医院嘉定院区项目随着上部结构开始逐步施工完毕，装饰设计以及装饰样板间的工作也通过BIM先行。由于标准护理单元、护理单元走廊、标准诊室为三大最多使用的护理场景(图4-75),通过BIM提前对医疗空间区域内的各类点位布置、以及整体装饰风格的展示,为医院决策下一步施工,为施工方及时按方案施工提供了良好的支撑,节约决策时间,利于项目整体工期控制。

通过该虚拟样板间布置工作可以快速的完成开办全部设备、物资的数理统计。即汇总所有的医疗工艺策划完成的房间功能平面图及配置表,利用BIM模型的综合优势(数理统计、定位信息、参数信息等),形成多种可用于开办申报的信息(数目、价格、规格、定位、区域分布等),为项目即将进行的开办物资深化与选型打下基础。

4.4.8 各类机房安装方案的模拟

上海市中医医院嘉定院区项目在机房设备操作空间、机房走廊空间、管线阀门位置、机房色彩方案等各方面使用BIM技术进行了模拟。由于机房施工为安装工程中的重点部位,也是将来医院运行维护的重点区域(图4-76)。因此对于机房的各类模拟能够有效的帮助将来的物业使用部门对机房的检修、操作预留有充足的空间,同时机房的安装施工排布更具整体性,对于将来的机房使用大有裨益。

图4-76 热水机房安装BIM模拟

使用BIM技术进行机房设计和施工模拟确实可以优化建筑和设备管理,提高日后的运维效率。该项目中为了具体和有效地应用BIM,可分为以下要点。

(1)空间规划:使用BIM创建机房内部的详细三维模型,包括所有设备的精确位置和尺寸。通过这种方式,可以确保设备之间及其与墙壁之间留有足够的操作和维修空间。

(2)模拟操作流程:在BIM环境中模拟设备操作和维护流程,验证人员是否能够方便地进行日常操作和紧急维护。

(3)通道设计:确保机房走廊宽度和布局符合安全规范,并容易访问。BIM模型可以用来进行走廊流量模拟,确保在紧急情况下可以快速疏散。

(4)管线布局:BIM模型中详细显示所有管线和阀门的位置,以优化布局,确保各部件易于接入和维护。此外,可以进行冲突检测,预先解决管线之间或管线与其他系统之间的空间冲突。

(5)维护和操作易性:在设计阶段考虑未来的维护工作,确保所有重要的阀门和接口都可以从走廊或其他容易访问的地方直接接近。

（6）色彩方案模拟：选择适当的颜色方案来改善机房内的视觉环境和工作氛围。使用BIM模型在设计阶段就展示不同的色彩效果，帮助选出最适宜的色彩组合。

（7）环境影响：研究色彩方案对机房操作人员的心理和生理影响，选择可以提升工作效率和安全性的颜色。

（8）系统集成：BIM模型确保机房设计满足所有相关的建筑、安全和操作规范。此外，该模型也能助力整个建筑的设施管理系统的集成，例如通过链接到将来的三维智能化运维平台。

BIM技术不仅可以在机房的设计和施工阶段提供帮助，还能在整个建筑的生命周期中发挥其价值。这种方法确保了机房的功能性、安全性和可维护性，为未来的运营和维护工作奠定坚实基础。

4.4.9 BIM对设备层排布的优化模拟

BIM技术在设备层排布的优化中起到非常大的作用，特别是在大型建筑项目中，如医院、数据中心或工业设施，这些场所的设备层常常布满了复杂的机械、电气和管道系统。而通过BIM进行排布优化模拟，项目团队则能实现更有效、精细化的设备安置和空间规划（图4-77）。更为合理的通道及空间规划能够在项目投入运营使用后，为物业等使用部分提供非常便利的日常检修空间，同时梳理过的设备平台及过道也便于项目日后的设备更新与维护。

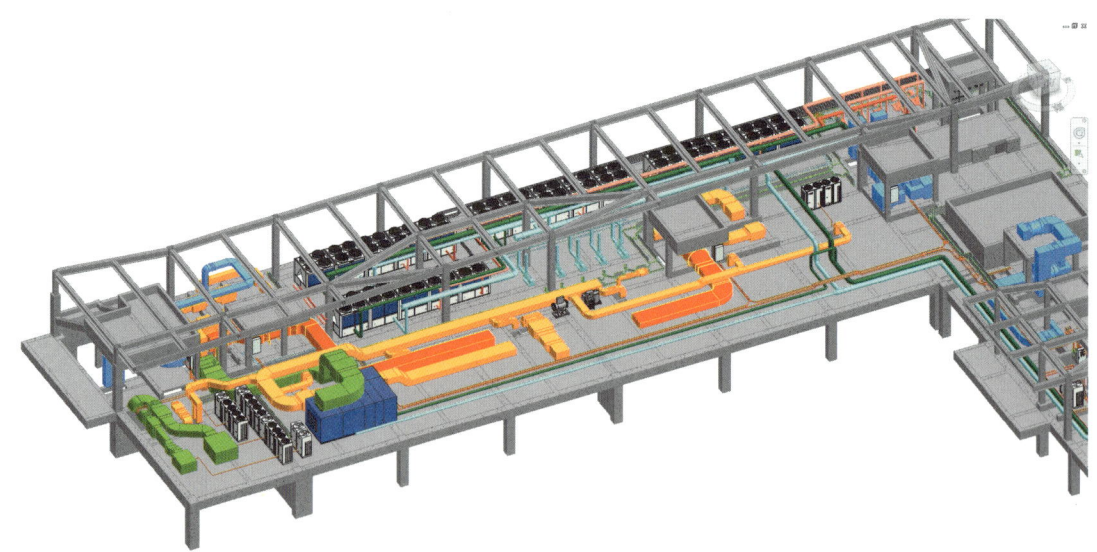

图4-77 塔楼屋面设备层模型

上海市中医医院嘉定院区项目的设备层分别位于塔楼屋顶与裙房屋顶，分别服务项目的住院楼层与门诊＋医技楼层。由于医院项目的设备层往往面临排布困难、检修通道狭小、设备摆放混乱等问题，使用BIM技术进行模拟排布就显得非常重要（图4-78）。

而该项目在设备层排布工作中可分为以下几个重点注意项。

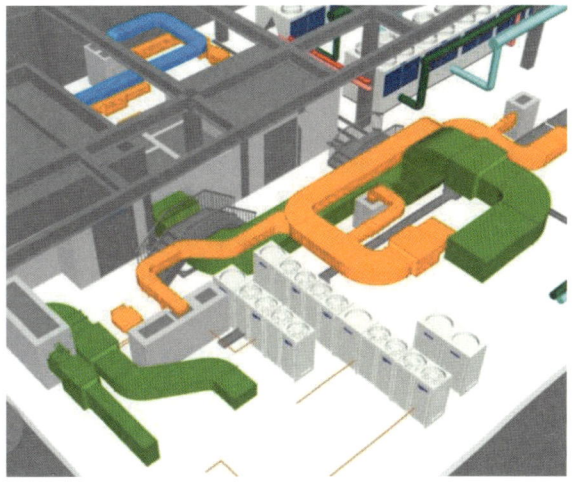

图 4-78 塔楼屋面设备层爬梯模型深化

（1）设备层建模：将所有设备精确地建模到 BIM 中，包括大小、形状、操作要求以及维护空间。这样可以虚拟地查看设备在空间中的实际占用情况。

（2）虚拟排布：在 BIM 模型中尝试不同的设备排布方式，寻找最优化的解决方案。考虑到设备之间的相互作用和维护需求，确保有足够的间隙以便进行日常操作和应急维修。

（3）通道规划：计划并模拟排布足够宽广的检修通道，确保即便在紧急情况下，维护人员也能迅速而安全地接近任何设备。

（4）安装模拟：通过模拟设备的安装过程，评估所需的时间、人力和其他资源，确保实际安装时的高效和安全。

（5）维护模拟：模拟维护过程，确保所有设备都能在不移动其他设备的情况下进行检修和更换。

4.4.10 地上特殊设备运输模拟

BIM 在特殊设备的安装和运输模拟中发挥着至关重要的作用，特别是对于大型、重型或者需要严格环境控制的设备。有效的 BIM 模拟可以确保特殊设备的安装过程顺畅，减少现场问题，优化资源使用和时间管理。

在安装管线分析后便可以针对地上大型医疗设备的运输以及安装，在设备进场之前，充分模拟设备运输 & 安装过程中的空间 & 技术参数要求（图 4-79）。确保贵重的医疗设备进场不会受制于土建与安装条件，而产生高昂的拆改费用。

通过前期参考、调研各主要医疗设备供应商设备尺寸、参数汇总设备参数表格，将表格内设备转换为模型置于上海市中医医院嘉

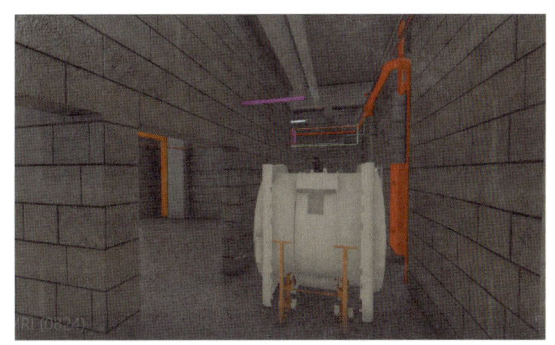

图 4-79 地上一层放射科 MRI 运输安装模拟

定院区项目模型中进行运输安装模拟。通过模拟过程优化最优运输路线、设备墙面留洞尺寸、设备地面荷载参数复核来确保该项目医疗设备进场提供保障。

在 BIM 中创建特殊设备的精确三维模型,包括所有必要的物理和功能属性。模拟设备安装环境,包括相关建筑结构、机房空间和路径的详细信息。图 4-79 模拟的为该项目 3.0T MRI 的进场路径,该设备重达 12 t,最小通过尺寸为 2.8 m×2.8 m,通过路径模拟,选择了一条最佳路线,对涉及的门采取了局部可拆卸的方式,对途经的梁板的承重能力也进行相应核算,由于目前绝大多数的大型医疗设备均为分年度陆续进场安装的,提前对路线的预设,以及进场位置、计划的排布就更有价值。

4.4.11 模型安装方案 & 现场校核

BIM 模型在经过各类模拟中发挥着重要的作用,同时也对现场安装施工具有指导意义。因此 BIM 模型与现场施工阶段的关联也是必不可缺的一环,上海市中医医院嘉定院区项目采取 1~2 周一次模型和现场核对工作(图 4-80),主要包含有对安装标高、位置进行施工指导复核,保证现场管线施工能够遵照 BIM 模拟排布进行。同时对现场可能产生的微小施工变动、误差进行校核,使得 BIM 模型能够在向竣工模型的延续时,能够充分反映现场实际情况。

图 4-80　BIM 模型与现场施工校核

同时为了确保 BIM 模型能够及时反映现场实际情况,从而充分利用 BIM 技术优化建筑施工的质量和精度。有以下几点重要的工作建议。

1) 定期核对流程

根据项目的复杂性和施工进度,适当设置核对的频率,如前所述的 1~2 周一次,确保模型的实时更新和准确性。重点核对设备和管线的安装标高、位置等关键参数,验证与 BIM 模型的一致性。

2) 现场与模型同步

在现场使用 BIM 移动应用程序,如平板电脑或智能手机,便于现场人员直接访问和比对 BIM 模型。任何现场发现的偏差或变动应立即在模型中更新,保持模型数据的最新状态。

3）施工变动的管理

详细记录每次核对发现的差异及其原因和解决办法，为项目管理和未来参考提供数据支持。建立快速响应机制，确保发现问题后能迅速沟通并解决，减少对整体工程进度和质量的影响。

4）BIM 技术的支持与更新

定期对现场施工人员进行 BIM 软件和工具的使用培训，提高他们的技术熟练度。因为并非所有现场施工人员对于 BIM 软件都非常了解。所以项目中应有 BIM 顾问团队提供技术支持，帮助解决复杂的问题。

5）质量控制与审核

项目团队应定期内部审查，检查核对过程的有效性和改进措施。请第三方专家定期审核，验证施工质量和模型的准确性。

6）向竣工模型的过渡

随着项目接近竣工，BIM 模型应逐步完善，精确反映所有建筑元素和系统。在项目完成时，进行最终验证，确保竣工后的 BIM 模型完全准确地反映了建筑的实际情况。

4.4.12 全楼层安装设备信息 & 竣工模型

常规项目通常未能将楼宇自动化系统（BA）与 BIM 运维平台对接（图 4-81），往往因为未将 BA 系统的信息录入模型，上海市中医医院嘉定院区项目在模型中录入 BA 信息，将来能够使得 2 套智能医院运维同时使用，相互互补，完成全方位的智慧建筑监控。

D-Y-R-1			
MEP-卧式离心泵 - 卧式 - 带联轴器: CWP/3/RF		D-Y-R-1	YJL-RF
MEP-卧式离心泵 - 卧式 - 带联轴器: CWP/3/RF		D-Y-R-1	YJL-RF
MEP-卧式离心泵 - 卧式 - 带联轴器: CWP/3/RF		D-Y-R-1	YJL-RF
MEP-卧式离心泵 - 卧式 - 带联轴器: CWP/3/RF		D-Y-R-1	YJL-RF
MEP-风冷热泵机组: 四管制空气源热泵机组ERACS3122E-Q2		D-Y-R-1	YJL-RF
MEP-卧式离心泵 - 卧式 - 带联轴器: HWP/3/RF		D-Y-R-1	YJL-RF
MEP-卧式离心泵 - 卧式 - 带联轴器: HWP/3/RF		D-Y-R-1	YJL-RF
MEP-卧式离心泵 - 卧式 - 带联轴器: HWP/3/RF		D-Y-R-1	YJL-RF
MEP-卧式离心泵 - 卧式 - 带联轴器: HWP/3/RF		D-Y-R-1	YJL-RF
MEP-风冷热泵机组: 四管制空气源热泵机组ERACS3122E-Q2		D-Y-R-1	YJL-RF
MEP-风冷热泵机组: 四管制空气源热泵机组ERACS3122E-Q2		D-Y-R-1	YJL-RF
MEP-风冷热泵机组: 四管制空气源热泵机组ERACS3122E-Q2		D-Y-R-1	YJL-RF
D-Y-R-2			
NT-矩形风机 - 对接式: EF/3/5F/05		D-Y-R-2	YJL-RF
NT-矩形风机 - 对接式: EF/3/5F/10		D-Y-R-2	YJL-RF
NT-矩形风机 - 对接式: EF/3/5F/11		D-Y-R-2	YJL-RF
NT-矩形风机 - 对接式: EF/3/5F/12		D-Y-R-2	YJL-RF
NT-矩形风机 - 对接式: EF/3/5F/13		D-Y-R-2	YJL-RF
NT-矩形风机 - 对接式: EF/3/5F/10		D-Y-R-2	YJL-RF
NT-矩形风机 - 对接式: EF/3/5F/01		D-Y-R-2	YJL-RF
NT-矩形风机 - 对接式: EF/3/5F/16		D-Y-R-2	YJL-RF
NT-矩形风机 - 对接式: EF/3/5F/17		D-Y-R-2	YJL-RF
NT-矩形风机 - 对接式: EF/3/5F/18		D-Y-R-2	YJL-RF
D-Y-R-3			
NT-矩形风机 - 对接式: EF/2/3F/01		D-Y-R-3	YJL-RF
NT-矩形风机 - 对接式: EF/2/3F/02		D-Y-R-3	YJL-RF
NT-矩形风机 - 对接式: EF/2/3F/03		D-Y-R-3	YJL-RF
NT-矩形风机 - 对接式: EF/3/5F/08		D-Y-R-3	YJL-RF
NT-矩形风机 - 对接式: EF/3/5F/09		D-Y-R-3	YJL-RF
NT-矩形风机 - 对接式: EF/3/5F/07		D-Y-R-3	YJL-RF
NT-矩形风机 - 对接式: EF/3/5F/06		D-Y-R-3	YJL-RF
NT-矩形风机 - 对接式: EF/3/5F/03		D-Y-R-3	YJL-RF
NT-矩形风机 - 对接式: EF/3/5F/04		D-Y-R-3	YJL-RF
M-AHU-新风机组—水平上出风(卧式): AHU-3-5F-01		D-Y-R-3	YJL-RF
NT-矩形风机 - 对接式: EF/3/5F/02		D-Y-R-3	YJL-RF
D-Y-R-4			

图 4-81　BIM 模型与 BA 系统的录入关联

该项目的竣工模型中力保全部设备模型均录入设备参数信息,包含设计参数、设备型号、维保信息、安装信息等(图4-82);通过对模型设备的信息录入将极大提升将来医院进入运维阶段后的信息获取便利度,将来能够通过模型快速的查找并定位设备,也从信息层面将医院设备管理技术层面提升了一个阶级。

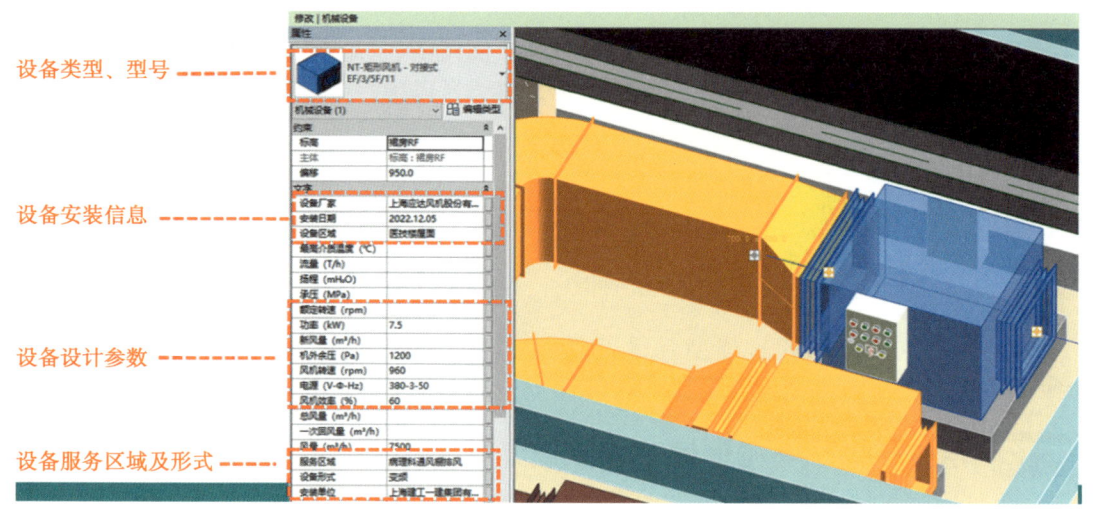

图4-82　BIM竣工模型的设备包含信息类型

在目前看来建筑项目中整合BA与BIM运维平台是高度前瞻性的做法,特别是在像智能医院这样的高科技环境中。但将来将BA系统信息录入BIM模型不仅可以提高建筑运维的效率,还能提升建筑整体的智能化水平。以下是实现BA系统与BIM运维平台的结合,并确保它们有效互补的一些拓展性建议。

1) BA系统数据集成

详细记录:在设计阶段开始,确保所有BA系统组件(如传感器、控制器和执行器)的详细信息被准确录入BIM模型中。这包括设备的位置、型号、功能、网络连接性等。

数据标准化:采用统一的数据格式和协议录入BA系统信息,以便于不同系统之间的数据交换和通信。

2) BIM模型优化

功能扩展:开发或整合现有BIM软件,以支持BA系统数据的处理和分析。可能需要自定义开发一些工具或插件,以实现特定的功能,如实时数据监控、故障诊断和能效分析。

模型交互性强化:提高BIM模型的交互性,使操作人员可以直接通过BIM界面监控和控制BA系统,实现更加直观和便捷的管理。

3) 双系统协同

智能监控:配合使用BA系统的实时监测数据和BIM的详尽资源管理功能,进行全方位的建筑和设施监控。

故障响应:在检测到系统异常时,自动从BIM模型中获取相关设备的详细信息和维护记录,快速定位问题并指导维修。

预测性维护:结合BA系统收集的运行数据和BIM模型提供的设备详细信息,运用大数据分析和机器学习技术预测潜在的设备故障和维护需求。

4）用户培训和支持

多部门协作：组织跨部门的培训和研讨会，确保所有相关人员理解如何操作和利用这两套系统的集成功能。

技术支持：提供持续的技术支持和软件更新，确保系统的稳定运行和性能优化。

5）持续迭代和改进

反馈机制：建立一个反馈机制，收集用户在日常运维中使用系统的体验和建议。

持续更新：根据运维实践和技术发展对系统进行定期评估和更新，不断提升系统的整合性和运营效率。

通过这样的方法，BA 系统和 BIM 运维平台的整合将极大地提升智能医院的运维效能，实现真正的智慧建筑监控，提升安全性、效率和用户体验。这种集成也将成为未来智能建筑发展的一个重要趋势。

4.5 机电设施运维实施

在医疗行业中，医院作为救死扶伤的圣地，其运营效率和服务质量直接关系到患者的生命健康。为了满足医院运营的特殊需求，提供了一系列运维方面价值增值服务，旨在通过智能化系统设计与集成、节能优化服务、运维培训与技术支持、设备预防性维护计划以及后期维护与升级服务，全方位提升医院的运营效率和服务质量。

4.5.1 智能化系统设计与集成

（1）在现代医院管理中，智能化系统的应用已成为提高运营效率和服务质量的重要手段。根据医院的运营需求，提供楼宇自控系统、能源管理系统、智能照明系统等智能化系统的设计方案。这些系统能够实现对医院内部环境、设备、能源等的智能化监控和管理，从而提高医院运营的自动化水平和智能化程度。

（2）在智能化系统设计与集成方面，注重系统的整体性和集成性。采用先进的集成技术，将不同系统有机地结合在一起，实现数据共享和集中控制。这不仅可以提高系统的运行效率，还可以降低医院的管理成本。同时，还提供完善的系统培训和售后服务，确保医院能够充分利用智能化系统的优势，提高运营效率和服务质量。

4.5.2 节能优化服务

（1）随着能源成本的不断上涨，节能已成为医院运营中不可忽视的一环。提供节能优化服务，通过对机电系统进行节能评估，提出优化建议，降低医院能耗成本。利用专业的节能技术和设备，对医院的空调系统、照明系统、电梯系统等进行改造和升级，实现节能减排的目标。

（2）在节能优化服务中，重实用性和经济性。根据医院的实际情况和需求，制定切实可行的节能方案，确保在降低能耗的同时，不影响医院的正常运营。同时，还提供长期的节能监测和维护服务，确保节能效果的持续性和稳定性。

4.5.3 运维培训与技术支持

（1）为了确保医院机电系统的稳定运行，提供多次机电系统运维培训，确保医院后勤和物业人员能够熟练掌握系统操作和维护方法。培训内容涵盖系统的基本原理、操作流程、日常维护和故障排除等方面，旨在提高医院后勤和物业人员的专业素质和技能水平。

（2）提供长期的技术支持服务，解决医院在使用过程中遇到的问题。设立专门的技术支持团队，为医院提供 24 h 不间断的技术支持服务。无论是系统故障、操作问题还是设备维护，都将及时响应并提供专业的解决方案。例如，在医用物流系统方面，提供 2 年内的 24 h 现场保障服务，确保系统的正常运行不受影响。

4.5.4 设备预防性维护计划

（1）设备预防性维护计划是确保医院机电系统长期稳定运行的关键。将各设备的重要参数（如型号、规格、生产日期、进场日期等）和零配件推荐更换时间等录入 BIM 系统中，为医院提供智能化的设备信息管理服务。通过 BIM 系统，医院可以实时了解设备的运行状况和维护需求，为设备预防性维护提供有力的数据支持。

（2）在设备预防性维护计划中，注重巡检、保养和维修的有机结合。定期对机电设备进行巡检和保养，及时发现并解决潜在的问题。同时，还根据设备的运行数据和故障记录进行故障分析，预测设备的故障风险并提前采取措施维修和保养。这种预防性维护方式可以大大降低设备故障的发生率，提高设备的运行效率和稳定性。

4.5.5 后期维护与升级服务

（1）在维保期内，安排专人现场值守，为医院提供及时的现场支持和问题解决服务。无论是设备故障还是操作问题，都将第一时间赶到现场处理，确保机电系统始终保持最佳状态。

（2）根据医院的需求和技术发展对系统进行升级和改造，提高系统的性能和功能。这种持续的后期维护与升级服务可以确保医院机电系统始终跟上时代的步伐，满足医院运营的特殊需求。

4.6 电气工程

在满足患者就医的条件下，应充分考虑以人为本，节约能源，为患者创造一个便捷、舒适的就医环境。医院是关系到人的生命安全，所以医院电气设计与安装的安全性具有举足轻重的意义。本章主要从动力系统、照明系统、防雷接地、供配电系统等要点进行论述,旨在有效地提升医院电气设计水平及保证电网的安全、稳定的运行。

4.6.1 动力系统

1. 基于运维的机电施工概述

1) 配电箱(盘)安装施工

(1) 工艺流程:配电箱(盘)安装要求→弹线定位→明(暗)装配电箱(盘)→盘面组装→箱(盘)固定→绝缘摇测。

(2) 注意事项:在配电箱柜接线完成,必须对柜体内进行清理,清除一切杂物,进出柜体的孔洞必须封堵严密,送电前应进行绝缘测试,用500 V兆欧表对线路进行绝缘摇测。摇测项目包括相线与相线之间,相线与中性线之间,相线与保护地线之间,中性线与保护地线之间。两人进行摇测,同时做好记录,做为技术资料存档,确保安全后才能送电。

为保证手术部一级负荷中的特别重要场所安全用电,每个手术室、每个病房、HDU 病房兼抢救室设一个独立的专用配电箱,消除相互干扰,且配电箱应设在手术室的清洁走道。

所有消防及重要设备供电均设置双电源末端自动切换设备。非消防负荷配电柜的进线主开关带分励脱扣器,火灾情况下,由 FAS 按楼层或按防火分区强制切除非消防用电设备的电源,该项目后期运维单位需联动测试非消防电源分励脱扣器动作试验是否灵敏可靠。

为确保项目安全用电,该项目 2 类医疗场所的 TN-S 系统的每个终端配电回路均设置过载和短路保护;大型医疗设备采用专用回路供电,病房照明应与医疗设备带上的电源分开回路设置。

(3) 运维提示:后期运维管理需关注配电箱柜(盘)内是否有灰尘或其他金属屑,当低压柜母排通过大电流时,母排会产生一定的震动,灰尘扬起加上部分金属屑,会造成母排爬电拉弧,低压柜炸裂,母排及断路器损坏,低压柜壳体全部烧黑破损。

2) 备用电源系统的设置

考虑到电力质量和供电稳定性,比如手术室、急诊室和重症监护室等区域,确保在电网故障时,这些关键区域能够继续正常运作。在设计中还需要充分考虑备用电源系统的设置。

(1) 市电电源系统

35 kV 系统总容量为 6 300 kVA,由城市电网引来 2 路 35 kV 双重电源,两路电源同时使用,高压不设联络。当一路电源故障时,另一路电源不应同时受到损坏,并能承担所有一级、二级负荷的用电。

(2) 自备应急电源系统

① 柴油发电机:地下一层设置 1 台 1 500 kW(常用功率)应急柴油发电机组,保障大楼内消防负荷及一级负荷中特别重要负荷的可靠供电。为保证柴油发电机的正常运作,在一层外墙处的合适位置,设置必要的自然进口;在一层设置排风百叶;进、排风口面积应满足油机燃烧时产生的废热排放和油机燃烧所需的空气量。柴油发电机房内墙作吸声处理,柴油发电机排烟管道设置重载消声器,减少噪声对周边环境和值班人员的影响;发电机排烟

管道,发电机排烟引至塔楼屋顶高空排放。柴油发电机启动电源采用直流蓄电池组。发电机组启动信号取自每组变压器(变压器两俩成组)低压主开关断电信号。当任一组变压器的任一台低压主开关断电时,启动柴油发电机,不送电;当任一组变压器的两台主开关均断电时,柴油发电机送电,并延迟闭合应急配电柜低压出线开关送电。为保证电源切换的可靠性,柴油发电机侧与市电侧自动切换开关采用性能优良的 ATS 四极开关。发电机房内设置 $1 m^3$ 的日用油箱,为保障发电机房持续供油(供油时间不少于 24 h),在室外地面设置输油接驳口。

② 运维提示:柴发机组在投入使用前须做好满负载试验,检测机组性能是否有缺陷,确保排烟管道系统工作正常,检查排烟系统及油路系统工作状态是否正常。若在正式使用柴油发电机组供电时才发现问题后果不堪设想。

③ 机组启动前的检查工作:检查机组是否有损伤部件或螺丝松动,及时处理相关问题。

确认水箱水位、柴油箱油位和机油油箱油位是否符合要求,确保水箱加满且不溢出,机油油位在刻度线之间。

检查"三滤"(空气滤芯、柴油滤芯、机油滤芯)的使用时间,如果超过规定时间,应及时更换新滤芯。

对于新引擎或大修后的引擎,运行 50 h 后必须实施保养,包括更换机油、机油滤芯和柴油滤芯,以及检查并调整气门间隙和引擎外部螺栓,如有松动则需加固处理。

④ 安全操作:启动时不应带负荷开机,同时注意关机时必须首先切断负载电源。

由于医院为特殊场所,需要提前与供油单位签订协议,随时能在规定时间内将柴油送达医院。

3) UPS 装置

(1) 发电机投入使用需要一定的准备时间,为确保大楼内弱电系统、手术部、ICU 等特别重要负荷的可靠供电及患者生命安全,该项目按区域分别配置了若干套集中 UPS,具体配置如下。

① 弱电系统相关 UPS 配置:75 kVA(消控中心)+40 kVA(地下室通信网络机房)+50 kVA(裙房地下室)+250 kVA(门诊楼 2F 信息中心)。

② 火灾自动报警系统、应急紧急广播系统根据规范要求,各系统需自带不间断电源(UPS)。

③ 手术室设备 UPS 配置:200 kVA(手术室)。

④ ICU、抢救室 UPS 配置:40 kVA(抢救室)+30 kVA(EICU)+100 kVA(ICU)。

(2) 运维提示

考虑到一些重要的医疗负载会受到断电瞬间的影响造成损坏的情况,这些设备前端设置 UPS 实现 0 断电需求。

此外,每个 UPS 系统均应在正式使用前做好调试,为医院保障人员做系统性的培训交底,UPS 间内张贴醒目的操作手册、注意事项和原理图,建议在输出开关处贴上醒目的"请勿断开"的字样。

考虑到后期医院运维的需要,ICU、手术室输入配电箱除了设置双电源输出至 UPS 主机电源，同时增加设置一路维修旁路回路至ICU、手术室输出配电箱。

为方便运维人员能第一时间查看到UPS的状态，每个UPS均连接网络线至消控中心，消控中心主机能看到每个UPS的实时数据。该项目手术部的供电电源由变电所专用回路放射式供给，直接供电至手术室集中UPS机房，UPS采用在线式。

(3) UPS电源在医疗机构中应用主要作用有以下几点：

① 确保医疗设备的正常稳定运行。

② 有效保护高精度、高价值的设备免受电力干扰。

③ 避免设备在停电时因无法继续运行而影响治疗效果。

④ 避免如电子病历、医疗影像等重要数据的丢失。

2. 桥架安装施工

(1) 工艺流程：弹线定位→支架安装→桥架安装→桥架接地。

(2) 注意事项：

① 安装桥架支架时应按照深化设计图确定安装的部位。水平支架间距为2 m，竖向支架间距为1.5 m。桥架安装采用吊架安装时，应设置防晃支架，分支或端部设置固定支架，同时吊架的膨胀螺栓需全部打入楼板内，否则会造成吊架受力不足，吊架脱落及桥架坍塌情况。

② 关于桥架接地应沿电缆桥架或线槽敷设25 mm×4 mm热镀锌扁钢作为接地干线：电缆桥架或线槽全长不大于30 m时，不应少于2处与接地干线相连；全长大于30 m时，应每隔20～30 m增加与接地干线的连接点；电缆桥架或线槽的起始端和终点端应与接地网可靠连接。金属桥架或线槽接地要求应符合国标《电气装置安装工程 接地装置施工与验收规范》(GB 50169—2016)的规定。

3. 电缆室内敷设施工

(1) 工艺流程：准备工作→电缆沿桥架、线管敷设→水平、垂直敷设→挂标志牌。

(2) 注意事项：作业人员须按要求佩戴好安全帽及安全带，作业时不应站在桥架上(桥架支架承重未包含人员重量)，否则很容易造成桥架坍塌、人员伤亡。

4. 母线槽安装施工

(1) 工艺流程：设备点件检查→支架制作及安装→封闭插接母线安装→试运行验收。

(2) 注意事项：母线槽固定距离不得大于2.5 m。水平敷设距地高度不应小于2.2 m；母线槽沿墙水平安装时安装高度应符合设计要求，无要求时不应距地小于2.2 m，母线应可靠固定在支架上。母线槽跨越建筑物变形缝处时，应设置补偿装置；母线槽直线敷设长度超过80 m，每50～60 m宜设置伸缩节。母线接头处暗装确保紧密。

(3) 运维提示

① 后期小业主进行改造时，如需从母线插接箱取电应及时通知物业进行断电，再进行接线的施工流程。如带电直接进行插接箱内电缆接驳作业，由于插接箱内部空间较小，操作失误的话会造成带电的插接箱短路爆燃，同时会威胁到生命安全。

② 母线设置在潮湿场所时，如冷冻机房附近场所，应注意冷空气经过时在母线上方凝集成水珠滴在母线接头处，从而造成母线短路，某相短路电路电流突然增大，容易造成低压配电柜母排移位短路。

4.6.2 照明系统

医院照明应根据功能分区(门急诊、医技、住院)、人员类型、使用需求等进行设计。医院照明应充分考虑照度、均匀度、色温、显色性、眩光值等指标。相关研究表明,合适的光(照明)可以改善患者与工作人员的睡眠和情绪。患者需要舒适、个性化灯光帮助患者放松心情,增加体感舒适度,抚平情绪,有利于患者康复。医者需要明亮功能性照明来帮助诊断,缓解医护人员疲劳,提高工作效率。所以,医院照明系统关乎患者、探望者以及工作人员的感受。

1) 灯具选型

(1) 本项目手术室、无菌室、新生儿隔离病房、灼伤病房、洁净病房、病理实验屏障环境设施净化区等有洁净要求的场所,采用不易积尘、易于擦拭的密闭洁净灯具,且照明灯具采用吸顶安装;消防水泵房、洗衣房、开水间、卫浴间、热水机房、消毒室、病理解剖室等潮湿场所,采用防潮型灯具,照明开关防护等级不低于 IP54。

(2) 大厅、医生办公、诊室、化验室、病房、会议室、走道等、楼梯间等区域若无特殊要求均采用 LED 灯具;柴发机房油箱间选用防爆型灯具。

(3) 为满足磁共振设备房间的使用要求,磁共振设备房间灯具采用铜、铝、工程塑料等非磁性材料。

(4) 设计中选用高品质、节能型 LED 灯具(自带驱动器),要求功率因数 $\cos\phi \geqslant 0.90$。灯具效率符合《建筑照明设计标准》(GB 50034—2013)中 3.3.2 条的要求。为了避免因使用高色温的 LED 产品对人眼的不利影响,室内 LED 照明产品的色温不易超过 4 000 K,一般显色指数达到 80 以上。

2) 医院特殊场所照明灯具的控制设置

(1) 手术室无影灯和一般照明,分别设置照明开关。

(2) X 线诊断设备、CT 机、MRI 机、DSA 机、ECT 机等诊疗设备工作室的照明开关,设置在控制室内或在工作室及控制室内设双控开关。

(3) 医用高能射线、医用核素等诊疗设备的扫描室、治疗室等设计射线防护安全的机房入口处,设置红色工作标识灯,且标识灯的开关应设置在设备操纵台上,红色信号灯电源与机组连锁。

(4) 候诊区、传染病诊室及病房、手术室、血库、洗消间、消毒供应室、太平间、垃圾处理站等场所,设置紫外线消毒器或紫外线消毒灯。紫外灯开关(带灯显示)设于带锁的开关盒内,安装高度距地 1.8 m。

(5) 病房区走道夜间照明开关由护士站统一控制。病房内设置一般照明,可选用 LED 面板灯。病房内设置阅读照明属于局部照明,一般安装在床头天花位置。病房内和病房走道宜设有夜间照明。病房内夜间照明宜设置在房门附近或卫生间附近。针对 VIP 病房、产房等特殊空间,可考虑四周天花或灯槽布置 RGB LED 彩色线条灯,提供全色彩或全色温的氛围照明,以舒缓患者情绪。

(6) 消防应急照明设置场所:

① 变电所、消控中心、消防水泵房、楼梯间、合用前室、大堂、电梯厅、疏散走道等人员密

集场所以及大空间区域设置消防应急照明。

② 消控中心、变电所、消防水泵房、柴发机房等火灾发生时仍需坚持工作的场所布置备用照明,电源均接自房间内的双电源末端切换箱。备用罩明照度不低于正常照明照度,灯具采用灯具自带蓄电池,持续供电时间不小于 180 min。

③ 重症监护室、急诊通道、化验室、药房、产房、血库、病理实验与检验室等需确保医疗工作正常进行的场所,设置备用照明。备用照明的照度值其中重症监护室的备用照明照度应达到正常照明照度值;其余场所的备用照明,不低于该场所一般照明照度值的 50%。2 类场所中的手术室、抢救室、重症监护室应设置安全照明,安全照明的照度应为正常照明的照度值;其它场所的安全照明照度值不低于该场所一般照明照度值的 10%,且不低于 15 lx。

3) 基于运维的机电施工概述

(1) 考虑到对射线防护的有要求房间,其供电、通信的电缆沟或电气管线严禁造成射线泄漏,其他电气管线不得进入和穿过射线防护房间。

(2) 手术室工作照明回路要求:照明配电箱内应装有专用的总开关及分路开关,室内灯具应分别接在两条专用的回路上。

4.6.3 接地系统

1. 防雷接地系统概述

1) 为防直击雷的接地系统安装概述

(1) 金属栏杆或沿女儿墙外边缘明敷 25 mm×4 mm 热镀锌扁钢作为接闪带,接闪带采用支架安装,支架伸出女儿墙 150 mm,支架间距 0.5 m,转角处 0.3 m,对不同标高的接闪带采用 25×4 热镀锌扁钢在变标高处连接。

(2) 屋面采用 25×4 热镀锌扁钢数设成接闪网格(暗敷),网格尺寸不大于 10 m×10 m 或 12 m×8 m,接闪网格与接闪带和防雷引下线可靠焊接连通。撑出屋面的幕墙钢构架与接闪网格、接闪带用 25×4 热镀锌扁钢可掌电气连通,钢构架与防围引下线采用 25×4 热镀锌扁钢可靠电气连通,钢构架采用焊接,若用螺栓连接处应采用 25×4 热镀锌扁钢跨接。

(3) 突出屋面排放无爆炸危险气体的排气管、风管等物体,屋面上的空调风机、金属水箱等设备应和屋面防雷装置可靠连接。屋面上太阳能集热器需采用 25×4 热镀锌扁钢,通过集热板的金属支架与接闪网格可靠连接。

2) 为防侧击雷的接地系统安装概述

对水平突出外墙的物体,当滚球半径 45 m 球体从屋顶周边接闪带外向地面垂直下降接触到突出外墙的物体时,应采取相应的防雷措施。高于 60 m 的建筑,其上部占高度 20% 并超过 60 m 的部位应符合下列规定:

(1) 在建筑物上部占高度 20% 并超过 60 mm 的部位,各表面上的尖物、堵角、边缘、设备以及显著突出的物体,应按屋顶上的保护措施处理。

(2) 在建筑物上部占高度 20% 并超过 60 mm 的部位,布置接闪器应符合对本类防雷建筑物的要求,接闪器应重点布置在墙角、边缘和显著突出的物体上。

3) 其他场所的防雷接地系统概述

(1) 外墙内、外坚直敷设的金属管道及金属物的顶端和底端,应与防雷装置等电位连接。

（2）在强电井内设一根 40×4 mm 扁钢作为等电位接地主干线；接地干线在底端采用 40×4 mm 热镀锌扁钢在不同的 2 点与接地网连通，并与每层楼板内钢筋连通。

（3）在弱电井内设一根 40×4 mm 扁铜作为接地主干线（弱电设备工作接地），接地干线在底端采用 40×4 mm 热镀锌扁钢在不同的 2 点与接地网连通，并采用零托与墙体及每层楼板内钢筋绝缘。

（4）在给排水、空调等井道内各设一根 40×4 mm 热镀锌扁钢作为等电位接地主干线，接地干线在底端采用 40×4 mm 热镀锌扁钢在不同的 2 点与接地网连通，并与每层楼板内钢筋连通。所有正常情况下不带电的空调及给排水的金属管道与其可靠连通。

2. 基于运维的机电防雷接地系统施工概述

1）防雷接地系统工艺流程

接地体→接地干线→支架→引下线明敷（暗敷）→避雷网（避雷针、避雷带、均压环）。

2）防雷电波侵入的措施

雷电波会沿着架空线路、埋地线路进入建筑物，损坏设备，尤其是计算机类、电子类设备。采取措施：

（1）室外进户线采用埋地电缆，入户后电缆金属外壳接地。

（2）装设电涌保护器。

3）建筑防雷的接地措施

"接地"指的是建筑物内部的电气系统、设备的接地要求。为保障人身安全、防止设备损坏、提高系统稳定性及保护环境。

本项目接地形式采用 TN-S 系统，零线与相线同截面，接地线（PE）专放。手术部、重症监护部（ICU）、心脏监护部（CCU）的重要配电线路采用由电源隔离变压器和绝缘监视设备组成的 IT 不接地系统；当第一次接地故障时，发出声光预报警信号，第二次发生接地故障时，由保护电器切断故障线路。接地分类：

（1）工作接地。为了保证电气系统正常运行而进行的接地。如：通信设备的接地；变压器中性点接地；电子设备的逻辑地；等等。消防安保机房，网络机房，弱电间等各自设有专用工作接地。

（2）保护接地。为了保证设备的安全、人身的安全而进行的接地。

4）重复接地措施

重复接地：室外引入的导线，在建筑物入口处（通常在总配电房内）需要将 PEN 线或 N、PE 线再次接地。

5）等电位联结接地

（1）总等电位联结

该项目大楼设置总等电位联结（MEB），变电所内设置总等电位（MEB）端子箱，进出建筑物的水管、燃气管、空调管、强弱电进户金属管与 MEB 可靠联结。该项目中变压器中性点工作接地、防雷接地、总等电位联结接地、辅助等电位联结接地、弱电设备工作接地、电梯工作接地、弱电机房防静电接地等均合用基础联合接地体，即利用大楼基础桩基及地梁内主钢筋作接地极，接地电阻不大于 1Ω。若接地电阻大于 1Ω，须补设人工接地极。

(2) 辅助等电位联结（局部等电位联结）

该项目每层电气竖井设置等电位联结（LEB）端子箱，各层在正常情况下不带电的金属器件（包括电气设备外壳、风管、水管等）与等电位联结线可靠联结。卫生间中带浴盆和淋浴的卫生间均在台盆下方，距地 0.3 m 处设置局部等电位联结（LEB 做法参照图集和接地大样图），大楼内联结参照《等电位联结安装》（15D502—2015）施工。

手术室、抢救室采取局部等电位及防静电措施；接近心脏或直接插入心脏的医疗设备应采取防微电击保护措施（金属间电位差小于 10 mV）。2 类场所中以手术室为例。在 2 类场所中，为了限制泄漏电流产生的电压升高，医疗设备裸露导体和局部等电位之间的允许电位差值不应大于 50 mV。插座的保护导体端子、固定设备的保护导体端子或外界可导电体和局部等电位母排之间的导体电阻不应大于 0.2 Ω（从任何点到局部等电位 0.1 Ω）。需要注意 2 类场所中医疗 IT 系统不允许单独设置接地极，应和大楼主体共用接地装置。在 2 类场所中做局部等电位联结的目的是保障场所内处于同一个电位，如果为 IT 系统单独设置接地极，将可能与 TN-S 系统之间产生电位差，增加电击事故的可能性。

1 类场所中以病房为例。根据《民用建筑电气设计规范》（JGJ 16—2008）第 12.8.10 条及《综合医院建筑设计规范》（GB 51039—2014）第 8.3.6 条的规定，均要求在 1 类、2 类场所做局部等电位联结。在实际工程设计中，2 类场所和 1 类场所的浴室往往是设计重点，而 1 类场所中的病房房间容易忽视，遗漏等电位设计。

病房淋浴间做局部等电位联结，在洗手盆下方设置 LEB 局部等电位端子箱，通过 40×4 热镀锌扁钢与混凝土结构柱或楼板内主筋连通。

病房房间内做局部等电位联结，在病床床头下地面设置 LEB 局部等电位端子箱，通过 40×4 热镀锌扁钢与混凝土结构柱或楼板内主筋连通。床位附件所有金属管道及构件、插座 PE 线等均做等电位联结，并在医疗槽上预留接地端子。

4.7 给排水工程

随着医疗需求的增加，医疗建筑的机电设计变得更加复杂，除了需要满足基本用水和排水需求外，完善的设施运维也是现代智能医院建设的重要组成部分，因此除了考虑功能上的多样化，还要考虑投入运营之后的管理和维护。随着医疗技术的进步和医疗设备的升级换代，为了保证医疗设备稳定、高效运作的同时延长设备的使用寿命，在给排水的设计过程中，需要考虑医院不同区域、不同部门以及特殊功能用房的用水排水需求，以满足患者、医护人员的需求以及特殊医疗设施的正常、有序运行。

4.7.1 给水系统

1）给水系统设计

水源从澄浏中路和乐宁路分别引入一根进水管，在基地内的室外形成 DN 300 消防环网和DN 200生活供水管网,提供医院消防及生活用水。市政供水压力暂以0.16 MPa。

地下室水泵房内设置低位生活水箱,屋顶设置高位生活水箱。上海市中医医院嘉定院区整体通过分区供水的方式,如表4-6所示。

表4-6 给水系统分区

系统划分	分区编号	分区范围	供水方式
住院部给水系统	1区	地下2层、地下1层、1层	市政直接供水
	2区	2层至7层	屋顶水箱供水
	3区	8层至13层、塔楼屋顶绿化	屋顶水箱加压供水
门诊、医技给水系统	1区	地下2层、地下1层、1层(卫生间供水)	市政直接供水
	2区	1层诊室供水、2层至4层、裙房屋顶绿化	地下室生活水池+变频泵供水

各供水系统分区不大于0.45 MPa,供水系统保证最不利点的使用压力不小于0.15 MPa。保证最不利楼层最不利用水点的水压是设计供水系统最重要的原则。在综合医院给水系统设计中,最不利用水点的水压要求常和一些医疗用水设备和卫生设备的选用有关,例如血液透析制水设备、医疗器械消毒清洗设备、手术快速无菌热水制备器及纯水设备等,它们对水源的最低压力都有特殊要求。

综合医院内给水点众多,给水系管道错综复杂,该院根据《医院洁净手术部建筑技术规范》(GB 50333—2013):洁净手术部内的给水系统应有两路进口,如图4-83所示。这是因为洁净手术室内的给水,一是医护人员生活用水,刷手、清洗手术器具用水,二是用以冲刷墙壁、冲洗地面。供水质量直接影响室内的洁净度,影响到手术的质量。因此洁净手术部供水要保证水质、水量、水压并且不能间断。

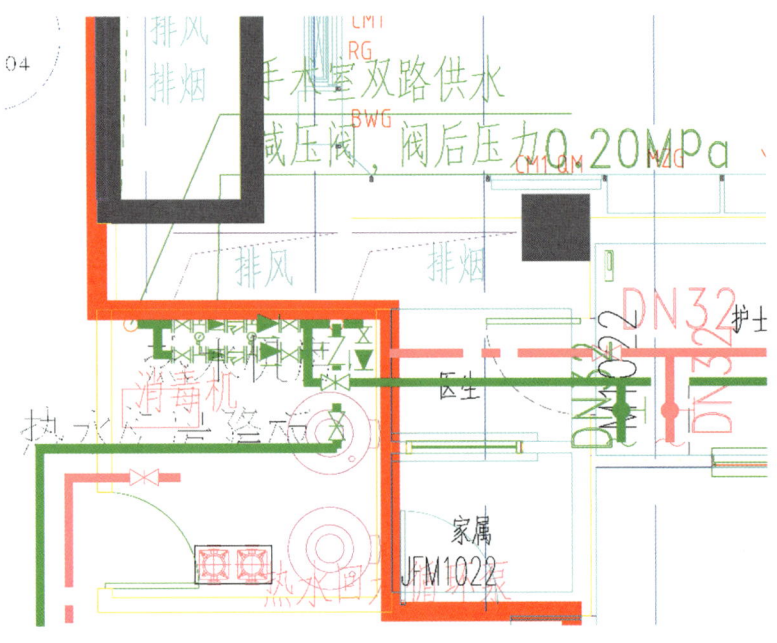

图4-83 洁净手术室供水

血透中心中央纯水供液系统简图如图 4-84 所示,纯水供给消毒水箱和中央供液区域,安装电动三通阀。

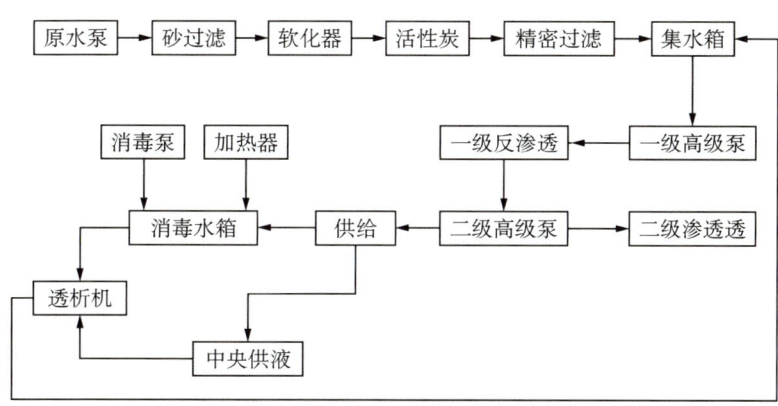

图 4-84 血透中心中央纯水供液系统

2) 热水系统设计

为保证热水的卫生安全和稳定供应,医院热水系统的设计应具有完善的环保和节能措施,并且保证热水的质量和供应稳定,能够满足医院日常生活用水需求,并且需要考虑诸如孕妇、婴儿、老人等特殊患者需要的水温、清洁度和用量等。

热水供水范围及供水分区如表 4-7 所列。

表 4-7 热水供水范围及热源形式

热水供应方式	热水供应分区	分区范围及功能	热源形式
集中热水供应	厨房	地下 1 层	第一热源空调热回收,第二热源燃气热水器
	门诊、医技	1~4 层,门诊区诊室	空气源热泵(图 4-85)
	住院部 2 区	2~7 层,病房	第一热源空调热回收,第二热源燃气热水器
	住院部 3 区	8~13 层,病房	太阳能(100 m^2)热水系统(图 4-86),第二热源燃气热水器
分散式热水供应	洗手盆	不同区域分散设置	设小型容积式电热水器
	门诊	地下室	
	淋浴间	不同区域分散设置	容积式电热水器
	手术区刷手	4 层	商用容积式电热水器

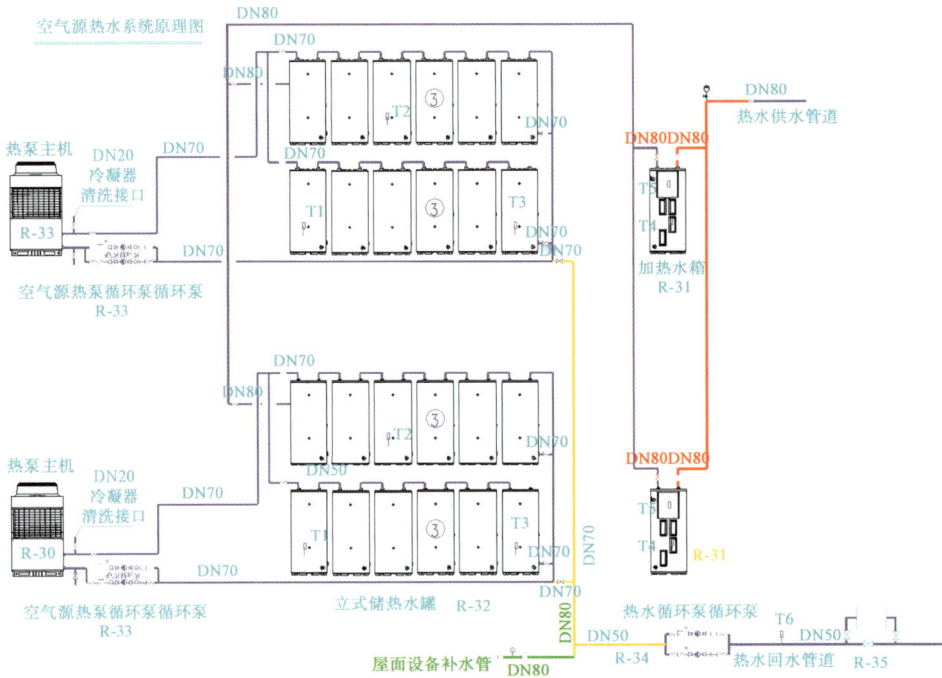

图 4-85　空气源热泵

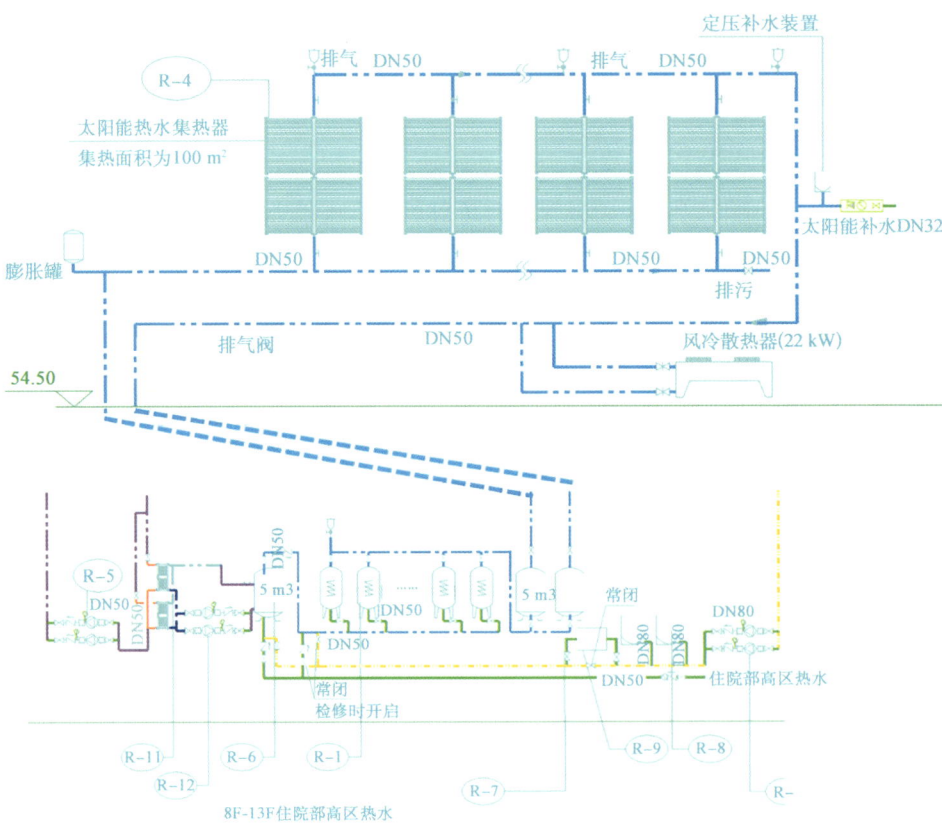

图 4-86　太阳能热水系统

4.7.2 排水系统

医院建筑排水设计不同于普通的公共建筑,医院建筑各房间功能复杂多样,排水点不仅多而且分散,由于其服务群体的特殊性,对环境卫生要求较高。给排水管道应避开洁净室、强弱电机房以及重要设备室内上空,同时采取防漏措施。对于综合型医院不同房间、不同科室排放的污水成分不同(如检验科、放射科、口腔科、手术室、食堂等),对污水收集也要进行一定的区分,应考虑将病区污水、非病区污水分别排放、分开收集;传染门诊疾病房、非传染门诊及病房的粪便污水分别排放、分开收集;其他酸性污水、含氰污水、含重金属污水、放射性污水、含汞污水、高温废水等应单独排放、单独收集。单独收集的医疗污水,经预处理后并入院区污水处理系统,或单独处理后直接排放,中和池、衰变池、含氰废水处理槽、重金属沉淀池、降温池等构筑物,应一并设计,自动投药、在线监测记录设备最好也能设计到位。

1) 排水系统设计

(1) 该院最高日排水量:770 m^3/d。

(2) 室外雨污分流;住院部室内污废分流,设伸顶通气管、专用通气管、环形通气管。

(3) 生活泵房、消防泵房、空调机房内设置排水沟或排水地漏;厨房废水单独收集,经油水分离器隔油处理后,通过污水提升器提升排至室外污水管网;车库冲洗废水经过隔油沉砂处理后排至总体污水管网;空调凝结水采用间接排水形式,排至地漏、排水沟或集水井;开水器、热水器排水采用间接排水排入地漏、附近洗涤盆或排水明沟。

(4) 病理科废液收集后由专业单位处理;手术室刷手单独排水,并设置单独通气管;1层肠道及肝炎门诊,共计200人/d就诊量,单独排水至室外消毒池,消毒池停留时间1.5 h,消毒后排至室外污水检查井;3层检验科以及13层实验室高浓度废水单独收集后统一委托有资质单位处理,洗刷废水单独排水,排至地下1层检验科污水处理间,处理达标后排至室外污水检查井;含低放射同位素的医疗废水经衰变池预处理后排至室外总体污水管网。

(5) 中心供应高温排水经降温池处理达标后,经集水坑潜水泵提升排至室外总体污水管网。

(6) 为防止污染,医疗设备的排水管道采用间接排水。

(7) 总体污水经收集后先进入化粪池,后排至院区设置的污水处理站,经二级生化处理达标后排至市政污水管网。污废水经净水系统处理达标后排至市政污水管网。污泥以及格栅沉渣经过压缩脱水后由市政专业处理公司收集处理。

(8) 污水排放水质应符合环评及《污水排入城镇下水道水质标准》(GB/T 31962—2015)关于排放限值的规定。

2) 潜水泵维护

(1) 为了保证潜水泵的正常使用和寿命,应该进行定期的检查和保养。

(2) 在污水介质中长期使用后,叶轮与密封环之间的间隙可能增大,造成水泵流量和效率下降,应重新装配密封环,间隙一般在0.5 mm左右。

(3) 潜水泵长期不用时,应清洗并吊起置于通风干燥处,注意防冻;若置于水中,每15 d

至少运转 30 min(不能干磨),以检查其功能和适应性。

(4) 电缆每年至少检查一次,若破损应给予更换。

(5) 每年至少检查一次电机绝缘及紧固螺栓。

(6) 潜水泵在出厂前已注入适量的机油,用以润滑机械密封,该机油应每年检查一次。

(7) 如果发现机油中有水,应将其放掉,更换机油,更换密封垫,旋紧螺塞。

4.7.3 雨水系统

(1) 采用有组织排水,阳台、露台采用重力流系统,单独设置雨水立管;屋面采用半有压流雨水系统,设置 87 型雨水斗的单斗或多斗立管系统;屋面设置雨水溢流设施。

(2) 设计暴雨强度:按照上海市暴雨强度公式设计,如式 4-1 所示。

$$q=1\,600\times(1+0.846\lg P)/(t+7.0)^{0.656}[\text{L}/(\text{S}\cdot\text{hm}^2)] \quad 式(4\text{-}1)$$

屋面雨水设计重现期采用 10 年,降雨历时 5 min,结合溢流设施排水量满足 50 年;总体雨水设计重现期为 5 年。车库出入口、下沉庭院雨水设计重现期为 50 年,降雨历时 5 min。当屋面无外檐天沟或无直接散水条件且采用溢流管系统时,雨水排水工程与溢流设施排水能力的设计重现期不小于 100 年。

(3) 外檐天沟排水、可直接散水的屋面雨水排水,民用建筑雨水管道单斗内排水系统、重力流多斗内排水系统按重现期大于或等于 100 年设计时,可不设溢流设施。

(4) 雨水排水形式:屋面雨水经雨水斗收集,由排水立管排至室外雨水井;屋顶机房雨水经侧排雨水斗收集,并通过外落雨水管排至大屋面;绿地雨水采用就地入渗方式;地下室轮廓外道路、广场采用透水地面入渗部分雨水,其余室外地面雨水经雨水沟或雨水口排至总体雨水管网。

(5) 室外雨水系统:总体径流系数取 0.50,基地占地面积为 29 881 m²,总体雨水流量为 1 401 L/s,设四个 DN 800 排出口以 $i=0.002$ 的坡度排至市政雨水管网。

(6) 总体雨水与市政接口设在雨水控制利用设施的末端,以溢流形式排放,超过雨水径流要求的降雨溢流进入市政雨水管道。

(7) 结合城市防洪体系,根据建筑标高考虑防洪排水系统:室外场地标高比市政道路高;地下车库出入口采用反坡方式;地下车库出入口、地下室开敞部位、下沉广场雨水重现期按 50 年设计。

4.7.4 中水系统

(1) 采用室外埋地式雨水回用设备如图 4-87 所示,收集屋面、场地约 3 000 m² 范围的雨水,用于室外道路、绿化浇洒和地下车库地面冲洗,内设置雨水蓄水池 210 m³,净水池 60 m³。

(2) 雨水回用处理设备出水水质要求:水质应满足《城市污水再生利用城市杂用水水质》(GB/T 18920—2020)中水质及《城市污水再生利用景观环境用水水质》(GB/T 18921—2002)的规定。

(3) 雨水收集利用工艺流程图 4-88 所示。

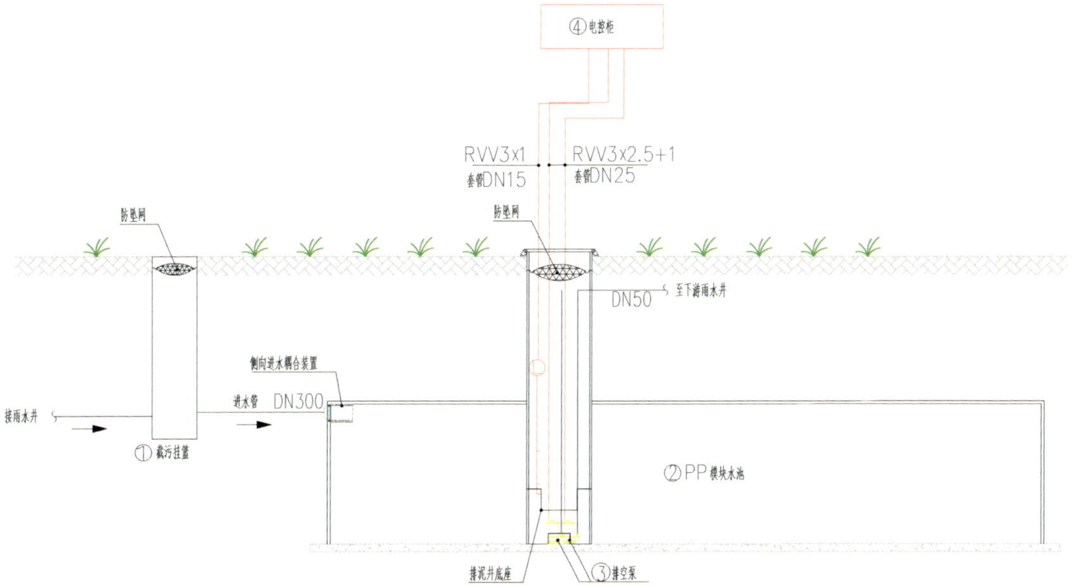

图 4-87 雨水回用设备

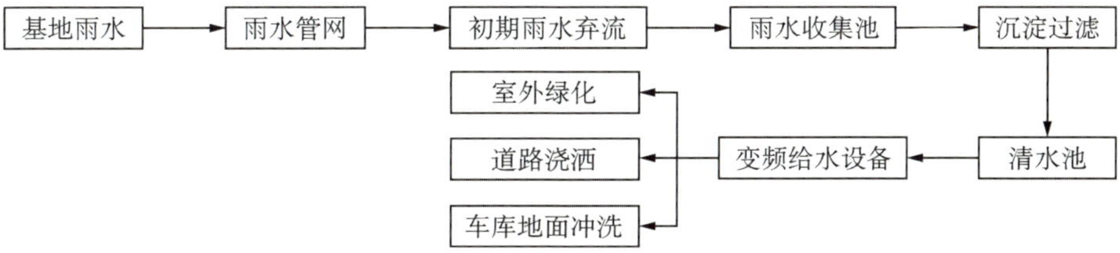

图 4-88 雨水收集利用工艺流程

雨水回用管道外壁应按有关标准的规定涂色和标志,应有明显的永久性标志;不得装设取水龙头,当设置有取水接口时,应安装供专人使用的带锁龙头,公共场所及绿化、道路喷洒等杂用的中水用水口应设带锁装置;管道取水接口处应配置"中水禁止饮用"的耐久标识;水池(箱)、阀门、水表及给水栓、取水口均应有明显的"回用水"标志;并与其他生活用水管道严格区分,防止误接、误用。工程验收时应逐段进行检查,防止误接。

4.7.5 净水系统

由于医院污、废水常含有病原性微生物、有毒、有害的物理化学污染物和放射性污染等,具有空间污染、急性传染和潜伏性传染等特征。因此,在医院建筑排水设计中应将生活污水和医疗废水分类收集排放,为求经济合理,通常将医疗废水收集后集中处理,医院集中污水处理站出水水质要达到相应的排放标准后,方可排放,该院净水系统平面布置如图 4-89 所示。

进水浓度参考《医院污水处理工程技术规范》(HJ2029—2013),废水总排出口的排放浓度应满足《医疗机构污染物排放标准》(GB 18466—2005)表 2 中的预处理标准。氨氮排放浓度应满足《污水综合排放标准》(DB31/199—2018)表 2 中的三级标准,相关参数标准如表 4-8 所示。

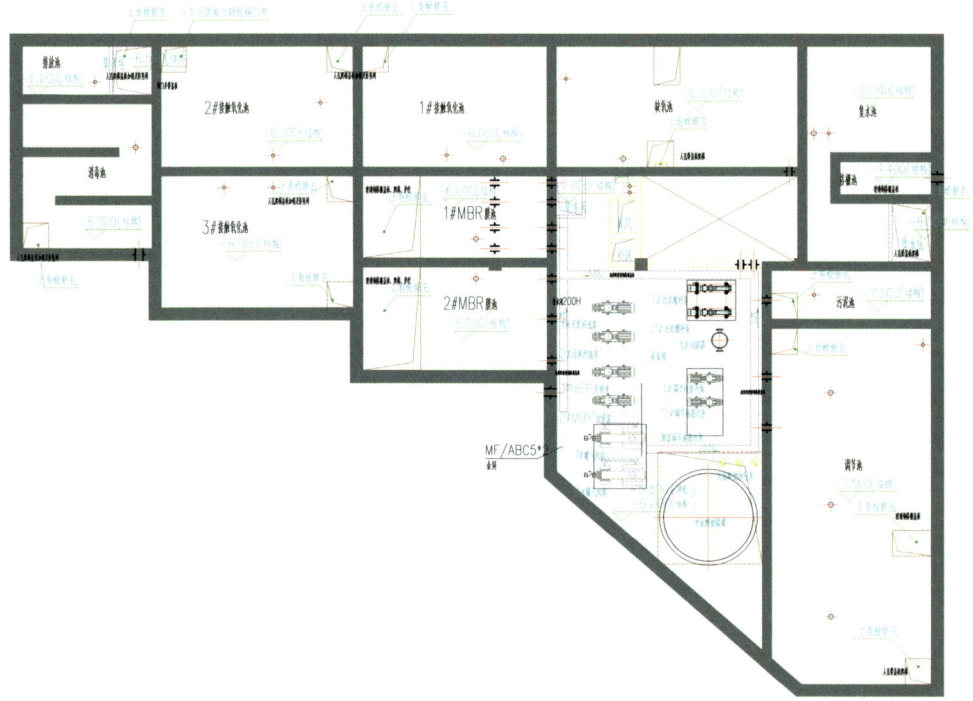

图 4-89 污水处理站平面

表 4-8 进水、出水水质标准

序号	项目名称	进水水质	出水水质
1	COD_{Cr}	≤500 mg/L	≤250 mg/L
2	BOD_5	≤200 mg/L	≤100 mg/L
3	SS	≤150 mg/L	≤60 mg/L
4	pH	6~9	6~9
5	NH_3-N	≤45 mg/L	—
6	余氯	—	2~8
7	粪大肠菌群数	≤1.6×10^8 个/L	≤1.6×10^8 个/L

本项目采用 AO-MBR(膜生物反应器)污水处理工艺,如图 4-90 所示,是一种由活性污泥法与膜分离技术相结合的新型水处理技术,本工艺不仅能去除污水中的 BOD_5、COD_{Cr},还能有效去除污水中的氮化合物,主要由缺氧池、接触氧化池、MBR 膜池以及消毒池组成。

餐饮废水经油水分离预处理后流入集水提升池,其他综合污水经管网收集后经机械格栅隔渣后自流入集水提升池。

集水提升池内污水由提升泵提升至调节池,调节池内污水由水泵分配至新建污水处理站进行生化处理。

污水经生化系统处理后,再经生物接触氧化池出水进入沉淀池进行泥水分离,去除有

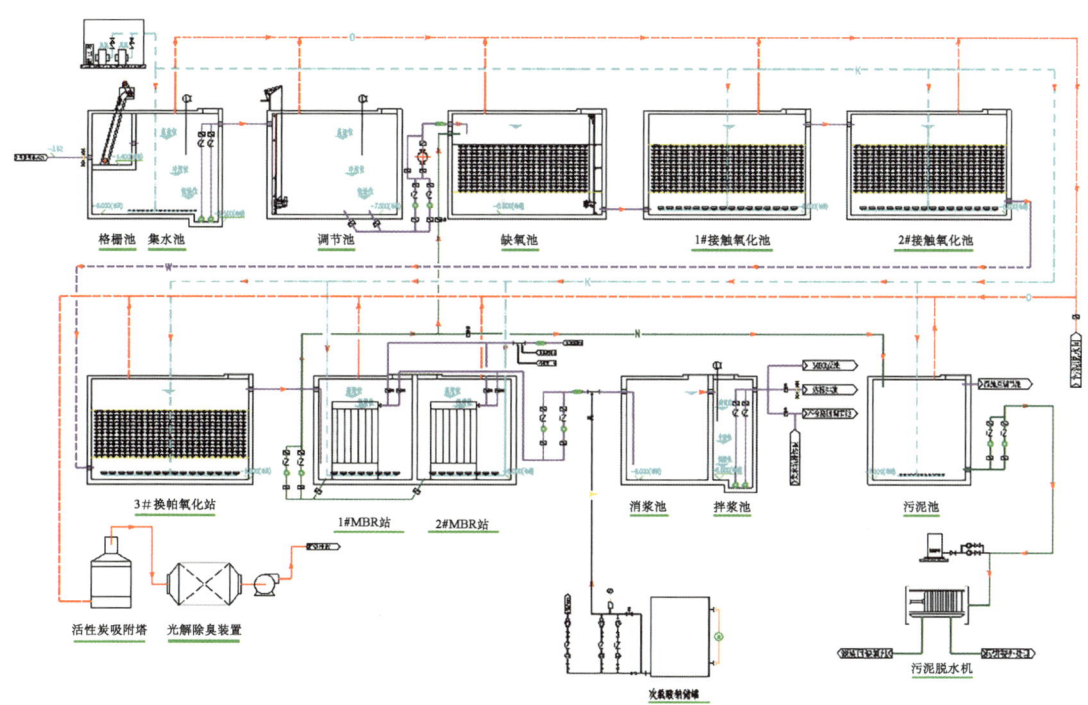

图 4-90 污水处理工艺流程

机污泥;上清液自流入消毒池,在消毒池中投加含氯消毒剂进行消毒杀菌,消毒后的出水提升至市政污水管网后达标排放。

4.7.6 基于运维的给排水设计施工要点及建议

目前,国内大部分医院内部的设备已经逐渐进入了现代化与智能化的发展新阶段,设备种类繁多,对于实际操作的要求较高,这一问题集中体现在设备用水方面。除了基本的生活用水外,医院的医疗设备和仪器都对于水温、水质和水压有着较高的要求,因此需对医院现代建筑给排水系统进行优化设计。

1) 建筑给排水管线要求

建筑给排水管线不应穿越手术区或其他洁净区的吊顶,如图 4-91 所示,该院手术区吊顶内管道全部绕开放置。

2) 生活用水保障

(1) 保障水压——传统设计按市政水压情况分高低区供水,但因市政水压不一定稳定,建议医院取消地上建筑市政直供,所有楼层均采用上行下给或无负压供水,保障建筑内水压稳定。

(2) 保障水量——为保障台风、地震等自然灾害对医院用水造成影响,建议设置大容量备用水箱,在灾害预警时清洗后储备生活用水,尽可能保障医院正常运营,在停水时通过管控、宣教告知等方式尽可能减少院内用水量,备用水箱储水量建议按照满足 3d 基本用水需求考虑。

(3) 保障生活热水水质——生活热水循环温度一定要大于 60°,以防止军团菌等细菌滋

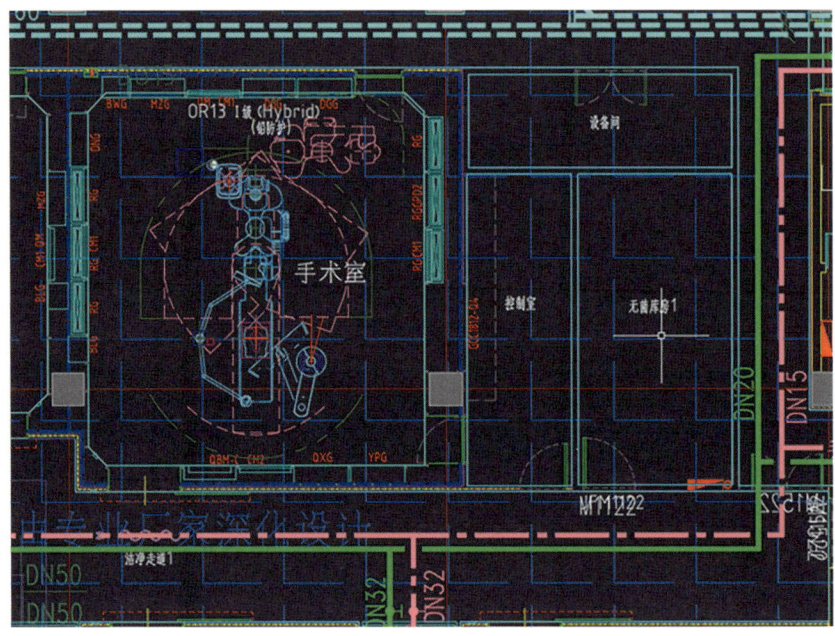

图 4-91　手术室管线

生,危害院内人员健康。

(4) 采用分区、分科室远程抄表,方便后勤部门的管理统计。

3) 医疗科室用水需求

医院内部各个科室主要为门诊室、手术室、换药室、病房等,这些科室对于用水量有较大的要求,而且用水时间以及用水质量等方面的要求也较高,并且大部分科室都需要热水与冷水 2 个给水系统,如图 4-92 所示,故在设计中要将二者分开,并实现安全、卫生和高效的发展要求。例如区别于传统水龙头的肘式水龙头和脚踏式水龙头,这种设计方法可以满足患者的实际使用需求,同时也能减少病菌的传播。

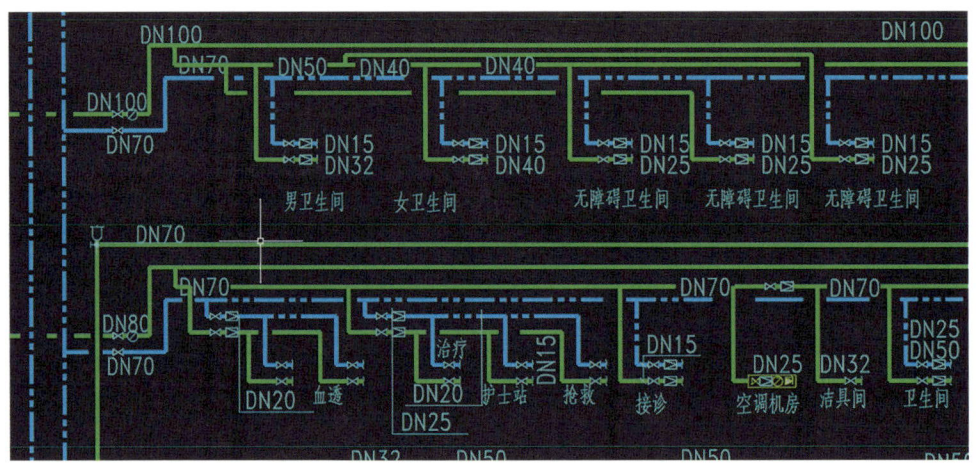

图 4-92　给水系统

医院内部制剂室使用的水均为蒸馏水,所以对于水量、水质等方面都有较高的要求,在进行医院现代建筑给水系统设计中,设计单位要考虑到制剂室的用水需求,以此完成给排水管道的设计,使给水管道提供的水符合蒸馏水的制备需求,排水管道的设计符合医院内部污水排放的使用标准。

4)空调水系统管道冲洗

空调水系统末端接至设备前,应将供回水连通后进行充分的清洗,将管道中的杂质诸如焊渣、灰尘等物质清理干净,否则会使其阻塞管道末端,影响空调效果并加大运维的难度。

5)应用 BIM 实现三维可视化管控

应用三维 BIM 模型指导施工,并根据最终施工现场情况完善三维模型。对于设备、阀门等进行详细标注,实现三维可视化管控,便于后勤部门定期对用水水质、细菌防控、污水处理等关键部位的监控;结合机电其他系统,将所有设备进行统一管理,不断完善后勤管理系统,提高后勤运维管理效率。

4.8 暖通工程

4.8.1 空调与通风系统

1. 空调与通风系统工程概述

1)空调风系统

本项目办公室和会议室采用风机盘管加新风空调系统。新风机房分层设置。大空间区域采用全空气空调系统,独立处理新回风,气流组织采用下送上回方式,各空调机组均设有粗、中效过滤段。一般实验室采用风机盘管加新风空调系统。每个实验单元单独设置新风空调箱,新风经初、中效过滤及冷热处理以后送入实验室,新风系统与实验室的排风系统连锁控制,新风量随实验室排风量的变化而变化,以保证房间维持一定的负压。

2)通风系统

(1)地下 2 层和地下 1 层停车库设置机械通风系统,排风量按稀释浓度法和换气次数法分别计算,取其大值,按 6 次/h 确定。无车道直通地面的防火分区设置补风风机进行机械补风,机械排风管道需独立设置,并在各支路设置止回阀,机械补风量按 5 次/h 确定。地下车库内每 150 m 左右设置一只一氧化碳浓度传感器,当任一只一氧化碳浓度传感器测得的数据超标时,启动对应的通风系统。

(2)公共卫生间、污洗间及垃圾房设置自然进风,机械排风系统,排风量按 15 次/h 换气次数计算,并在湿垃圾房设置分体空调控制室温。病房卫生间设置机械排风系统,排风量取病房新风量的 85%。病房卫生间排风系统采用竖向系统,各层卫生间内设置可独立控制的小型排风设备,通过竖向风管汇总后接至热管热回收型新排风机组,与新风进行热交换。

2. 空调与通风系统施工准备

(1) 人员进场后,组织主要施工技术人员熟悉图纸,解决建筑、结构和电气、暖卫施工图中的管路走向、坐标、标高与通风管道之间跨越交叉出现问题。

(2) 组织施工人员学习有关规范和规程,对施工人员进行技术交底,对风管的制作尺寸、采用的技术标准、咬口及风管的连接方法进行明确。

(3) 按照总图对预制加工场地进行布置,根据风管制作的工序合理布置风管加工设备。

(4) 所使用机制镀锌钢板、型钢材料等(包括附材)具有出厂合格证书或质量鉴定文件。

3. 空调与通风系统施工程序

1) 镀锌钢板风管制作工艺流程(图4-93)

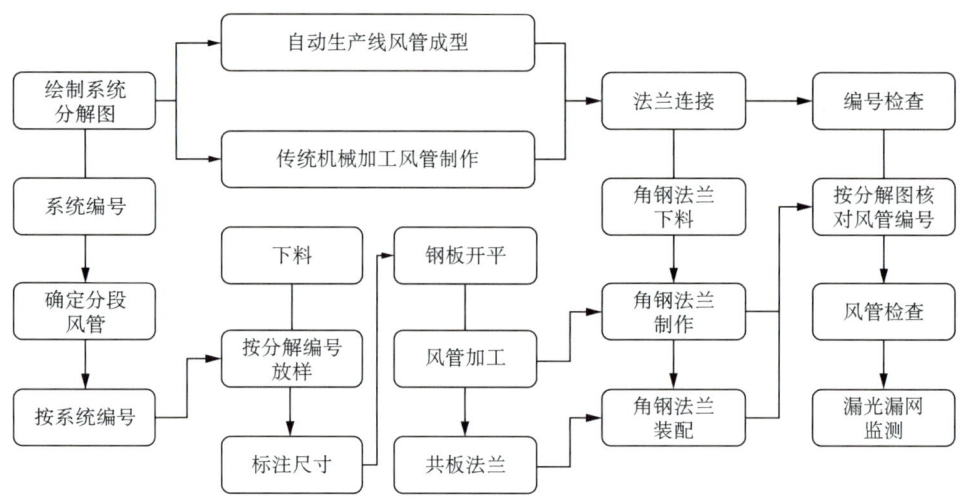

图4-93 镀锌钢板风管制作工艺流程

2) 风管安装工艺流程(图4-94)

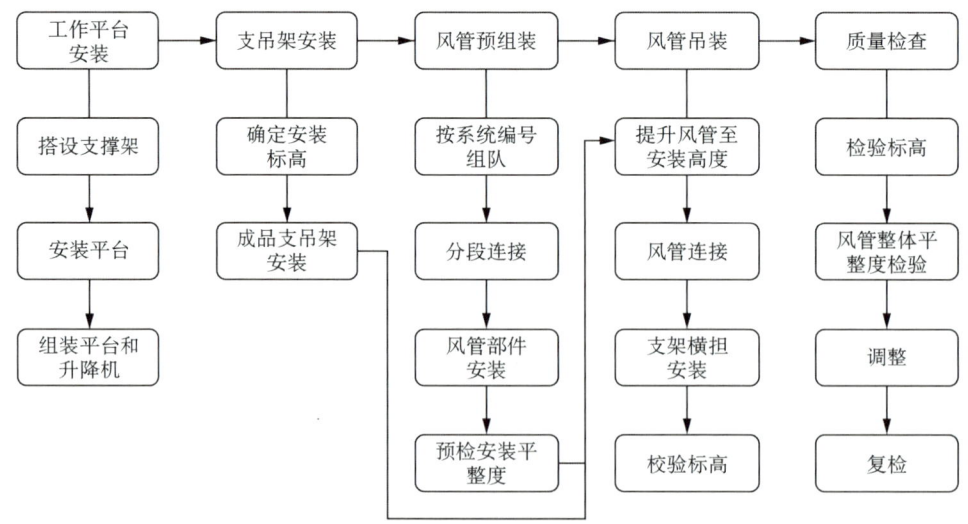

图4-94 风管安装工艺流程

4. 医院空调与通风系统重难点分析及解决方案

医疗建筑内部需要针对不同区域提供符合要求的通风空调系统,解决方案如下所述。

(1) 在运维过程中,运维团队需确保医院污染区压力小于半污染区,半污染区压力小于清洁区,避免污染物向外扩散。当下常用的方法是提高排风量促使病区保持负压,然而当人员走动,房门打开的瞬间,室内外的压差发生瞬时间的改变,产生了"卷吸作用",易造成气流运动增强。因而,需增大压差保持负压,减少气流组织对各分区压力影响。

(2) 病房的卫生间、暗房间、配药室、处置使等排风点均应设置排气扇,屋面设置风机对其进行高空排放。

(3) 门诊、医技楼的系统应按照科室分区分散设置或者分层设置。排风则需按照科室进行分区,设置排气扇,通过风管、竖井等风机进行集中排放。

4.8.2 空调水系统

1. 空调水系统工程概述

本项目住院楼(除 1 层静配药库、感染门诊、2 层 ICU、4 层层流病房、13 层非洁净区外)及部分公共交通空间和公共区域的空调冷热源,冷热源采用 4 台部分热回收型螺杆式空气源热泵机组,置于住院楼屋面。夏季供回水温度为 7℃/12℃,冬季供回水温度为 45℃/40℃。每台名义制冷量 1 262 kW,名义制热量 1 256 kW,热回收量 205 kW,热回收供回水温度 60℃/55℃。回收的热量供生活热水系统预热。夏、冬季设计工况下 4 台机组均运行。

2. 空调水系统施工准备

1) 施工程序

空调水系统施工程序如图 4-95 所示。

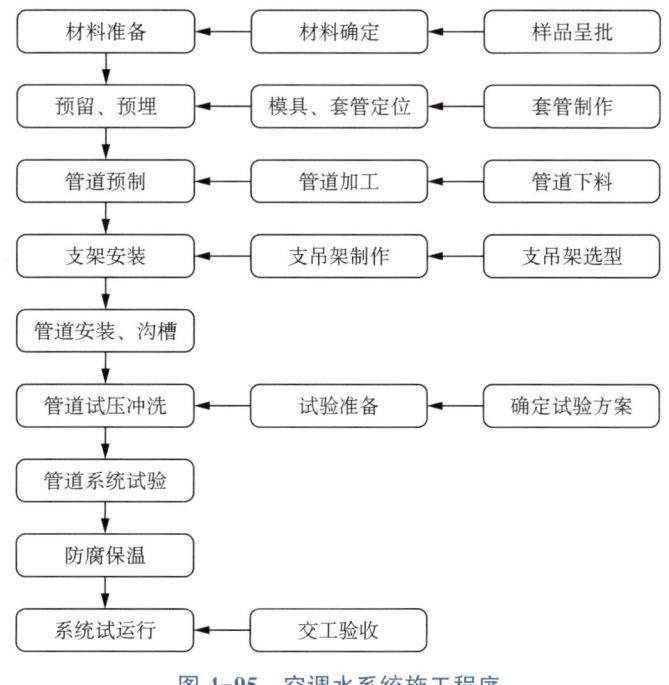

图 4-95 空调水系统施工程序

2）施工准备

认真熟悉图纸，根据施工组织设计进行技术（安全）交底，落实具体措施，做好准备工作。

3. 空调水系统施工程序

1）材料要求

（1）管材：镀锌钢管、无缝钢管，管材不得弯曲，锈蚀、无飞刺、重皮及凹凸不平现象。

（2）管件：无偏扣、方扣、乱扣、断丝和角度不标准等缺陷。

（3）阀门：铸造规矩，无毛刺、裂纹，无砂眼，开关灵活严密，丝扣无损伤，直度和角度正确，强度符合要求，手轮无损伤。

2）管道预制加工

按设计图纸画出管道分路、管径、变径、预留管口、阀门位置等施工草图。在实际位置做上标记。按标记分段量出实际安装的准确尺寸，记录在施工草图上，然后按草图测得的尺寸预制加工，按管段及分组编号。

3）系统管道安装

（1）干管安装。

（2）立管安装。

（3）支管安装。

4）阀部件安装

（1）阀门安装。

（2）波形补偿器安装。

5）水泵安装

4. 医院空调水系统重难点分析及解决方案

医院空调水管冲洗须彻底，每层楼每个系统都需将供回水连通清洗，若管道末端杂物堆积，影响空调制冷及制热效果。解决方案如下。

（1）冲洗前需根据计划编制实际有效的冲洗方案。

（2）冲洗前将有碍冲洗工作的阀门、温度计、流量计等部件拆除。冲洗时管道内流苏不得小于1 m/s，排水时禁止形成负压。

（3）各楼层、各分区需要分别冲洗，按照先冲洗主管，后冲洗支管，最后冲洗空调设备的顺序进行。

（4）首先利用自然重力流的方式冲洗空调主管：关闭支管管路阀门，防止冲洗时主管道内杂物进入支管，堵塞支管。冲洗完成后，利用医院建筑物高度差形成的重力流沿着介质工作的反方向将主管内水排空。冲洗过程中，运维人员需使用榔头沿着被冲洗管路上的弯头、三通等有焊缝处敲打，使得杂质伴随水流排除。

（5）主管冲洗完成后，打开每层支管控制阀门，冲洗支管。同时，需保证每层末端空调设备进出水阀门关闭。支管冲洗完成后，打开末端设备供水阀门，往系统中补水，对设备支管冲洗，在冲洗过程中逐个拆洗过滤器。

（6）冲洗标准：对比排水出口的水色和透明度与入水口接近，无可见杂质，则表示冲洗合格。

4.8.3 空调冷热源

随着医疗事业的高速发展,以人为本的现代治疗方针对医疗建筑中的环境品质提出更高的要求,也使医疗建筑的通风空调系统能耗越来越大。上海市中医医院嘉定院区是一家三级甲等医院,其医院的总能耗中空调系统与冷热源部分的电耗约占了50%以上。所以在进行医疗建筑供暖通风和空调系统方案设计时,节能、低碳、清洁能源等均处于重要位置。

1. 空调冷热源系统概述

医院空调在特殊的区域不仅是提供舒适的温度环境,还要承担对环境温、湿度的精准控制从而控制细菌的增长速度,为患者提供良好的康复环境和治疗环境,减少患者院区内的感染风险。

本项目有手术室、净化病房和ICU、中心供应以及PCR实验室、细菌培养实验室、静脉配置中心等这些部门,这些空调系统对应的有净化区域需要通过空气循环不但保证空调区域内的温、湿度外还要控制区域内的细菌数量,而细菌繁殖有四个关键条件:①充足的营养(主要是水分),②适宜的温度,③合适的酸碱度,④必要的气体环境。

为扼制细菌的增长速度,在四个条件中①和②可以通过空调人为的创建环境达到要求,条件③和④是与人的生存必要条件共存,所以这些部门的空调目前来说均是通过降温除湿+加热来控制区域内的空气水分(湿度)和温度,即温湿度在一定范围内的恒定,所以这些区域需要全年同时给空调末端供冷水和热水,空调冷、热源也要对应来满足这些部门的空调需求。

2. 医院冷、热源配置

1)冷源

医院空调冷源是结合医院的性质和管理人员的习惯思维作用下常见的冷源有以下几种模式:①离心式冷水机组,②螺杆式冷水机组,③空气源热泵机组,④模块式空气源机组,⑤变频多联(热泵)机组等。由于医疗建筑空调的特殊性,不可能采用单一模式的空调冷源,所以医疗建筑的空调冷源是有多种冷源模式组合,以求取得不同的医疗部门获得科学、合理的冷源配置。

2)热源

热源有以下几种模式:①锅炉(蒸汽或热水),②市政提供(蒸汽或热水),③空气源热泵机组,④模块式空气源机组,⑤变频多联(热泵)机组等。

本医院冷热、源最常用的配置:冷水机组+锅炉+变频多联(热泵)机组+风冷热泵机组。冷源与热源都是独立的运行提供空调热水和冷水。

3. 上海市中医医院嘉定院区空调热回收系统应用

1)冷、热源系统

中医医院充分利用了医院用热的特点,对空调热回收做了详细了解,所以上海市中医医院嘉定院区项目空调冷热源主要有空气源热泵、变频多联(热泵)机组合成,同时可以满足医院不同科室和区域空调系统的需求,适应医院空调的多样性和灵活性,取消锅炉供空调热水,而由空气源热泵和热泵热回收向空调提供热水,同时热泵热回收向生活热水提供必要的热水预加热。

2) 风冷热泵系统划分及应用

风冷热泵选配了三种形式（常规风冷热泵系统、风冷热回收、热泵热回收系统），成为主要的三大空调冷、热源系统去满足医院空调的需求。

(1) 常规风冷热泵机组：主要应用在新风处理，不需要同时供冷、热的舒适性空调区域。系统原理如图 4-96 所示。

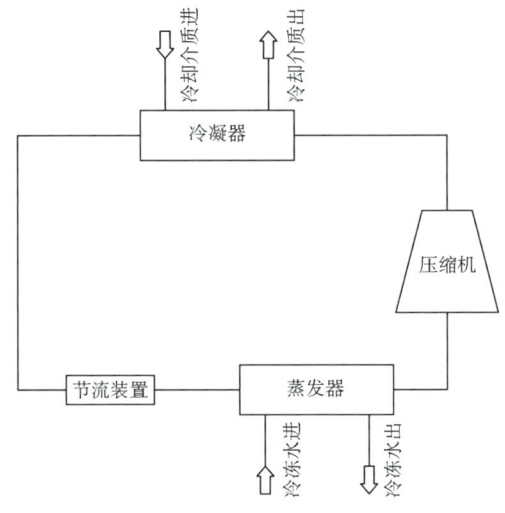

图 4-96　风冷热泵机组系统原理

(2) 风冷热回收机组：该系统主要针对不需要同时供冷、热的舒适性空调区域。同时回收排向大气中的热量供生活热水预加热，系统原理如图 4-97 所示。

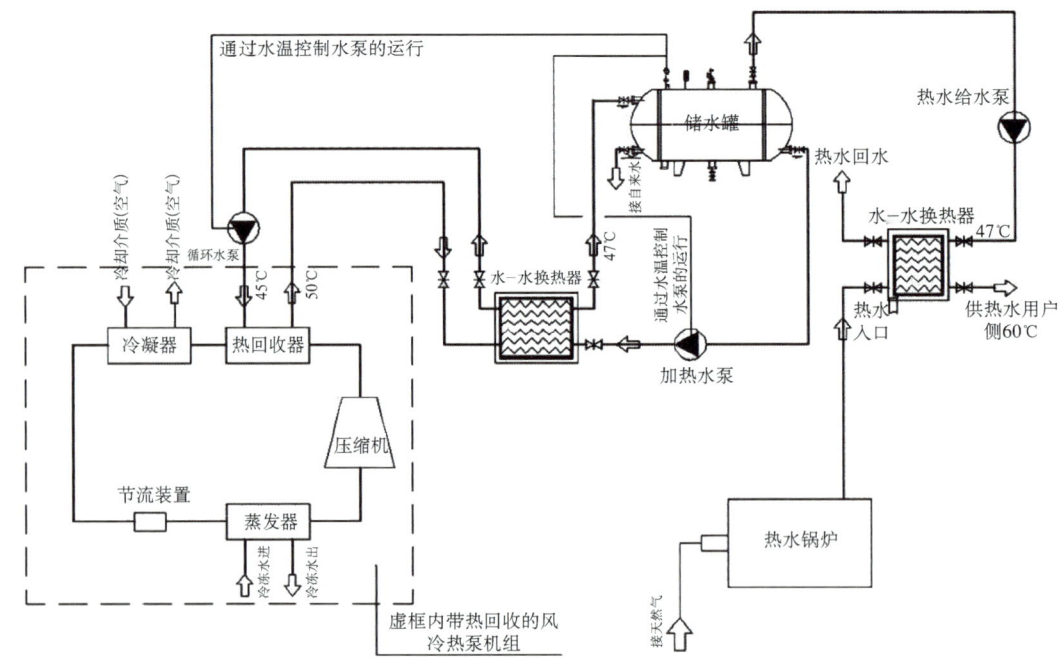

图 4-97　风冷热回收机组系统原理

(3) 热泵热回收机组:主要用于全年需要供空调冷、热水的区域,例如手术室、净化病房和ICU、中心供应等,系统原理如图4-98所示。

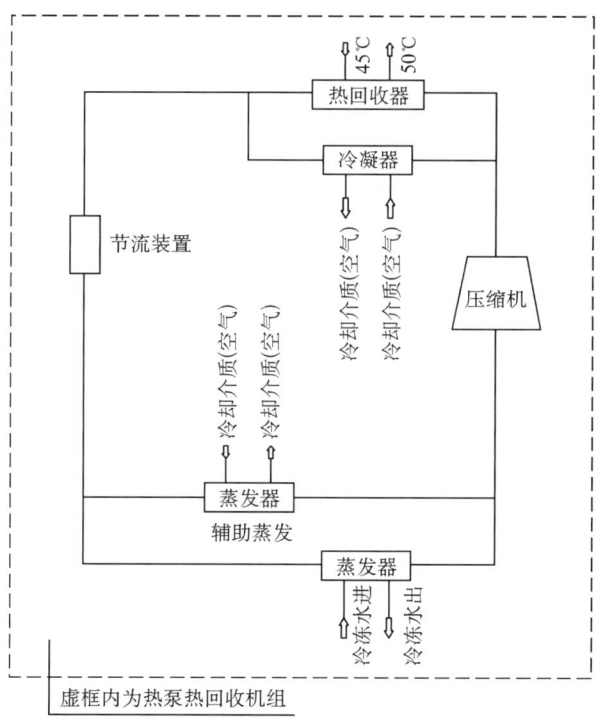

图 4-98 热泵热回收机组系统原理

4. 医院空调冷热源系统重难点分析及解决方案

本项目空调冷源热系统面临能耗大,费用高等问题。解决方案如下。

(1) 夏季使用时,机组制冷系统提供5~15℃的冷冻循环水供空调系统,同时热回收系统利用制冷机排出的废热加热生活热水,机组的总能效比可以达到5.6 W/W(机组制冷量＋机组回收热量与输入电功率的比值)。

(2) 冬季使用时,机组制热系统提供40~50℃的热循环水供空调系统,同时冷回收系统利用制热机排出的废冷供空调冷水,机组的总能效比可以达到5.6 W/W(机组制热量＋机组回收冷量与输入电功率的比值)。

(3) 有工程分析热回收系统的节能效果,净化空调部分空调冷负荷2 240 kW,空调热负荷1 273 kW,采用热泵热回收机组,机组同时提供空调冷水和热水并向生活热水预热处理。经估算每年可节约费用如表4-9所示。

表 4-9 每年可节约费用

分类	回收热量 kW/h	年运行天数 d	年节约电量 kW·h	电费 元
夏季	2 259	120	271 080	216 864
过渡季节	1 807	120	216 840	173 472

(续表)

分类	回收热量	年运行天数	年节约电量	电费
	kW/h	d	kW·h	元
冬季	无回收	120	0	0
合计	—	—	—	390 336

由上可知,此方案每年约节约费用 39 万元。经过技术经济比较论证后,本次设计采用热回收型风冷热泵机组预热生活热水方案既提供净化空调系统必不可少的冷、热水,又可利用废热(即净化空调用不了的热量)预热生活热水,大大降低锅炉的天然气耗量,达到节能、环保和降低运行费用的目的。

4.8.4 VRV 空调系统

1. VRV 空调系统概述

VRV 空调系统的工作原理与普通蒸汽压缩式制冷系统相同,由压缩机、冷凝器、节流机构和蒸发器组成。与普通蒸汽压缩式制冷装置不同的是,热泵型(包括热回收型)VRV 空调系统室内、室外侧换热器都具有冷凝器和发器的双重功能。

2. VRV 空调系统设备安装

(1) 设备(包括室外机、室内机)安装平面位置及标高必须符合设计要求,不得擅自改动。

(2) 设备安装必须水平,水平度必须用水平仪调整。

(3) 设备吊杆必须垂直,且吊杆直径、螺帽、垫圈等选配应合理,新风机必须采用减振吊架。

(4) 室外机必须用混凝土或槽钢作基础,并用膨胀螺栓固定,室外机与基础之间垫减振垫。

(5) 室外机安装必须符合生产厂家提供的有关技术要求,尤其是安装在室内或阳台上,必须保证足够的进排气面积。

(6) 室内机安装要考虑风管、冷媒管的连接并留有维修空间。

3. VRV 冷媒系统安装

冷媒系统安装程序如图 4-99 所示。

4. 室内机安装

1) 安装位置的选择

风管机电器盒侧离墙壁至少≥300 mm,方便接线、地址拨码和有故障时维修。风管机送、回风口侧必须预留足够的空间安装送风管和回风管,实际留的距离按照各个厂家要求。

2) 特别注意点

(1) 确保顶部挂件有足够的强度来承受机组的重量。

(2) 排水管出水方便。

(3) 进出口无障碍,保持空气良好循环。

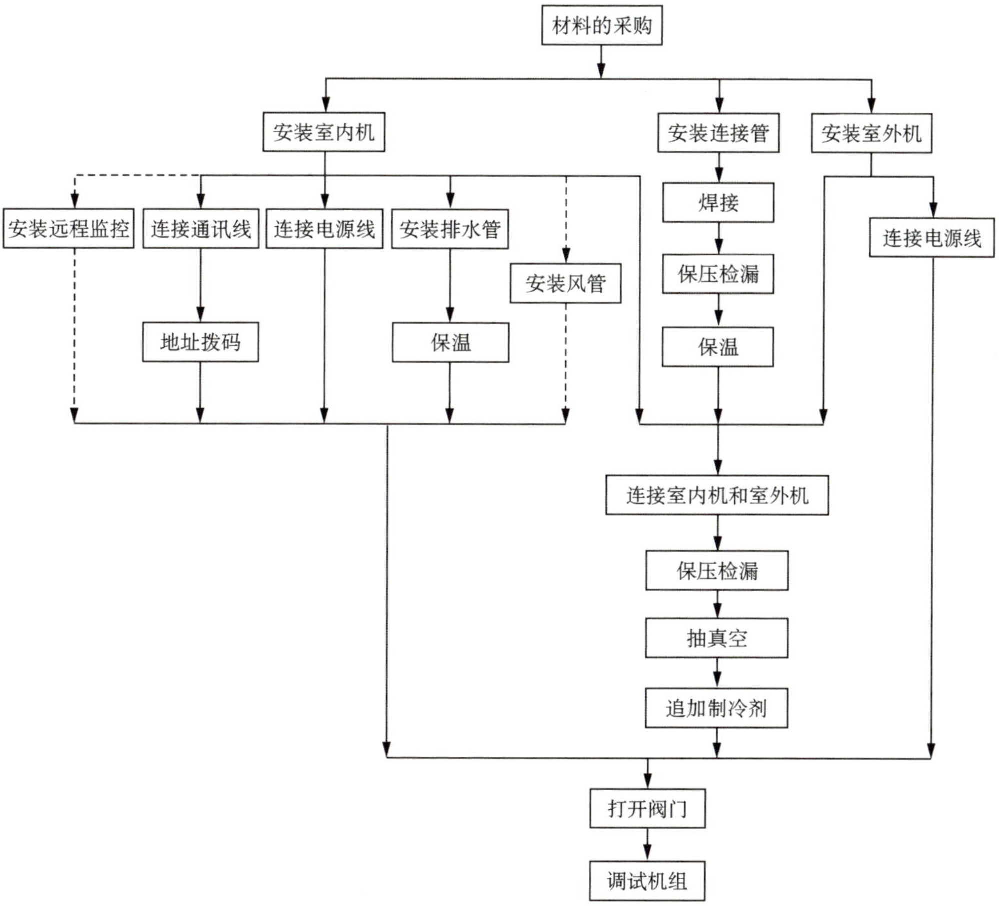

图 4-99　冷媒系统安装流程

3）室内机的安装（风管机）

（1）量好室内机吊钩四个孔位的尺寸，在天花板做好标识，根据标识配钻四个孔。将 M8 膨胀螺栓插入孔中，然后将铁钉打入螺栓中。

（2）将室内机安装在天花板上，根据安装空间风管离天花板保持一定的空间间隙。

（3）风管机水平检测：在室内机组安装完毕后必须整机的水平检测，使得机组前后左右必须水平放置。

（4）风管的安装。

（5）检修口：内藏式机安装完毕后，吊顶时必须在室内机电器盒侧预留检修口，检修口尺寸至少 400 mm×400 mm，方便检修。

5. 嵌机安装

室内机安装位置的选定要点如下。

（1）室内机进出风口处远离障碍物，确保气流能吹遍整个房间。

（2）确保室内机安装符合尺寸安装图要求。

（3）选择可以承受室内机重量且不增加运转噪声及振动的地方。

（4）安装处必须确保水平。

(5) 选择容易排除凝结水、容易连接室外机的地方。

(6) 确保维修保养所需的足够空间,确保室内机离地面高度超过 1 800 mm。

(7) 安装用吊杆螺栓,检查安装位置是否可以承受机组的重量。

(8) 吊装空调主体。

室内机组配有内置式排水泵和浮子开关,用水准器逐个检查机组的 4 个角是否水平(若机组向凝结水流的相反方向发生倾斜,浮子开关可能出现故障,造成滴水)。

6. 医院 VRV 空调系统重难点分析及解决方案

作为综合性医院,上海市中医医院嘉定院区建筑使用功能多、医院患者数量变化大,空调冷热负荷随之变化,空调机组调整能力要求高,运维过程中需提升多联机系统能效。

变频多联机系统能够自动调节压缩机输出和冷媒流量,适应室内负荷变化,能够提升整个机组的综合能效水平。此外,相比传统中央空调,多联机系统不需设置空调主机房、冷却塔、循环水泵、阀门等配件。

多联机系统室外机安装相对灵活,具有很高的设计及施工自由度,考虑到上海市中医医院嘉定院区空调系统体量大,通过合理划分区域,能够实现分层、分区、分时的方式灵活进行。药库(包括住院楼 1 层静配中心药库、地下 1 层中心药库)、门诊药房、行政科研办公、部分门诊区(包括感染门诊、治未病及体检中心、传统医学治疗中心、名医馆、针灸推拿科及神志脑病中心)、地下 1 层核医学科、1 层放射科、住院楼 13 层无净化要求的科研用房以及地下室的其他医院辅助、后勤用房可设置独立的空调系统,方便运行管理。

运维过程中,多联机系统可实现 50%～100% 的调整能力,负荷率为 50%～75% 时,多联机机组能效比较高负荷时可提升 15%～30%,在运维过程中有明显优势。

4.8.5 净化空调系统

1. 净化空调系统工程概况

净化空调工程施工管理的基本程序和舒适性空调系统是一致的,不同点在于净化空调系统的特殊性,要求各工序的技术措施及管理制度要严格细致地执行。净化空调系统施工的基本程序由 10 个主要工序构成:施工准备、风管与配件制作、风管与部件安装、通风空调设备安装、空调水系统安装、防腐保温、单机试运转、系统联合试运转、系统试验与调整和竣工验收。

2. 净化空调施工检查要点

1) 净化空调系统施工检查要点

(1) 严格检查进场通风工程的材料及部件是否符合设计及投标文件所要求的质量标准。

(2) 风管加工建议采用优质镀锌钢板,在干净的室内环境中加工,完成一段立即清洁内壁,风管与角钢法兰连接时采用无菌胶将风管四个角进行密封,并用薄膜封闭两端。在风管安装时,风管之间连接处要采用防火密封性良好闭孔胶条封闭。

2) 通风空调设备安装检查要点

(1) 高效过滤器的安装必须在洁净室内的装修、设备安装、空调系统安装完成,电源接通后才能进行。

(2) 高效过滤器安装前必须对洁净室进行全面彻底的清扫、擦拭合格后,洁净空调系统连续运转 24 h 以上,再次进行清扫,擦拭干净。

3. 净化空调设备安装

1) 消声器的安装

(1) 净化空调系统的消声器采用微穿孔型,消声器的型号、尺寸须符合设计要求,并标明气流方向。消声器的穿孔板应平整,孔眼排列均匀,穿孔率应符合设计要求。框架牢固,共振腔隔板尺寸应正确,外壳严密不渗漏。

(2) 在运输和安装过程中不得损坏,安装方向正确,应设单独的支架,不得由风管来承担其重量,安装前后应严格擦拭干净。

2) 通风机的安装

(1) 通风机的型号及规格应符合设计要求,其出口方向应正确。叶轮旋转平稳,停转后不应每次停留在同一位置上。固定通风机的螺栓应拧紧,并有防松动装置。

(2) 认真核对厂家发货清单或明细表,分系统、分机房将设备运送至指定位置。

(3) 检查各功能段是否齐全、管道接口方向是否正确,制冷或加热段的换热器排数等是否与设备资料相符。

4. 净化空调水系统安装

空调水系统安装检查要点如下。

(1) 闭式系统:空调管路系统冷(热)水在蒸发器(或换热设备)与空调末端装置密闭循环,其系统的最高点设膨胀水箱,冷(热)水不与大气相接触。闭式系统的优点为减少管道和设备的腐蚀,并减少水泵克服静水压力而降低功率。

(2) 开式系统:空调管路系统的冷(热)水在冷(热)水箱或水池与空调末端设备循环。其缺点是系统管路与设备易腐蚀,需要克服静水压的能耗,增加水泵的容量。

(3) 两管制系统:空调管路系统的供冷、供热管道合用同一管路系统。其特点是管路系统简单,对于同时有供冷、供热要求的空调系统不能采用。

(4) 四管制系统:空调管路系统分别设置供冷、供热及回水管道,以满足同时制冷、制热要求。这种系统工程投资较高,管路系统复杂,占用较多建筑空间。

5. 净化空调防腐及保温

1) 防腐工程

(1) 防腐前的表面处理:为了使油漆能起到防腐蚀的作用,除了选用的油漆本身耐腐蚀外,还要求油漆和管道表面有良好的结合,因此在未涂刷油漆前,应清除管道表面的灰尘、污垢与锈斑,并保持干燥。

(2) 管道及设备的刷油:工程常用的油漆涂刷方法有手工涂刷和空气喷漆法两种。通风空调管道及设备的油漆种类应按不同用途及不同的材质来选择,洁净系统有严重腐蚀要求的,应特别注意材料的选择。不应在低温或潮湿环境下喷漆,一般要求环境温度不能低于 5℃,相对湿度不大于 85%。

2) 保温工程

(1) 风管的保温应根据设计选用的保温材料和结构形式进行施工,保温结构应结实外表平整,无张裂和松弛现象。

(2) 隔热层应平整密实,不能有裂缝、空隙等缺陷,隔热层采用黏结工艺时,黏结材料应均匀地涂刷在风管或空调设备外表面上,紧密贴合。在黏结隔热材料时,其纵、横向接缝应错开,并包扎或捆扎,包扎的搭接处应均匀贴紧,捆扎时不得破坏隔热层。为了美观规整,矩形风道应加金属护角。

6. 医院净化空调系统重难点分析及解决方案

1)重难点分析

本项目属于暖通净化施工工程,现场的净化管理控制是施工重点,要确保净化空调安装过程中各项技术指标达到规范的要求。

2)解决方案

(1)一般水平的净化控制

该阶段施工内容包括防尘涂装,水、暖、电各专业在技术夹层中的配管、配线,空调机组安装、保护,工艺隔墙、墙顶框架、骨架的连接安装。

此阶段的净化控制如下:①入洁净区域的人员必须接受第一阶段施工规范培训;②进入洁净区域的人员应穿干净的工作服;③洁净区域不得吸烟、饮食及饮水。

(2)较高水平的净化控制

该阶段施工内容包括进入洁净区域的通道口组装建立预清理棚;,安放换鞋架、服装柜,安装壁板、顶框架及配套件,各专业管、线穿壁板安装的密封,空调系统风管无负荷吹扫,调试前的清洗、清扫。

此阶段的净化控制如下:①入洁净区域的人员必须接受第二阶段施工规范培训和洁净纪律的教育,并佩戴相应标记;②进入洁净区域的人员应穿很干净的工作服,应穿专用鞋具,并按时刷净,普通鞋具要套一次性鞋套,戴专用手套,不得沾油渍;③所有加工机具、材料进场地前应清洗;④所有产生灰尘的加工,必须严加控制,一有碎屑即用吸尘器清除。

(3)高水平的净化控制

该阶段施工内容包括顶板的安装、测试前的全面清扫、高效过滤器的安装、净化空调运行测试的考核、调整、验收、移交。

此阶段的净化控制如下:①入洁净区域的人员必须接受第三阶段施工规范培训;②有专职人员管理,只有必要的人员和业主代表才能进入洁净区域;③进入洁净区域的人员,必须正确穿戴洁净服。

此期间应严格控制人员的出入,以保持洁净区域的洁净程度,同时要与业主管理部门密切配合,协调配合其他管理机构的测试和检验,为工程顺利移交和开始二次接续工作做好准备。在这一阶段,设备安装已基本结束。洁净区域专业清扫已进行一次。保持洁净度将是最重要的工作。

4.9 消防系统

医院作为一个特殊的场所,其消防设计需要综合考虑多方面的因素,首先,医院是一个人员密集场所,除了医护人员和其他工作人员之外,还有病患、残疾人,以及探视、陪同人员;其次,医院中存在各种试剂、药品,诸如酒精等易燃易爆药品,以及各种具有放射性的检测设备、贵重仪器等;最后,医院还存在具有生物感染性的废弃物或生物实验相关用品。因此,为了确保在紧急情况下能够有效保护人员安全,减少财产损失,消防系统的设计至关重要。

基于后期的运行维护需求,在火灾自动报警系统中接入了 CRT 系统(电子地图)能快速定位火警的位置,并在每层及每个防火分区的地方设置了水流指示装置,结合 CRT 系统能快速确定自动喷水灭火装置的喷洒位置。对每一个消防重要设备都设置了监视模块,能够在监控室内监视重要消防设施的实时动态情况。

4.9.1　消防水系统

本项目设置一套消防系统,消防泵房设置在地下 1 层,按一类高层建筑设计。按现行消防规范,室内设置室内消火栓系统、自动喷水灭火系统、厨房自动灭火系统、气体灭火系统、并配置灭火器。

室内消火栓系统采用临高压消防系统,在地下 1 层消防泵房内一体化成套消防给水设备;室内自动喷淋系统采用临高压消防系统,在地下 1 层消防泵房内一体化成套消防给水设备;防护冷却系统与自动喷淋系统同时动作,在地下一层单独设置一体化成套消防给水设备;大空间智能型主动喷水灭火系统设置在净空超过 8 m 的中庭区域,与自动喷水灭火系统合用喷淋给水泵,并在报警阀前单独接管道供水;水喷雾灭火系统设置在柴油发电机房内,如图 4-100 所示,以保护柴油发电机组、油箱间、油泵间。该系统与自动喷水灭火系统合用喷淋给水泵,雨淋阀设置在柴油发电机房内,喷头采用高速水雾喷头,流量是 20 L/s,工作压力为 0.5 MPa。

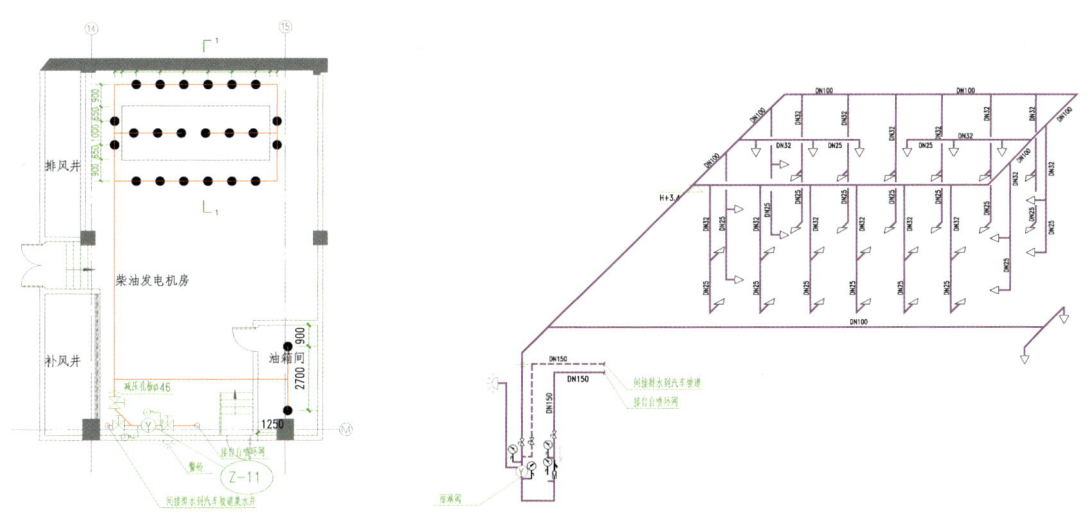

图 4-100　柴油发电机房水喷雾系统

4.9.2 消防风系统

(1) 封闭楼梯间的地下部分不与地上楼梯间共用,且地下仅为一层,首层设置有直通室外的疏散门,采用自然通风的防烟方式。封闭楼梯间的地上部分采用自然通风的防烟方式,在楼梯间的外围护结构上设置总面积不小于 2 m² 的可开启外窗,布置间隔不大于 3 层,且最高部位可开启外窗的面积不小于 1 m²。

(2) 除第 1 条所指出的场所外,上海市中医医院嘉定院区项目其余的封闭楼梯间、防烟楼梯间、独立前室、合用前室均设有机械加压送风系统。地上、地下楼梯间的机械加压送风系统分别独立设置,地上地下前室合用一套机械加压送风系统。楼梯间每隔 2~3 层设置一个常开式百叶送风口,前室每层设置一个常闭式加压送风口,火灾时由消防控制中心联动开启着火层及其相邻上下层的常闭送风口,并设置手动开启装置。

(3) 地下 2 层和地下 1 层停车库设置机械排烟系统,地下 2 层采用机械补风,地下 1 层有通向地面坡道的防火分区利用坡道自然补风,其余防火分区采用机械补风。

4.9.3 消防报警系统

本项目中的火灾自动报警系统由火灾报警控制器、联动控制柜、烟感探测器、温感探测器、红外对射探测器、楼层显示屏及手动报警按钮等组成。

系统联动控制在火灾报警和确认后可按消防规范要求联动控制楼内所有与消防关联的机电设备,具体为:暖通通风设备、防排烟设备、非消防电源与应急电源,防火卷帘、电梯、消防水泵、消防广播、门禁控制等。

系统为总线制,普通联动设备采用总线制控制,消防重要设备(防排烟设备、消防泵、喷淋泵等)采用专线直接控制,可与报警设备实现联动控制外,具有独立的手动控制功能。

4.9.4 气体灭火系统

本项目采用了两种不同方式的气体灭火系统,在重要医疗用房(DR、MRL、CT)、地下室变电站等设置了惰性气体(IG541)集中式、全淹没型气体灭火系统,储存压力 20 MPa;在地下室 10 kV 高压室、UPS 间以及重要医疗用房 DR 设置了无管网全淹没式预制式七氟丙烷气体灭火系统,储存压力 2.5 MPa。

4.9.5 防火门监控系统

防火门监控系统是由控制电路、感应电路、声光报警器、防火门控制器和传感器组成。门翼处于打开状态时,一般都需要安装一个门开关,遇到有烟、火等灾害发生时,传感器会发挥作用,进行判断,判断是否有防火门打开。一旦发现防火门没有被关闭,门翼会自动关闭,并且报警器会发出声光报警,以提醒居民采取逃生措施,防止火势蔓延扩大。上海市中医医院嘉定院区项目采用了常开式防火门与常闭式防火门共同安装的系统方案,常开式防火门设置在住院楼的 5~11 层的疏散通道上。

4.9.6 电气火灾监控系统

电气火灾监控系统是一种集电气火灾报警、监控和控制功能于一体的安全保护系统，用于实时监测电气设备和电气线路中的火灾风险，并能迅速报警、控制和隔离可能引发火灾的电气设备或线路。本项目在重要设备的配电箱内设置了剩余电流式电气火灾探测器以及测温式电气火灾监控探测器。

4.9.7 其他消防设施

本项目在设置了自动喷淋系统以及气体灭火系统的基础上，在地下室柴油机房及油泵间设置了水喷雾灭火系统，水喷雾灭火系统由水源、供水设备、管道、雨淋阀组、过滤器和水雾喷头等组成，向保护对象喷射水雾灭火或防护冷却的灭火系统，水雾喷头在较高的水压力作用下，将水流分离成直径为 0.2~2 mm 甚至更小的水雾滴，喷向保护对象，通过表面冷却、窒息或者冲击乳化、稀释等作用，达到灭火或防护冷却的目的。

完成系统的测试和调试后，水喷淋水喷雾系统即可投入正常运行。为了保证系统的长期稳定工作，需要进行定期的维护和检修。

（1）定期检查系统的管道、阀门、喷头等部件的密封性和连接性。

（2）定期清洁喷头，防止喷头堵塞。

（3）定期检查控制装置的运行情况，并根据需要进行调整和维护。

4.9.8 消防系统维保方案

1. 医院单位应保有的系统性文件

（1）消防系统的竣工图及设备的技术资料。

（2）消防验收机构出具的相关法律文书。

（3）各个系统的操作规程、流程图及维护保养制度。

（4）系统操作员名册及相应的工作职责。

（5）值班记录及使用图表。

2. 建立日常巡查记录、月度设备的检测记录及季度的性能评估记录

（1）为确保消防综合系统的正常运行，每日应由专职消防值班人员进行全面的现场巡查，包括对火灾报警系统、灭火器材、自动喷水系统、疏散通道以及安全出口等设施进行检查，确认其是否处于完好状态。同时，对巡查结果进行详细记录，包括巡查时间、巡查人员、巡查内容以及存在的问题等，以便及时发现并处理问题。

（2）每月定期对消防设备进行专项检测，主要检查设备的运行状态和性能是否良好，是否存在异常情况。具体包括对消防控制主机、感烟感温探测器、消火栓、灭火器等设备的检测。对于检测中发现的问题，应及时进行维修或更换，确保设备处于最佳工作状态。

（3）每季度进行一次消防系统性能的全面评估。这包括对各个子系统的性能测试和功能验证，例如自动喷水系统的启动时间和流量、疏散指示标志的亮度等。通过性能评估，可以及时发现潜在的安全隐患，为系统的优化和改进提供依据。

3. 制定年度的维护保养计划

每年至少进行一次消防综合系统的全面检查。全面检查涵盖所有消防设备和设施，包括消防水源、消防泵房、消防通道等。通过全面检查，可以全面了解系统的运行状况，确保系统的完整性和可靠性。

4. 紧急故障处理预案

为确保在紧急情况下能够及时有效地处理故障，应制定详细的紧急故障处理预案。预案中应明确故障处理流程、责任人以及所需的设备和资源。同时，应定期组织员工进行故障处理演练，提高员工的应急处理能力和水平

通过以上四个方面的定期维护和保养工作，可以确保消防综合系统的正常运行和有效应对火灾事故。同时，也能提高员工的安全意识和消防技能水平，为企业的安全生产和员工的生命财产安全提供有力保障。

4.9.9 基于运维的消防设计施工要点及建议

综合医院属于人员密集场所，并且多数患者行动不便，还有数量众多贵重的大型医疗设施和易燃易爆的试剂、药品等，一旦发生火灾，极易造成的人员伤亡和财产损失，因此要对医院消防机电设备安装、调试及维护工作引起高度重视。

1）材料、设备、构件的检查

在进行消防系统的安装之前，材料设备的采购应进行全面细致的检查，防止因材料的质量问题而产生的隐患，为后续施工高效完成奠定基础。

2）系统调试

在完成医院消防机电设备安装工作以后，及时组织开展系统调试活动，就可以有效把握系统运行情况，针对存在的安装质量问题也能及时发现与修正。对于喷淋系统喷头的压力试验，建议在安装之前逐个进行，避免因极个别的喷头质量不达标引起误喷，造成财产损失。

3）定期巡检消防机电设备

要保证医院消防机电设备的正常功能得到有效的发挥，就要在完成消防机电设备安装工作以后，定期组织开展巡检活动，在有效掌握消防机电设备实际运行状态的同时，对于出现的故障、损坏等问题也能及时发现与解决。

4）基于 BIM 建设智慧消防系统

通过 BIM 技术展现医院的布局场景，医院的场景主要包括医院的内部场景以及医院的外部环境，医院的消防工作不仅要对医院的内部环境进行分析探讨，还要对医院的外部环境进行了解，因为医院的外部环境将会直接影响消防救援人员的驰援过程，外部环境如果利于救援车辆到达，那么整个消防救援工作的效率就会非常高。

4.10 弱电与智能化工程

医院弱电智能化系统涉及的子系统非常广泛，主要包括综合布线系统、建筑设备管理

系统、能耗管理系统、视频监控系统、门禁系统、停车库管理系统、入侵报警系统、无线对讲系统、计算机网络系统、病房护理呼叫系统、机房工程（消控中心）等。

4.10.1 综合布线系统

1. 系统概述

综合布线系统是医院信息网络的神经系统，它通过高质量的传输通道和先进的通信协议，将各种数据、语音、视频等信息资源整合在一起，实现了信息的快速传递和资源共享。综合布线系统架构原理图如图 4-101 所示。

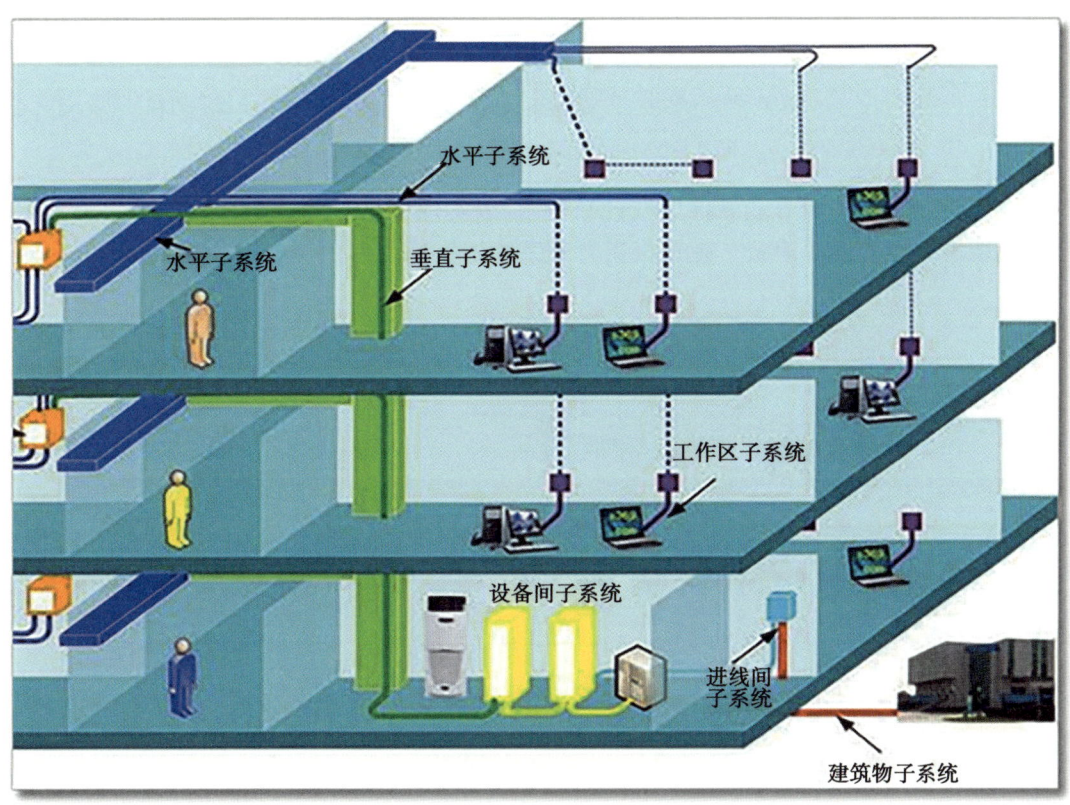

图 4-101 综合布线系统架构原理

2. 基于运维的施工概述

检验科是医院的重点科室，检验设备生产线较多。在检验科办公室辅助用房排风井道旁增加一个独立网络机柜（图 4-102），不仅可以缩短网络点位长度、减少用线量、降低施工成本，同时也提高了检验科后期的网络运维效率。

4.10.2 建筑设备管理系统

1. 系统概述

本项目 BA 系统主要对冷热源、空调机组、新风机组、通风、给排水实行自动监控，以达到节能、节省人力、安全舒适的目的。系统操作站以图形和文本两种方式进行显示，通过管

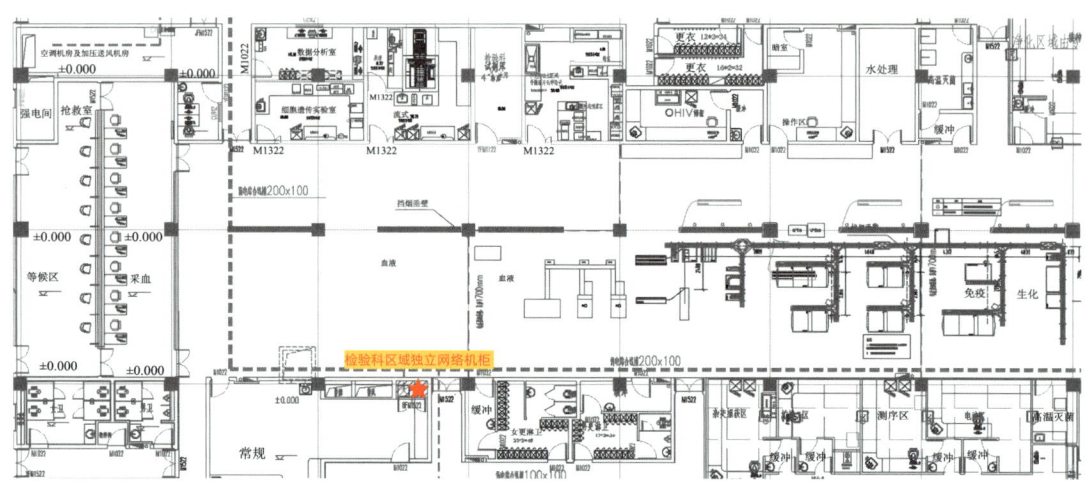

图 4-102　检验科增加独立网络机柜

理软件、优化控制软件和节能软件达到自动控制,以实现降低能耗,配合自控系统的节能式操作,减少不必要的能源浪费。建筑设备管理系统架构原理如图 4-103 所示。

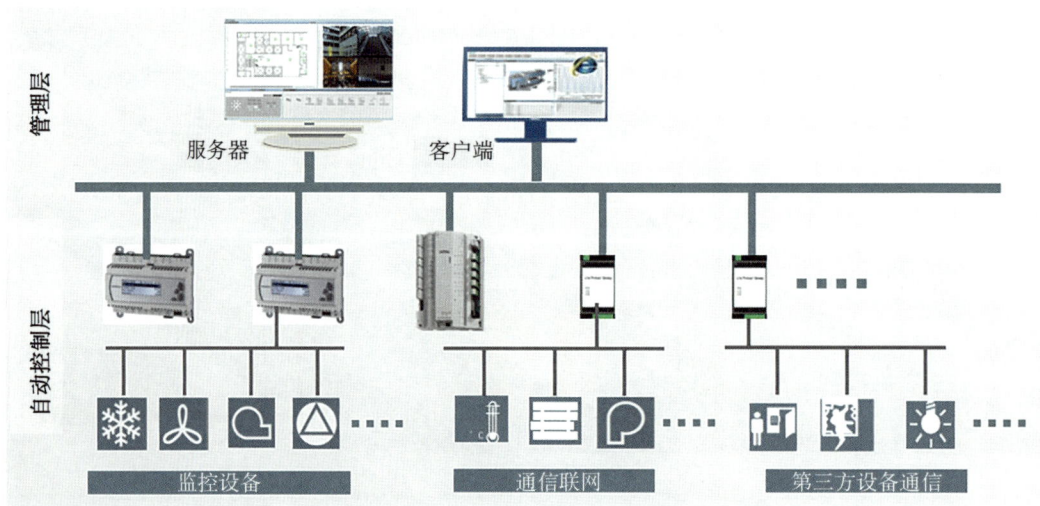

图 4-103　建筑设备管理系统架构

2. 基于运维的施工概述

本项目 BA 系统接入硬件点位 2 500 点,接入接口点位 8 000 点,总点位数量超过 1 万点,数据量庞大,容易导致数据卡顿,间隙性掉线的情况。为了实现展示采集设备的实时数据,可以在有限的硬件条件下,采用数据分流措施,将数据流较大的接口系统采用独立的 VLAN,再将此独立的 VLAN 与原有的 BA 固有 VLAN 打通,保证数据采集的正常运转。

4.10.3　能耗管理系统

1. 系统概述

电能监测覆盖医院所有建筑的一、二级用电计量,对于门诊楼、病房楼等主要建筑细化到三级用电计量。对于重点能耗设备(包含中央空调)和大型医疗设备进行独立的电能监测,测量参数包括:电压、电流、有功电度等通过设置医院能耗监测系统,采取合适的能源消耗计量考核方式,实时的检测相应管理区域的水、暖、电能源的消耗状况,可以有效减少不必要的能源浪费。该院能耗系统架构原理如图4-104所示。

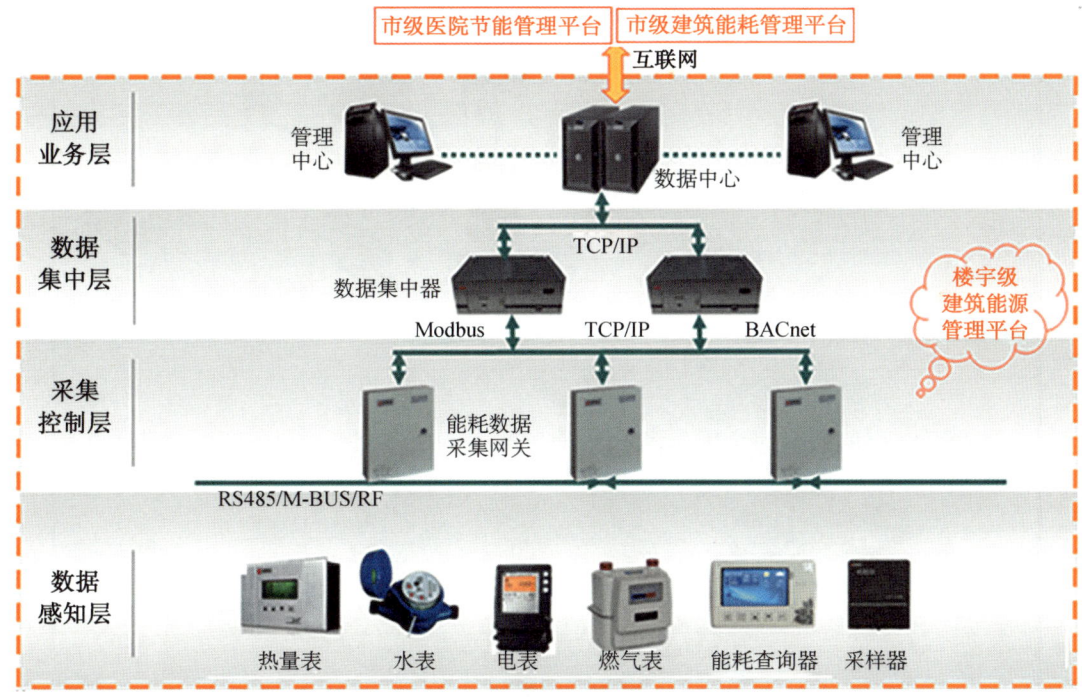

图4-104 能耗系统架构原理

2. 基于运维的施工概述

1) 数据精确采集

为保证能源消耗数据的准确性,可以采用高精度的计量设备,并确保它们定期校准。

2) 分析复杂性

由于能耗数据的分析涉及到多种因素,如天气条件、使用模式等。可以通过开发复杂的数据分析模型,考虑所有相关因素。

3) 实时性

为了及时响应能耗异常,系统需要具备高实时性。可以优化数据处理算法,减少数据采集的延迟。

4.10.4 视频监控系统

1. 系统概述

本项目视频监控系统建立在一个专业的安防专网上。这一网络采用了分层的二层架构设计,保证了数据传输的稳定性和安全性。在后端处理方面,系统特别采用了双核心互备的配置,这样系统即便在核心设备出现故障的情况下也能保持正常运行,大大增强了系统的可靠性和稳定性。

对于图像存储而言,本系统提供了全天候 24 h 不间断的录制服务,并确保数据存储周期不少于 90 d。无论是医疗纠纷还是安全事故,都能提供足够的证据支持。视频监控系统架构如图 4-105 所示。

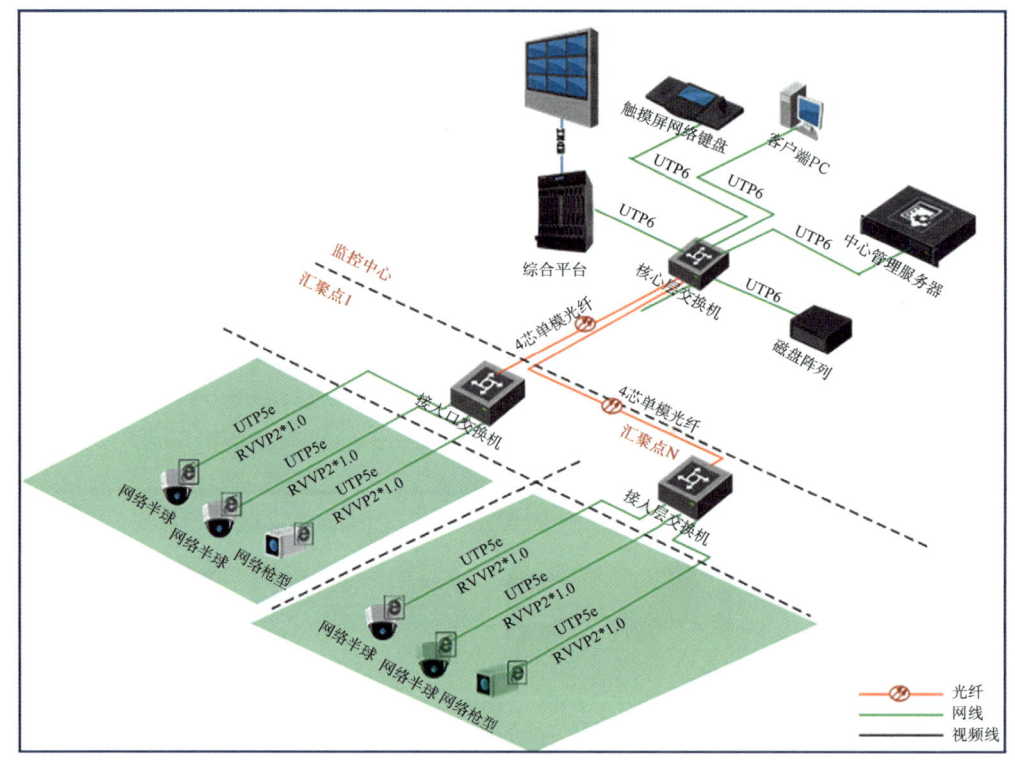

图 4-105 视频监控系统架构图

2. 基于运维的施工概述

（1）可以通过优化网络架构、视频编码压缩技术以及专用存储服务器部署等方式来减小高清视频传输与存储压力。

（2）可以通过选择宽动态范围摄像头、智能光线调整、加强设备防护等级、定期维护与检测等方式来保证系统的环境适应性与稳定性。

（3）采用视频监控系统（VDS），该系统通过高清摄像头和覆盖全院的网络布局，VDS 能实时捕捉医院的每个角落，确保无死角监控。结合智能分析技术，如运动检测、人脸识别等，能够自动识别异常行为并及时报警。

（4）在布局监控点位时，须避免监控点位安装被标识标牌阻挡，同时应根据监控需求和视野范围，合理设置监控点位的数量和位置，确保监控画面的清晰度和完整性。

4.10.5 门禁系统

1. 系统概述

本项目门禁系统包括读卡器、电子锁、控制器、通信设备和中央监控软件等几个关键部分。系统利用接触式智能卡来确认用户的身份。所有的进出活动都会被记录并通过中央监控系统实时监控,以供事后查询和数据分析。门禁系统架构原理如图 4-106 所示。

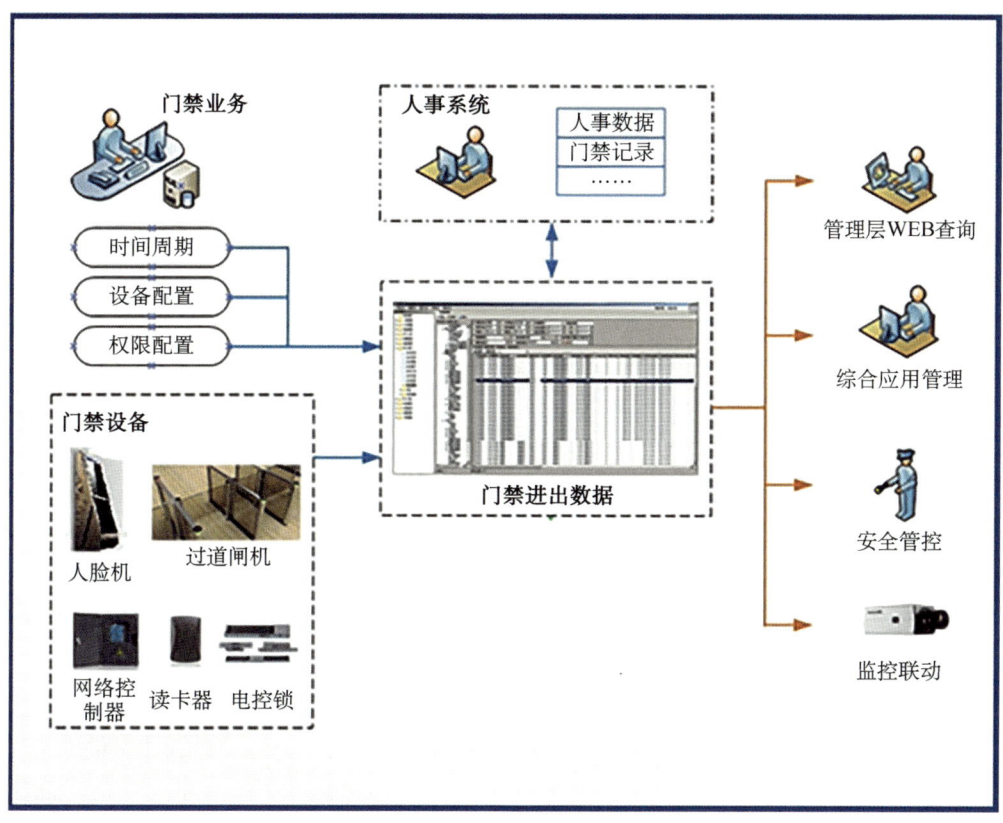

图 4-106　门禁管理系统

2. 基于运维的施工概述

本项目拥有多个门诊科室、住院病房、医技和辅助办公区域,不同区域的访问需要严格的权限控制。为确保门禁系统的正常运转,可以采用基于角色的分级权限管理策略,通过建立详细的用户数据库,并以此为基础分配权限,能够实现对每个个体访问权的精细化管理。此外,结合先进的软件算法,可以实现对权限变动的自动更新和实时监控,从而确保系统的灵活性和安全性。

4.10.6　停车库管理系统

1. 系统概述

本项目停车管理系统的核心目标是实现车辆进出的智能化、高效化管理。该系统包含以下几个关键功能。

(1) 车牌识别技术:采用高精度车牌识别技术,能迅速准确识别车辆信息,完成入场登记。

(2) 实时监控与引导:通过电子屏幕或 App 推送等方式,向司机提供空余车位信息,指导其快速找到停车位置。

（3）预约停车功能：系统支持在线预约停车位，确保患者在到达之前就能保障有停车位可用。

（4）自动计费结算：当车辆离场时，系统可以自动计算停车费用并支持多种支付方式，包括移动支付、信用卡等。

（5）数据分析管理：系统会收集所有停车数据，通过大数据分析和人工智能技术支持，对车流量、高峰时段、停车习惯等信息进行深入分析，以辅助医院管理层做出更加科学的规划决策。

停车管理系统架构原理如图 4-107 所示。

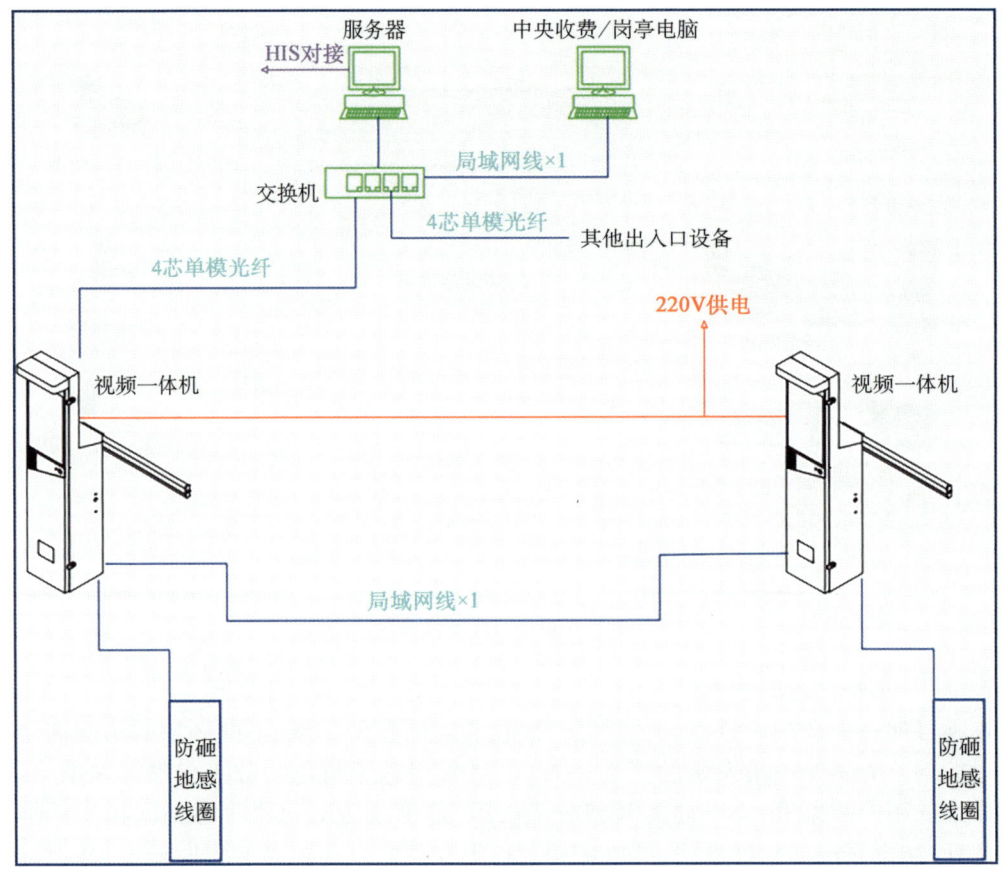

图 4-107　停车管理系统架构原理

2. 基于运维的施工概述

通过对 HIS 系统对接的技术攻关和对高峰期车流量的智能管控，能够极大提升医院停车管理的效率和患者的满意度。

4.10.7　入侵报警系统

1. 系统概述

总线网络作为该院入侵报警系统的传输骨干，提供了一个高效且稳定的通信平台。这种网络布局使得各个探测器能够实时地发送信号到中心处理单元，保证了在有威胁出现时能够立即触发告警。

入侵报警系统的核心功能包括对关键区域和部位的探测保护,如治疗室、护士台、收费窗口以及实验室等。一旦这些敏感区域发生未授权进入或其他形式的入侵行为,系统会立即启动警报,并通过相关设备通知安保人员进行应对。

该院入侵报警系统中所有报警事件以及其处理信息都会被记录下来,并上传至管理平台,以便于后续的审计和分析。这些记录被保留长达 360 d。

该院入侵报警系统配备了 UPS(不间断电源供应)系统来保证即使在主电源断电的情况下,安全系统也能继续运行。入侵报警系统架构原理如图 4-108 所示。

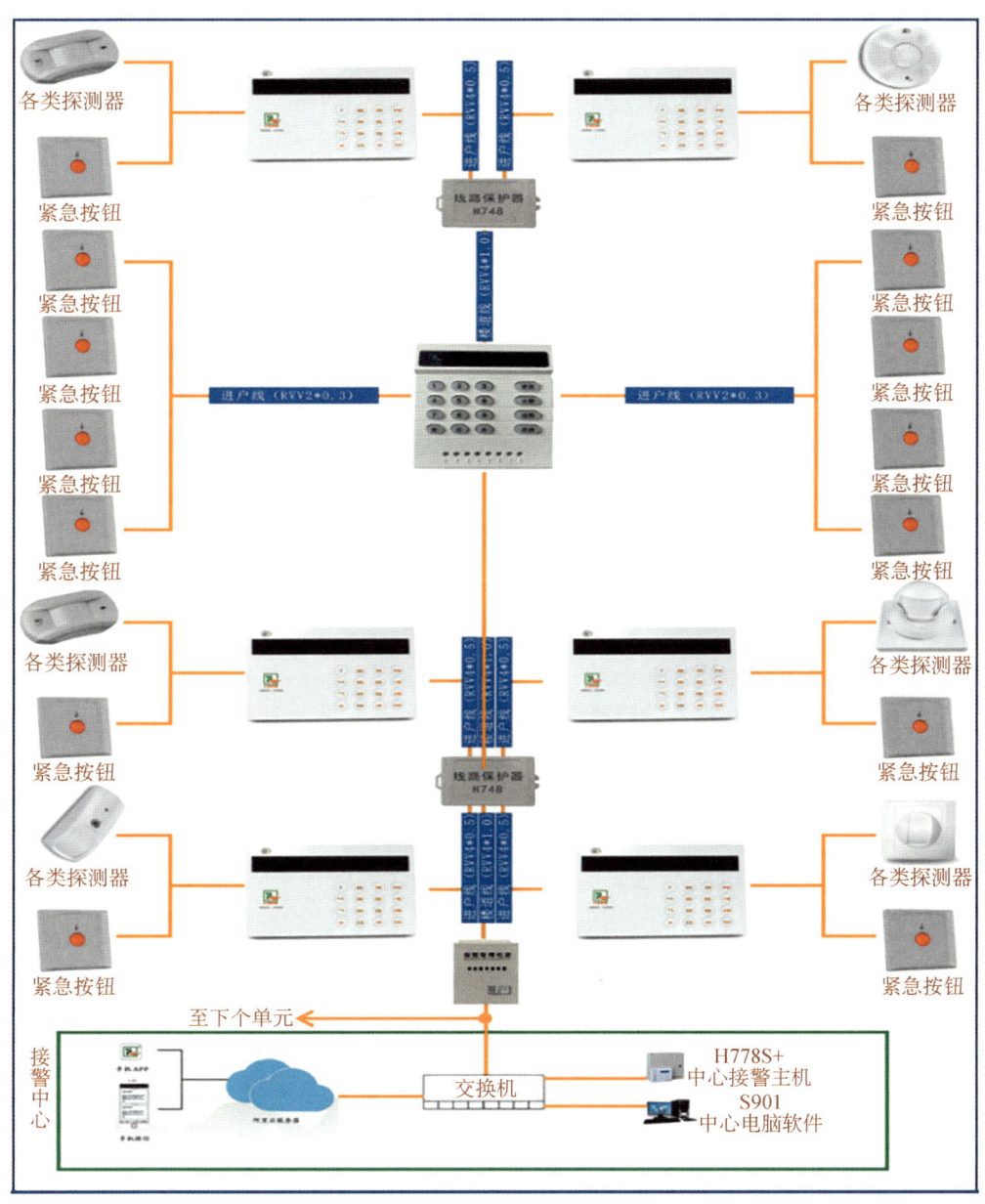

图 4-108　入侵报警系统架构原理

2. 基于运维的施工概述

(1) 通过优化探测器的选择与布局、使用智能识别算法、增强系统的抗干扰能力可以有效控制系统的误报率。

(2) 对于系统的建立，应选用高质量的设备，定期维护与测试等方式来确保系统稳定性与可靠性。

4.10.8 无线对讲系统

1. 系统概述

本项目无线对讲即时通信系统由两个部分组成。

1) 运营用数字对讲机系统

系统包含提供医院区域运营即时通信语音/数据交换功能；根据运营要求的即时通讯特点，采用 MOTOROLAcapacity plus 集群/数字常规系统来提供通信交换服务。系统由中继台、路由器和交换机通过 IP 网络连接而构成，系统设计为 2 个数字载波信道组成的基站，一共提供 4 个语音/数据信道，语音中继台也同时可以提供全信道的数据传输服务。运营数字对讲机系统结构如图 4-109 所示。

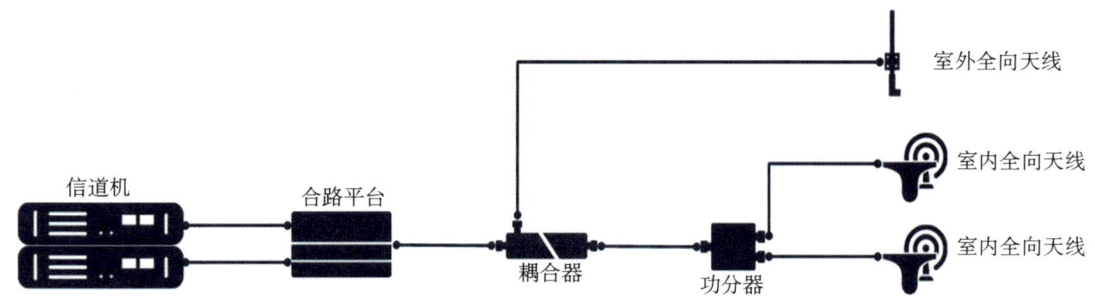

图 4-109 运营数字对讲机系统

2) 无线对讲室内外天馈传输系统

该院的室内区域存在大量的隔断，严重影响和削弱着信号在空间内的传输距离，因此需要采用高密度的室内天馈系统来完成室内信号的可靠覆盖，室内分布系统的设计尤为重要，是完成可靠的通信链中非常重要的组成部分。采用分区中继增强信号的方式，可以更好的吸收区域话务量给核心基站进行处理，扩大核心信源的业务处理效率和提高区域信号的覆盖深度，类似室内的机房及地下空间将获得更加优秀的信号质量。天馈传输设计规划结构如图 4-110 所示。

2. 基于运维的施工概述

(1) 为确保系统信号覆盖的全面性，有以下几点建议。

① 前期调研与规划：在施工前，进行详细的现场调研，制定出符合医院结构特点的无线对讲系统布点图。

② 多基站协同作业：根据实际需要在医院的关键位置部署多个基站，特别是在结构复杂的区域，以增强信号的穿透力和覆盖范围。

③ 定期检测与优化：系统安装后需定期进行信号覆盖检测，并根据结果调整基站位置

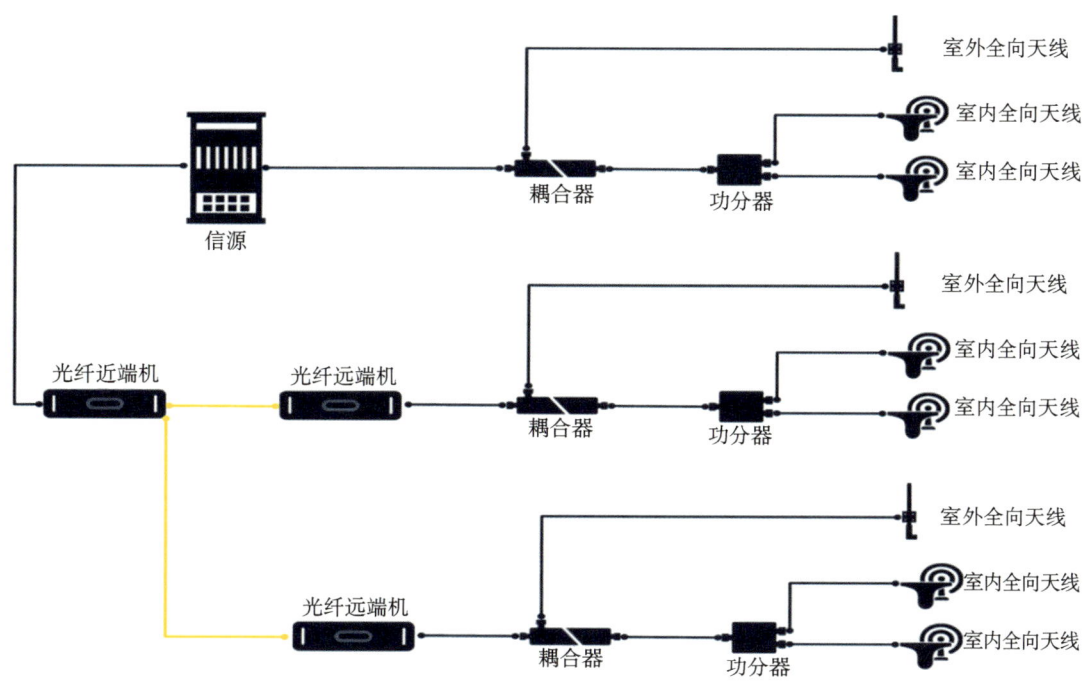

图 4-110　天馈传输设计规划系统

和功率,保持最佳覆盖效果。

(2) 该院的无线电环境相对繁杂,各种医疗设备及电子设备的使用都可能对无线对讲系统造成干扰,影响通信质量。以下几点可以帮助控制干扰因素。

① 专用频段选择:为无线对讲系统选择专用频段,尽量避免与其他设备频率冲突。

② 频道间隔设置:合理设置频道间隔,降低不同信道间的相互干扰。

③ 干扰抑制技术应用:引入先进的干扰抑制技术,如数字信号处理(DSP)技术等,有效过滤噪声,提高通话清晰度。

④ 规范管理与培训:对医院工作人员进行无线设备的规范使用培训,减少因操作不当导致的干扰问题。

4.10.9　计算机网络系统

1. 系统概述

为满足上海市中医医院嘉定院区医疗服务和各种信息传输的需要,根据网络结构总体要求,该院规划了以下几套网络系统:内网、外网、智能化专网及无线网络部分。

计算机网络系统设备网架构原理如图 4-111 所示。

2. 基于运维的施工概述

医院作为一个大量数据传输需求的场所,其计算机网络系统需要处理来自各个科室、设备以及电子病历系统的海量数据。首先,可以采用星型或树型的网络布局来减少数据流通环节,提高传输效率。其次,可以升级至千兆甚至万兆网络,通过使用高性能的交换机和路由器来实现高速数据交换和路由选择。最后,部署光纤到桌面的解决方案能够进一步提

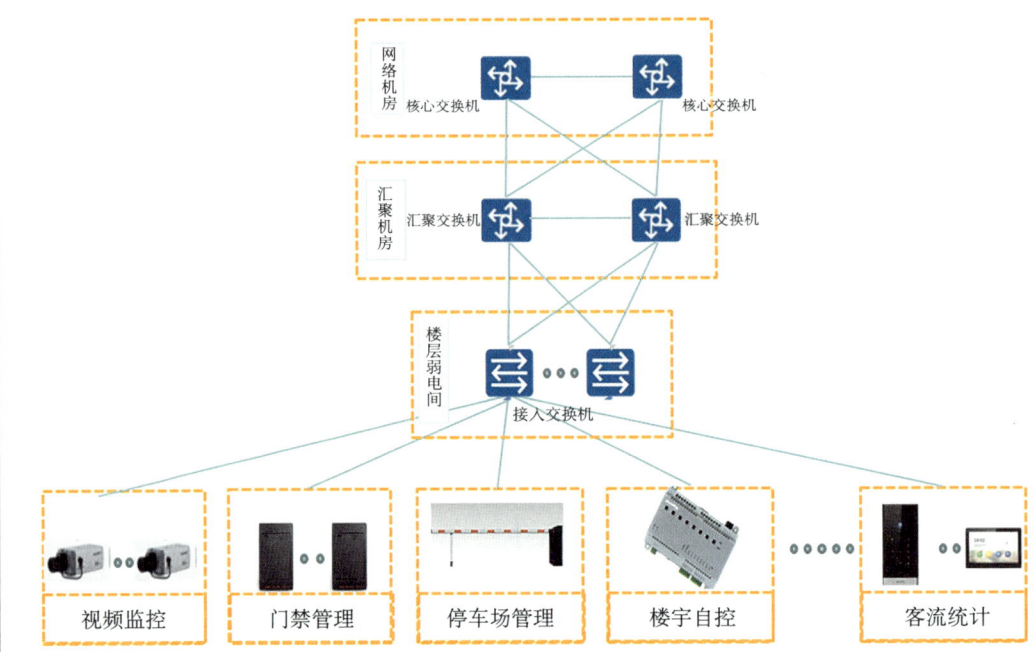

图 4-111 设备网架构原理

高网络带宽和灵活性,为医院内各科室和重要节点提供高速连接。

为保护患者信息和医疗记录。应在网络的边界部署防火墙,以阻止未授权的外部访问并控制内部资源的访问权限。入侵检测系统(IDS)能够监测和分析网络流量,及时发现潜在的安全威胁。安全网关则可以在数据传输过程中对数据流进行加密,确保数据的机密性和完整性。此外,定期进行安全审计和漏洞扫描,及时更新防病毒软件和系统补丁也是保障网络安全防护的有效措施。

4.10.10 病房护理呼叫系统

1. 系统概述

本项目急诊病房位于东住院楼 2 层,其他病房分布于东西住院楼的 4 层～11 层,每个病区都设立了独立的护士站。病房呼叫系统主要由护士站管理主机、病房设备带分机、病房门口主机以及卫生间紧急拉绳报警按钮构成。

病房内的设备带分机和病房门口主机是患者直接与护士站联系的主要工具,可以通过按下分机按钮直接呼叫护士站。此外,考虑到患者在卫生间等私密空间的特殊需要,紧急拉绳报警按钮的设计允许在突发状况下发出求救信号,保障了患者在医院的任何一个角落都能得到及时的帮助。病房护理呼叫系统架构原理如图 4-112 所示。

2. 基于运维的施工概述

通过与医院信息管理系统的对接、规划设备 IP、设备定期测试等方式来实现一个稳定、可靠、高效的护理呼叫系统,从而提升医院的服务质量、管理水平以及后期运维效率。

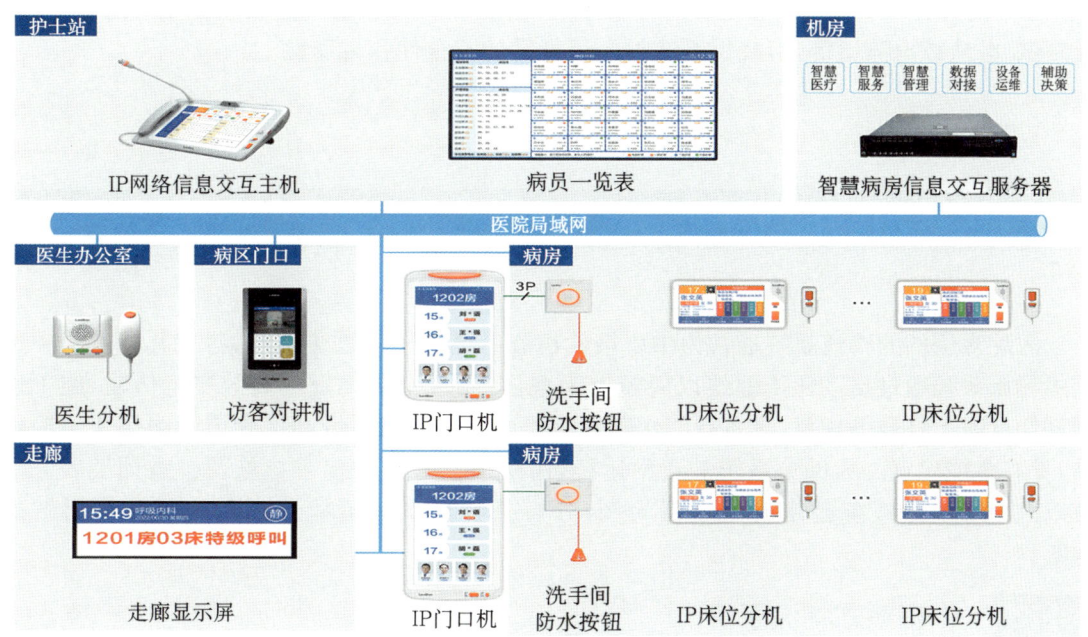

图 4-112　病房护理呼叫系统架构原理

4.10.11　机房工程（消控中心）

1. 系统概述

本项目消控中心机房的位于东塔楼地下1层，消控中心是医院安防和消防建设的核心，集成了智能化弱电工程及消防工程的关键系统，对于保障医院日常运营的稳定性和安全性具有不可替代的作用。

2. 基于运维的施工概述

1) 防雷接地系统

(1) 采用专业的接地设计软件进行模拟计算，确保设计方案科学合理。

(2) 选用优质的接地材料，如铜包钢或纯铜排等，提高导电性能。

(3) 在施工过程中使用专业的接地电阻测试仪进行实时监控，确保接地电阻值达标。

2) 环境温湿度控制

(1) 温度控制系统：安装精密或VRV空调系统以维持机房内的恒温恒湿环境。选择具有远程监控功能的智能空调，可实时调节室内温湿度。

(2) 湿度控制系统：使用工业级除湿器或加湿器，根据机房内外环境自动调节湿度。

(3) 监控系统：部署温湿度传感器与中央监控系统相连，实现环境的实时监测和报警。

3) UPS系统

不间断电源（UPS）系统是消控中心机房供电安全的关键，它保证了即使在外部电源出现问题时，也能为设备提供持续稳定的电力支持。

(1) 依据实际负载需求和备用时间，精确计算所需的电池容量并进行优化配置，确保系统的使用寿命。

(2) 制订详细的 UPS 系统集成测试计划，包括但不限于输出电压稳定性测试、转换时间测试、电池放电测试等，以确保系统投入运行后的安全性和可靠性。

4.11 医用物流工程

医院常用的的物流系统通常为中型箱式物流系统与气动物流系统，各有其特点。中型箱式物流系统通过自动化传输线以周转箱为载体，实现全院物资的高效安全传输，施工过程复杂且需严格遵循规范，具备智能化管理功能。气动物流系统利用管道网络快速传输物品，具有多项优点。为保障系统的正常运行，医院须制订维护保养措施及检查周期表。本节以上海市中医医院嘉定院区项目为例，分析了物流系统可能遇到的问题并给出解决方案。

4.11.1 中型箱式物流系统

智能中型箱式物流系统通过搭建院内自动化水平传输线，以周转箱为载体，实现全院物资的自动化传输。系统涵盖医院大部分物品，彻底改变了传统的手推车＋人力的原属方式，同时弥补了其他小型物流传输能力不足的问题，开创了院内物流自动化新模式。

1. 箱式物流系统施工方法及工艺要求

箱式物流系统项目施工前期，项目部需要组织相关人员进行施工图纸会审，了解医院项目箱式物流的基本概况及各部分工程量，并明确其设计及规范要求。箱式物流系统施工管理需要明晰施工方法及工艺要求，主要包括垂直分拣机、导轨、轿厢、水平传输线、外观站点等方面。

(1) 垂直分拣机安装过程中的主要工艺和技术措施及质量要求，主要从测梯井、放基准线、导轨、站点门、机房、轿厢及钢丝带等展开。

(2) 安装导轨前可以拆除轿厢、对重导轨架导轨固定孔中心垂线。在样板上，按导轨中心顶面高出 X 轴处放下一根铅垂线，在导轨侧工作面高出 Y 轴处也放下一根铅垂线，并在中间、底坑样板架上准确的定位稳固，如图 4-113 所示。

(3) 关于曳引机承重梁的安装，根据垂直分拣机机房平面图，承重梁的规格、安装尺寸需要满足以下要求：承重梁埋入墙内的支承长度应超过墙厚中心 20 mm，且不小于

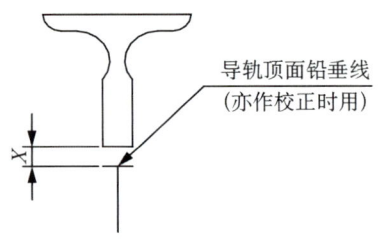

图 4-113 导轨顶面铅垂线（亦作校正时用）

75 mm；承重梁上平面所有方向的水平度不大于 0.5/1 000，如图 4-114 所示；相邻两梁的水平误差不超过 1.0 mm。如图 4-115 所示；绳尾板槽钢要看加强钢板和称重传感器及钢板应在上面。

(4) 关于轿厢架、轿厢的安装。轿厢架、轿厢的安装一般是在井道内行程的最高层安

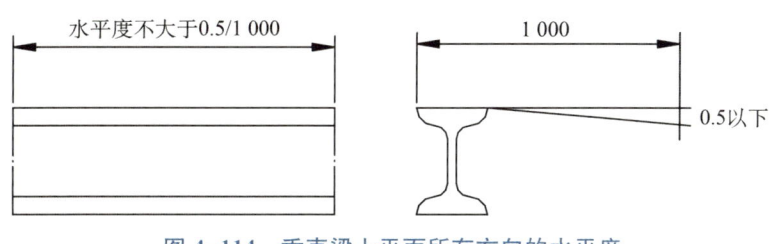

图 4-114 垂直梁上平面所有方向的水平度

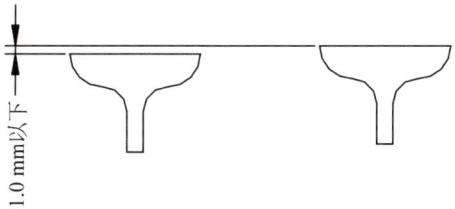

图 4-115 相邻二梁的水平误差

装,故安装前需要先将该层门口的脚手架拆除,在层门地坎对面的墙上平行地凿两个 250 mm×250 mm 的孔,或在此用 A16mm 膨胀螺栓固定两根 L90×10 mm 的角钢,宽与门口宽度相等。将两根梁上平面校水平,并将其两端紧固,如图 4-116 所示;在井道顶,通过曳引绳孔,在承重梁上,装起重用的吊链,如图 4-117 所示。

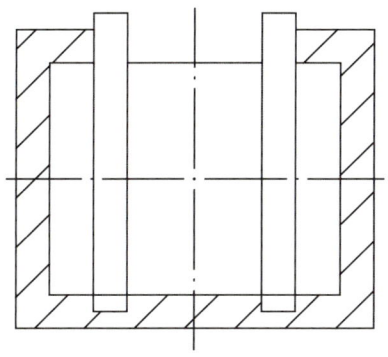

图 4-116 两根梁上平面校水平

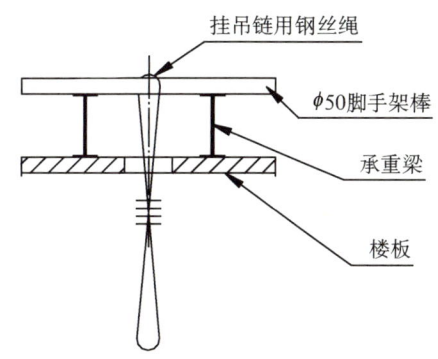

图 4-117 挂吊链用钢丝绳

将轿厢架下梁或轿底架放于支承木梁或钢梁上,并装上导靴。若下梁上有轮子也同时装上,并且保证其垂直度和平行度。校正水平,使导靴与导轨顶面和侧面两端两侧间隙一致,然后将轿厢底吊装到轿架下梁或轿底架上,并在支承梁与底盘型钢间垫好,使轿厢底盘平面保持水平,如图 4-118 所示,水平度不超过 3/1 000。

将轿厢架两侧立梁吊起,与下梁或轿底架安装牢固,保证立梁垂直。将井道顶的吊链吊起轿架上梁,与两端立梁用紧固件连接牢固并重新校正立

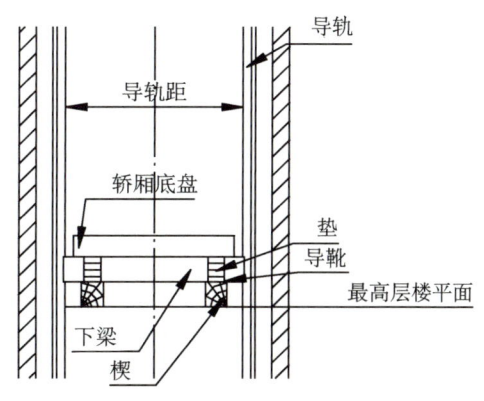

图 4-118 轿厢底盘平面保持水平

梁,不应有扭弯力矩;再装上导靴,保证导靴与导轨顶面、侧面间隙相同;再安装轿厢斜拉杆,并调整拉条使导靴吻合良好,不得有偏斜、切割导轨现象。若采用轿顶轮形式,须同时将轮子及附件装上且保证轮子的垂直度和平行度。装上安全钳拉杆,调整安全钳动作开关,调整拉杆螺母,使安全钳楔块与导轨侧面间隙保持一致,误差不超过 1 mm。先将轿厢顶悬挂在上梁下边,把四周轿厢壁组装成单扇后与轿厢顶和轿厢底按安装图固定好,用铅垂线靠尺校正垂直,保证同一平面的轿壁在同一垂直平面内,误差不超过 0.5 mm,最后在轿顶上安装好轿厢限位装置,保证胶垫紧靠立梁。

(5) 关于站点门安装方面,必须注意清理门套井内的突出物,防止站点门划伤,站点门应垂直开关灵活且与地坎和门套隙均为 5~8 mm。在自检合格后还将组织甲方及监理人员共同进行验收并及时复验。

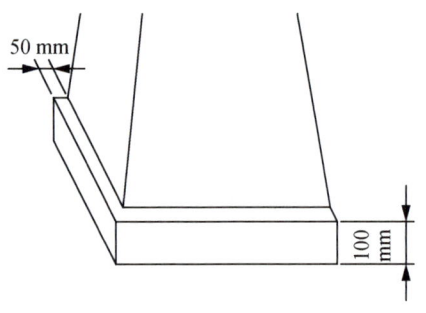

图 4-119 控制柜安装示意

(6) 关于机房电器装置安装。根据机房布置图所示位置安装控制柜,安装时应先用砖把控制柜稳固在需要的高度上,然后敷设电管线,敷设完毕后,再浇灌混凝土,控制柜有与地面固定的地脚螺栓,可将控制柜稳固在水泥墩上。也可用膨胀螺丝固定安装。如图 4-119 所示。控制柜的安装应符合以下要求:门、窗与控制柜正面距离不小于 600 mm;控制柜的维修侧与墙壁的距离不小于 600 mm,封闭侧不小于 50 mm;控制柜与机械设备的距离不小于 500 mm;控制柜、屏安装的不垂直度应不大于 3/1 000。

(7) 水平传输线安装前,需要具备相关以下条件:①基础验收;②基础处理;③设备检验。在对水平传输线主要设备安装时,需要先测量放线。即设备就位前,应按设备图和有关支承建筑结构的实测资料,确定水平输送机主要设备的横向和纵向中心线以及基础的基准标高点作为设备安装的基准,并在现场做好标记。

(8) 箱式物流站点安装前,需要先进行两项准备工作,分别为工具准备和安装顺序确认。站点模组安装完成后的总体效果如图 4-120 所示。

箱式物流系统站点的安装顺序为:头预装—单层模组滚筒安装—单层模组防夹板安装—单层模组传感器安装—单层模组驱动卡安装—单层模组堵头安装—双层模组总装—地脚安装。

2. 箱式物流系统的维护与保养

关于箱式物流系统的维护与保养,需从水平线的辊筒模组、收发站点、高层提升机、轨道转轨器、防火装置、防风装置、中央控制设备等方面进行。维保要点如下:

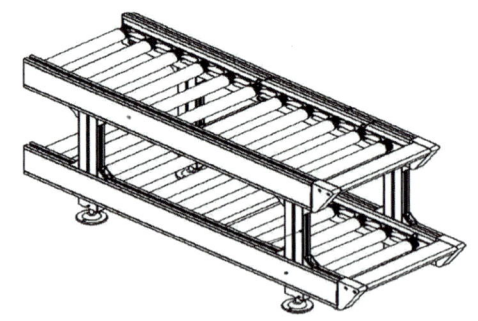

图 4-120 站点模组

(1) 水平线的辊筒模组。检查水平传输线辊轮牢固、稳定,无异常噪声,筒体径向跳动小(1 mm 以内,肉眼不可见);水平传输线(图 4-121)各线路接线紧固、整齐,各接线端子线号齐全清晰;水平线清洁,无灰尘(含且不局限于:辊筒,栏杆,光电,反射板,电机);多楔带无扭曲,无老化,可正常使用;电动辊筒固定点无松动,电线无绞线现象;光电固定牢靠,光电无闪烁或损坏;水平滚筒线吊装结构无松动,地装水平线无晃动。

图 4-121　上海市中医医院嘉定院区项目现场水平传输线

（2）收发站点(图 4-122)。检查收发站点演示屏工作正常;站点外观无污迹,无乱贴乱写;站点辊筒包胶表面清洁,无破损;站点多楔带无扭曲,无破损;站点使用说明书、联系电话配备齐全。

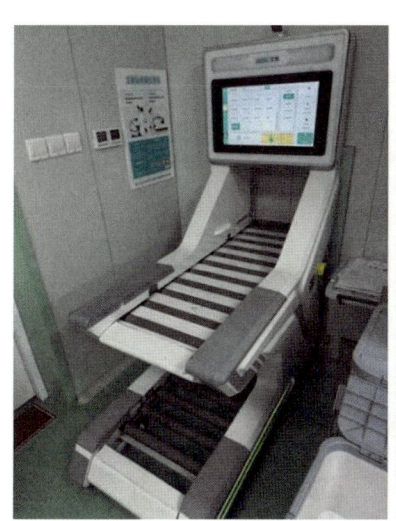
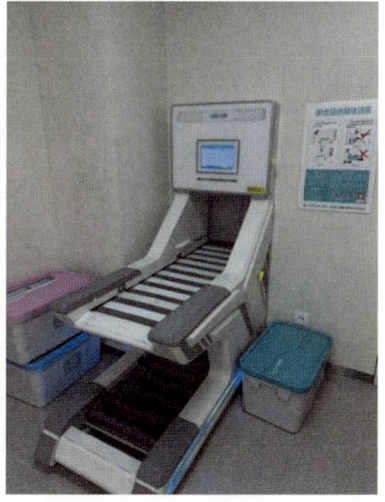

图 4-122　上海市中医医院嘉定院区项目收发站点

（3）高层提升机(图 4-123)。检查导靴以确保导靴磨损量在正常范围内(运行无噪声,轿厢前后左右都无晃动,与导轨的间隙在 1 mm 左右);轿顶急停开关、检修装置(控制柜)功能正常;井道、对重、轿顶各反绳轮轴承部无异常声响,无振动,润滑良好;返绳轮防跳装置完好,钢丝绳在轮槽内,无跳出、无错乱,润滑良好,无噪声。

图 4-123 高层提升机

(4) 低层提升机(图 4-124)。对所有紧固件、光电架进行紧固;提升机内电辊筒螺丝紧固,无松动;检查多锲带(皮带)的松紧度、磨损程度良好;控制柜接触器、继电器的触点接触良好;门机钢丝绳无异常,磨损在正常范围内;曳引机运行正常,无异常声响;提升机运行无异响;检查导轨、导靴以确保导轨、导靴磨损量在正常范围内(参考高层提升机)。

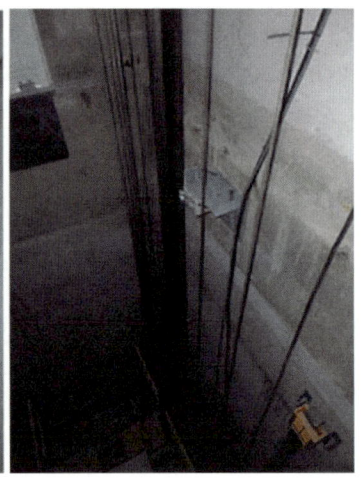

图 4-124 低层提升机

(5) 水平线爬坡机(图 4-125)。检查爬坡机皮带面磨损量在正常范围(无破损,无歪斜);爬坡机皮带张进度合适(无打滑现象);电机及减速机机械结构无磨损,运行无异常噪声;各连接件、紧固件螺母无松动。

(6) 水平线移栽机(图 4-126)。检查上层传送皮带磨损在正常范围内(表面胶皮无露底现象,表面高于传动轮边框);辊筒运行顺畅,无异响;移栽接线无松动,线标完整,无杂物、无灰尘;移载顶升高度在标准范围内(10 mm 左右);电辊筒卡口处螺母无松动,电滚筒无绞

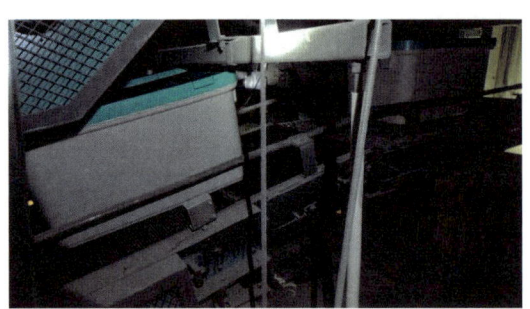

图 4-125 水平线爬坡机

线现象;移栽机上升下降顺畅,无异常响声。

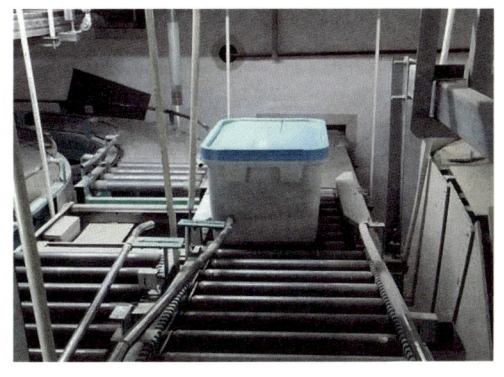

图 4-126　水平线移栽机

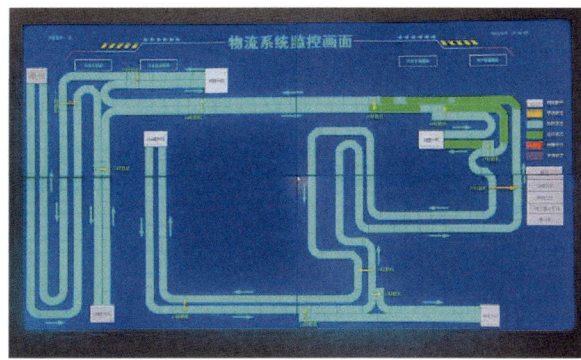

图 4-127　中央控制设备

(7) 中央控制设备(图 4-127)。检查中控室服务器断电拆除连接线及外壳内部并完全清理,完成后连线启动恢复正常;服务器散热风扇清理,工作正常;UPS 线路连接稳固无松动,电池电量正常,外观无灰尘无污脏;网络控制柜检查线路连接固定无松动,接线端子线号清晰可见;交换机工作正常。

箱式物流系统运行后,需要定期检查工作站外部结构、皮带磨损情况以及高层提升机、低层提升机、物流轨道等方面。具体检查周期表见表 4-10。

表 4-10　箱式物流系统检查周期表

序号	检查内容	检查周期
1	检查和清洗收发工作站的外部结构	每周 1 次
2	小型检查,检查电源线和皮带磨损情况	每周 1 次
3	大型检查,检查高层提升机、低层提升机	每月 1 次
4	清洗物流轨道	每周 1 次
5	检查爬坡机	每月 1 次
6	检查移栽机	每月 1 次
7	检查中央控制设备	每月 1 次

4.11.2　气动物流系统

气动物流系统是一个管道网络,可让不同站点的使用者通过运送瓶将物品发送至目标站络,以空气压缩机抽取及压缩空气为动力。相对于普通物流,医用智能气动物流传输运行安静,使用简便。系统成本更低、操作更简单、更快捷、更稳定、更安全、更环保。

1. 气动物流系统施工方法及工艺要求

气动物流系统施工管理需要明晰主要工序流程与施工方法。在上海市中医医院嘉定院区项目中,气动物流系统的工序流程共分为六个大阶段:

第一阶段,施工深化设计和货物签收;

第二阶段:进行管道、转换器安装;

第三阶段:进行收发工作站和其他设备安装;

第四阶段:系统调试;

第五阶段:操作人员现场培训及系统试运行;

第六阶段:系统验收。

(1) 关于气动物流系统施工方面,需要按照图纸要求预留洞(洞的垂直度 2 mm,直径 200 mm),也可根据施工需要现场由总包或者物流系统厂家开孔;在机房定位安装时,机房安装流程为鼓风机定位安装、消音器安装、空气转换器安装、管道安装、空气制动装置安装、系统主控器安装、连接电源(图 4-128)。其中,鼓风机应水平安装,要求水平和垂直,用 M10×65 的螺栓固定;固定在混凝土地面上要求水平和垂直,用 M10×65 的膨胀螺栓固定;若架空安装,要求水平和垂直,用 M10×65 的螺栓固定,侧面固定在 8#槽钢支撑,两个以上电机 8#槽钢应焊接成整体,相互牵制;电机基座应垫实,不能有间隙,以免产生晃动;架空的电机用配套的防振橡皮拧紧,高度不够,应做基架垫实;固定在砖墙等不稳定因素的材质上应做支架,满足电机运行不晃动的要求;在鼓风机的两个风口上安装消音器,用喉箍固定,垂直度 2 mm;消音器的出口处连接空气转换器,用喉箍固定,垂直度 2 mm;空气转换器后安装空气制动器。

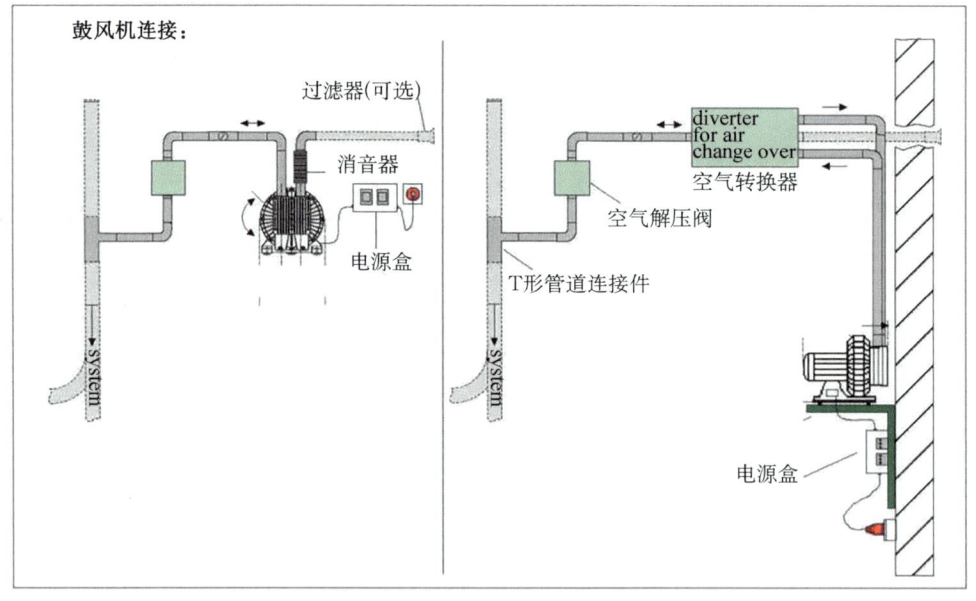

图 4-128 鼓风机安装示意

(2) 转换器安装方面,转换器安装要求牢固,从而使之能满足长期的工作;本系统转换器可安装在设备层,机房或吊顶里,位置随意,便于施工;安装转换器的地方一定要预留检修口,尺寸不能小于 600 mm×800 mm(图 4-129)。

(3) 敷设管道及系统信号线方面,水平弯管两端要求预留 300 mm 用 M12 的全螺纹用膨胀套角钢龙门支架固定(图 4-130);水平直管以第一个支架处开始固定,每 3 000 mm 做

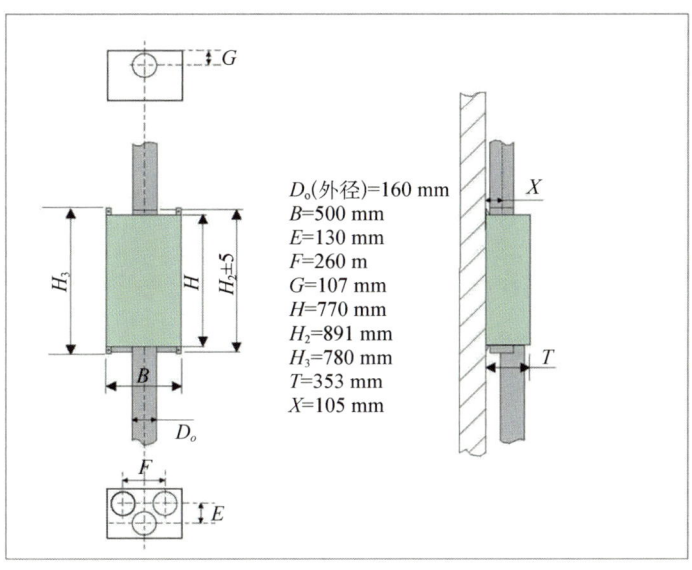

图 4-129 转换器尺寸

一支架固定,以此类推,如两支架尺寸不合作均分处理(图 4-131);竖直管每 2 000 mm 就需要用 M8 全螺纹固定,多于 1 000 mm 的要加添均分固定;对工作站的两端连接,要求在站点上下 300 mm 处用管卡固定。

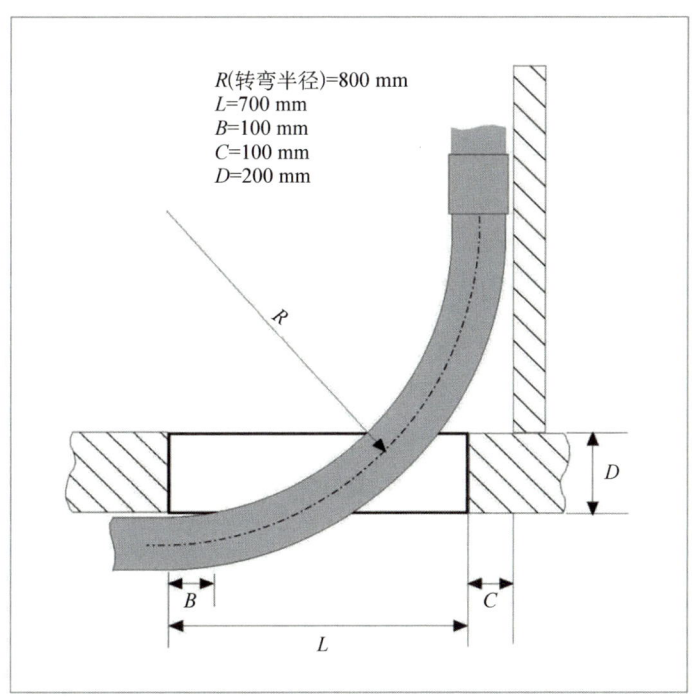

图 4-130 弯管安装示意

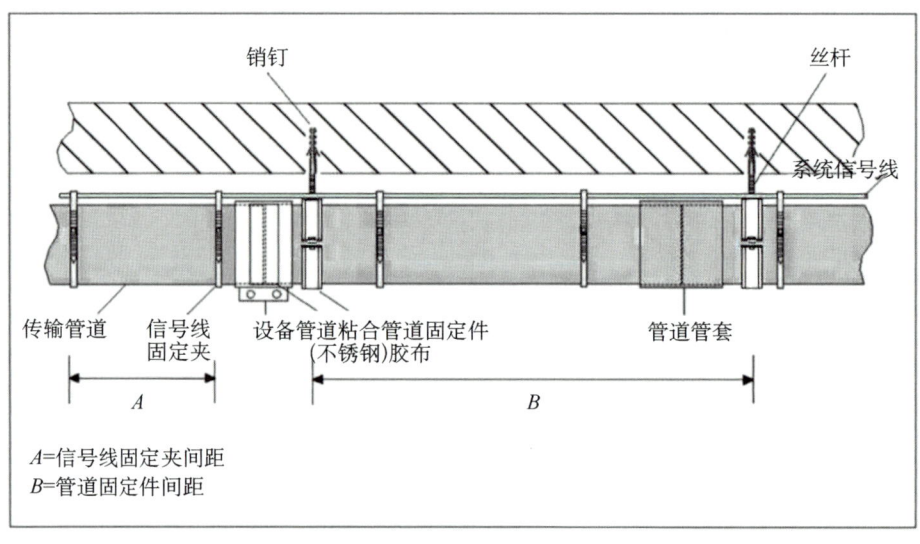

图 4-131 直管安装示意

连接管道时,用去砂轮去除管口的内外毛刺,清洁管道表面,用专用胶水在管道接口的表面涂抹,并套上管套。

2. 气动物流系统的维护与保养

关于气动物流系统的维护与保养,需从动力风机、监控中心、三向转换器、护士站、控制柜等方面进行。维保要点如下:

(1) 传输工作站的维护与保养。各个站点测试并定位重整,传输瓶传感器测试,键盘按键测试,电机水平度及齿轮齿条啮度调整。

(2) 传输瓶的维护与保养。传输瓶应每个月进行一次磨损情况检查,定期更换摩擦带,发现传输瓶体有破损现象禁止使用,返厂维修或者备用替换。

(3) 转换器的维护与保养。连续运转一个月后,应将三向转换器检查一遍,清除油泥并涂抹一层淡淡的硅油,检查密封和运转情况。

维护周期如表 4-11 所示。

表 4-11 维护周期

序号	检查内容	检查周期
1	检查所有工作站、转换器和部件是否坚固	每年 1 次
	检查工作站小部件是否坚固	
2	检查工作站内位置传感器、磁柱传感器和转换器	半年 1 次
3	检查所有可动部件是否灵活	每年 1 次
4	清洁工作站和转换器	半年 1 次
5	使用专门工具检测工作站、转换器和相关管道是否密封	每年 1 次
6	检查光电传感器	半年 1 次

(续表)

序号	检查内容	检查周期
7	检查工作站和换向器的功能是否完好	半年1次
8	检查信号显示功能	半年1次
9	检查风机改变方向时间和长途供气时间	每年1次
10	使用载物桶进行实际测试	半年1次
11	检查系统电源电压,保证电压值在33～36 V区间内	半年1次
12	测量管道内压与新系统数据进行对比	每年1次
13	检查风机用转换器、空气刹车	每年1次

4.11.3 医院物流系统重难点分析及解决方案

上海市中医医院嘉定院区开业后,箱式物流系统经3 h运输没有将物品运送到指定位置,最后经巡查发现地下室某处消防管道支架脱落,卡住物品箱。解决方案如下:

(1) 运维过程中,建立物流运行管理制度。通过规范复合型物流输送系统的使用和管理,充分保障物资能够安全、准确及快速的传递。制定并完善应急处置措施,明确运维部门在物流系统故障后的工作职责,保障设备运行稳定及物资运送。

(2) 宜建立钉钉物流系统沟通群作为发布物流异常信息的渠道,便于运维人员及医院科室知晓动态。

(3) 若遇到较大传输故障,现场驻点工程师应及时与技术部门反馈或相关工程师直接进行分析指导,提高维修快速响应速率及故障排除效率。

(4) 深度分析物流系统故障直接原因,落实具体改进措施,形成相应报告,以供后期运维参考。

(5) 组建物联网络系统,通过感知设备,按照既定协议,连接传输物体、传输人、系统和信息资源,可实现对应用场景和虚拟世界信息处理并作出反应。物联网应用系统需具备感知位置信息、感知环境信息、信息共享、远程控制及执行、安全数据传输等能力。此外,建设智慧物流系统时,需与上海中医医院嘉定院区切实结合,最大程度提高服务质量和物流效率,方可避免上述问题发生。

4.12 医用气体工程

医用气体系统是医院的生命支持系统,由医用管道系统集中供应,用于患者治疗、诊断、预防或驱动外科手术工具的单一或混合成分气体。

上海市中医医院嘉定院区项目医用气体系统主要分为两大部分:第一部分为大楼普通

区域的医用气体,主要包括门诊、病房区域的医用中心供氧系统、医用中心吸引系统、医疗压缩空气系统;第二部分为手术室等特殊医疗区域的特气系统,主要包括医用二氧化碳系统、医用氧化亚氮(笑气)系统和医用氮气系统。

医用中心供氧系统由氧源部分、氧气二级减压装置、压力监测报警装置、氧气输送管道及氧气终端等组成。

医用中心吸引系统由医用真空吸引站、压力监测报警装置、吸引管道和吸引终端等组成。

医疗压缩空气系统由压缩空气站、压力监测报警装置、压缩空气管路和压缩空气终端等组成。

特气系统主要由特气汇流排钢瓶提供气源,通过管道输送至使用末端。

医用二氧化碳用于检查或手术时给腹腔或结肠充气,以便进行腹腔镜检查和纤维结肠镜检查。另外,吸入适量二氧化碳可使血管明显扩张,增加血容量。

医用笑气和氧气的混合气可用作手术麻醉剂,给患者吸入进行麻醉。其诱导期短,吸入体内只需要 30~40 s 即产生镇痛作用,镇痛作用强而麻醉作用弱,受术者处于清醒状态(而不是麻醉状态),避免了因全身麻醉引起的并发症,术后恢复快。

医用氮气在医疗上主要为医疗设备和工具提供驱动,也可用于实验室仪器或仪表标准气、校正气、零点气及各种医用混合气体的成分气及平衡气。

该项目床位约 900 张,可为嘉定、上海市西北区域乃至长三角范围内的群众提供更好更优质的医疗服务。

4.12.1 空压机房和真空吸引机房

空压机房和真空吸引机房为医疗压缩空气系统和医用中心吸引系统提供动力源。

1. 机房设计要点及配置

(1) 医疗空气供应源在发生单一故障状态时,能连续供气。

(2) 供应源设置备用压缩机,当最大流量的单台压缩机故障时,其余压缩机仍能满足设计流量。

(3) 供应源设置备用空气干燥机,备用空气干燥机能满足系统设计流量。

(4) 空压站引入新风系统,保证站内空气质量等同或优于室外新鲜空气质量,从而保证空压站输出空气品质满足规范要求。

(5) 医用真空汇在发生单一故障状态时,能连续供气。

(6) 医用真空汇设置备用真空泵,当最大流量的单台真空泵故障时,其余真空泵仍能满足设计流量。

(7) 真空废气排放引至屋面高空排放。

该项目空压机房采用 3 台 18.5 kW 无油涡旋空压机,单机产气量 2.08 m^3/min,运行方式 2 用 1 备;2 台吸附式干燥机及过滤器、储气罐等。

真空吸引机房采用 3 台 5.5 kW 油润旋片式真空泵,单泵抽气量 200 m^3/h,运行模式 2 用 1 备,及配套的真空罐、过滤器等。

2. 机房安装调试

空气压缩机、真空泵及其附属设备的安装检验，均按设备说明书要求进行，并符合现行国家标准《风机、压缩机、泵安装工程施工及验收规范》(GB 50275)的有关规定。

压缩空气站内气体的连接管道，符合医用气体管材洁净度要求，各管段应分别吹扫干净后再接入各附属设备。

空压站、真空吸引站内管道均按规定分段进行压力试验和泄漏性试验。

空气压缩机、真空泵及附属设备，均按设备要求进行调试及联合试运转。

1) 空压站房的安装

预留保养空间，压缩机与墙之间应至少有 70 cm 以上距离。

压缩机离顶端空间距离至少 1 m 以上。

主管路配管时，管路须有 1°～2°倾斜度，以利于管路中的冷凝水排出。配管管路之压力降不得超过压缩机设定压力的 5%，故配管时最好选用较大的管径。

支管管路必须从主管路的顶端接出，避免主管路中的凝结水下流至工作机器中，压缩机空气出口管路最好采用单向阀。

主管路不得任意缩小，如果必须缩小或放大管路时必须使用渐缩管，否则在接头处会有混流情况发生，导致大的压力损失，也会影响管路的使用寿命。

压缩机之后有储气罐及干燥器等缓冲净化设施，理想之配管应是压缩机＋储气罐＋预过滤器＋干燥机＋后过滤器＋精过滤器＋超精过滤器。

管路中尽量减少使用弯头及各类阀门，以减少压力损失。

涡旋式压缩机所产生的振动较小，故无须做固定基础。但其所放置的地面须平坦，且地下不可为软性土壤。压缩机底部最好铺上 5～10 mm 的软垫或防振垫，以防止振动及噪声。

气密性试验应在管道阀门等安装完毕后进行，具体试验方法和标准按检验和试验通用规定进行，实验介质为纯净压缩空气或氮气。

2) 真空吸引站房的安装

真空泵安装的纵向水平偏差不应大于 0.1/1 000，横向水平偏差不应大于 0.2/1 000。有联轴器的真空泵应进行手工盘车检查，电机和泵的转动应轻便灵活、无异常声响。

预留保养空间，真空泵与墙之间至少须应有 70 cm 以上距离。

真空泵地脚螺栓长短和粗细，应该与图纸上要求相符合。

地脚螺栓预埋设：根据真空泵底部固定孔的位置尺寸，和真空泵安装方向及位置，先在基础上用墨斗弹出地脚螺栓中心的十字线，然后把地脚螺栓中心与十字线中心重合，并留出足够的长度在基础外面；再把按比例配制的混凝土灌入预留孔中，用钢钎捣固结实；捣固好后复核地脚螺栓位置尺寸，与真空泵固定孔尺寸之间误差值应小于 1 mm。

把真空泵置于地脚螺栓上后，应当首先测量泵的安装位置是否符合设计要求，然后拧紧地脚螺栓，用水平尺检查泵的水平偏差。检查时把水平尺置于泵的法兰口上，水平尺上气泡应位于中间，否则应当在泵的底座与基础之间加金属垫片，再用水平尺检查，直到符合要求。

真空罐至真空泵之间所有管道弯制、焊接成形以后，必须清除管内的杂物，并用氮气或者压缩空气吹扫合格之后,方能与各自的泵、真空罐连接,吹扫应符合规范要求。

空罐安装位置,必须考虑入孔位置在正面或侧面,不宜在背面。同时,尽量使上法兰朝真空泵方向,以减少配管难度。

真空吸引站以及去往大楼等所有的管道,在配管完成后,需进行吹扫,并且分别进行气密性试验,合格后才能与相应的设备连接。

4.12.2 管井施工

(1) 建筑物内的医用气体管道敷设在专用管井内,且不应与可燃、腐蚀性的气体或液体、蒸汽、电气及空调风管等共用管井。

(2) 医用气体管道穿墙、楼板时,应设套管,穿楼板的套管应至少高出地板面 50 mm。且套管内医用气体管道不得有焊缝,套管与医用气体管道之间应采用不燃材料填实。

(3) 套管安装流程:安装准备→套管制作→现场测量、定位→套管固定→管道安装完毕再进行封堵

(4) 主管道支架:支架采用 4# 角钢制作,管道与支架接触处应作绝缘处理,以防静电腐蚀。支吊架应采用不燃材料制作并经过防腐处理。安装示意如图 4-132、图 4-133 所示。

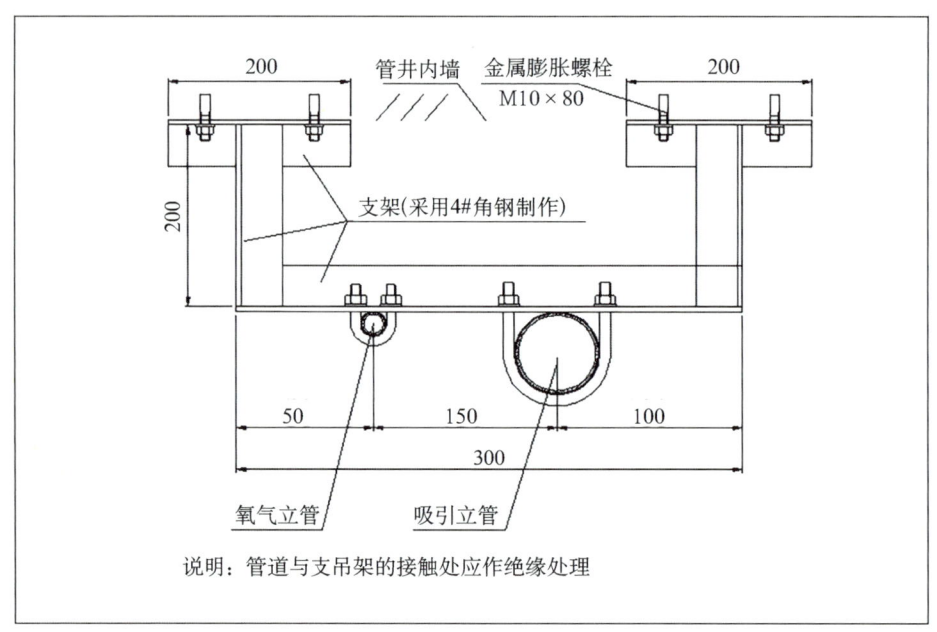

图 4-132 支架大样图

(5) 管道焊接及试压:医用气体铜管道之间、管道与管件之间的焊接连接均应为硬钎焊,管道安装完毕后进行强度试验、气密性试验及吹扫。

(6) 管道标识:医用气体管道张贴表明气体种类和流向的标识(图 4-134),管道标识长度不应小于 40 mm,医用气体标识的中文字高不应小于 3.5 mm,英文字高不应小于 2.5 mm。其中管道上的标识文字高度不应小于 6 mm。

图 4-133 立管及支架实景

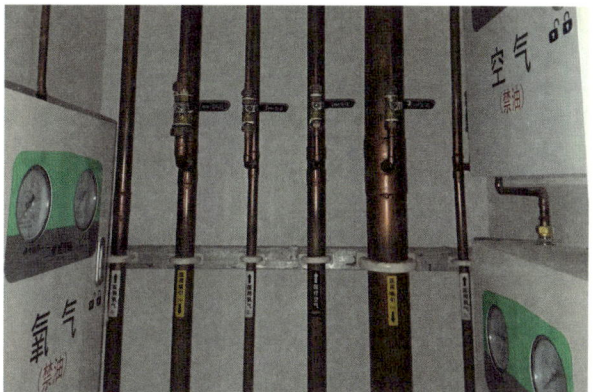

图 4-134 医用气体管道张贴

管井内二级减压箱壁挂安装(图 4-135):安装高度便于操作,安装应牢固紧实。

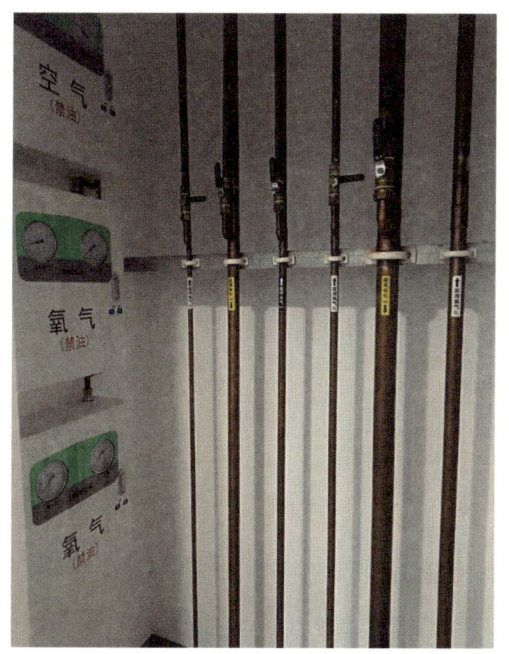

图 4-135 二级减压箱实景

4.12.3 功能区域施工

1. 施工阶段划分

1)技术准备

见图 4-136。

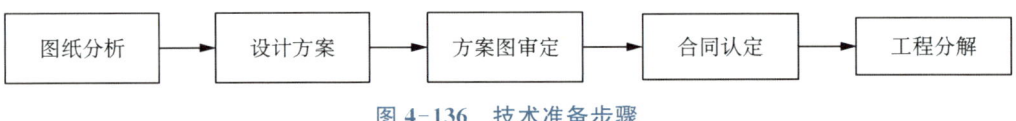

图 4-136　技术准备步骤

2）生产准备

见图 4-137。

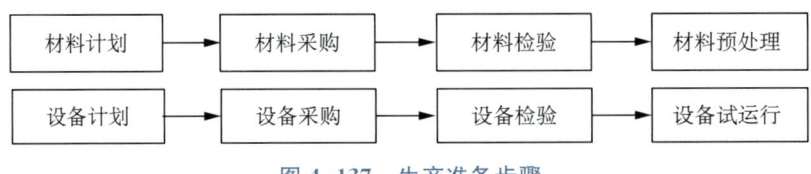

图 4-137　生产准备步骤

3）包装运输

见图 4-138。

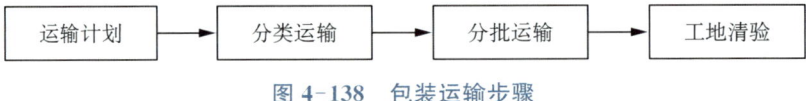

图 4-138　包装运输步骤

4）干管施工

见图 4-139。

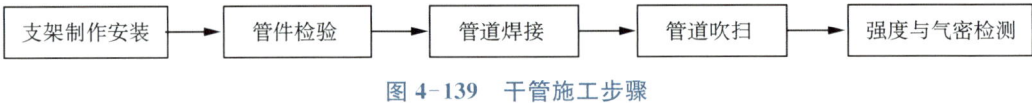

图 4-139　干管施工步骤

5）末端管安装

见图 4-140。

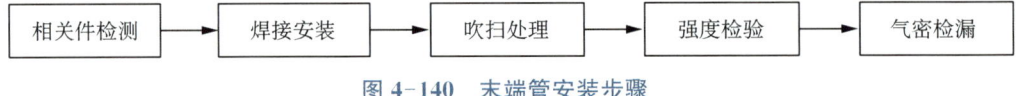

图 4-140　末端管安装步骤

2. 施工准备

（1）医用气体器材设备安装前应开箱检查，产品合格证应与设备编号一致，配套附件文件应与装箱清单一致，设备应完整，应无机械损伤、碰伤，表面处理层应完好无锈蚀，保护盖应齐全。

（2）医用气体管材及附件在使用前应按产品标准进行外观检查，并应符合下列规定。

① 所有管材端口密封包装应完好，阀门、附件包装应无破损。

② 管材外观应无制造缺陷，应保持圆滑、平直，不得有局部凹陷、碰伤、压扁等缺陷；高压气体、低温液体管材不应有划伤压痕。

③ 阀门密封面应完整，无伤痕、毛刺等缺陷；法兰密封面应平整光洁，不得有毛刺及径向沟槽。

④ 非金属垫片应保持质地柔韧，应无老化及分层现象，表面应无折损及皱纹。

⑤ 管材及附件应无锈蚀现象。

3. 管道安装

(1) 所有压缩医用气体管材、组成件进入工地前均应已脱脂。

(2) 医用气体管材切割加工要求如下。

① 管材应使用机械方法或等离子切割下料,不应使用冲模扩孔,也不应使用高温火焰切割或打孔。

② 管材的切口应与管轴线垂直,端面倾斜偏差不得大于管道外径的1‰,且不应超过1 mm;切口表面应处理平整,并应无裂纹、毛刺、凸凹和缩口等缺陷。

③ 管材的坡口加工宜采用机械方法;坡口及其内外表面应进行清理。

④ 管材下料时严禁使用油脂或润滑剂。

(3) 医用气体管材现场弯曲加工要求如下。

① 应在冷状态下采用机械方法加工,不应采用加热方式制作。

② 弯管不得有裂纹、折皱、分层等缺陷;弯管任一截面上的最大外径与最小外径差与管材名义外径相比较时,用于高压的弯管不应超过5%,用于中低压的弯管不应超过8%。

③ 高压管材弯曲半径不应小于管外径的5倍,其余管材弯曲半径不应小于管外径的3倍。

(4) 医用气体铜管道之间、管道与附件之间的焊接连接均应为硬钎焊,并应符合下列规定。

① 铜钎焊施工前应经过焊接质量工艺评定及人员培训。

② 直管段、分支管道焊接均应使用管件承插焊接;承插深度与间隙应符合现行国家标准《铜管接头第1部分:钎焊式管件》(GB 11618.1)的有关规定。

③ 铜管焊接使用的钎料应符合现行国家标准《铜基钎料》(GB/T 6418)和《银钎料》(GB/T 10046)的有关规定,并宜使用含银钎料。

(5) 医用气体管道焊缝位置要求如下。

① 直管段上两条焊缝的中心距离不应小于管材外径的1.5倍。

② 焊缝与弯管起点的距离不得小于管材外径,且不宜小于100 mm。

③ 环焊缝距支、吊架净距不应小于50 mm。

④ 不应在管道焊缝及其边缘上开孔。

(6) 医用气体管道支吊架的材料应有足够的强度与刚度,现场制作的支架应除锈并涂二道以上防锈漆。医用气体管道与支架间应有绝缘隔离措施。医用气体水平支管道最大间距要求如表4-12所列。

表4-12 医用气体水平支管道支架要求

公称最大直径DN(mm)	10	15	20	25	32	40	50	65	80	100	125	≥150
铜管最大间距(m)	1.5	1.5	2.0	2.0	2.5	2.5	2.5	3.0	3.0	3.0	3.0	3.0
不锈钢管最大间距(m)	1.7	2.2	2.8	3.3	3.7	4.2	5.0	6.0	6.7	7.7	8.9	10.0

注:DN8管道水平支架间距≤1.0 m。

(7) 医用气体阀门安装时应核对型号及介质流向标记。公称直径大于80 mm的医用气体管道阀门宜设置专用支架。

(8) 医用气体管道焊接完成后应采取保护措施,防止脏物污染,并应保持到全系统调试完成。

(9) 医用气体管道现场焊接的洁净度检查要求如下。

① 现场焊缝接头抽检率应为 0.5%，各系统焊缝抽检数量不应少于 10 条。

② 抽样焊缝应沿纵向切开检查，管道及焊缝内部应清洁，无氧化物、特殊化合物和其他杂质残留。

（10）医用气体减压装置应进行减压性能检查，应将减压装置出口压力设定为额定压力，在终端使用流量为零的状态下，应分别检查减压装置每一减压支路的静压特性 24 h，其出口压力均不得超出设定压力 15%，且不得高于额定压力上限。

（11）压力试验：医用气体管道应分段、分区以及全系统做压力试验及泄漏性试验。

低压医用气体管道、医用真空管道应做气压试验，试验介质应采用洁净的空气或干燥、无油的氮气。

当进行管道压力试验时，应划定禁区，无关人员不得进入；管道试压必须由专门的操作人员进行；管道试压介质为干燥无油空气或氮气；氧气管道压力试验的试验压力为 1.15 倍的管道系统设计压力，医用真空管道试验压力应为 0.2 MPa。

试验时间为 10 min，要求接头、焊缝、管道无渗漏，外观无变形；压力试验时，应逐步缓慢增加压力，当压力升至试验压力的 50% 时，对所试压管道进行初步检查，如未发现异状或泄漏，继续按试验压力的 10% 逐级升压，每级稳压 3 min，直至试验压力；要求接头、焊缝、管道无渗漏，外观无变形。

（12）气密性试验：医用气体管道进行 24 h 泄露性试验。医用气体管道在未接入终端组件的泄漏性试验，小时泄漏率不应超过 0.05%；压缩医用气体管道接入供应末端设施后的泄漏性试验，小时泄漏为 0.2%；医用真空管道接入末端设施后的泄漏性试验，小时泄漏率 0.5%；管道压力试验合格后方可进行气密性试验，管道气密性试验时应注意现场环境温度的变化，并用温度计准确测量试验期间的温度变化，并做好记录。

（13）管道吹扫：医用气体管道在安装终端组件之前应使用干燥、无油的空气或氮气吹扫，在安装终端组件之后除真空管道外应进行颗粒物检测，吹扫或检测的压力不得超过设备和管道的设计压力，应从距离区域阀最近的终端插座开始直至该区域内最远的终端；吹扫效果验证或颗粒物检测时，应在 150 L/min 流量下至少进行 15 s，并应使用含 50 um 孔径滤布、直径 50 mm 的开口容器进行检测，不应有残余物。

（14）防错接试验：医用气体各系统应分别进行交叉错接的检验及标识检查，并应符合以下要求：压缩医用气体管道检验压力为 0.4 MPa，真空应为 0.2 MPa；用各专用气体插头逐一检验终端组件，应是仅被检验的气体终端组件内有气体供应，同时应确认终端组件的标识与所检验气体管道介质一致。其余管道为常压状态。

（15）医用气体终端组件检查：连接性能检验应符合现行行业标准《医用气体管道系统终端第 1 部分：用于压缩医用气体和真空的终端》（YY 0801.1）和《医用气体管道系统终端第 2 部分：用于麻醉气体净化系统的终端》（YY 0801.2）的有关规定；气体终端底座与终端插座、终端插座与气体插头之间的专用性检验；终端组件的标识检查。

（16）护士站压力监测报警装置安装：压力监视报警装置安放在护士站内或对面走廊上，在压力报警装置安装位置的上方适当位置设置 AC220V 电源，为压力报警装置提供电源。

（17）病房设备带安装：设备带的安装高度尽量统一，终端距地面 1.4 m；终端位置的设备带安装底架两端应各打一颗膨胀螺栓固定，其余位置的设备带安装底架最大间距为

0.5 m,以保证侧板上自攻螺钉的间距不能超过 0.5 m。

4.13 屏蔽工程

本项目放射防护屏蔽装饰规模较大,涉及区域较多,主要为地下 1 层的核医学科,1 层的放射科及体检中心(CT、DR、MRI 机房等),2 层的内镜中心(ERCP 机房等),3 层的口腔科(CBCT、牙片机房等),四层的体外碎石机房。施工内容为放射用房的防护屏蔽、装饰装修及部分安装工程。

4.13.1 防护屏蔽的施工

防护屏蔽工艺,相对来说并不特别复杂,看上去只是在施工面上铺设铅板或铜板防护层,但实际施工细节的处理、把控是非常严格的。相应的施工样式分别如图 4-141 和图 4-142 所示。

图 4-141 铅板防护屏蔽

图 4-142 铜板防护屏蔽

作为主要的防护材料——铅板,一般使用在放射用房的墙面及顶面,铅板的厚度一般不超过 3 mm,幅宽约 1 000 mm,因铅板密度非常大,如铅板太厚,施工难度明显加大。不同的防护当量要求,可以通过分层组合铺设不同厚度铅板来完成;铅板铺设时,铅板之间需要搭接处理,搭接宽度不少于 3 cm,搭接处需用橡皮锤敲击平整,并用胶水粘结。墙面铅板主要用龙骨固定,钉眼处用铅板覆盖补齐,如图 4-143 所示。铅板之间的搭接及钉眼的处理,是保证防护工程质量安全的重点。尤其搭接,因铅板进场时是卷材,在搬运过程中,容易对边缘造成损毁,因而在铺设搭接中,要尤其注意其边缘情况,保证搭接的宽度,完整性。防护门、窗洞口的铅板搭接处理,也是重点及难点,在施工过程中,需要管理人员及作业人员重点关注,否则极易影响屏蔽效果而无法通过验收,如图 4-144 至图 4-146 所示。顶面铅板的铺设,一般是先搭设钢平台,铅板在其上铺设,与墙面铅板有效搭接。钢平台搭设高度一般在 3 500 mm 左右,装饰吊顶在 3 000 mm 左右,中间作为预留设备层。地面防护施工一般采用硫酸钡,和水泥砂浆按比例混合,均匀铺设。

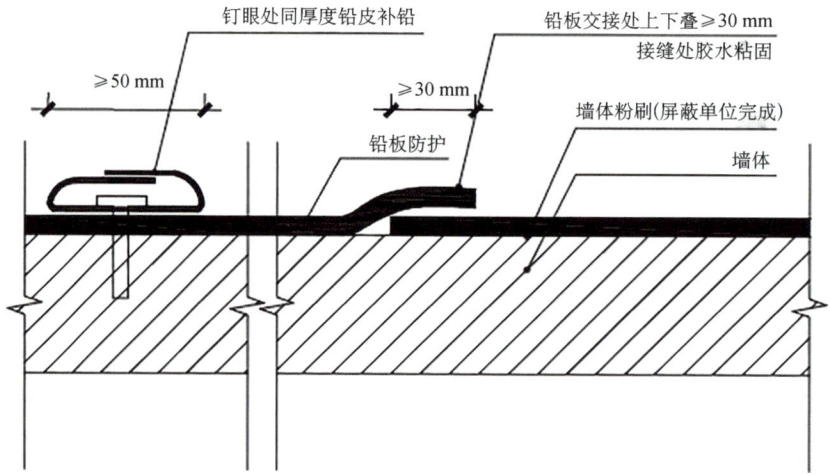

图 4-143 铅板搭接及钉眼处补铅板示意

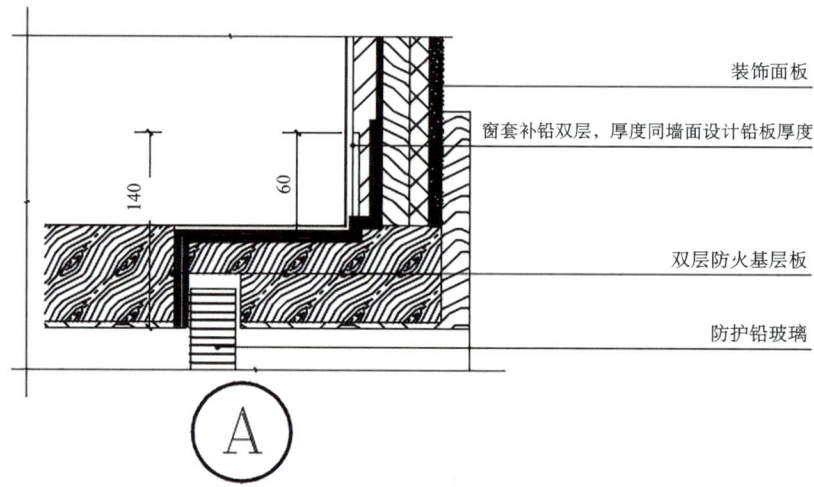

图 4-144 防护窗防护处理示意

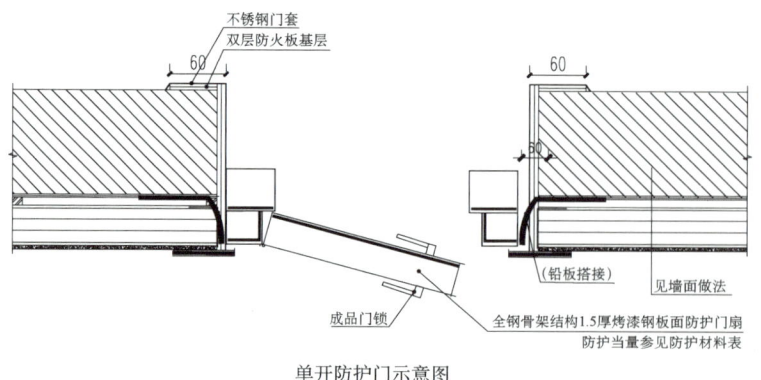

单开防护门示意图

图 4-145 防护单开门防护处理示意

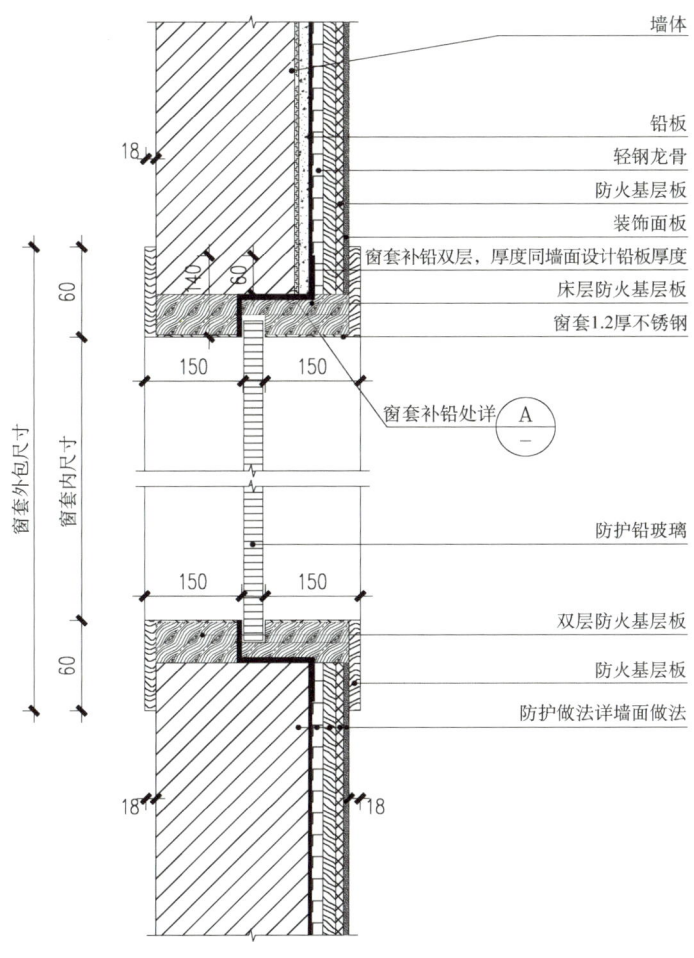

图 4-146　防护移门防护处理示意

核磁共振机房的屏蔽材料主要采用铜板，其工艺与铅板铺设完全不同，铜板是采用氩弧焊进行焊接，并且是机房六面体全部采用铜板焊接。

防护屏蔽项目的施工，经过多年的实践与总结，到目前已经是比较成熟的工艺，从材料的选择，防护性能，相应的施工技术、质量及安全管理、验收要求，建筑规范等，可以满足现代医院的建设、使用需求。但从医院运营、维保、年检的情况看，有几个方面应需要注意。

（1）防护门：因其内衬铅板等防护材料，自重大，并且使用频率高，开关频繁，容易受碰撞，因此在防护门体的制作工艺、材质、安装过程、相关配件（轨道、悬挂、铰链、电机系统）、与墙体的搭接宽度、缝隙宽度等，需严格把控。防护门体尽量采用钢骨架结构，保证其不变形。一些辅助配件要具有一定强度、刚度及耐疲劳性，使防护门体能长期安全有效的使用，从医院运营后的质保、维保方面的数据来看，产生问题的主要也是防护门的相关配件，例如门锁、铰链、电机系统，因此，这方面的材料、品牌选择需要重点管理。

（2）穿过防护屏蔽层的管线的特殊防护屏蔽处理：一间放射用房（含控制室）的正常使用，包括建筑、装饰及安装方面的全部工艺，不可避免的需要风管、消防管及其他线管的进出，即对完整的六面体防护屏蔽层造成破坏，这就需要对相应的进出管线处进行屏蔽防护处理,例如包裹铅板或使用防护材料进行封堵等,如图 4-147 所示。

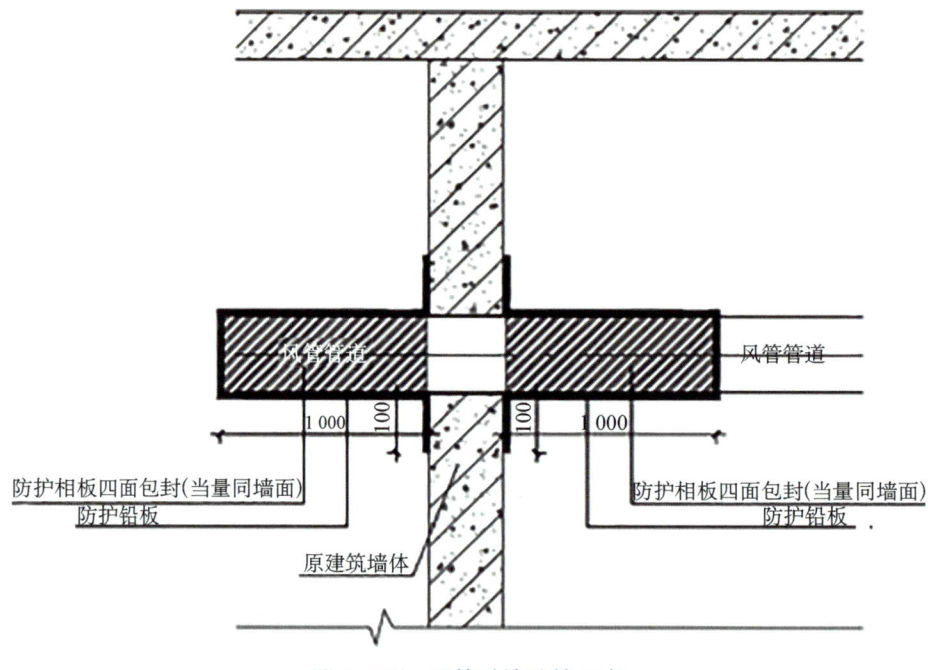

图 4-147　风管过墙防护示意

4.13.2　装饰装修及安装项目

现代医疗项目的建设,除了保证基本的医疗需求外,更加注重了医护工作者的工作环境和患者的就诊体验。以上海市中医医院嘉定院区项目为例,在 2024 年 5 月举办的"CHCC 全国医院建设大会"上,已经入选"第六届中国十佳医院室内设计方案"之一,这也说明该项目的装饰装修风格、选材及工艺得到专家及公众的认可。同样,在防护屏蔽专项施工中,在满足防护屏蔽功能的同时,选择适当的装饰材料及颜色,增加顶面灯箱,即满足使用功能需要,又提升了感官。

其实,在大部分的医疗建设项目上,放射用房的装饰装修已经开始脱离以前单一的色彩及格调,增加了如拉膜灯箱、雕花玻璃、壁纸、光影等辅助的装饰材料改善患者的就诊体验,同时缓解了医护工作者视觉疲劳,如图 4-148 所示。有些专业儿科医院,更是在墙面上或防护门上做一些彩绘卡通图案,以缓解儿童的就诊紧张情绪。在冰冷的仪器设备之中,通过一些装饰装修工艺,而使环境令人舒适,体现现代化及人文关怀,这也是现代医疗建设的发展方向。

除了放射用房的室内装饰装修外,在一些大型的医疗建设项目中,也对防护门的颜色有了要求,如图 4-149 所示。大型医疗项目,放射用房的布置根据功能区要求,布置比较分散,而各个功能区的装饰装修风格及色调,也可能不同,例如门诊影像中心、急诊的放射用房、体检中心放射用房、核医学科、介入科、放疗科等,可根据各个功能区的不同装饰装修的风格,而改变防护门的色调,满足整体的协调性。尤其像介入科,可能会涉及手术,其墙面装饰材料及防护门的色彩,就可以采用蓝色或者绿色作为补色,以缓解血色带来的视觉不适。

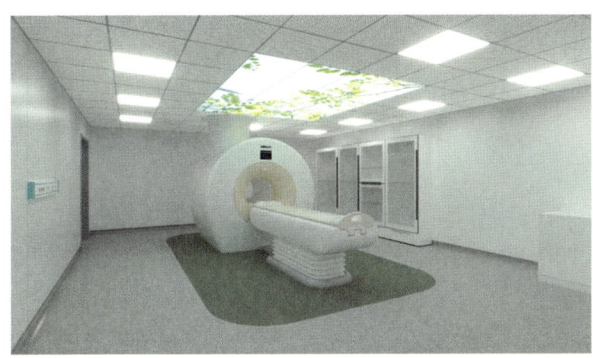 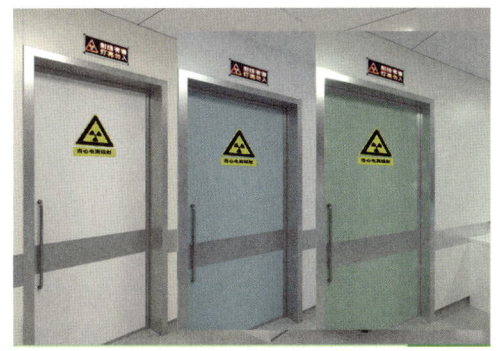

图 4-148　核磁共振机房效果图　　　　图 4-149　防护门效果图

4.13.3　屏蔽工程与其它专业单位的配合

防护屏蔽项目的施工,在施工过程中,与其他专业施工项目有着非常紧密的联系,用句俗语来说,即是"麻雀虽小,但五脏俱全"。一间放射用房的建筑面积,基本在 40~50 m²,但完成机房建设,会涉及第三方评价(环境评价、卫生评价)、设备供应商、使用科室的需求、土建施工、防护屏蔽、消防、暖通、强弱电、医用气体、暖通、装饰装修、给排水等全专业、各部门(单位),因而在实施过程中有大量的协调沟通工作,这相对其他专业可谓复杂。

1. 与土建及装饰单位的协调配合

与医院普通用房的需求不同,土建单位在做二结构施工时,放射用房选用的墙体材质,预留的门窗洞口尺寸及位置、过梁的高度、门垛的尺寸等,都直接影响到后续防护屏蔽施工及安装。在实际工程案例中,像门垛尺寸,如预留比较小,在完成防护屏蔽层、龙骨、基层及装饰层后,作业面就无法满足后续防护屏蔽门的安装;因此,在土建二结构施工过程前,就需要根据防护屏蔽专项的深化设计图纸、工艺要求,特殊构造,避免后续的返工、整改,造成对工期及造价的影响。除此外,与精装修单位,因屏蔽防护项目含装饰装修,与精装修单位的协调配合也尤为关键,在材料、材质、品牌、色彩的选择需合理、统一,保障项目总体的色彩、风格的协调。从这一点也能看出,防护屏蔽项目虽然在医疗项目建设中投资所占比例非常小,但却涉及项目建设的全过程、全专业,从设计方案、专项报告的评价、施工建造、与其他专业单位的交叉施工配合、验收,涉及项目建设的全部周期,这也对专项施工单位及其管理、作业人员有较高的要求,要求具备一定的从业经验,能更好的处理、协调相关问题。

2. 与其他专业施工单位的协调配合

在与其他专业单位的交叉配合施工中,有几个专项需重点考虑,也是施工建设的难点,即消防和暖通专业。因消防规范的强制要求,机房内需有消防设施,而放射设备基本上都是贵重设备,一般不采用水喷淋方式,而使用气体灭火装置或其他方式,气体灭火一般使用管道式或钢瓶。但即使如此,因其配套的排风(烟)管道,在安装在机房时,占用空间,很可能就会对机房的有效面积、单边长度制造影响,泄压口安装位置及方式,也会对防护屏蔽效果产生影响(目前采用在泄压口盖板铺设防护材料),MRI 机房因其建造的特殊性,建议把扫描间及设备间作为一体来考虑,因其相邻隔墙上,需开设较多的孔洞,以便于设备安装和使用,因此可以考虑把泄压口安装在设备间(此项仅作为参考,一切以消防验收要求为准)。另外,核磁共振机房的消防设施,建议采用无磁钢瓶气体灭火措施,这也有利于核磁的屏蔽防护施工。暖通方面,大型放射设备,因其散热问题,是需要全年制冷的,因而放射用房需要独立的空调系统,与相邻控制室(廊)等区域分开控制调节。空调室内机、新风、排风口的位置,不能安装在设备机架和检查床的正上方,防止结露滴落。

3. 与设备供应商及建设方的协调配合

和其他建筑专业不同,放射用房的建设,与设备供应商紧密配合不可或缺。机房的建造及装饰安装,都是为了满足设备使用需求的,关于设备基础位置、电缆沟走向及布置、设备吊架及安装方式、设备动力配电箱的参数要求、其他辅助设备的使用及需求,都与设备供应商息息相关,也与使用科室的需求有关。而这一点,需要建设方提资相关数据、参数,根据不同设备供应商的不同类型设备,提资给施工单位进行相应配合施工。但设备采购流程长,金额大,涉及部门多,相对建筑施工进度有一定滞后,这也是造成该专项施工的周期长的重要原因。

4. 其他

与其他专业施工单位的配合,相对来说就比较容易,例如:配合弱电单位,在放射用房内配管,弱电单位穿线、安装面板即可,一般弱电点位安装在控制室(廊)的操作台下方,但需和使用科室确认工位的摆放位置,以便于分开布置,同时,放射用房内,如需其他辅助设备(例如高值柜、吊塔)也需要网络插口,需提前予以沟通确认,防护屏蔽施工单位来排管至指定位置。医用气体:预留安装医用气体口或医疗带的安装位置即可,但位置也需要和使用科室沟通确认,这也和设备摆放位置、为患者提供相应需求、医护操作的便利性有关。给排水:与防护屏蔽专项涉及面较少,一般就是保证核磁共振机房设备间有上、下水口,控制室(廊)设置医护人员的洗手盆等。

4.13.4 验收和使用

防护屏蔽项目的验收,第一须满足工程建设的相关规范标准,第二还需满足医疗专项的验收,即专项环评验收、职业病危害控制效果评价,以此两项验收报告,才能获得对应的"辐射安全许可证、放射诊疗许可证",从而保证科室的正常运营。

在经过工程验收及医疗专项的验收后,在开始运营前,科室会根据日常使用习惯及需求,增设一些功能和辅助设施,例如:①更衣处。一般核磁共振机房有配套独立的更衣室,其它放射用房,例如 CT、DR 等不会单独设置,而是在放射用房内,悬挂更衣帘围挡出一个独立区域,以便于患者使用。②独立的监控影像系统。除正常的影像监控系统(属于弱电施工范畴,纳入医院的整体监控体系内)安装外,使用科室一般会安装独立的影像监控设施,该设施只为能清晰的看到受检患者的状态、在放射机房外等候患者的状态等,不纳入医院的整体监控系统内;一般情况下,防护屏蔽施工单位,并不会把上述的一些配套实施考虑在内,但有经验的专业单位,会通过与科室的事先沟通,预留好相应的安装龙骨(悬挂更衣帘)、预埋管(配合监控网络穿线)等。③其他配合使用的细节处理,例如,防护移门的控制开关,一般都设置的墙面固定位置,但为了医生的操作便利,还会在控制台上再增加一个控制开关，便于操作。④对讲系统。通过预留线管，安装对讲机，便于医护人员与患者在检查时的沟通。通过对细节的把握及处理，更能体现出防护屏蔽专项施工单位的专业性，更能提高使用科室的满意度。

防护屏蔽项目，从环境保护和职业健康方面来说，是医疗建设中不可或缺、不可忽视的项目。它的施工质量决定着环境及人员的健康，这也对施工单位及管理部门提出了更高的要求。

4.14 整体装配式医疗单元

4.14.1 概述

整体装配式医疗单元是把手术部划分为多个医疗单元，并将各医疗单元所需的构件按照洁净要求进行一体化设计、工业化生产、标准化装配。主要技术要点如下。

（1）整体装配式洁净医疗单元的系统设计：将各系统集成模块化设计，具体包括将手术室配套设施、净化空调机组、配电箱、气体阀门箱和各种管道统一进行装配式设计，实现墙板天花在工厂生产过程中完成各类设备的尺寸衔接、管道预埋、接口预留和装饰收口。

（2）整体装配式洁净医疗单元的预制生产技术：在设计方案的指导下，对整体装配式模块在工厂阶段预制生产，高效节能、质量优良。

（3）整体装配式洁净医疗单元的现场安装：现场装配不仅是常规墙板、天花装配，包括电气、给排水、医用气体和通风空调等系统，同时手术室配套的各类医疗器柜、设备点位也在设计过程中预留，实现施工现场仅需要完成直接装配、接驳和调试验收等工作。

采用整体装配式施工模式，可以把各医疗单元的机电系统、医疗设施设备及配套产品应用到装配式装修施工中去，通过将装配式装修、医疗设施设备、智慧医疗系统三项内容有机结合，实现各医疗单元快速装配、互不干扰，同时达到功能完善、整体美观、满足手术净化等要求。

4.14.2 整体装配式医疗单元的设计

装配式手术室的模块化设计包括如下专业：装饰、暖通、强弱电（含智能化系统）和医用气体等。各专业部品件采用标准化、模数化、通用化的工艺设计，以满足制造工厂化、装配化的要求。装配式手术室设计应遵守模数协调原则，符合现行国家标准《建筑模数协调标准》(GB/T 50002)的规定。

1. 装饰专业

手术室结构可采用自承重手术室专用结构、辅助承重手术室结构，如图 4-150 所示。自承重手术室结构采用高承重构件，将手术室所有负载均由自身结构件承担，由立柱、梁、

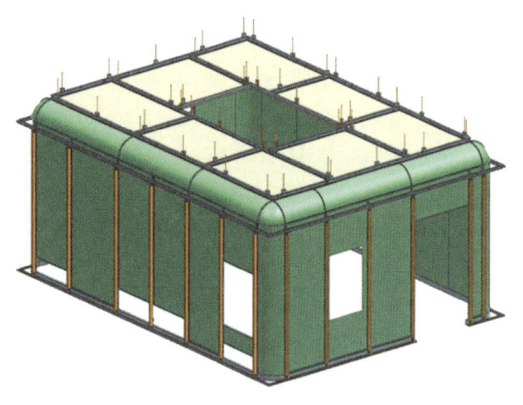

图 4-150 装配式手术室结构图

斜撑组成,适用于 50 m² 以下的手术室,但造价较高。辅助承重手术室结构利用建筑本身辅助承重,由底槽、主梁、墙板支撑、天花板、吊杆、填充板吊槽及配件构成,结构本身的承重能力较低,需要吊杆、支撑等结构分担重量,造价较经济,适用性较广。具体项目设计时,可根据手术室面积、整体结构负载、项目资金情况灵活选用。各种类型承重结构件,采用标准化、通用化设计。

手术室装配式墙板可采用模块化复合板材,面板采用厚度为 1.0~1.5 mm 的电解钢板或厚度为 0.8~1.5 mm 的不锈钢板或厚度为 8~12 mm 的钢化玻璃,背面采用环保型双组份胶贴 12 mm 厚防水、防火纸面石膏板等。设计满足建筑装饰装修防火设计规范要求。

单扇气密平移门(或对等双开自动平移门)由悬挂路轨组件、门页板组件、门装饰框、门机及控制系统等组成。设计采用内嵌式平移门时,整体效果更加美观、整洁。

手术室基本装备,在工厂生产装配式墙板时应协调好模数,在满足安装公差的前提下预留安装尺寸,施工时现场直接装配完成,并保证手术室的气密性。

2. 暖通专业

净化空调系统集成模块(图 4-151),含低噪声净化空调机组(一拖一设计)、空气输送消声管道、消声净化送风天花、消声回风箱和排风口等。

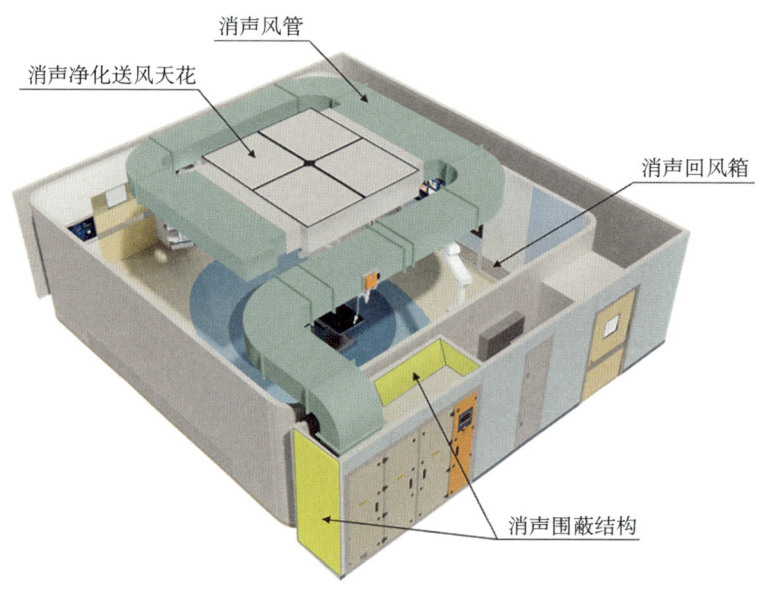

图 4-151 净化空调系统集成模块

低噪声净化空调机组采用一体化医用精密空调(图 4-152),该机组高度集成化、标准化、模块化,在工厂调试,缩短现场安装调试作业时间,施工周期短;具尺寸较常规机组小、结构紧凑、安装便捷等特点。它嵌入式安装在手术部污物走廊,节省医院宝贵的建筑空间。

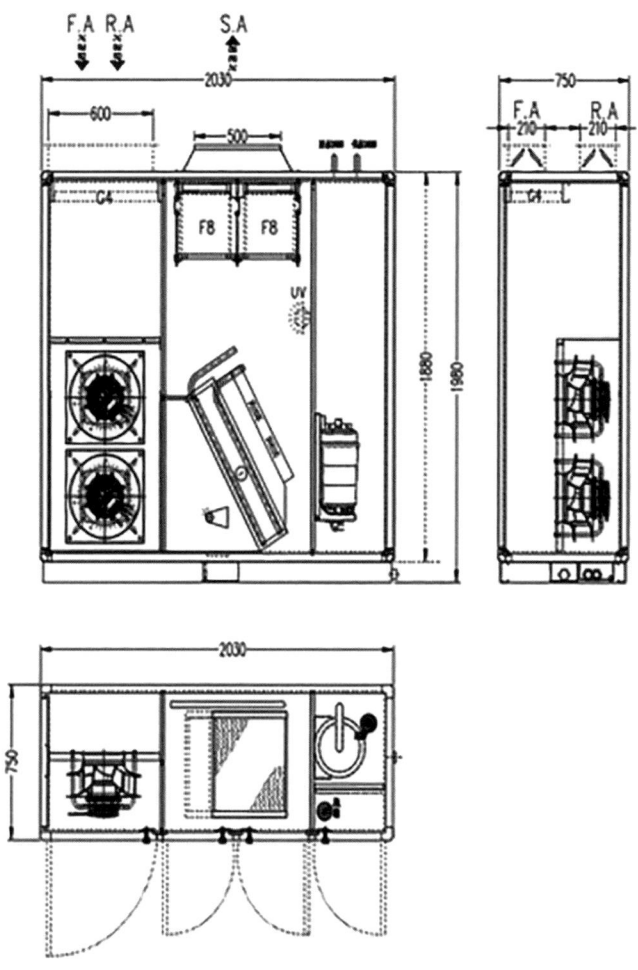

图 4-152　一体化医用精密空调结构图

净化送风天花与手术室顶板装配式结构统一考虑,集中布置在手术台上方的相应模块上,两侧下回风口与装配式墙板同一模数,美观整齐;同时保证回风口上沿标高不超过地面 0.5 m,下沿距地不低过 0.1 m。

为保证手术室内噪声不超标,一体化医用精密空调采用直流无刷低噪声风机,同时与之直接连接的管道设计为软连接,在设备基础上设置减震装置,实现噪声源隔震降噪。空调送风、回风管均采用消声风管,净化送风天花、回风箱均设置消声措施,同时空调机组在技术夹墙内也采用消声围蔽结构。

一体化医用精密空调采用直膨机作为夏季冷源或冬季热源,PTC 加热器作为再热源,防止采用空调水系统时,在特殊情况下发生空调水泄漏带来的风险。空调冷凝水可采用下层排水方式,也可以使用冷凝水提升泵,采用上排水方式,可根据项目情况灵活选用。

图 4-153 配电一体柜

3. 电气专业

装配式手术室设计采用配电一体柜（图 4-153），它集成 IT 系统、UPS 及配电箱，因此避免了传统手术室上述三个系统各自独立、布线凌乱、施工周期长的弊端。它外形美观，可以有效地保证整个系统的稳定性及结构的统一性；质量更可靠、安装更便捷，在整体装配式手术室定制墙板时，只需要预留孔洞，减小了现场开槽、布线等工作，提高了施工效率。

装配式手术室各类线管、线槽、桥架（图 4-154），在工厂生产装配式手术室主体结构时统一考虑，综合排布，集成化设计，大部分线管预埋在墙板结构中，线槽、桥架现场组装，与主体结构紧固连接即可，避免传统手术室吊顶内吊架多、乱的弊病，可加速施工进度、减少现场施工噪声。机电管线采用插接接口方式，同时对强弱电排线设计时，考虑足够的安全距离，满足规范要求。

洁净灯盘布置在送风天花的外围，根据手术室面积合理配置灯具数量，保证手术室的照度或照度均匀度，且每个灯盘均配有备用照明，备用时间≥60 min。

等电位设计，在污物走廊的装配式墙板上预留等电位端子箱，通过专业接地线与手术室内各类带金属配件的结构、设备相连通，消除或减小地电电位差，避免因电位差大而影响手术质量，甚至对患者的身体造成不可逆转的伤害。

数字化手术室的集成核心控制系统，内嵌于手术室墙面，与装配式结构可靠固定，且与墙面齐平无缝集成，不凸出，防尘防水，可清洁消毒，不影响手术室层流净化，箱体内部内置数字化手术室核心设备及部分外设，无须再占用手术室其他宝贵空间，且内部的顶部及底部有散热风扇，提供良好通风散热条件，保障核心设备稳定运行。

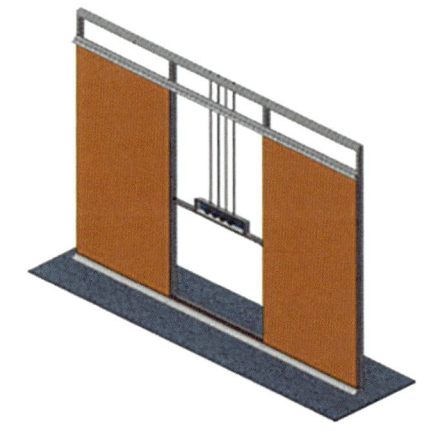

图 4-154 装配式插座箱、线管

4. 医用气体专业

医用气体阀门箱集成在污物走廊的装配式墙板上，其气体管道预埋在装配式墙板内，部分装配管道的焊接及与装配式墙板的集成在工厂完成，集成后装配式墙板在现场组装。

藏墙式气体终端（图 4-155），集成在手术室墙板结构中，气体终端与气体管道的焊接、与手术室墙板的集成作业在工厂完成，集成的手术室墙板在现场组装即可。

手术室顶部横向的医用气体管道采用集成化设计，管道的焊接和集成作业在工厂内完成，在现场手术室顶部的综合支架上安装；集成化医用气体管道在设计、安装时，须注意氧气线管与可燃气体线管分开布置，同时线管应便于布线和维护。

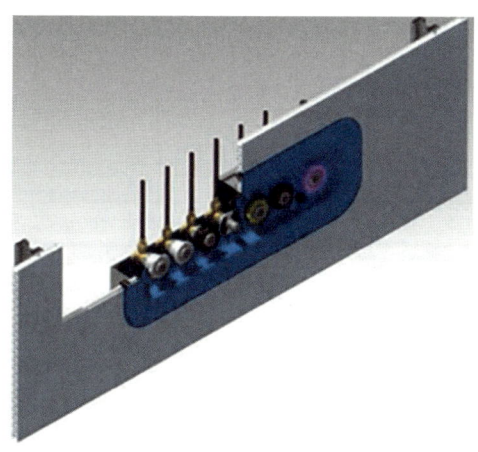

图 4-155　装配式藏墙式气体终端

4.14.3　整体装配式医疗单元的实施

整体装配式医疗单元装配前，应进行施工综合图制作及材料的选型定样工作，并应经设计单位审核确认后，作为整体装配式医疗单元深化装配图的依据。

整体实施工艺流程如图 4-156 所示。

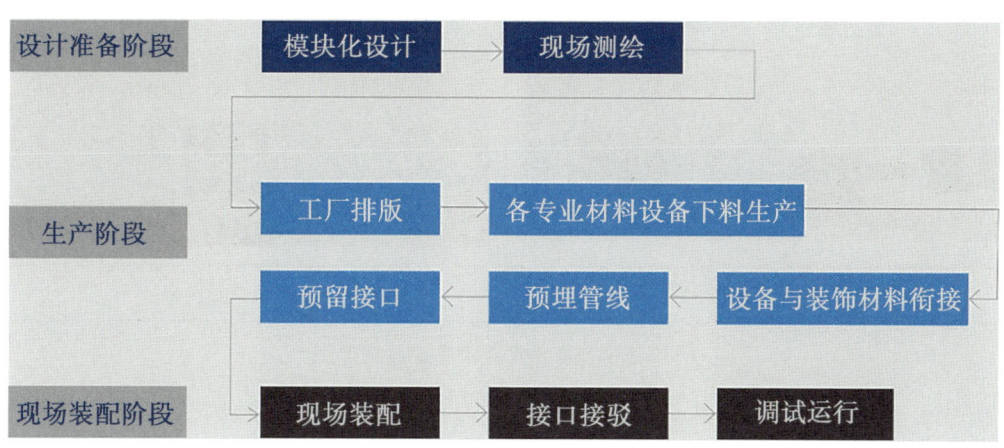

图 4-156　整体实施工艺流程

1. 设计准备阶段

设计工程师根据施工综合图、各类机电系统、医疗设施设备等材料的选型，确认每种材料的尺寸大小，然后进行整体装配式医疗单元的排版设计。有了初稿排版图后，工程师应到现场指导施工人员放线，并进行尺寸校核，重新生成排版图，此图是维护结构生产下单的依据。

2. 生产阶段

由设计工程师或材料预算员根据出具排版图进行材料预算下单，装饰材料由装配式整装模块化生产厂家根据排版图进行模块化结构生产，生产过程注意设备与装饰材料的衔接,并在装饰材料上预留各类设施设备的接口。

由设计工程师或材料预算员根据图纸进行各类机电系统、医疗设施设备材料下单,在实施过程中做好材料设备与装饰装修的衔接沟通工作。

3. 现场装配阶段

装饰材料合格产品经包装运输到现场,现场施工员根据工程师绘制的排版图进行顺序组装(图4-157)。组装时应详细了解产品特性并阅读组装工艺文件书。

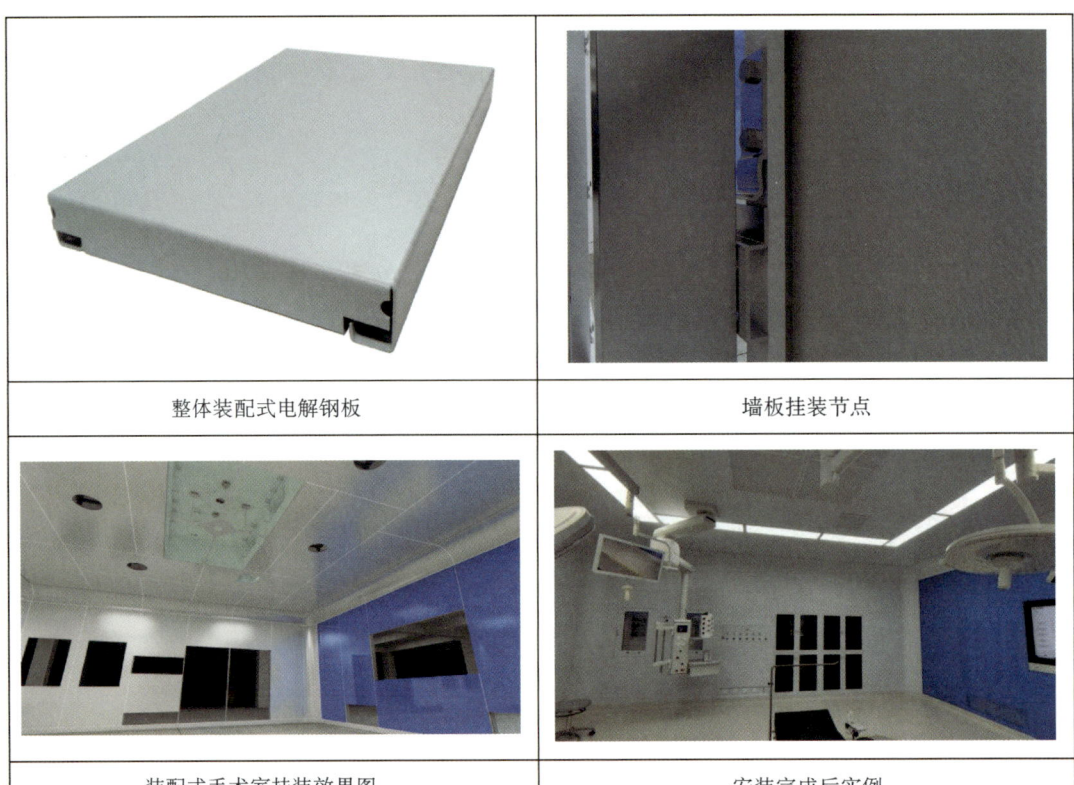

图 4-157　装配式手术室安装局部图

机电系统、医疗器械柜、药品柜、麻醉柜、保温保冷柜、气体终端箱、观片灯及电源插座箱等设施设备同步安装(图4-158),根据预留好的尺寸嵌入安装,板之间、板与设备间的缝隙采用抗菌硅胶酮密封。

安装完成的结构表面应注意成品保护,表面的保护膜应在各专业工作均已完成后去除,但应注意保护膜的有效期,以免长期暴露无法顺利去除。

围护结构安装要求有:安装中尺寸的允许偏差应符合相关国家标准的规定;围护结构中,复合板和框架须可靠连接;框架应符合有关结构的施工验收规范规定;墙板和吊顶板在安装之前应对板材的材料、品种、规格尺寸和性能进行检查、核实是否能满足设计要求;必要时对抽样进行性能测试(耐火性、安全无毒性、抗弯强度和变形量等性能);墙板安装应垂直,吊顶板安装应水平,板面平整,位置正确;吊顶板和墙板的板缝应均匀一致,板缝的间隙误差不应大于0.5 mm,板缝应用密封胶条均匀密封,密封处应平整、光滑并略高于板面;与

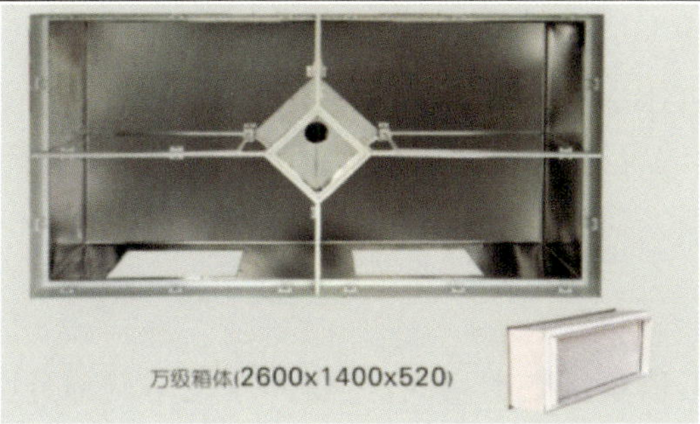 层流送风天花	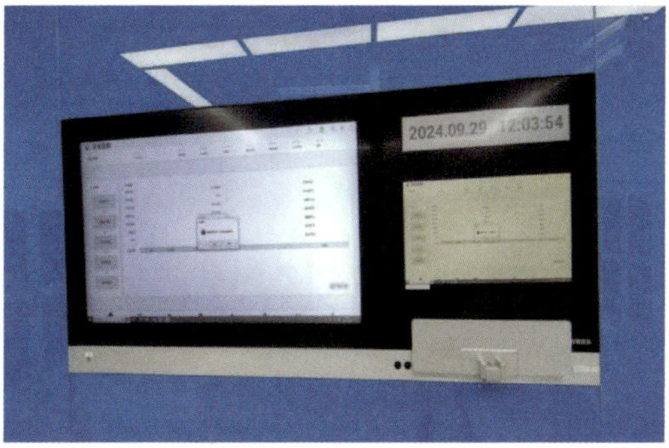 显示屏嵌入安装效果
 电源插座箱嵌入安装效果	 医疗设备带嵌入安装效果
 回风口嵌入安装效果	 观片灯嵌入安装效果

图 4-158　装配式手术室安装节点图

门窗、柜体、各种接口及其相关装置的衔接处要平整（高差 1 mm）、不产尘且密封。

4. 验收要求

装饰结构验收要求应符合表 4-13 所列的要求。

表 4-13　装配式手术室验收复核表

检查项目	允许偏差	检查项目	允许偏差
竖缝及墙面垂直度	1.5 mm	接缝垂直度	1.0 mm
立墙面垂直度	1.5 mm	两相邻板之间高低差	0.5 mm

整体装配式医疗单元工程验收检查项目应符合现行国家标准《医院洁净手术部建设技术规范》(GB 50333)附录 B 的规定。

整体装配式医疗单元质量验收应符合现行国家标准《建筑装饰装修工程质量验收标准》Gb 50210、《建筑地面工程施工质量验收规范》(GB 50209)、《医院洁净手术部建筑技术规范》(GB 50333)和《洁净室施工及验收规范》(GB 50591)的规定。

整体装配式医疗单元的性能检测及设备调试应符合现行国家标准《洁净室施工及验收规范》GB 50591 的规定。

4.14.4　整体装配式医疗单元的运维

整体装配式医疗单元的运维与传统洁净工程项目基本相同，主要为净化空调部分、电气部分、智能化部分、医用气体部分、给水排水部分和装饰装修部分等的运行维护应符合相关规范要求。

质量保修期不应少于 2 年，验收合格移交时，应向使用单位提供《整体装配式医疗单元质量保证书》，并应注明各部品部件的质量保修范围、保修期限和保养责任。

整体装配式医疗单元验收合格移交时，应向使用单位提供《整体装配式医疗单元使用说明书》，使用说明书应注明使用条件、使用注意事项和设计使用年限等内容。

4.14.5　整体装配式医疗单元的应用前景

该技术打破了传统手术部设计中"手术室＋空调机房"的布局模式，创造出新的手术室安装模式，即将手术室和空调机组、其他相关系统作为整体设计和装配，同时提高大幅减少设备机房的占用空间，提高手术部楼层的空间利用率。

提出了新的设计理念，通过采用高度集成的一体式净化空调机组、进口低噪声 EC 风机、低阻力过滤器、消声风管等措施，解决手术室噪声控制的难题，在缩短了风管长度的同时还有效控制了噪声、风量和洁净度。

这项技术革新，解决了手术室旧改工程中手术不停运改造的难点，同时可以根据医院需要增加手术室数量或提高手术室的净化级别，释放原来设备机房的面积用作他途，缩短施工工期和有效保障工程质量。

为应对突发疫情和灾难，医院更新升级需求旺盛，现代化医院的整体装配式洁净医疗单元很好地提供了解决方案，整体装配式医疗单元技术在医院的改扩建、不停诊翻新升级等方面优势明显，市场前景广阔。

4.15　餐厨垃圾智慧节能处置实施及运行实践方案

4.15.1　项目实施的背景

1. 国外经验：德国、日本、美国三国的餐厨垃圾处置方式

20 世纪 90 年代初，德国政府便开始从多个方面推进垃圾分类收集处置和垃圾的资源化，使其垃圾分类和回收走在了欧盟乃至世界的前列。经过 20 多年的努力，德国全国生活垃圾回收率以及各类垃圾的总体回收率都达70%以上。

日本的完全除臭型垃圾处理机可以在24 h内分解及消化餐厨垃圾。设备有控制分解及消化的软件，用机械来模仿类似人体的结构，通过控制系统实现温度、感觉及连锁动作等功能。另外还具有"排泄"矿物质等无机成分的功能。利用真空吸附法将培养好的氧性纤维素菌、淀粉分解菌、动植物分解菌以及动物性蛋白分解菌等菌株固定在陶瓷球上，投入处理机中，用来处理垃圾。

美国休斯顿市于1月22日启动了食物垃圾投放试点计划，在为期6周时间内，居民可以在休斯顿卫生局指定的四个地点投放食物残渣和其他有机垃圾。根据介绍，所有食物废料、剪下来的鲜花、可堆肥杯子和餐具、餐巾纸、报纸和其他有机物品都将被接收，收集到的材料将被统一制成堆肥。此举旨在引导当地居民采取积极行动，用更好的方式处理垃圾，同时降低社区产生的垃圾对当地填埋场造成的压力。

2. 国内趋势：上海"无废医院"建设全面启动和践行

自2019年7月1日上海正式施行生活垃圾分类管理条例以来，申城以提升市民感受度为出发点，不断优化社区分类投放环境，增强生活垃圾全程体系服务能力，垃圾源头分类实效显著提高。从"扔进一个筐"到"细分四个桶"，从"规定动作"到"低碳自觉"，从"新时尚"到"好习惯"……在推进垃圾分类这件"关键小事"上，在精细化管理之下，正为上海带来了"大改变"。

至2025年，《上海市生活垃圾管理条例》实施已5年。垃圾分类工作得到了显著的成效。据统计，上海市三甲医院中已有近10家单位安装了餐厨垃圾就地处置设备。例如上海市肺科医院、上海市第九人民医院、上海市第十人民医院、上海市新华医院、上海市仁济医院（东院）、上海市长征医院、上海市皮肤病医院。设备安装后，湿垃圾可单独降解处理，大大提高了垃圾的减量率，提升了垃圾房的卫生环境。尤其可在年度三级医院市绿容局的测评中加分。

2024年2月23日，上海市卫生健康委组织召开"无废医院"建设工作启动会，对全市卫生健康系统的"无废医院"建设工作进行全面动员部署。

4.15.2 项目实施的策划思路

1. 医院概况

2023年11月份，上海中医医院在充分借鉴了医疗机构在湿垃圾减量化无害化处理的成功经验后，在嘉定院区垃圾房安装了一台日处理量为1 000 kg的湿垃圾就地处理设备。

2. 项目策划思路

1) 设备的选型

设备的型号是由餐厨人数决定的。一般按照每人/每天产生0.5 kg的湿垃圾。虽然医院属于新建，床位数仅为600张。但考虑到长期运行，加上医护人员和职工，最终决定安装一台日处理量为1 000 kg的设备。

2) 设备的占地及位置选定

设备的占地一般是6～8 m²，也可根据现场环境量身定制。考虑到设备运行会产生气体和噪声,所以最终决定将设备放在医院的西门角落位置。

3) 设备的工艺

设备由处理主机、油水分离、压榨脱水机、自动输送及废气处理装置组成,工作原理如图 4-159 所示,餐厨垃圾进入垃圾桶内,推至自动提升机上,自动输送至压榨脱水机,脱水完成后自动输送至降解桶内,后加入生物菌种进行降解发酵,24 h 后降解完成后制作成有机肥料,用于绿色种植或绿色使用,产品实体和设备现场分别如图 4-160、图 4-161 所示。

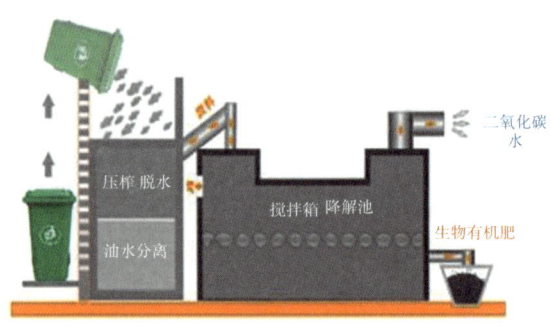

图 4-159 工作原理图

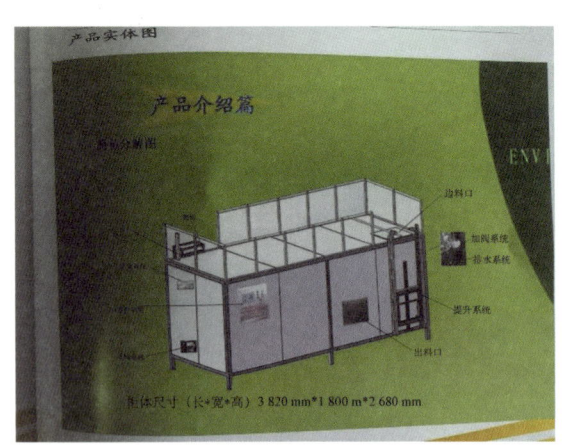

图 4-160 产品实体图

图 4-161 设备现场图

4) 设备的减量率

设备的减量率可达 85%～90%。例如 1 000 kg 湿垃圾,经过减量化处理后,最终可转化为 100～150 kg 的有机肥(图 4-162)。

图 4-162　有机肥

4.15.3　项目的实践效果

设备自进场试运行后,便立即组建了售后交流群。同时安排专业的工程师对操作的师傅进行了为期一周的现场培训。据师傅总结,食堂一般会在午餐后将 2～3 桶(120 L)湿垃圾运送到设备房内。接着师傅按照现场图示进行上料操作。处置设备由以下 9 个系统组成。

1) 提升系统

通过提升机完成物料的机械提升,除人工控制升降开关外,无需任何其他人工辅助。

2) 进料系统

粉碎式进料,防止进料口卡住。安装上料隔离罩,防止上料油脂溅到工作人员身上。

3) 粉碎系统

对物料进行快速粉碎的机械装置所具备的功能。

4) 脱水系统

通过物理或其他方法使物料脱出水分,并将物料和废水有效分离的功能。

5) 自动传输系统

通过自动输送带输送物料,使其自动进料,无需任何其他人工辅助。

6) 自动出料系统

无需人工辅助,通过机械方式自动完成仓内物料出料的功能。

7) 除臭系统

通过除臭装置被动式或主动式的手段实现气体无异味,达标排放的功能。

8) 可观察系统

设备设有观察口,可随时查看料仓情况。

9) 控制系统

微电脑自动控制、另有手动控制面板。

截至目前,该院设备已使用将近 9 个月,日常操作使用已趋于稳定。经过这一段时间的运用,工程师和操作师傅的沟通和交流,通过不断的调试和技术上的优化,最终得出一组较为成熟的参数(图 4-163)。

设备运行周期一般是 24 h。考虑到每天出料将耗费更多的人力,因此设备在设计时就做了舱体的升级。可根据物料的温度和湿度进入相应的舱体。而且物料经过粉碎和脱水系统后,体积已下降了将近 30%~40%。按照目前使用下来的经验来看,设备出料周期常规是 7~10 d。设备发酵后产生的有机肥料,经过 10~15 d 自然发酵后可直接灌溉于医院绿植。院内医护人员或者职工有需要的,也可以带回家灌溉。该肥料作为一种有机土壤的调理剂,用于改善土壤质量,提高化肥利用率,起到沃土、增产、改善农产品品质、降低绿地粉尘和 PM2.5 的作用,带动农业减排。

图 4-163 售后沟通交流群

4.15.4 项目的实践意义

1) 产生了可观的经济效益

目前,医院每天产生湿垃圾 3 桶(120 L),按照环卫所 50 元/桶收费标准计算,每年需支付 54 750 元(3 桶/d×50 元/桶×365 d)。加上垃圾房每天有 2 名师傅,一名负责垃圾地分拣,一名负责设备的日常操作。按照上海市工资水平,一名师傅一年需支付约 9 万元的工资。因此让环卫所回收,每年需合计支付费用 234 750 元。但在安装设备后,至今只产生了一年的电费和 1 个工人工资,合计费用将近 111 900 元,这样每年即可减少约 122 850 元的湿垃圾处置费用。

2) 明显改善了医院的就医环境

不会出现当日垃圾遗留不能处理的情况;解决了湿垃圾滞留、垃圾房异味严重、滋生苍蝇蚊虫多等问题;同时避免了出现清运过程中垃圾散落、污水滴落的现象;减少了垃圾运输人员工作量增加、压力大等一系列问题。

3) 响应了政策的号召

响应了上海市政府对湿垃圾就地处置和"无废医院"建设的政策,有效地实现了垃圾干湿分离和垃圾处理的"无害化、减量化、资源化"目标。

4) 优化了医院后勤的智慧化管理

设备安装后,预留的 App 远程监控接口,与院内现有智慧平台连接,实现湿垃圾处理数据实时监控,完善医院智能化管控系统。

5)让医院在相关检查中加分

加强生态文化建设,创新平台机制,倡导全民参与,大力增强绿色发展、绿色生活意识;从源头制止"地沟油"现象的发生;将残渣在源头处理,避免了泔水猪等违法问题的产生。社会上食品安全有了保障;可以让医院在每年"文明单位""花园单位"评比中脱颖而出。

4.15.5 设备在实践过程中存在的一些问题以及解决措施

新设备的应用也并不是一蹴而就、一帆风顺的。设备在运行阶段,先后出现了不少问题。

1)日常操作人员发现垃圾桶倒完料后总是有残留

解决措施:厂家技术人员和食堂负责人以及后勤负责人讨论后,决定将自动提升机顶端做了角度倾斜,可以保证垃圾桶内的湿垃圾完全倒入设备仓内。

2)垃圾进料过程中出现漏水的现象

解决措施:在提升链条处打孔改造;在设备使用过程中,定期派专业人员对医院日常操作人员进行驻地培训;为了方便操作人员在操作时尽量少出现失误,整理出一套完善的进出料流程及简单的应急预案。

4.15.6 医院餐厨垃圾智慧节能处置的展望

通过运用设备处理,让后勤管理人员和日常操作人员以及厂家组成了一个小的团队。不管后期在使用过程中会产生多少的问题,一个共同的目标即为了医院垃圾分类以及湿垃圾的减量化无害化达到更好的效果。

第 5 章

机电系统运维研究

5.1 智慧运维管理平台的开发研究

5.1.1 引言

1. 医院智慧运维平台建设的重要性

医院作为提供医疗服务的核心场所，其建筑不仅是医疗活动的物质基础，更是患者康复和医护人员工作的重要环境。上海市中医医院嘉定院区作为上海地区重要的医疗设施，承载着维护和提升公共健康的重要使命。

在国家双碳目标的背景下，智慧运维平台的建设有助于医院实现绿色低碳化运营，做到真正的绿色高效。通过精细化运行管理，实现医院各项业务流程的优化和整合，提高工作效率，从而满足医院高质量发展和对后勤保障的高标准要求，打造智慧型医院。

智慧医院通过集成先进的信息技术，实现医院管理的自动化、智能化，提高医疗服务质量和效率。上海市中医医院嘉定院区在设计和建设过程中，充分考虑了智慧医院的发展趋势，力求打造一个现代化、智能化的医疗环境。通过数字医院管理中心的建设，将数字化、智能化等创新技术应用于院区运维和服务管理，实现院区的统筹管理，持续运营和绿色节能等管理目标，实现更高效的运营，降低管理成本，提高医疗服务质量，实现新质生产力的加速发展。

2. 智慧运维管理在医院运营中的作用

1）综合运维全面保障

医院运维管理是确保医院正常运转、提供高质量医疗服务的关键环节。它涉及设施维护、设备管理、能源使用、环境监控等多个方面，直接关系到医院运营效率、患者满意度以及医护人员的工作环境。

2）设备设施精细化运行管理

智慧运维平台通过集成和整合医院内部各个部门的数据和信息，实现全方位、全过程的医院管理。平台结合 BIM 数字孪生技术和 IoT 技术，对医院后勤设备运行的新风系统、变配电系统、纯水系统、污水系统等多个相关系统进行全面集成和数据融合，实现精细化运行管理。

3）提高资产管理和设备维护水平

智慧运维平台可以提高医院资产管理和设备维护水平，降低运营成本。通过对医院各种设施、设备、管线等信息进行数字化建模、可视化和智能化管理，实现医院运维管理的全过程可视化、透明化和高效化。

4）提升患者服务体验

智慧运维平台可以改善患者的服务体验。通过预约挂号、在线问诊、医疗咨询等功能，患者可以随时随地与医院沟通和交流，提高就诊效率和满意度。

5）数据分析和决策支持

平台具备强大的数据分析和挖掘功能，通过对医院各项数据的深入分析和挖掘，为医院管理层提供决策参考。

5.1.2　医院运维管理理念

1. 以患者为中心的服务理念

在医院运维管理中，以患者为中心的服务理念是一种至关重要的管理哲学，它强调在运维工作的各个环节和层面，始终以患者的需求和利益为出发点和落脚点，以提高患者的就医体验和满意度为目标。上海市中医医院嘉定院区致力于通过高质量的运维服务，为患者创造一个安全、舒适、便捷的就医环境。

2. 高效能源利用与节能减排

作为现代化医院，嘉定院区积极采用高效能源利用策略和节能减排措施。通过智能化能源管理系统，对医院的能源消耗进行实时监控和优化，以实现可持续发展目标。

3. 打造智慧型医院

嘉定院区通过部署智能监控、自动化控制和数据分析系统，以"智慧管理"建设为手段，提高了运维工作的响应速度和准确性，进一步提升医院管理精细化水平，同时也为医疗决策提供了有力支持。

嘉定院区正在探索建立数字孪生运维平台，通过数字化手段创建医院运营的虚拟模型，实现对医院运维状态的实时监控、模拟和优化。

5.1.3　医院运维管理特点分析

在嘉定院区的运维管理体系中，针对医疗设备运行安全的管理，深谙"上医治未病"之古训，致力于构建一套前瞻性的风险防控机制，确保医疗设备在最佳状态下运行，为患者提供安全、高效、精准的医疗服务。

1. 高可靠性与安全性需求

作为医疗服务的关键场所，其日常运营高度依赖于各类医疗设备、信息系统以及基础设施的稳定运行。高可靠性要求医院运维团队必须确保所有系统能够持续、无故障地运行，以支持医疗活动的连续性和高效性，避免因系统故障导致的医疗延误或事故。同时，安全性也是医院运维不可忽视的重要方面，包括数据保护、网络安全、物理安全等多个维度，防止信息泄露、非法访问或恶意攻击，保障患者隐私和医院资产的安全。

2. 严格的环境控制标准

医院环境对控制感染和提供适宜的治疗条件至关重要。嘉定院区的运维管理必须遵循严格的环境控制标准，包括温湿度控制、空气过滤和消毒、废物处理等，以维持医院环境的卫生和安全。这些控制措施有助于减少医院感染的风险，为患者和医护人员提供健康的工作和治疗环境。

3. 人流物流的复杂性管理

医院内部的人流物流管理极为复杂，需要高效地组织患者、医护人员以及物资的流动。嘉定院区的运维管理体系必须能够应对这种复杂性，确保人流、物流的顺畅和有序，减少拥堵和等待时间。这不仅涉及交通流线的规划,还包括对医院内部空间布局的合理设计和调整。

4. 紧急情况的快速响应机制

医院必须随时准备应对紧急情况,如突发公共卫生事件或自然灾害。嘉定院区建立了快速响应机制,确保在紧急情况下能够迅速动员资源,保障患者和医护人员的安全。这要求运维团队具备高度的应急处理能力和协调能力,以及与外部救援机构的有效沟通和合作。

5.1.4 数字孪生运维平台建设

嘉定院区在前期建造过程中引入 BIM 技术,是一个前瞻性和智慧化的决策。BIM 技术通过创建医院院区的三维数字化模型,集成了建筑设计、施工、运维等全生命周期的信息,为医院后续的高效运维管理奠定了坚实的基础。

1. 数字孪生的定义及内涵

基于 BIM 模型构建数字孪生平台,更是将医院的运维管理提升到了一个全新的高度。数字孪生是一种基于计算机技术,对建筑、结构、设备和管道等对象进行数字化描述,并在信息化系统内部建立与物理实体对应的虚拟模型对象,再根据数据同步得到信息反馈,将物理实体的尺寸、运行、状态等变化在虚拟世界中的模型对象上进行映射和绑定并做出同步的变化。数字孪生现在成为了建筑行业的一个重要概念,被广泛应用于智慧园区和智慧建筑的开发和管理中,基于 BIM 竣工信息构建相应的建筑及设备系统三维模型,结合物联网的系统集成和数据采集形成数字孪生,让管理人员可以在信息化系统中以非常直观的方式来了解建筑和设备。

数据孪生体系包括数字孪生建模、数据采集和处理、数字孪生计算和智能优化运行等几个部分:

(1)数据孪生建模,利用竣工 BIM 模型,将建筑模型、机电管线、专业设施设备等进行有机整合,构建建筑数字孪生模型,实现对建筑和设备的实时监测和管理。

(2)数据采集和处理,数字孪生模型需要保证实时性和准确性,能够准确反映建筑和设备运行的状态,通过物联网和传感器实现对智能系统或设备数据和状态的汇聚和同步,运维平台需要具备高效的数据采集、处理和存储能力,提供合理的数据采集、存储、计算、管理功能,对外提供标准的数据服务接口。

(3)数字孪生计算,将所建立的模型和数据进行信息和关系的匹配,以高度可视化的仿真界面实现对建筑系统当前状态的观测和对未来运行的预测。

(4)智能优化运行,可以整合、加载、优化数字孪生模型,结合人工智能及大数据技术对建筑进行实时监测、数据分析、推理比较、智慧决策、运行优化,为建筑赋予一个智慧决策大脑。

2. 数字孪生运维平台建设要求

基于建筑全生命周期管理的理念,在充分利用 BIM 竣工图的基础上,构建数字孪生建筑运维平台,集成暖通空调、能耗监测、视频监控、门禁管理、公共照明、变配电管理等智能系统,将所有需要管理的智能系统均集中到一个管理平台上,通过数字孪生技术提供便于观察和理解的人机交互界面,克服传统运维的缺点。针对医院的特点,为了实现高效管理、绿色节能、运行保障和安全管理的目标,平台的建设总体要求如下所述。

1) 满足医院风险管理的要求

运维平台可建立常态化的运行风险评估工作机制,协同人员、事件、工具,确保场景工作顺畅协作。通过全覆盖监控系统,快速的异常响应、先进高效的 AI 机器学习算法,在线协同工作等多维手段,建立数字化的风险感知协同机制。

(1) 设备管理。运维平台可以全面记录医院各项设备的运行参数、运行状态和运行时长等信息,结合维修和保养记录,可在故障前兆期发现问题,提早反应时间。

(2) 数据安全。运维平台可存储和记录设备、系统的长期运行数据、报警记录数据等,方便运维人员对设备及系统进行全面诊断,并且加强数据的安全防护,建立完善数据备份和恢复机制,加强数据的加密和权限管理。

(3) 应急响应。运维平台具备快速响应机制,能够在设备故障或紧急情况发生时迅速启动应急预案,通知相关人员进行处理。通过远程监控和诊断技术,协助技术人员快速定位故障原因,并提供解决方案。

2) 满足医院运行安全的要求

(1) 运维平台通过 IoT 技术实时收集医院各类设备的运行数据,包括医疗设备、供配电系统、暖通空调系统、安防系统等。通过数据分析,平台能够及时发现设备故障、性能下降或潜在的安全隐患,并立即触发预警机制。

(2) 运维平台具备自动化故障处理与恢复的能力。一旦检测到设备故障或系统异常,平台会自动触发故障处理流程,如重启设备、切换备用电源、调整系统参数等。同时,平台还会记录故障处理过程,为后续的故障分析和优化提供依据。

(3) 运维平台会对安防事件进行集成管理,安保人员可对报警和异常事件第一时间进行处理,加强院区安保水平。还能够对运维操作进行全程监控和记录,包括账号管理、身份认证、访问控制、操作审计等,保护医院信息系统的安全。

3) 满足医院高效管理的要求

(1) 将所需要管理的医院智能化系统统一集成到数字孪生运维平台,可在监控指挥中心实现建筑设备和系统的全方位监测和管理。

(2) 基于竣工 BIM 构建医院数字孪生模型,提供统一的仿真建筑管理界面,便于运维管理人员理解和操作。

(3) 实时监测院区内各个建筑中设施设备的实时运行数据和状态,提供数据统计和分析报表支撑管理和决策。

(4) 运维管理人员可通过网络远程访问运维平台,在多个地点及现场实现管理操作。

4) 满足医院绿色节能的要求

(1) 运维平台对医院内部各项如暖通、照明、动力、就诊区域和手术室的能耗进行分项统计,实现对能耗数据的精细化管理。

(2) 构建医院碳管理模型,进行医院碳排放分析计算,计算医院运行期间的碳排放管理。

(3) 运维平台实现对水、电、气等能耗监测系统的集成,实现能耗数据的采集、存储、计算和数据服务功能,系统至少提供一年的历史能耗数据存储。

(4)对能耗使用及碳排数据定期分析,对能效和碳管理的进一步改进和优化提供数据支撑。

3. 数字孪生运维平台建设架构

数字孪生运维平台的架构可以分成四个层次,分别为智能系统或设备层、物联网平台层、运维平台功能层、用户交互层,如图5-1所示。

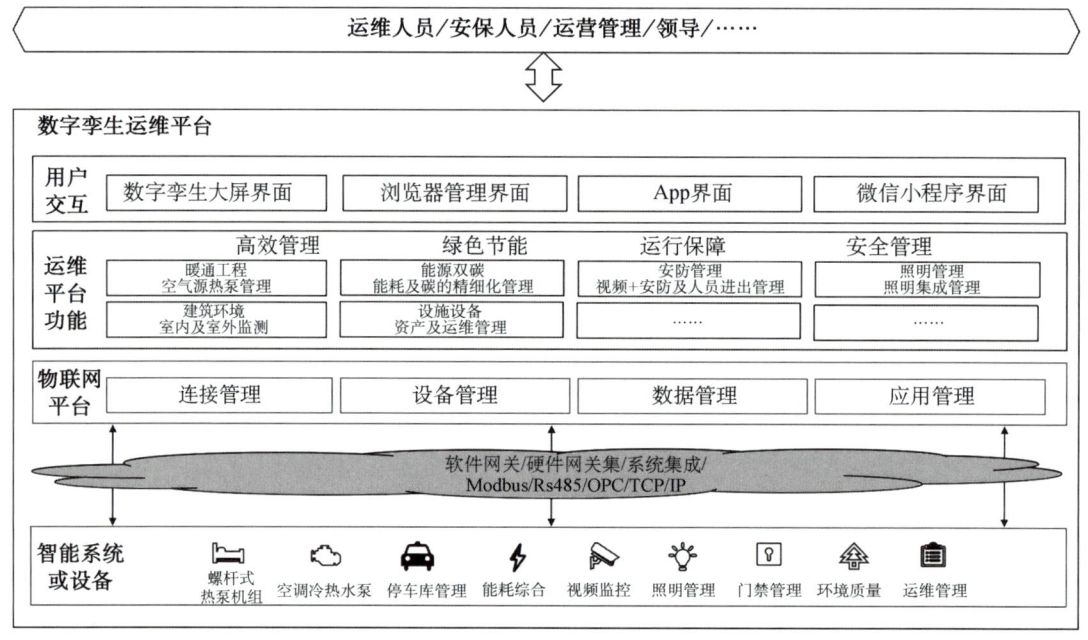

图5-1 数字孪生运维平台的架构

(1)智能系统或设备层:通过软件网关、硬件网关或者系统集成的方式,将智能化系统中的螺杆式热泵机组、空调冷热水泵、停车库管理、能耗综合、视频监控、照明管理、门禁管理、电梯管理、环境质量、运维管理等设备进行数据接入和点位管理。

(2)物联网平台层:提供设备基础管理功能、数据协议解析、数据存储和分析、数据日志的上行和下行管理及数据服务可用性管理等。

(3)运维平台功能层:提供暖通工程管理、能源双碳、安防管理、照明系统管理、环境综合管理、设施设备管理等功能管理,为医院交互界面提供场景联动和功能服务。

(4)用户交互层:提供良好的医院管理界面包括数字孪生大屏界面、浏览器管理界面、App界面、微信小程序界面等。

4. 数字孪生大屏管理界面

数字孪生大屏的模型建设基于BIM竣工模型,将医院内外的真实场景进行虚拟还原,搭建数字孪生驱动的可视化平台(图5-2),构建监控指挥中心一体化大屏,实现对医院的全方位感知、监测、分析、整合以及精细化定位和管控,为运维管理部门提供医院运行状态的三维可视化展示、资源的统一管控和事件的联动处理等服务。在运维平台中实现建筑的孪生数字模型,与真实建筑的运行状态进行同步,将物理空间在数字空间中完成映射,反映建筑的全生命周期过程。数字孪生运维平台通过集成形成对多家设备厂商、智能系统、不同设备的统一管理,通过物联网技术形成数据汇集、分析、查询、显示、调用等管理,在数字孪生运维平台中对设施设备进行可视化管理,对医院运行数据进行可视化展示,在数字孪生空间中实时标记各类突发事件并产生告警信息与标识,数字孪生运维平台实现了各类数据的融合管理和多端联动,医院运行状态、故障、报警等信息一览无余,有效减少运维人员投入,提升运维效率。

图 5-2　数字孪生大屏示例

5. 暖通工程管理

1) 暖通工程管理概述

运维平台实现对暖通空调包括热泵、空调机组、通风设备的集中管理,实现对于设备和系统的运行状态监测。在医院的特殊环境中,运维平台利用图形界面或者自控程序实现对设备的控制管理,对暖通空调系统进行能耗分析和管理,不断优化对暖通空调的运行控制和合理调控,确保医院各区域(如病房、手术室、药房、办公区等)始终保持最适宜的环境条件,满足患者治疗与医护人员工作的需求。医院的暖通工程管理需要实现以下功能。

(1) 设备全面监测与智能管理:运维管理平台可以实现对医院所有暖通系统设备的覆盖,通过基于数字孪生的三维管理界面,对暖通机房、设备、管道等进行全方位监测和管理,可以通过系统图直观展示各设备运行状态(如运行/待机/故障)、运行模式及内外部环境(温湿度、空气质量)的实时数据,确保医院各区域(手术室、病房、公共区域等)环境条件的精准调控。

(2) 智能自适应调控:系统内置智能控制算法,能够根据医院内部的实际需求(如不同区域的患者舒适度要求、医护人员活动强度、季节变化等),自动调整暖通设备的运行参数,如温度设定点、风速、湿度控制等,以达到最佳能效比和舒适度平衡。同时,系统实时监测并记录能耗数据,为医院管理层提供详尽的能源分析报告,助力制定更为科学的节能策略。

(3) 人工操作与群控:为满足医院复杂多变的运营需求,管理平台支持运维人员通过数字孪生空间快速定位并管理暖通设备。支持按楼栋、楼层等逻辑对设备进行分组管理,实现分组内设备的集中启停、温度预设等批量操作。支持通过一键群控,让运维人员能够轻松同时对多个设备进行启停、温度设定等多个功能的同时控制。

(4)设备维护与保养:鉴于医院暖通系统的高要求与持续运行特性,系统内置了完善的设备维护与保养管理体系。通过设定定期维护计划、提醒功能及历史记录查询,确保每项维护工作都能按时、按质完成。此外,系统还提供了在线培训资源与知识库,帮助运维团队不断提升专业技能,以应对各种突发状况,保障医院暖通系统的持续稳定运行。

2)冷热源系统监控

医院的冷热源系统主要包括螺杆式热泵机组、冷水水泵及热水水泵,根据医院环境实时监测与管理,冷热源系统的监测和管理功能如下:

(1)热泵机组的运行状态、故障报警及手自状态,并能进行启停控制;
(2)热水总管供回水温度、供回水流量和压力,计算制冷冷量;
(3)热泵机组电动水阀位置反馈;
(4)补水泵的运行工况监测及定压值显示;
(5)冷热源系统实时能效及能效趋势数值;
(6)室外环境,包括干球和湿球温度、相对湿度,将其作为热源系统运行的参考数值。

3)空调机组监控

空调机组主要包括新风机组和空调机组,主要监测和管理的功能如下:

(1)新风风阀控制,新风电动风阀的开度设定及反馈信号;
(2)过滤网压差,采集安装在过滤网上的压差传感器数值,监测风机滤网堵塞情况;
(3)风机的运行状态、故障报警及手自状态,并进行启停控制;
(4)冷/热水阀门控制,冷/热水阀门开度设定及反馈信号;
(5)送风监测,包括送风压差、温度及湿度监测,对送风空气质量进行数值监测;
(6)回风风阀控制,回风电动风阀的开度设定及反馈信号;
(7)回风温度/湿度监测,采集室内回风空气温度和湿度数值;
(8)回风空气质量,采集室内回风空气二氧化碳浓度数值。

对VRV空调运行状态进行远程监测和智能控制,主要功能如下:

(1)监测主机运行参数,包括启停状态、环境温度、运行模式、压缩机运行频率、压缩机高/低压压力及风档值等;
(2)监测室内机运行参数,包括室温、设定温度、风速及风挡等;
(3)支持在监控图上手动控制空调启停、温度、风挡及风速等参数;
(4)支持设定定时控制策略,在预设的时间点对空调设备执行相应的动作;
(5)支持设定联动控制策略,可基于温度、适度等参数对空调运行状态进行自适应调节。

4)空调主机监控

空调主机主要包括进风部分、空气过滤部分、空气的热湿处理部分、空气的输送和分配等部分,空调系统必须有部分空气取自室外,常称为新风,通过进风口进入空气过滤部分,去除空气中的尘埃和颗粒度较大的污染,然后将空气进行加热、冷却、加湿或者减湿等处理过程,然后再将空气均匀的输送到空调房间内(表5-1),以保证病房、手术室、办公区的温度和湿度处于健康舒适的范围内。

表 5-1 空调主机状态监控

序号	测量参数	状态监控说明
1	室外/新风温度	采用室外/风管空气温度传感器数值
2	室外/新风湿度	采用室外/风管空气湿度传感器数值
3	过滤网压差	采用安装在过滤网上的压差数值
4	送/回风温度	取自安装在送/回风管上的温度传感器,采用风管式空气温度传感器
5	送风风速	取自送风管上的风速传感器
6	送/回风机运行状态	取自送/回风机配电柜接触器辅助触点,也可通过监测点在风机前后的压差开关处监测
7	送/回风机故障监测	取自送/回风机配电柜热继电器辅助触点
8	送/回风机启停控制	从 DDC 的 DO 输出到送/回风机配电箱接触器控制回路进行测量,以监控启/停的状态
9	新风口风门开度控制	从 DDC 的 DO 输出到新风口风门驱动器控制输入点进行测量,以控制其开度比例
10	回风/排风风门开度控制	从 DDC 的 DO 输出到回风/排风风门驱动器控制输入点进行测量,以控制其开度比例
11	冷/热水阀门开度调节	冷水/热水阀门开度控制及反馈信号
12	加湿阀门开度调节	从 DDC 的 AO 输出到加湿二通调节阀阀门驱动器控制输入口进行测量,以控制其开度比例

5) 通风设备监测

通风设备管理主要指送排风机的状态以及启停进行管理,通过对室内多个区域的空气质量也就是一氧化碳进行实时监测,当任意一个区域的一氧化碳浓度超过设定值最大值,则启动风机进行新风送风,当所有区域的一氧化碳浓度低于设定值最低值,则停止风机。上述逻辑控制和监测周期为 1 min,也可以通过手动控制风机的启停,对于风机主要是针对以下数值(表 5-2)进行监测和控制。

表 5-2 通风设备状态监控

序号	设备状态	状态监控说明
1	风机启停控制	实现对于风机启停的操作管理
2	风机手自状态	实现对于风机手自状态的切换管理
3	风机运行状态	实现对于风机运行状态的反馈
4	风机故障监测	实现对于风机运行故障的反馈
5	区域空气质量	采集室内回风空气一氧化碳浓度数值,根据一氧化碳浓度值决定风机的启停与否,以确保环境空气质量处于良好的状态下

通风设备管理,支持在系统结构图中显示送排风设备的运行状态信息,实现对送排风系统覆盖各区域的一氧化碳浓度、温度信息的实时监测,支持通过列表查询和显示送排风设备的基本信息和运行状态信息;运维管理系统能实现对风机的远程手动/自动模式切换,当运行在远程手动模式时,能在中央监控界面上,操作各通风设备的启停;运行在自动模式时,远程手动控制失效,系统按照预制的节能策略,以及时间表自动控制通风设备的运行状态,如:地下车库进入车辆高峰时段自动开启通风设备,能够根据一氧化碳传感器上报数据与设定值偏差自动开启通风机。

6) 故障报警管理

运维平台对暖通空调设备的运行时间和报警进行监测,当系统出现运行规划,或者监测参数超出报警阈值,运维平台将会及时的将报警信息展现在数字孪生的管理界面上,并通过短信报警、邮件报警和声光报警等方式提示现场值班和运维人员进行处理。

7) 数据统计报告

运维平台建立完善的数据统计分析报告,方便日后的分析、研究及改进。提供一系列的报表:

(1) 暖通能耗报告,记录每年、每月、每天的能源使用情况,为制定更好高效的能源使用策略提供依据;

(2) 设备运行报表,记录设备的启停开机情况可以为设备的管理和维护提供较为可靠的依据;

(3) 环境数据报表,记录室内外空气温湿度数据,为分析冷机运行和节能降耗提供对比和分析使用;

(4) 冷冻水温报表,记录冷冻水供回水温度趋势,可以结合其他数据对能耗或者开机策略进行优化分析。

6. 能耗管理

医院的能耗管理是一个综合性的过程,它专注于对医院日常运营中涉及的水、电、燃气、冷热能等各类能源消耗的全面监测、深入分析、精准控制及持续优化。通过集成先进的数据采集与分析技术,医院能耗管理系统能够实时追踪能源使用情况,及时发现能源消耗异常、利用效率低下及能源浪费等问题。

1) 能耗监测

医院的能耗监测通过远传智能电表、水表、燃气计量表及能量计等尖端设备,实现对水、电、燃气、供冷、供热等多维度能源消耗的全方位监测,对能源消耗的数据进行采集和存储。对医院用电的各个部分如冷热源、照明插座、医院动力等等应进行独立分项计量。对建筑用水进行计量管理,按照逐时、逐日、逐月、逐年等任意时段对数据进行查询,提供近若干年的用水数据展示和对比,按照用水分项对用水消耗进行任意时段的用水分析和统计。

在数字孪生空间中可以显示能源表具的具体安装位置、运行状态和能耗数据,也可以通过列表形式查看能源表具的厂商、型号、运行状态和能耗数据等。通过直观可视化的方式,对医院各个楼栋的能耗和碳排放进行监控管理,在建筑维度对不同楼层的能耗情况进行能耗和碳排放的查看和管理。

2）节能分析

医院能耗分析基于项目的能耗模型（水、电）及实际用能，按照时间维度（日、周、月、年）、分项维度以及组织维度等多个维度进行总能耗、费用、单位面积能耗、碳排放量以及标煤等不同形式下能耗数据的统计分析。

医院节能分析的一项重要工作就是评估医院在运行时的节能表现，根据医院能耗的相关运行数据，从综合能耗、采暖供冷能耗、单位面积能耗等维度与基准医院对比，计算综合节能率，对医院的能耗表现进行综合评估。

3）碳排放计算

医院碳排放计算按照医院院区内部建筑群的方式对碳排放量进行计算，构建碳排计算模型，按照上海地区的不同能源类型的碳排放因子，对暖通空调、生活热水、照明及电梯、可再生能源、建筑碳汇系统在建筑运行期间的碳排放量进行汇总计算，对碳排放强度进行计算，基于大数据分析和机器学习算法，对历史碳排放数据进行分析，预测未来能耗和碳排放数据，对建筑未来的碳排放趋势进行评估，帮助运维单位提前制定能源计划。

4）碳排放预算管理

医院可制定能耗及碳排放的全面预算管理，设置碳排放预算阈值，对碳排放总量和分项碳排放数值进行控制，当实际碳排放超过预设的数值时，自动触发报警或预警机制，提醒相关部门对碳排放超额的数值进行确认，对碳排放超额的原因进行分析并对采取措施。

7. 运维平台安防管理

1）安防管理概述

运维平台安防管理集视频监控、入侵报警、门禁管理及车辆进出管理等于一体，通过深度整合与弱电系统的无缝对接，实现了数据的全面汇聚。这不仅能够即时捕获视频监控影像、门禁通行日志及入侵警报等关键信息，还促进了多系统间的智能联动，确保视频与警报即时响应，并精准调度最近资源以应对紧急情况。运维人员借助数字孪生技术构建的建筑模型，可直观掌握安防设备的空间布局、实时状态及视频流的动态，无论是查看门禁通行记录还是追溯历史视频，皆尽在掌握。此模型还能智能分析监控盲区，为安保团队提供前瞻性的巡逻预警，优化紧急事件处置策略，通过空间建模辅助快速调度周边安保力量。同时，门禁系统的融入促使管理策略更加精细化，巡逻系统的智能化升级则有效平衡了人力成本与巡查效率。将传统安防的单体式、单任务式的业务模式，纳入数字孪生运维平台的统一模型中管理，提升项目的综合安防能力。

在医院的敏感区域内，部署的智能视频设备搭载图像识别技术使运维平台能在三维环境中精准定位视频设备，即时调取视频资料，并借助AI算法实现精准预警，如白名单监控、徘徊检测等，大幅减轻人工巡视负担，提升整体安防效能。在预防阶段，平台能提前针对潜在风险人物与车辆进行布控；在事件发生时，结合视频监控与智能巡更，迅速识别并响应园区内的各类安全隐患；事后，则通过高效的人员与车辆追踪系统，迅速定位并回溯行动轨迹，确保问题得到妥善处理。此外，消防报警系统与门禁、视频的紧密联动，确保了报警信息的即时确认与处置，实现了安防与消防的深度融合，将潜在威胁扼杀于萌芽之中。

2）视频监控系统

医院的视频监控系统是一种高度集成的安防解决方案，专注于通过先进的图像监控技术，对医院的主要出入口、关键诊疗区域、药房、库房及走廊等重要区域实施 24 h 不间断的实时与远程视频监控。该系统的核心在于前端部署的高清摄像设备,它们如同医院的"电子眼",能够精准捕捉并即时将现场画面转换为高清电子信号,通过稳定的网络传输通道,无缝对接至中央监控中心。

3) 入侵报警系统

入侵报警系统是发生非法入侵时向安保人员提供报警信息的安防系统。入侵报警系统通过前端布置的探测器对医院楼宇周边、入口、关键诊疗区域及重要物资存放地等高风险区域进行布防,实现探测重要区域的非法入侵情况,一旦监测到任何可疑活动,探测器会立即触发报警机制,将详尽的报警信息迅速传输至中央监控中心,监控中心通过声光报警的方式提示安保人员。通过监控屏幕,安保人员还能实时查看报警区域的视频画面,进一步确认入侵情况,为采取后续措施提供有力支持。

4) 门禁管理系统

门禁管理系统被设置在门诊、住院部、洁净区域、药房、行政科研用房等重要区域的出入口,医护工作人员通过监控中心统一发放的门禁卡进出权限范围内的区域。同时,医院的门禁管理系统还具备高度的可扩展性和灵活性,能够无缝集成建筑停车管理系统、考勤系统及消费系统等多项功能,实现真正意义上的一卡通服务。

8. 运维平台照明系统管理

1) 照明系统管理概述

医院的照明系统管理主要是对照明系统进行智能化的管理,在保持或提高照明质量的同时,通过优化照明系统来降低能源消耗。照明系统管理需要从照明设备管理、照明控制策略,照明能耗管理等入手,综合应用各种技术手段和管理措施,实现照明系统的低能耗运行。从能源消耗的角度来说,照明系统的能耗在建筑能耗中也占据了相当重要的比例,因此加强照明系统的节能和控制管理,将有效的降低总体能耗,增加节能效果,达到建筑整体节能减排的作用。

2) 照明设备管理

照明设备管理在医院运维体系中扮演着至关重要的角色,它实现了对所有接入系统的照明设备的集中化、智能化管理。运维平台能够支持对医院各个区域的照明设备进行分组管理和远程配置等操作,确保设备的正常运行和安全性。同时,平台还支持照明设备的资产管理和库存管理功能,方便管理人员对设备进行统一管理和高效调度。

在数字孪生运维平台,可以通过高精度的三维建筑模型,医院能够直观地监测到每一楼层、每一电井空间内照明回路与模块的工作状态,甚至细致到照明时控的具体运行时间表。可以通过数字孪生空间,对照明和电力设备的关联关系进行查看和管理,例如可以查看照明回路、照明控制模块、照明配电柜、电井相互之间的关系,当发生照明设备报警,运维人员可立即在三维模型中定位故障点,并快速追溯到上级照明模块与电力设备的具体位置,极大地缩短了故障排查与处理的时间,确保医院照明系统能够迅速恢复正常,为患者提供安全、舒适的就医环境。

3) 照明控制策略

医院对照明回路制定自动策略管理,可以通过时控策略、场景策略或者感光策略对照明设备进行智能控制以达到灵活控制和降低成本的目的。时控策略通常是指对建筑内部的照明进行定时开启和定时关闭,在进行照明节能的同时减少人工对照明开关的处理工作量。场景策略主要是通过预设的不同照明场景,以适应不同的就诊或工作需求,比如在就诊室和检查室要根据不同医疗检查项目的照度需求,预设不同的照明模式;会议室可以预设会议、休息、演示等多种照明场景。感光策略用光线传感器实现对于环境光线的感应并进行照明调节,当室内光线充足时关闭部分不影响体验的照明,予以节能,当阴天或者光线不足的时候自动增加和打开照明,保证良好的光线体验。

照明区域管理,除了自动策略之外,运维平台支持划分照明区域,对照明区域的照明设备进行人工开关管理。运维团队能够依据实际需求,如建筑布局、科室功能或日常运营流程,灵活地将照明设备划分为不同的区域。这些区域可以基于楼栋、楼层等自然界限来组织,确保同一区域内的照明设备能够集中管理,便于运维人员执行统一的启停操作。

4)照明能耗管理

照明能耗管理能够实时监测照明系统的能耗情况、运行状态等,通过数据分析,及时发现并解决潜在问题,确保照明系统的稳定运行。在运维管理平台对不同医院的建筑/楼层/区域的照明的能耗情况进行监测,并根据实际需求进行节能控制。

9. 运维平台环境管理

医院作为医疗服务的核心场所,其环境监测系统的构建直接关乎就诊患者与医护人员的健康与舒适度。对于室内环境,系统聚焦于温度、湿度及空气质量的精细监测,包括但不限于二氧化碳浓度、PM2.5等关键指标,确保每一间诊室、病房乃至公共区域都能维持在最适宜的环境状态。一旦监测到任何环境参数超出预设的舒适范围,系统会立即触发告警机制,以最快速度通知运维人员。此时,运维人员可根据实际情况,选择自动或手动方式调控暖通系统、通风设备等,迅速恢复环境至理想状态,为就诊患者和医护人员提供健康、舒适的室内室外环境。

在室外环境方面,运维平台会对医院周边的空气质量、噪声水平及废气排放进行严密监控,通过在医院内外部广泛部署了 IoT 传感器,实时采集并传输环境数据至中央处理系统,对医院环境空气质量进行监测,包括空气温度和湿度,二氧化碳、一氧化碳和其他有害物质的含量。当建筑室内的空气质量监测数值超过阈值时,可以联动相应的设施设备进行自动处理以保证室内工作环境的舒适度,例如当温湿度环境不达标时联动空调机组调节空气温湿度,或者当室内一氧化碳或者二氧化碳超标时联动新风设备调节空气质量,节能降耗的同时,营造舒适的室内环境。

在数字孪生运维平台的加持下,医院的环境监测与管理变得更加直观与高效。通过建筑模型的多层级展示,运维人员可以在指挥监控中心的大屏上轻松掌握各区域的环境状况。同时,系统还支持多渠道信息发布,将关键环境数据实时推送至室外显示屏、微信公众号等平台,提升信息透明度与公众参与度。尤为值得一提的是,当发生环境异常时,平台能自动将报警设备位置高亮显示在数字孪生模型上,并提供详细的处理指引,助力运维人员迅速响应、精准施策。

10. 运维平台资产管理

1)设备资产管理

(1)设备资产列表

医院的运维平台应详细记录所有设施设备的基本情况等信息,包括医疗设备的名称、型号、序列号、生产厂家、购置日期、成本、折旧情况等基本信息。根据设备的用途、价值或维护等级进行分类,如医疗设备(如 MRI、CT、超声仪等)、辅助设备(如呼吸机、监护仪等)、办公设备(如电脑、打印机等),以便于进行针对性的管理和维护。随着设备的增减、报废或迁移,平台需实时更新设备资产列表,确保数据的准确性和时效性。

(2) 设备资产地图

利用 GIS(地理信息系统)或二维/三维建模技术,将医院内的设备资产以地图形式呈现。地图上标注各科室位置、设备分布及状态(如在线、离线、维修中等),使管理者能够直观了解全院设备资产的分布情况。支持查询楼层下的设备、空间及信息;支持点击或悬停查看设备的详细信息,如名称、位置、状态等,甚至可以直接从地图上发起维修请求或查看维护历史。可选 2D、3D 模式查看各个设备、空间以及相互的关系,在地图进行可视化展示。

(3) 设备资产专业概览

根据设备资产所属的不同专业进行分类,可分为强电、空调、弱电、消防、安防、给排水、土建、照明、燃气和电梯专业。专业概览中可提供五类场景化查询:供电关系、漏水排查、管道堵塞排查、异味排查、消防联动;支持查询专业下的机房和竖井、系统的关键参数、重要设备数量等信息,快速了解项目该专业的基本信息。

还可根据医疗设备的专业特性进行分类,如影像科、检验科、手术室等,每类设备下再细分具体型号和用途。针对不同专业的设备,设置不同的维护标准和操作规程,确保设备在专业领域内得到正确的使用和维护。

(4) 空间概览

空间经营看板支持查询空间的租赁信息和环境参数,还支持碳排放等相关信息的查询,并提供"监—管—控"能源和碳管理服务,对建筑物内各碳排放环节,如冷热源、输配系统、照明系统和集中热水等进行独立分项计量,并进行综合计算。结合设备资产地图,对医院各科室的空间布局进行概览和分析,评估空间利用率和合理性。针对空间紧张或布局不合理的区域,提出优化建议,如调整设备摆放位置、增加移动式设备等,以提高空间使用效率和患者就医体验。

2) 设备运行监测

设施设备信息包括设备名称、编号、类型、安装信息、厂商信息、使用年限、空间位置、维保手册、维保记录、故障记录等,基于 BIM 模型数据建立设施设备资产信息库及备品信息库,建立设施设备唯一"身份"标识,实现资产信息的可视化查询、统计和定位。同时结合 BIM 模型、设备模型及智能监测系统,可实时监测设备的运行状态、运行数值等,对发生故障和预警的设备进行空间定位和告警通知,可自动调取设备的维保资料供维修人员查看,并记录故障设备维护信息,实现设施设备信息的动态可视化监管。

当设备报警时,可以高亮显示设备位置、运行参数、工程数据和文档。对于设备厂家、应用手册、是否出保修期等都一目了然。报警事件可基于测点数据产生,包括阈值超限报警和硬件故障报警方式,包括实时报警和历史报警功能。对于轻度的实时报警提醒,运维人员可选择忽略,对于重度的实时报警,运维人员可选择报修进入设备的维保流程。能够导出报警记录报表。

3）设备巡检管理

设施设备巡检包括设备巡检、设备保养、安全巡检、保洁巡检等应用场景。在设施设备BIM维护模型建立时会对设施设备进行分类编码，并根据不同类型设备特点建立设备维护保养标准。系统基于数字地图进行巡检巡维路线规则生成维保任务；任务执行人员通过移动端执行巡检巡维任务并更新维护状态；巡检过程发现隐患及故障时，可通过移动端设备扫码进行设备定位并登记故障，同时创建维修工单进行故障及隐患的处理与反馈，在维修过程中可查看故障设备的相关图纸、历史维修信息、巡检信息、保养信息、维修知识库等，辅助问题定位与解决。管理人员可实时进行异常跟踪、进度监控、对维保人员实际工作轨迹进行定位查询，实现巡检巡维全过程可视化。

巡检总览显示巡检任务总数、已完成任务、未完成任务，以及会显示本季度任务统计图、一周趋势统计图，同时可创建新的巡检任务划，根据维保标准建立维保计划并自动。

通过智能化信息管理和智慧化巡检巡维的应用，及时发现问题、处理问题，提高设备日常巡检维护效率，降低运营成本，减少设施设备安全隐患。通过对设备日常维护维修数据进行分析，系统自动根据规律得出维护建议，优化设备维保标准，变被动防范为主动预防，实现设备可预见性的维护，促进设备资产保值增值。

4）设备维保管理

设备维保管理模块整合了设备维保计划、新增维保、维保提醒等功能，通过运维平台的构建，将医院内的所有机电设备纳入统一管理。这一模块详细记录设备运行的工作数据，为需要维修和保养的设备提供详尽的管理报表，实现了设备的科学维护和保养，显著减轻了管理员的工作负担。

运维平台还提供了维保总览功能，对维保情况进行深度统计分析，清晰展示本季度的维保任务总数、已完成数和未完成数。同时，平台还生成维保任务统计图，直观呈现一周内维保设备的数量，并支持查看当日维保任务的详细情况。

这种精细化的维保管理方式确保了设备"不误时保养"，避免了"超前保养"的浪费，并能"及时发现故障"，实现"及时维修"。这种科学的管理方法有效延长了医院设备的使用寿命，提升了设备的运行效率和稳定性。

5）运维工单管理

运维工单管理是一项至关重要的功能，它涵盖了工单的创建、分配、处理到关闭的完整流程。医院运维人员或用户可通过系统提交工单，并指定处理团队或个人。系统会自动将工单分派给相关人员，处理人员可提交详细的处理信息，包括处理方法、现场照片、描述、工时消耗及使用的备品备件等。

通过对现场运维的管理，实现工程维修记录都可追溯，重要的工作信息留痕，发生事件时，可追溯历史记录并明确原因。医院运维管理平台通过移动工单和绩效管理考核等信息化手段，确保医院工程维修及时、过程可追溯、维修结果有审核，使得院方满意。

6）运维风险管理

（1）风险管理前期配置服务

第一，设备设施信息集成与智能评估。在医院运维管理中，首先需全面导入设备设施的基础信息及运维历史数据，包括但不限于品牌型号、投运时间、安装质量评估以及运行环境的温湿度监控等。同时，录入近期维修更换记录、巡检/维保/检查的具体观察结果，以及医院现行的巡检、维保、合规检测与维修管理标准与策略。这些数据将被智慧运维平台的AI引擎深度分析，以精准识别各设备设施的潜在失效特征，评估当前状态，并基于现有运维策略预测潜在风险水平，为医院运维提供科学的数据支持。

第二，重点风险隐患的深度诊断与整治指导。针对医院内价值高、风险发生概率大、当前正面临或医院高度关注的风险事件，运维平台的AI将智能推送定制化检查诊断方案。针对发现的问题，AI不仅提供多套切实可行的整改方案，还附带每套方案的预估成本分析，助力医院管理层做出更加精准、经济的决策。这一流程有效实现了"治已病"，即及时应对并解决已识别的风险问题。

第三，预防性维护策略的智能优化与前瞻管理。对于医院关键设备设施及当前风控表现不佳的设备，智慧运维平台的AI将进行深度遍历计算，推荐最优的预防性维护策略组合。这些策略将综合考虑设备全生命周期内的维护成本与风险控制价值，并与医院原有的维护策略进行对比分析，为医院提供前瞻性的维护优化建议。此举旨在"治未病"，通过预防性措施降低未来故障风险，提升医院运营的安全性与效率。

第四，策略计划向工单系统的无缝对接与执行监控。经过充分讨论与确定的预防性维护策略将被直接录入医院工单系统，转化为计划性工单，驱动策略的有效执行。同时，提供工单系统的使用培训及上线试运行服务，确保医院运维团队能够顺利上手。运维平台AI将持续采集工单执行数据，动态更新风险隐患评估结果，形成闭环管理，不断提升医院运维管理的智能化水平。

（2）风险管理周期复盘服务

周期性精细检查与评估。在完成前期配置服务后，医院运维平台将实施月度/季度的定期检查机制，全面审视策略执行成效及设备设施的风险隐患动态变化（简称"周期性检查"）。这一过程不仅涵盖医院明确标注的重点风险隐患，还深入探索运维平台AI通过工单系统、IoT等实时数据源识别的潜在异动风险点，以及周期性安排的专项风险隐患抽查。所有调研与检查数据均被精心整理，输入至运维平台的AI系统，高效实现精准分析与评估。

依托工单记录、IoT数据、专项调研结果等多源信息，运维平台AI执行综合评估分析，实时刷新风险评估报告。针对新浮现的已发生风险，平台将迅速生成详尽的整治方案；对于预防性策略实施效果未达预期的情况，则提供策略再评估与优化建议。

通过组织正式的月度/季度管理复盘会议，协助医院回顾风险状况，深入讨论管理策略的调整方向，确保医院设备设施的风险防控遵循PDCA（计划—执行—检查—行动）循环原则，实现持续改进与问题的高效解决，为医院的安全运营保驾护航。

风险管理其他服务。医院操作人员可以在运维平台中查看设备设施风险隐患状态，查看策略信息、执行反馈信息，根据AI指引日常自行排查隐患并处理和反馈。

11. 人工智能在运维平台中的应用

在运维领域，业界通常会采用自动化操作的相关技术栈（DevOps、CI/CD等）来提升工作质量和效率，以及解决分布式架构下规模增长带来的生产安全、运维瓶颈等问题，并开始逐步探索AI技术的应用场景。当前，运维工作已基本实现对简单、重复操作流程的自动化替代。2023年以来,以GPT为代表的大模型技术愈发成熟,AI技术已能够在多环节构成的复杂工作场景中执行自动化操作,并加速推动IT运维步入智能运维(AIOps)新阶段。智能运维凭借智能化、自动化的处理能力,以及高效、灵活的应用特点,在事务处置的一致性、可重复性、可复制性等方面均具有明显优势,尤其针对故障定位、问题分析、应急处置等场景,可以快速响应和解决系统故障,有效提升运维连续性水平。

目前AI大数据在医疗领域覆盖医学知识问答、生物及药物研发、智慧诊疗、医保知识管理等方面。现代化智慧医疗迫切需要有效地利用和深入挖掘医疗领域积累的海量多模态数据(图5-3)。根据临床场景数据交互类型的不同,可分为文本任务、视觉任务、语音任务、跨模态任务等。具体临床场景,如就诊前的挂号问诊、健康宣教、知识问答;就诊中的辅助诊断、电子病历生成、手术模拟;就诊后的健康管理、医药服务、慢病管理;医学研究领域的文献挖掘、药物研发;医疗元宇宙中的场景构建、情感交互等。医疗元宇宙作为智慧医疗的重要创新,通过虚拟显示技术打破空间和资源的限制,构建医院智慧运维平台,从而促进医疗服务的协同发展。

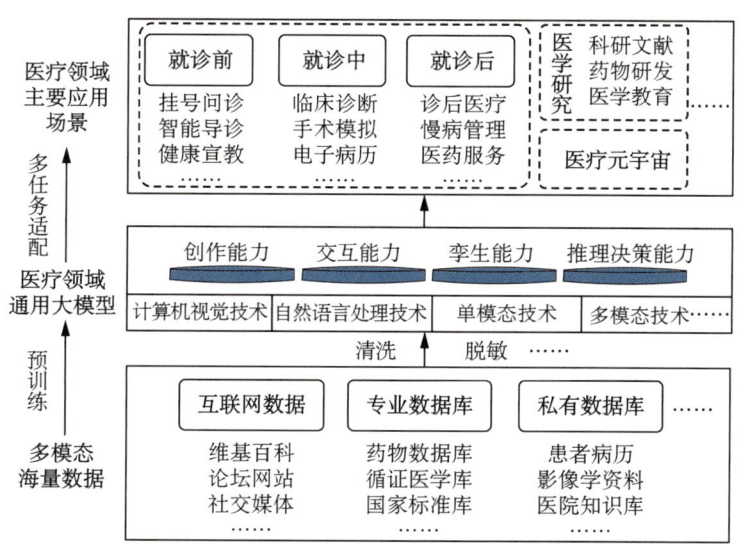

图5-3 人工智能大模型在医疗领域的应用架构

5.2 智慧后勤的实施方案

5.2.1 医院智慧后勤的理论基础

1. 设施管理概念及其在医院中的应用

医院智慧后勤管理是指利用先进的信息技术手段,对医院各类设施基础设施实施数字化管理,旨在提高医院设施管理的效率和质量,为医院整体运营提供有力支撑。设施管理

图 5-4 设施管理要素

备注:"3P+1T"概括了设施管理所需要的人力资源、管理流程、硬件产品和技术支持四个关键关键因素。通过合理规划和实施这四个方面,可以提高设施管理的效率和水平。

(Facility Management)是一种整合人力资源、空间资源、流程管理和技术应用,以期提升组织运营绩效的系统化管理方法,如图 5-4 所示。

在医院领域,设施管理涵盖对建筑物、医疗设备、信息系统等各类基础设施的规划、建设、运行和维护。高效的设施管理有助于降低运营成本、优化运营效率,确保医院设施的安全性和可靠性,为提供优质医疗服务奠定坚实基础。医院作为特殊的服务型组织,其设施管理与一般工业或商业设施存在显著差异。医院设施管理需紧密围绕医疗服务需求,兼顾医疗技术更新、环境卫生要求、应急响应能力等多方面因素,对场地布局、设备采购、能源供应、安全防护等方面提出独特要求,以保障医院高效、安全、人性化的运营。

医院智慧后勤管理是将先进管理理念与信息技术紧密融合,并结合医院自身特点的创新性实践,旨在最大限度发挥设施资源的效用,为患者和员工营造优质、高效、安全的就医和工作环境,一般包括以下关键点。

1)数据驱动

通过对各类设施运行数据的实时采集和分析,能够准确掌握设施使用状况,为预测性维护提供依据。

2)自动化

以智能设备和控制系统为基础,实现对设施的自主监测、诊断和调节,减轻人工管理负担。

3)协同联动

将设施管理与医院其他管理系统(如医疗、财务、人力资源等)进行深度融合,提升医院整体运营效率。

4)精细化

通过大数据分析,实现对设施使用情况的全景感知和精细化管理,为医院提供决策支持。

医院智慧后勤管理主要内容如下。

(1)设施信息管理:建立设施资产台账,实现对医院各类设施的实时监控和动态管理。

(2)设施运维管理:利用传感器和控制系统,实现对设施运行状况的自动监测和故障预警,优化维修计划,定期对设备运行状态进行健康评估,制定并实施改造计划。

(3)能源管理:通过对供配电、供暖、制冷等系统的智能监测和调控,提高能源利用效率,降低能耗成本。

(4)环境管理:监测和控制医院内部的温湿度、空气质量等环境指标,确保就医环境的舒适性和卫生安全性。

(5)安全管理:利用视频监控、门禁系统等技术,加强对医院设施的安全防护,维护医院运营秩序。

2. 医院设施管理的特点及挑战

医院作为专业性很强的服务机构,在医院后勤设施管理方面具有一些独特的特点和面临的挑战。

1) 医院后勤设施管理需求复杂

医院设施涉及建筑物、医疗设备、信息系统等多种类型,每种设施又有其特殊的功能和管理需求。例如,医疗设备不仅要保障其正常运转,还要定期进行校准和维护;信息系统则需要确保数据安全和系统稳定运行。这种多样性和专业性给设施管理带来了较大难度。

2) 医院设施管理目标多重

首先,医院后勤要确保医院设施的安全性和可靠性,保障医疗服务的质量。其次还要关注设施运营的经济性,控制管理成本。最后,医院还要重视设施对环境的影响,不断提升能源利用效率,减少碳排放。这些目标之间存在一定的矛盾与平衡,给管理工作带来了挑战。

3) 医院后勤设施管理运营环境多变

医院的医疗服务需求会随着就诊人数、疾病、疫情等因素的变化而不断变化,这就要求设施管理必须具有很强的"平疫转换"的响应能力,能够快速调整以满足医院运营的需求。同时,医院还要面对政策法规、技术进步等外部因素的影响,不断优化设施管理措施。

4) 医院后勤设施管理涉及利益相关方多样

医院后勤管理包括医院管理层、医护人员、患者、政府监管部门等,各方对设施管理的诉求和预期都不尽相同。医院设施管理工作需要平衡各方利益,协调各方诉求,这也给管理工作带来了一定难度。

面对上述特点和挑战,医院需要采取有针对性的管理措施。第一,要建立健全的设施管理体系,明确岗位职责,优化管理流程;第二,要运用先进的信息技术手段,实现对设施的全方位监控和精细化管理;第三,要制定科学合理的维护计划,确保设施安全可靠运行;第四,要加强与各方利益相关方的沟通协调,增进理解与合作。

3. 医院设施管理的目标及绩效指标

医院设施管理的目标是通过对医院各类基础设施的高效管理,为医院提供安全、可靠、高效的设施保障,从而更好地支撑医院的医疗服务和整体运营。为实现医院运营目标,医院后勤管理需要建立完善的绩效考核体系,通过各类关键绩效指标(KPI)进行科学评估和持续改进。如表 5-3 所示。

表 5-3 医院后勤设施管理绩效指标参考

指标类型	具体指标	计算公式	评估原则
设施安全指标	各类安全隐患发现率	各类安全隐患发现数/总检查项目数	隐患发现率越高越好
设施安全指标	事故发生率	事故发生次数/运营时间	事故发生率越低越好
设施运行效率指标	设备利用率	设备实际使用时间/设备设计使用时间	设备利用率越高越好
设施运行效率指标	能源利用效率	实际能耗/标准能耗	能源利用效率越高越好

(续表)

指标类型	具体指标	计算公式	评估原则
设施运行效率指标	维修响应时间	维修请求响应时间/维修完成时间	维修响应时间越短越好
环境质量指标	温湿度	温湿度测量值/标准温湿度范围	温湿度指标越接近标准要求越好
环境质量指标	空气洁净度	PM2.5浓度/标准浓度限值	空气质量指标越接近标准要求越好
环境质量指标	照明舒适度	照度测量值/标准照度要求	照明舒适度指标越接近标准要求越好
成本控制指标	单位建筑面积能耗	总能耗/总建筑面积	单位面积能耗越低越好
成本控制指标	单位建筑面积维修成本	维修成本/总建筑面积	单位建筑面积维修成本越低越好
用户满意度指标	患者对设施管理满意度	满意人数/总调查人数	满意度指标越高越好
用户满意度指标	医护人员对设施管理满意度	满意人数/总调查人数	满意度指标越高越好
创新发展指标	新技术应用率	新技术应用项目数/总项目数	新技术应用率越高越好
创新发展指标	新工艺应用率	新工艺应用项目数/总项目数	新工艺应用率越高越好
创新发展指标	管理创新绩效	管理优化效益/管理成本	管理创新绩效越高越好

5.2.2 医院智慧后勤的技术支撑

医院智慧后勤设施运维管理旨在通过信息技术的深度融合，实现对医院设施的全面感知、广泛互联、智能决策和卓越执行，从而提升医院设施管理的整体水平。其中"全面感知"是医院后勤智慧运维的基础。通过物联网、大数据等技术，可以对医院各类设施设备的运行状态、能源消耗、环境参数等实现实时监测和数据采集，全方位感知设施运行动态。"广泛互联"是医院后勤智慧运维的关键。利用物联网将分散的设施设备连接起来，实现设备间、系统间的无缝集成，促进数据、资源的高效共享和优化调配。"智慧决策"是医院后勤智慧运维的核心。借助人工智能技术对海量数据进行分析挖掘，深入洞察设施运行规律，智能化地做出故障诊断、预测维护、优化调度等决策，实现医院设施的自主优化管理。"卓越执行"是医院后勤智慧运维的目标。依托智能化决策系统的指令，通过自动化控制和执行系统，对设施的运行进行精准调节，确保设施运行的高效、安全、经济，为医院运营提供坚实保障。

1. 物联网技术在医院后勤设施管理中的应用

物联网技术为医院设施管理带来了全新的机遇。将各类设备和系统连接到网络，可实现医院设施运行状况的实时感知和远程控制，为医院智慧化设施管理提供强大支撑。首先，物联网技术可用于医院设备资产的全面管理。通过在关键设备上安装传感器和 RFID

标签,医院可以实现对设备状态、位置等信息的实时采集和监控。这不仅有利于及时发现设备故障,优化维修计划,还能够提高设备利用效率,降低管理成本。其次,设备信息的数字化管理也为医院资产管理的精细化提供了基础。同样,物联网技术也可应用于医院建筑设施的智能管理。利用温湿度、照度、空气质量等传感器,医院可以实时监测各区域的环境指标,并通过中央控制系统进行自动调节,确保就医环境的舒适性和医疗环境的安全性。最后,物联网还可与消防、门禁、监控等系统集成,可提高医院基础设施的安全防护水平。在医院能源管理中物联网技术也发挥着重要作用。通过对供配电、供暖制冷等系统的远程监测和智能控制,医院可以实现对能源消耗的精细化管控,提高能源利用效率,降低能耗成本。如图 5-5 所示。

图 5-5 某项目基于物联网技术的远程运维

备注:某项目机房基于 BIM 模型和物联网技术实现机房远程运维,提升机房运维效率达 50%。

2. 大数据分析在医院后勤设施管理中的应用

通过对设施运行过程中产生的海量数据进行收集、存储和分析,医院可以更加深入地了解设施使用情况,优化管理策略,提升设施运行效率。

首先,大数据分析有助于医院设施资产的精细化管理。通过对设备维修记录、能源消耗数据、巡检信息等进行分析,医院可以全面掌握各类设备的运行状况、故障特征和使用寿命,制定个性化的维修保养计划,延长设备使用期限,提高资产利用效率。同时,大数据分析还可以帮助医院合理调配设备资源,提高设备使用率,降低闲置资产带来的投资浪费。

其次,大数据分析有助于提升医院能源管理水平。通过对能源用量、负荷变化等相关数据的深度分析,医院可以准确识别高耗能区域和时段,并采取有针对性的节能措施,如优化配电方案、调整制冷供暖策略等。

最后,大数据分析有助于改善医院内部环境质量。通过对温湿度、空气质量、照明亮度等环境监测数据的分析,医院可以及时发现问题区域,采取调控措施,确保就医环境始终保持在最佳状态。如图 5-6 所示。

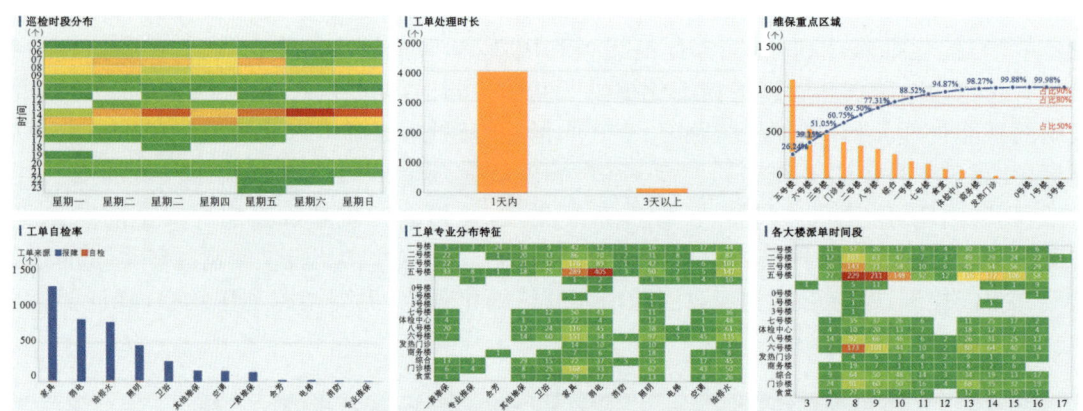

图 5-6　某医院项目基于医院设施管理系统进行工单维保绩效分析

备注：某医院项目利用 FM 设施管理系统从空间、时间、专业等多个维度对其工单和巡检数据进行分析，挖掘医院设施管理规律和需求，提升设施管理服务能力。

3. 人工智能技术在医院后勤设施管理中的应用

人工智能技术为医院智慧设施管理带来了新的机遇。通过利用机器学习、计算机视觉等人工智能技术，医院能够实现对设施运行状况的智能感知和自主决策，进一步提升设施管理的智能化水平。

首先，人工智能技术可应用于医院设备故障预测与预防性维护。通过对设备运行数据、维修记录等信息进行机器学习分析，医院可以建立设备故障预测模型，提前识别潜在故障隐患，制定针对性的维护方案。相比传统的定期维修模式，这种基于预测的主动维护方式能够大幅降低设备故障发生概率，提高设备可靠性，从而减少因设备故障导致的医疗服务中断。同时，人工智能还可以辅助医院制定优化的设备更新计划，合理调配维修资源，进一步提升设备管理效率。

其次，人工智能技术可应用于医院环境监测与自动化调控。结合物联网技术，医院可以利用计算机视觉等手段，实时监测各区域的温湿度、空气质量、照明等环境指标，并通过智能控制系统进行自动调节，确保就医环境始终处于最佳状态。相比传统的被动监测和人工调控模式，这种基于人工智能的环境智能管理方式可以大幅提高环境监测的精准度和调控的响应速度，从而为患者和医护人员营造更加舒适安全的就医环境。

最后，人工智能技术还可与医院其他管理系统进行深度融合，提升医院整体运营效率。例如，通过将人工智能应用于设施管理与医疗服务的协同优化，医院可以实现对就诊高峰时段的预测和设施资源的智能配置，大幅缩短患者等候时间，提升就医体验等。如图 5-7 所示。

5.2.3　全生命周期视角下的医院智慧后勤实施方案

医院后勤设施管理贯穿于整个设施的全生命周期，自设计建造之初至持续运营维护，设施管理工作都扮演着关键角色。因此，医院后勤管理部门需充分前瞻性地考虑未来设施管理需求，在设计和施工阶段就采取智慧化措施，为后续高效、可靠的设施运行打下坚实基

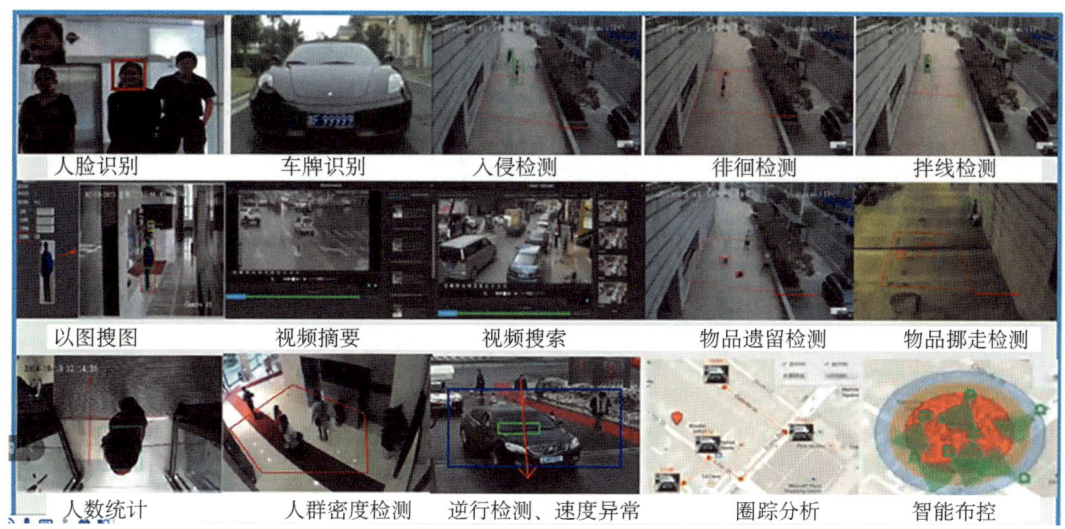

图 5-7 医院智慧安防应用场景

备注:基于 AI 视觉分析边缘网关使普通监控摄像头具备视觉分析能力,提升设施管理安防的能力。

础。在设施运营阶段,医院亟需将设施管理基础理论有机融入日常后勤管理实践中,将智慧化设施管理理念内化于各项具体工作,持续优化和提升医院后勤管理能力。通过制定科学的设施运维策略、建立健全的管理制度流程、配备先进的管理系统工具、培养专业的管理人才队伍等多管齐下,医院方能真正实现设施资源的高效利用,为临床医疗服务保驾护航。

1. 设计阶段的智慧化规划考虑

在医院设计阶段,医院后勤应充分考虑院内设施的可维护性。通过对维修作业、设备更换、材料更换等维护需求进行深入分析,合理确定设施的布局、动线、空间尺度等,为后续高效维护创造条件。因此,医院后勤在医院建筑设计阶段就应重视医院基础设施智能化系统建设。通过在设计中融入物联网、大数据、人工智能等技术,提升医院设施的监测、诊断和控制能力,为运营阶段的医院智慧化设施管理创造前提条件。如表 5-4 所示。

表 5-4 医院后勤智能化系统建设规划参考清单

序号	系统名称	需要动态集成的数据
1	BA 系统	机电设备的启停状态、故障状态和实时运行参数;集成各个监测点位的报警阈值及报警等级
2	能耗监测系统	各用电回路、用水回路、天然气回路的实时用能数据
3	报修服务系统	报修工单的报修时间、结束时间、报修位置、工单类型、工单描述、当前状态等信息、报修工单的评价和处理人员、报修人员、紧急程度等信息
4	视频监控系统	集成视频监控系统中个摄像头的名称、编号、视频流地址等数据
5	医用气体系统	空压机、负压机等设备的启停状态、故障状态和重要运行参数等信息,运行参数的报警阈值
6	安防报警系统	各报警点位的实时状态信息
7	停车管理系统	各出入口采集的车牌信息、出入时间和抓拍的照片

(续表)

序号	系统名称	需要动态集成的数据
8	人脸识别系统	各人脸识别摄像头的实时抓拍图像和对应的人员信息
9	人流统计系统	各人流统计摄像头的实时统计信息
10	电梯监控系统	各个电梯的启停状态、故障状态、上下行状态和所在楼层等信息
11	特殊区域空调监控系统	各特殊区域空调的启停状态、故障状态和重要运行参数等信息,以及运行参数的报警阈值
12	蒸汽锅炉监控系统	蒸汽锅炉系统的启停状态、故障状态和重要运行参数等信息,以及运行参数的报警阈值
13	柴油发电机监控系统	成柴油发电机的启停状态、故障状态和重要运行参数等信息,以及运行参数的报警阈值
14	污水处理监控系统	污水处理系统设备的启停状态、故障状态和重要运行参数等,以及运行参数的报警阈值;各水池的水位状态
15	电力监测系统数据	各用电回路的额定功率、额定电流、额定电压以及实时功率、实时电流和实时电压数据
16	环境监测系统	各楼层或各空间的环境参数,包括温度、湿度、VOC浓度、一氧化碳浓度和颗粒物浓度,以及各个监测点位的报警阈值和正常量程范围
17	净水系统	净水系统设备的启停状态、故障状态和重要运行参数等,以及运行参数的报警阈值
18	HIS系统	每小时各个科室的门诊和急诊数据; 每小时各个区域的住院数据

2. 建设阶段的智慧化实施要点

医院基础设施建设是实现医院智慧化管理的关键环节。在建设阶段,医院需要充分结合设计理念,采取针对性的智慧化措施,为未来的设施运维管理奠定基础。首先,在建设过程中,医院应确保BIM模型的深化应用。在设计阶段建立的BIM信息模型,在建设阶段要不断完善和更新,纳入实际施工情况、材料变更、设备参数等全面信息,为后续运维管理提供可靠的数字化基础。同时,医院还应鼓励施工单位应用BIM技术进行施工优化和协同,提高建设效率。其次,医院应加强对智能化设施的部署。在满足基础功能的同时,应重点关注物联网、大数据、人工智能等技术在设施建设中的应用。如在建筑物中预留安装传感器、控制设备的管线和空间,为将来的智能化改造创造条件;在供电、供暖制冷等系统中嵌入智能化控制单元,为能源管理优化奠定基础。最后,还要确保各类智能化系统的互联互通,为未来集成化管理奠定技术基础。

3. 运营阶段的智慧化运维

在医院运营阶段需要通过"全面感知、广泛互联、智慧决策、卓越执行"智慧运维实施策略,不断提升医院设施的管理水平。医院后勤智慧化是实现医院设施管理转型的关键所在,而医院后勤信息化系统建设是保障医院后勤服务能力的重要技术支撑,因此,需要加强医院后勤在运营阶段设施管理的基础数据的治理工作,以保证医院智慧后勤管理工作的推进。如表 5-5 所示。

表 5-5　常用设施管理主数据治理参考清单

序号	主要数据	内容
1	设备台账	含建筑各系统及设备编码
2	维修标准化流程	含各类设施设备维修标准
3	计划性维护流程	含各类设施设备维护标准
4	空间台账	含空间分类及编码
5	合同台账	含各类设备合同
6	备件台账	含各类设备维修备件
7	知识库	各类作业标准、维保手册等

5.2.4　医院后勤智慧化的意义

医院是一个设施设备密集的特殊场所,医院后勤设施管理工作对于确保医疗服务的质量和效率至关重要。随着信息技术的不断发展,将先进理念和新兴技术融入医院后勤设施管理,构建"智慧后勤"已经成为大势所趋。因此,医院后勤管理者应综合考虑设施管理的概念及其在医院领域的独特应用,通过深入分析了医院后勤管理的特点和面临的挑战,建立合理医院后勤设施绩效评估指标,为智慧后勤管理量化评估提供基础。首先,医院智慧后勤的实施应充分关注物联网、大数据分析和人工智能等技术在医院智慧后勤中的应用效果。基于物联网技术实现医院内设施设备的广泛联网和全面感知,大数据分析技术的运用将有助于挖掘医院设施运行规律,优化其管理策略;其次,将人工智能用于医院设施故障智能诊断、预测性维护和智能控制调度能力的提升,进而大幅提升医院后勤设施管理的智慧化水平。最后,为了实施医院后勤智慧化方案,医院后勤管理部门应从设施全生命周期的视角,分别对设计、建设和运营三个阶段,提出其各阶段的智慧化实施顶层设计,通过智慧运维技术路线来推动医院后勤智能化转型,真正实现医院设施资源的高效利用。

5.3　医院机电运维展望

医院机电运维的未来展望涉及多个方面,包括技术创新、运维模式转变、智能化发展、绿色节能以及人才培养等。以下是对医院机电运维未来的详细展望。

5.3.1　医院建设运维前置

1. 医院建设运维前置概念

在医疗卫生行业的不断演进中,智慧医院建设正成为推动医疗服务革新的核心引擎。

运维前置理念正是这一变革中的关键突破口，它将传统医院的建设模式从线性、被动转变为前瞻性、主动的全新范式。通过在医院建设初期就系统性地嵌入运维思维，医院管理方不仅能够优化基础设施的全生命周期管理，还能实现医疗资源的智能配置和动态优化。运维前置理念的核心在于将运维视为医院建设的战略性环节，而非末端附属。从规划设计之初，就全面考虑设施的可维护性、可升级性和长期运营成本，使医院基础设施从"建成"转变为"持续进化"。通过提前进行精准的技术预判和系统性的设计，可以有效降低后期运营风险，提升医疗服务的整体效能。因此，智慧医院的建设因运维前置而变得更加智慧和富有韧性。医院基建不再是简单的建筑和设备的集合，而是一个能够自我感知、自我调节的有机系统。这种方法不仅能够最大限度地提高医疗资源利用率，还能为医疗机构持续创新提供坚实的基础，真正实现从被动维护到主动管理的根本转变。

2. 医院建设运维前置的内涵

在现代医疗服务生态系统中，运维前置不仅仅是一种技术手段，更是一种全方位、立体化的思维模式，其核心旨在将医院从静态的建筑转变为一个能够主动响应变化、持续进化的有机系统。这种前瞻性的规划理念要求医院管理者站在更高的战略高度，洞察医疗技术发展趋势、人口结构变迁和疾病谱系演变等多重复杂因素。医院建设不再是简单的空间布局和功能分区，而是一项需要深入思考未来发展轨迹的战略性设计。在医院建筑设计之初，就要预见并预留诸多可能的发展空间，如为智能医疗设备预留安装位置，设计具有高度适应性的建筑结构，使建筑本身具备动态演进的能力。

运维前置的价值体现在多个维度。从技术层面看，第三方运维团队可以在项目建设初期就参与设计优化，基于丰富的现场维护经验，提出更有利于设备高效运行的方案。运维团队不仅能对设备布局和安装方式提出专业建议，还可以在设备和材料选择上提供关键洞察，选择更可靠、易维护的技术路线。从人性化角度看，运维前置还要充分考虑患者就医体验，优化诊疗流线、设置舒适等候区，并针对不同患者群体的特殊需求进行空间适配性设计。通过运维团队的提前介入，医院可以在建设期内制订详细的维护计划，包括定期检查、保养策略和应急预案。这种提前介入不仅能减少后期维护难度，还能显著降低故障风险和运营成本。更为重要的是，运维团队可以与施工团队和设备厂商密切沟通，传递关键的设备操作和维护知识，为未来的运维工作奠定坚实基础。

3. 医院建设运维前置的战略愿景

医院建设运维前置的实践方法，是一种基于系统性优化的战略实践，其核心在于突破传统项目建设与运营管理的边界，构建全周期、无缝衔接的管理模式。这一方法论从全局视角出发，要求运维团队前置性地介入项目设计和施工阶段，通过深度参与、系统勘察和精细优化，实现从被动维护到主动管理的根本转变。其实践路径包括如下。

（1）在设计阶段提供前瞻性建议，深入参与施工例会，提前规划设备编码，并对关键设施点位进行预先熟悉。

（2）以BIM技术为核心的数字化支撑，使运维团队能精确进行管线碰撞检测、空间布局优化和系统运行模拟，涵盖给排水、电气、暖通等专业系统的全面优化。

（3）通过引入跨部门专业团队和第三方技术力量，制订个性化维保计划，提升工程交付质量，有效缩短承接查验整改周期，降低协调成本。

上述这种运维前置方法论的愿景，是建立一个可持续发展的医疗服务生态系统，将运维前置从单一的管理理念提升为一种面向未来的医疗服务战略性创新实践，真正实现从被动维修到主动管理的质的飞跃。

4. 医院建设运维前置的发展与展望

运维前置作为一种精细化、前瞻性的运维理念，已经超越了对传统医院建设模式的简单颠覆，标志着医疗服务生态系统的战略性创新。这一理念要求在医院建设之初就全面考虑运营期设施管理中技术、管理、服务的多维度深度融合，通过运维团队的提前介入，不仅可以优化设备设施的设计和施工，还能为医院基建项目的长期运行和维护提供全面保障。运维前置的核心价值在于重新定义和全方位提升医疗服务价值，其最终目标是构建一个更加智能、高效、富有韧性的医疗服务生态系统。通过充分发挥运维总承包的运维前置能力，让第三方运维团队在设计、施工和后期维护的每个阶段提供专业的建议，可以持续提升医院基建项目的工程交付质量，并实现前期施工问题的闭环管理。这种集成规划、建设和管理的方法不仅能显著降低建设成本、改善运维服务体验，还能助力医疗机构在竞争激烈的医疗服务市场中获得独特的竞争优势，实现从传统的被动维护向主动创新管理的战略转变。

5.3.2 技术创新引领发展

智能化技术应用：随着物联网、大数据、云计算等技术的飞速发展，医院机电运维将向智能化、自动化方向迈进。通过安装智能传感器和监控系统，实现对医院机电设备的实时监测和数据分析，提高运维效率和故障预警能力。

远程运维与故障诊断：利用远程监控技术，运维人员可以实时查看设备运行状态，及时发现并解决潜在问题。同时，结合专家系统和人工智能算法，对故障进行快速定位和诊断，缩短故障处理时间，减少设备停机损失。

5.3.3 运维模式转变

预防性维护：传统的被动维修模式将逐渐被预防性维护所取代。通过对历史数据的分析和预测模型的建立，可以提前识别出设备可能存在的故障风险，并采取相应的预防措施，避免故障的发生。

一体化运维：医院机电运维将向一体化方向发展，整合 IT 软硬件、机房动环、智能物联网等多种资源，实现统一监控和管理。这不仅可以提高运维效率，还可以降低运维成本。

5.3.4 绿色节能成为趋势

节能降耗：随着国家对节能减排政策的推进，医院机电运维将更加注重节能降耗。通过采用高效节能设备、优化设备运行策略、实施能源管理系统等措施，降低医院机电系统的能耗水平。

绿色环保：在选择机电设备和材料时，将更加注重其环保性能。例如，优先选用低噪声、低排放、可回收再利用的产品，减少对环境的影响。

5.3.5 人才培养与团队建设

专业技能提升:随着医院机电运维技术的不断更新换代,运维人员需要不断提升自身的专业技能和知识水平。通过参加专业培训、学习新技术和新方法等方式,提高运维团队的整体素质。

团队建设与管理:加强团队建设和管理也是未来医院机电运维发展的重要方向。通过建立完善的团队管理制度和激励机制,激发运维人员的积极性和创造力,提高团队的整体凝聚力和战斗力。

REFERENCES
参考文献

［1］夏刚.从操作替代到场景替代,从自动化到智能化——面向 AI 大模型的智能化运维应用研究［J］.中国金融电脑,2023,(11):59-60.

［2］郑琰莉,韩福海,李舒玉,等.人工智能大模型在医疗领域的应用现状与前景展望［J］.医学信息学杂志,2024,45(06):24-29.

［3］王东,田永健.热泵式 VRV 空调系统在某大型医院建筑中的应用总结［A］.中国建筑学会暖通空调专业委员会,中国制冷学会第五专业委员会.全国暖通空调制冷 2002 年学术年会资料集［C］//中国建筑学会暖通空调专业委员会,中国制冷学会第五专业委员会.北京:中国制冷学会,2002:4.

［4］范旭红.浅析空调水系统管道冲洗［J］.四川水泥,2016,(12):340.

［5］欧阳银寿.某医院门诊综合楼空调系统设计［J］.中国建筑金属结构,2023,22(10):89-92.

［6］童夏斌.医院复合型物流系统运行管理的改进与探索［J］.中国储运,2024,(07):205-206.

［7］上海申康医院发展中心,上海市同济医院,等.上海市级医院智慧后勤管理系统建设与运维指南［M］.上海:同济大学出版社,2020.

［8］刘喜开.医院空调通风系统设计［J］.江苏建材,2023,(06):70-71.

［9］张海燕.综合性医院暖通空调设计分析［J］.安徽建筑,2024,31(02):34-35+158.

［10］余雷,张建忠,蒋凤昌,等.BIM 在医院建筑全生命周期中的应用［M］.上海:同济大学出版社,2017.

［11］中国医院协会,上海申康医院发展中心,同济大学复杂工程管理研究院.医院建设工程全生命期 BIM 应用指南(2024 版)——面向数字化卖弄的循证实践［M］.上海:同济大学出版社,2024.

［12］中华人民共和国国家卫生健康委员会.2023 年我国卫生健康事业发展统计公报［R］.2023.

［13］World Health Organization (WHO). Data on Global Hospitals[N].

［14］ADLER-MILSTEIN, J, & JHA, A K. Electronic health records and quality of care [J]. Health Affairs, 2017, 36(3): 404-411.

［15］刘明伟,张晓霞.美国医院的智能化管理及其对患者体验的影响［J］.中国医学装备,2019,36(11):72-75.

［16］US Green Building Council (LEED Standard Information)[N].

[17] JAMES, C V, & JOHNSON, L. Challenges in hospital financing and the shift toward outpatient care[J]. American Journal of Healthcare Management, 2020.

[18] Montefiore Medical Center[EB/OL]. Wikipedia, https://en.wikipedia.org/wiki/Montefiore_Medical_Center.

[19] Mayo Clinic[EB/OL]. Wikipedia, https://en.wikipedia.org/wiki/Mayo_Clinic.

[20] MAZZUCATO, M, PIERCE, C. Green hospitals in Europe: A sustainable approach[J]. European Journal of Public Health, 2019.

[21] 王丽,李文涛. 欧洲医院绿色建筑设计实践与启示[J]. 国外医学建筑设计,2020,27(7):25-29.

[22] 郝晓赛. 从"Best Buy"到"Nucleus"医院模式——英国经济型医院建筑设计演进与启示[D]. 北京:北京建筑大学,2014.

[23] Queen Elizabeth Hospital Birmingham[EB/OL]. Wikipedia, https://en.wikipedia.org/wiki/Queen_Elizabeth_Hospital_Birmingham.

[24] Manchester Royal Infirmary[EB/OL]. Wikipedia, https://en.wikipedia.org/wiki/Manchester_Royal_Infirmary.

[25] TANAKA, T, & YAMASHITA, H. Technology integration in Japanese hospitals: A focus on automation and earthquake resistance[J]. Journal of Asian Health Systems, 2022.

[26] Nikken Sekkei[EB/OL]. https://www.nikken.co.jp/cn/news/news/2020_02_21.html.

[27] University of Tokyo Hospital[EB/OL]. Wikipedia, https://en.wikipedia.org/wiki/University_of_Tokyo_Hospital.

[28] GUPTA, A K, & SHETTY, D P. Innovations in healthcare affordability: The Narayana Health model[J]. Indian Journal of Healthcare Innovations, 2018.

[29] 住房和城乡建设部工程质量安全监管司. 全国民用建筑工程设计技术措施:2009年版. 电气[M]. 北京:中国计划出版社,2011.

[30] 窦晓斌,钱梓楠. 医疗场所及设备电气设计关键点探讨[J]. 建筑电气,2024,43(1):28-33.

[31] 刘辛. 医院智能配电系统设计简析[J]. 建筑电气,2018,37(7):35-39.

[32] 中国勘察设计协会电气分会,中国建筑节能协会电气分会,中国建设科技集团智慧建筑研究中心. 智慧医院建筑电气设计手册[M]. 北京:机械工业出版社,2021.

[33] 张照阳. 浅谈消防物联网对建筑消防系统的提升[J]. 现代建筑电气,2023,14(5):33-38.

[34] 黄中. 医院通风空调设计指南[M]. 北京:中国建筑工业出版社,2025.

[35] 刘汉华. 医院暖通空调节能设计及案例[M]. 北京:中国建筑工业出版社,2022.

[36] 高桥隆勇. 空调自动控制与节能[M]. 北京:科学出版社,2012.

[37] 宋孝春. 公共建筑冷热源方案设计指南[M]. 北京:中国建筑工业出版社,2020.

[38] 何焰. 医院建筑能效提升适宜技术[M]. 上海:同济大学出版社,2022.